中国科学院科学出版基金资助出版

“十三五”国家重点出版物出版规划项目
大气污染控制技术与策略丛书

典型化工有机废气催化净化基础与应用

张润铎　戴洪兴　刘志明
刘　宁　刘雨溪　邓积光　著

科学出版社
北　京

内 容 简 介

化工生产所释放的过程废气，具有排放量大、毒害性强、覆盖范围广等特点，对人体健康、生命安全和生态环境构成严重威胁。近年，对其净化治理技术的研究已引起学术界的广泛关注。本书结合国内外最新前沿技术进展，针对三类典型化工废气——含氰（CN）废气、含氯（Cl）废气、碳氢化合物有机废气的催化治理技术，涵盖从科学基础研究到工程应用技术开发，深入探讨各类净化技术的特征，具体包括催化剂种类、结构特性、催化性能、反应机理、模式放大试验及工业示范建设等方面。

本书是一部从基础理论到工业应用全方位介绍化工行业废气催化净化技术的专著，力求系统而全面地阐述相关技术的原理及其应用，希望能够为大气污染治理领域的学者和工程师提供参考和帮助。

图书在版编目（CIP）数据

典型化工有机废气催化净化基础与应用/张润铎等著. —北京：科学出版社, 2016.9

(大气污染控制技术与策略丛书)

“十三五”国家重点出版物出版规划项目

ISBN 978-7-03-049886-1

Ⅰ.①典… Ⅱ.①张… Ⅲ. ① 化学工业–工业废气–废气净化–研究 Ⅳ.①X701

中国版本图书馆 CIP 数据核字(2016)第 216386 号

责任编辑：杨　震　刘　冉 / 责任校对：何艳萍

责任印制：徐晓晨 / 封面设计：黄华斌

科学出版社出版

北京东黄城根北街 16 号

邮政编码：100717

http://www.sciencep.com

北京虎彩文化传播有限公司 印刷

科学出版社发行　各地新华书店经销

*

2016 年 9 月第 一 版　开本：720×1000 1/16

2021 年 6 月第六次印刷　印张：16 3/4

字数：340 000

定价：98.00 元

(如有印装质量问题，我社负责调换)

丛　书　序

当前，我国大气污染形势严峻，灰霾天气频繁发生。以可吸入颗粒物（PM_{10}）、细颗粒物（$PM_{2.5}$）为特征污染物的区域性大气环境问题日益突出，大气污染已呈现出多污染源多污染物叠加、城市与区域污染复合、污染与气候变化交叉等显著特征。

发达国家在近百年不同发展阶段出现的大气环境问题，我国却在近20年间集中爆发，使问题的严重性和复杂性不仅在于排污总量的增加和生态破坏范围的扩大，还表现为生态与环境问题的耦合交互影响，其威胁和风险也更加巨大。可以说，我国大气环境保护的复杂性和严峻性是历史上任何国家工业化过程中所不曾遇到过的。

为改善空气质量和保护公众健康，2013年9月，国务院正式发布了《大气污染防治行动计划》，简称为“大气十条”。该计划由国务院牵头，环境保护部、国家发展和改革委员会等多部委参与，被誉为我国有史以来力度最大的空气清洁行动。“大气十条”明确提出了2017年全国与重点区域空气质量改善目标，以及配套的十条35项具体措施。从国家层面上对城市与区域大气污染防制进行了全方位、分层次的战略布局。

中国大气污染控制技术与对策研究始于20世纪80年代。2000年以后科技部首先启动“北京市大气污染控制对策研究”，之后在863计划和科技支撑计划中加大了投入，研究范围也从“两控区”（酸雨区和二氧化硫控制区）扩展至京津冀、珠江三角洲、长江三角洲等重点地区；各级政府不断加大大气污染控制的力度，从达标战略研究到区域污染联防联治研究；国家自然科学基金委员会近年来从面上项目、重点项目到重大项目、重大研究计划各个层次上给予立项支持。这些研究取得丰硕成果，使我国的大气污染成因与控制研究取得了长足进步，有力支撑了我国大气污染的综合防治。

在学科内容上，由硫氧化物、氮氧化物、挥发性有机物及氨等气态污染物的污染特征扩展到气溶胶科学，从酸沉降控制延伸至区域性复合大气污染的联防联控，由固定污染源治理技术推广到机动车污染物的控制技术研究，逐步深化和开拓了研究的领域，使大气污染控制技术与策略研究的层次不断攀升。

鉴于我国大气环境污染的复杂性和严峻性，我国大气污染控制技术与策略领域研究的成果无疑也应该是世界独特的，总结和凝聚我国大气污染控制方面已有的研究成果，形成共识，已成为当前最迫切的任务。

我们希望本丛书的出版，能够大大促进大气污染控制科学技术成果、科研理论体系、研究方法与手段、基础数据的系统化归纳和总结，通过系统化的知识促进我国大气污染控制科学技术的新发展、新突破，从而推动大气污染控制科学研究进程和技术产业化的进程，为我国大气污染控制相关基础学科和技术领域的科技工作者和广大师生等，提供一套重要的参考文献。

2015 年 1 月

序

中国目前已成为世界第二大经济体、能源生产及消费第一大国。然而，改革开放后三十余年，经济的高速增长与能源的巨大投入是密不可分的。尤其是近年，粗放式的经济增长模式带来了一系列影响可持续发展的问题，突出表现为大气环境污染严重。据统计，2013 年，全国平均雾霾天数达到 29.9 天，波及 25 个省份中的 100 多个大中型城市；而我国 500 个大中型城市中，只有不到 1%达到世界卫生组织空气质量标准。上述现象表明：我国现阶段大气环境承载能力已经达到或接近上限，必须转变我国经济增长模式，形成资源、环境约束下的中国经济发展新常态，这已经成为国家和社会的共识。其中，大力发展大气污染防治技术，依靠科学手段解决大气环境恶化问题，是解决我国经济与环境内在矛盾的重要途径。

来源于化工行业的挥发性有机化合物（volatile organic compounds，VOCs）主要包括以下三大类：含氰废气（氰化氢、丙烯腈、乙腈），含氯有机化合物，以及碳氢化合物有机废气（甲烷、苯系物、醇、醛、酮类）。这些废气的排放不仅直接危害人体健康，还会促进光化学烟雾和灰霾形成，间接影响区域大气环境质量。目前，常见的化工废气治理技术包括热力燃烧、催化燃烧、光催化氧化、等离子氧化、吸附、吸收、生物处理（生物过滤、生物滴滤、生物洗涤）等。其中，催化燃烧治理 VOCs 具有净化效率高、设备投资少等优点，得到广泛的研究与应用。值得注意的是：含氰及含氯有机废气在催化燃烧治理过程中，除考虑废气转化率这一重要技术指标外，还需要考虑氮元素（N）及氯元素（Cl）的最终产物问题。因此，面向这两类化工废气的催化治理，高效、高 N_2/HCl 选择性催化剂的研发就显得十分必要。

《典型化工有机废气催化净化基础与应用》一书针对系列有机废气催化燃烧，综述了大量国内外最新研究报道，并对相关前沿技术进行详细介绍，为我国大气污染催化治理技术的开发提供了重要的文献参考；该书结合作者多年来在科技部“863”计划及国家自然科学基金等项目支持下取得的成果，从基础科学研究到工业应用技术放大，对废气催化燃烧反应机理、高效催化剂设计与制备、整体式催化剂成型与组装、催化燃烧工艺设计与优化等方面进行了系统总结及案例分析。目前，我国化工废气的治理，依然主要依靠引进国外技术，开发具有自主知识产权的催化燃烧净化技术意义重大，希望此书能为我国大气环境治理技术的发展作出贡献。

全书由北京化工大学化学工程学院张润铎教授、刘志明教授、刘宁副研究员，以及北京工业大学环境与能源工程学院戴洪兴教授、邓积光教授、刘雨溪讲师联合编写。此书凝聚了作者们长期积累的理论成果和实验经验，希望能够为从事化工废气治理的科研和技术人员提供参考和帮助，感谢作者们为编著此书所付出的辛勤努力！

贺泓

中国科学院生态环境研究中心研究员

2016 年 7 月于北京

前　言

环境是人类赖以生存的基础，人类在利用自然、开发自然的同时，也对自然环境造成了不同程度的损害。近年来，我国大气污染严重、雾霾气候频现；其中，化工行业尾气排放是导致大气环境恶化的重要因素之一。化工行业所排放的有害废气主要包括三大类：①含氰废气（氰化氢、乙腈、丙烯腈）；②含氯有机废气（氯代烷烃、氯代烯烃、氯代苯系物）；③碳氢化合物有机废气（甲烷、苯系物、醇、醛、酮类）。催化燃烧具有操作温度低、设备投资少、净化效率高等特点，被广泛应用于化工废气的治理。本书基于国内外最新研究进展，从科学基础研究到工业模式放大，详细介绍了上述三类化工废气催化治理技术，其中，对于前两种净化技术而言，除污染物转化效率这一重要指标外，N_2（含氰废气催化燃烧）及 HCl（含氯废气催化燃烧）的选择性分别作为另一项重要评价指标。而针对第三种碳氢化合物有机废气的脱除，高效催化材料的定向合成及活性中心的精确控制显得尤为必要。

针对上述三类化工废气的催化控制技术，本书详细介绍了多种催化剂，包括分子筛催化剂、贵金属催化剂、简单金属氧化物催化剂，以及复合金属氧化物催化剂，并对其种类、结构、理化特性、催化性能、反应机制等几方面展开详细讨论。此外，针对含氰（丙烯腈）废气催化燃烧技术的工业放大及示范建设过程所涉及瓶颈问题的解决进行了系统介绍，包括整体式催化剂制备、一步式选择性催化燃烧工艺设计、反应过程流体动力学模拟等。

本书作者张润铎、戴洪兴、刘志明、刘宁、刘雨溪、邓积光长期从事大气污染催化控制基础理论和创新技术的研发工作，在催化剂制备、表征、催化作用原理探究，以及实际工业应用放大等方面积累了学术成果和实践经验，掌握了国内外最新研究动态。其中，张润铎教授、刘志明教授、刘宁副研究员来自北京化工大学，在含氮及含氯有机废气催化燃烧治理技术方面，拥有多项成果；戴洪兴教授、邓积光教授、刘雨溪讲师来自北京工业大学，在碳氢化合物有机废气催化燃烧技术方面，经验丰富，成绩突出，成功开发出多种高效、低污染排放的氧化型催化剂，并建立了完善的催化剂可控制备工艺新技术。

本书著者为张润铎、戴洪兴、刘志明、刘宁、刘雨溪、邓积光，各章的具体执笔如下：第 1、3 章由张润铎撰写；第 2 章由刘宁撰写；第 4 章由刘志明撰写；

第5章由戴洪兴、刘雨溪、邓积光撰写。

在本书成稿过程中，冯超、赵艳丽、陈平、史东军、袁晓宁、王强、韩曙光、董小松、于明涛、向晨辉、沙宇对资料收集、内容修订、图表编辑和文献校对做了大量工作；科学出版社的杨震、刘冉编辑对本书的立项和出版各个环节提供了诸多的建议、鼓励和帮助，在此表示衷心感谢！

本书涉及的部分内容和研究成果，得到国家高技术研究发展计划（国家“863”计划）、国家自然科学基金等的资助，项目团队中包括北京化工大学、北京工业大学、中国石油化工股份有限公司上海石油化工研究院、中国石油吉林石化公司等单位的研发人员，以及推动产学研合作创新成果的工作人员，在此一并深表谢意。

恳请读者在阅读中发现本书的问题，并提出批评和建议，以便作者更新知识，以及再版时改正和完善。

著　者

2016年5月于北京化工大学

目　录

第 1 章　化工废气的危害及排放

化工行业具有污废来源广泛、种类繁多、组成复杂、污染严重等特征，其排放的诸多有害废气是大气污染的重要来源。其中，一些典型化工废气还具有特殊的毒害特性，对人体健康、生命安全和生态环境构成了严重的威胁。近年来，我国通过加速立法和加大科技研发投入，在有毒、有害气态污染物净化脱除方面已取得了一定的成效，但仍然不能完全适应化工行业废气污染控制的多样性、复合性、复杂性等特点。因此，研究和开发适合我国国情，并具有自主知识产权的化工废气净化技术，具有重要意义。本章将围绕典型化工废气的种类及危害、相关国家法规，以及废气治理方法展开论述。

1.1　化工废气的主要特征

由于生产工艺的多样性及废气来源的广泛性，化工废气的组成十分复杂。不仅有各种有机无机化合物（含氮化合物、含硫化合物及含碳化合物等），也包括许多大分子的颗粒物，以及众多有机化合物。其中，绝大多数的大分子颗粒物都是生产过程中形成的粒径大小不同的粒状物。根据其粒径的差异，可以将其分为烟、雾、粗粒粉尘及细粒粉尘。在空气中，0.5～5 μm 的颗粒物可直接进入人体的肺部，在肺泡内沉积，并可能进入血液中，随循环系统输往全身，在各个部位进行累积，最终引起症状，严重可导致死亡。一般需通过多级除尘设备加以捕集，避免其排放而造成大气污染。

废气中的无机化合物多以氧化物的形式存在，如二氧化硫、一氧化氮、二氧化氮、氧化二氮、一氧化碳等。其中，二氧化硫、一氧化氮、二氧化氮均是形成酸雨的重要原因，对人体也有着很大的危害。二氧化硫对于呼吸道及眼部具有强烈的刺激性作用，大量吸入会引起肺水肿、喉水肿，导致声带痉挛，严重者会窒息，威胁生命安全。氮氧化物属于高毒物，对于人体的中枢神经系统有着麻醉作用，长期处在高浓度氮氧化物环境中，会产生高铁血红蛋白症；低浓度下可刺激呼吸道，引起咽喉炎、支气管肺气肿等疾病。一氧化碳则属于中毒性物质，会导致中枢神经系统症状，轻者头疼眩晕，重者昏迷。大量二氧化碳、氧化二氮的排放则是导致气候变暖的罪魁祸首。

化工行业一般以生产和加工各类有机化学品为主，将伴随大量挥发性有机化合物（volatile organic compounds，VOCs）的产生及释放，故含有机化合物废气通常作为化工企业末端尾气治理的重点对象。废气中的有机化合物主要包括烯烃、烷烃和芳香烃等碳氢化合物，也会出现一些含氮、含卤的有机化合物，由于部分有机化合物为小分子，具有特殊的理化性质，能穿透人体的固有屏障，诱发细胞癌变，对人体造成不可预知的危害。

化工废气具有以下特点[1, 2]：

（1）种类繁多，组成复杂。废气中既含有诸如氯乙烯、氯甲烷、丙烯腈、芳烃等有机物，又含有 NO_x、SO_2、HCl、NH_3、H_2S 等无机物，粉尘、烟尘、酸雾等悬浮颗粒物。不同的化工企业排放的废气类型也不相同，如氯碱行业产生的废气中主要含有氯气、氯化氢、氯乙烯、汞、乙炔等，氮肥行业产生的废气中主要含有氮氧化物、尿素粉尘、一氧化碳、氨气、二氧化硫、甲烷等，农药行业中主要是氯化物等有机气体。针对不同的化工企业要采用不同的处理方案，不能一概而论。

（2）污染物浓度高。由于工艺路线、技术设备等不够先进，同时受到资金的制约，排放的废气中污染物浓度往往较高。以 VOCs 气体为例，一个工业化国家每年排入大气中的 VOCs 总量可达数百万吨之多，石油化工企业以煤、石油、天然气为燃料或原料的工业或与之有关的化工企业是有机废气主要的来源。炼油厂和石化厂的加热炉和锅炉的不完全燃烧排放的废气，生产装置产生的不凝气、弛放气和反应中产生的副产品等过剩气体，这些污染物虽然经过高空排放，但造成的环境污染仍较为严重。

（3）易燃、易爆气体较多。例如低沸点的酮、醛，易聚合的不饱和烃等，高浓度易燃、易爆气体如不采取适当措施，容易引起火灾、爆炸事故，危害极大。其尾气处理过程也需兼顾操作安全，例如，将有机废气浓度通过稀释等手段，控制在爆炸极限以外。

（4）排放物大都有刺激性或腐蚀性。例如，二氧化硫、氮氧化物、氯气、氟化氢等成分都具有刺激性或腐蚀性，尤其以二氧化硫排放量最大。二氧化硫气体直接损害人体健康，腐蚀金属、建筑物和雕塑的表面，还易氧化成硫酸盐降落到地面，污染土壤、森林、河流、湖泊。工业废气对人体的刺激以有机废气最为严重，如苯类有机物大多能损害人的中枢神经，造成神经系统障碍，当苯蒸气浓度过高时，可引起致死性的急性中毒；多环芳烃有机物有着强烈的致癌性；苯酸类有机物能使细胞蛋白质发生变形或凝固，导致全身中毒；腈类有机物中毒时，可以引起呼吸困难、严重窒息、意识丧失，直至死亡。

废气中浮游粒子种类多、危害大。化工生产排放的浮游粒子包括粉尘、烟气、酸雾等，种类繁多，对环境的危害较大。特别当浮游粒子与有害气体同时存在时能产生协同作用，对人的危害更为严重。挥发性有机化合物（VOCs）在大气中可以与 NO_x 作用形成光化学烟雾，造成二次污染，我国北京房山区和兰州西固区等石化工业区都出现过此类光化学污染事件[3]。

1.2　化工有机废气的种类及危害

挥发性有机化合物（volatile organic compounds，VOCs）是常见的化工行业大气污染物，主要来自于有机产品的生产或加工过程，例如汽油产品的生产过程，塑料、橡胶工业的生产和加工过程等环节所排放的含挥发性有机化合物废气，以及石化下游挥发性化工产品的吸收塔尾气或工艺废气。

VOCs 大多有毒性，严重危害人体健康，轻则刺激眼睛和呼吸系统，重则会导致中毒[4]。有些如丙烯腈、乙腈、HCN 等具有较高的毒性，严重威胁人类生命安全；有些如甲醛、苯、甲苯、二甲苯、氯乙烯、多环芳烃等这些为人们所熟知的有机化合物可对健康造成极大的损害，导致癌症、畸形、突变等潜在风险。

此外，VOCs 对大气的危害还在于它与 NO_x 在阳光下会引发光化学反应，可产生臭氧、过氧乙酰硝酸酯（PAN）和醛类等，进而形成二次有机气溶胶，产生光化学烟雾，对人体健康造成严重危害。VOCs 的光化学反应是一系列复杂且同时发生的化学反应，可总结为方程（1-1）[5]：

$$NO + VOCs + O_2 \xrightarrow{\text{阳光}} NO_2 + O_3 + \cdots \tag{1-1}$$

臭氧是光化学烟雾的主要贡献物，而也有类似的反应生成醛类：

$$VOCs + NO + O_2 \longrightarrow H_2O + RCHO + NO_2 \tag{1-2}$$

式中，R 代表烃基。

我国的挥发性有机污染物的排放量正逐年增加，引发的光化学烟雾、城市灰霾等复合大气污染问题日益严重，全国年灰霾日数有逐年增加的趋势。国家和公众开始关注化工行业 VOCs 的减排与控制。可以预见，随着我国经济形势的好转，以及受国家政策的持续引导和推动，我国化工行业挥发性有机污染物的治理必将会得到快速发展，相关治理产业也将进入快速增长的发展时期。

1.2.1　含氰（CN）有机废气

1. 丙烯腈

丙烯腈（acrylonitrile，AN）是生产三大合成材料（纤维、橡胶、塑料）的重要化工原料，主要用来合成聚丙烯腈纤维（腈纶）、ABS/SAN 树脂、己二丙腈、丙烯酰胺、碳纤维等。丙烯腈是一种强烈的环境污染物，在局部区域，像腈纶车间等，丙烯腈有着相对较高的浓度；而且丙烯腈是一种很容易挥发的液体，只要挥发或泄漏出少量的丙烯腈就能造成严重的危害。因此，在生产和使用丙烯腈过程中，也不可避免地产生含丙烯腈过程废气。

丙烯腈是一种高毒性、具有特殊气味的 VOCs，在常温常压下是一种无色、可燃烧、易流动、具有特殊气味的有毒液体，分子式为 CH_2CHCN，分子量为 53，密度为 0.8 g/cm^3（25℃），稍溶于水，在 209℃时，1 kg 水中能溶解 73 g 丙烯腈，能与乙醇、乙醚、丙酮、苯等有机溶剂混溶，其沸点为 77.3℃，凝固点为–86℃，能和水形成共沸物（71℃）。丙烯腈蒸气带刺激性气味，在空气中的爆炸极限为 3.05%～17.5%，遇火会发生燃烧和爆炸。丙烯腈的化学性质比较活泼，在光照、加热或催化剂作用下可以彼此之间或和其他化合物发生聚合反应，在加热、酸碱作用下与水发生水解，在空气中燃烧可以生成二氧化碳、水和氮氧化物。

丙烯腈废气对人体的神经系统、血液系统、心血管系统有毒害作用。急性毒性主要表现在对眼睛、鼻黏膜的刺激作用，以及乏力、头晕、呼吸困难、恶心、呕吐等症状，皮肤接触丙烯腈可以引起灼伤，引起外周和中枢神经系统的功能紊乱；慢性毒性会引起血红蛋白结构破坏和其他血液方面的疾病；另外，丙烯腈可与其他有毒物质发生混杂作用，造成人体多系统急性或慢性毒性。此外，大量研究结果表明：丙烯腈具有一定的致突变性，可能是一种间接的潜在致癌物。

2. 氰化氢

氰化氢（hydrogen cyanide）分子式为 HCN，主要来源于煤的高温裂解、聚丙烯腈碳纤维的高温碳化处理所排放的尾气。氰化氢是无色剧毒气体，极易挥发，沸点 26℃，有苦杏仁味，温度降至–14℃后冷凝成液体，可以任意比例与水混合，显极弱的酸性，比二氧化碳的酸性还要弱近千倍。氰化氢还可以与乙醇、乙醚、甘油、苯、氯仿等有机溶剂互溶。

HCN 的毒性是由氰基表现出来的[6]，氰基的毒理作用表现为与细胞线粒体内的氧化型细胞色素氧化酶中的 Fe^{3+}结合来阻止 Fe^{3+}的还原，导致细胞组织因无法对氧进行利用而产生内窒息性缺氧。氰化氢的毒性强、作用快，人处在氰化氢浓度很低（约 0.005 mg/L）的空气中短时间内就会造成不适、头痛、心律不齐；当空气中的氰化氢浓度大于 0.1 mg/L 时，人将立即死亡。由于 HCN 的毒性非常强，各国都对其在空气中的允许浓度和接触值作了严格的规定。我国规定的 HCN 最高允许浓度为 0.3 mg/m^3，新建污染源的最高排放浓度为 1.9 mg/m^3，现有污染源的最高排放浓度为 2.3 mg/m^3。随着人们生活水平的改善和对生态环境要求的进一步提高，对污染源 HCN 的排放标准会更加严格。

1.2.2　含卤有机废气

当前，大气中挥发性卤代烃（HCX，X 指卤素）对人体健康的危害受到了世界各国的普遍重视，它们还是城市光化学烟雾的重要前体物质。一些卤代烃（尤其是氟氯代烃）还会对大气臭氧层产生破坏作用，并且具有很强的吸收红外线的能力，是重要的温室气体。因此，卤代烃的浓度增加具有破坏平流层臭氧和影响对流层气候的双重效应。

挥发性卤代烃来源非常广泛，低级的卤代烃如三氯甲烷、氯乙烷、四氯化碳、氯乙烯等是重要的化学溶剂，也是有机合成工业的重要原料和中间体。这些卤代烃主要是在生产和使用过程中因挥发而进入大气的。

1. 氯甲烷

氯甲烷（CH_3Cl）是生产有机硅化合物、硅酮聚合物及甲基纤维素的原料，也可用于生产农药、医药和香料等精细化学品。目前，氯甲烷最主要的用途是生产甲基氯硅烷，世界氯甲烷产量 90%用于生产甲基氯硅烷。另外，还可以用于生产甲基纤维素、甲硫醇，制备二氯甲烷、三氯甲烷和四氯化碳；用作有机溶剂、制冷剂、发泡剂、局部麻醉剂等。

氯甲烷可通过呼吸进入人体，由于其具有刺激和麻醉作用，会严重损伤中枢神经系统，也会损害肝、肾和睾丸。皮肤接触氯甲烷会因其在体表迅速蒸发而导致冻伤。在低浓度下长期接触会引起困倦、嗜睡、头痛、感觉异常、情绪不稳等不良症状，较重者会有步履蹒跚、视力障碍及震颤等症状。此外，氯甲烷和空气混合会形成爆炸性混合物，遇到火花或高热能引起爆炸，并生成剧毒的光气。

2. 四氯化碳

四氯化碳分子式为 CCl_4，又称四氯甲烷，为无色、易挥发、不易燃的液体，具有氯仿的微甜气味。微溶于水，可与乙醇、乙醚、氯仿和石油醚等有机物混溶。在氧气和水的参与下，遇火或炽热物可分解为二氧化碳、氯化氢、光气和氯气。

大气中的 CCl_4 主要是人为来源：四氯化碳在制备、使用或合成氟利昂或氯仿等过程中逸出，产生有害尾气。由于四氯化碳在低层大气中化学性质稳定，须经过 26 年左右才可能会分解，而随着大气不断地热上升运动，从低空的对流层上升至离地球表面 10～50 km 的大气平流层中，在强紫外线的照射下，与臭氧作用释放出氯原子，可对臭氧层构成极大的危害。另外，当环境周围四氯化碳浓度过高时，就会使处于该环境中的人急性或慢性中毒。我国从 2003 年 6 月 4 日起，已在全国范围内完全禁止使用四氯化碳作清洗剂和干洗剂。

3. 氯乙烷

氯乙烷（C_2H_5Cl）是无色透明、易挥发的液体，熔点–139℃，沸点 12.2℃，0～4℃时的相对密度为 0.9222。氯乙烷是汽油抗爆剂四乙基铅和乙烯纤维素的原料，在工业上还大量作为溶剂应用在农药和医药等领域。工业上生产氯油时产生的尾气中会含有 30%的氯乙烷、5%以下的氯气、50%左右的氯化氢，还有少量的乙醇、三氯乙醛等。

4. 二氯乙烷

二氯乙烷（$C_2H_4Cl_2$），无色液体，沸点 83.5℃，相对密度 1.257，性质稳定，不易着火，但其蒸气在高温下也能分解。常用作杀虫剂，制造香料、干洗剂、树脂、橡胶、油漆等的溶剂。二氯乙烷会刺激黏膜、皮肤，可引起肺水肿，并损害中枢神经系统、肝、肾、肾上腺及胃肠道。二氯乙烷尾气中常含有 2.35%的一氧化碳，7.2%的甲烷，17.4%的乙烯，22.8%的乙烷，25%的二氯乙烷，21.3%的氯乙烷和 4%的芳香族化合物。

5. 氯乙烯

氯乙烯有非常广泛的用途，可用来合成聚氯乙烯树脂及其共聚物，应用于国民经济各个部门。人们对氯乙烯及聚氯乙烯的毒性是在 20 世纪 70 年代以后才逐步发现和认识的。通过对接触氯乙烯和聚氯乙烯的工人进行流行病学调查发现，氯乙烯可引起骨骼、皮肤、神经系统、胃肠道、肺、肝、末梢循环和内分泌系统的病变，临床症状有肝脾肿大、肝功能异常、肢端溶骨症、末梢血管痉挛、皮肤硬化等，统称“氯乙烯病”。氯乙烯还会引起以精神病变为主的急性症状。此外，氯乙烯还有强烈的麻痹作用。

国外，氯乙烯生产一般采用乙烯氧氯化法，几乎没有氯乙烯尾气排放。我国一般采用乙炔法生产氯乙烯，由于原料气不纯及存在部分未反应的乙炔，会导致粗氯乙烯的纯度较低。为此，在工业上采用了加压分流的工序对粗氯乙烯进行提纯。在提纯的过程中，必须将不凝气体连续地从系统中定压排空。虽然在排空前，气体会被降温至–20～–25℃，但是仍有一部分氯乙烯会被夹带排放出，这一部分气体也被称为分馏尾气。分馏尾气中除了含有少量的氯乙烯和乙炔外，还有少量的 CO_2 气体。其中氯乙烯含量约为 2%～4%，会造成大量的氯乙烯损失以及极大的环境污染，必须进行有效治理。

1.2.3 碳氢化合物有机废气

碳氢化合物统称为烃类，是指由碳和氢两种原子组成的各种化合物，含有 O

等原子的烃类衍生物也包括在内。碳氢化合物主要来自天然源，其中量最大的为甲烷（CH_4），随着大气中 CH_4 的浓度增加，会强化温室效应。碳氢化合物的主要人为源是燃料的不完全燃烧和有机化合物的生产、分离、吸收等过程的逃逸。

在大气污染中较为重要的碳氢化合物主要有四类：烷烃、烯烃、芳香烃和含氧烃[7]。

（1）烷烃：烷烃又称饱和烃，通式为 C_nH_{2n+2}。烃类中的 CH_4 所占数量最大，但它的化学性质不活泼，故在讨论烃类污染物时，提到总碳氢化合物浓度，往往是指扣除了 CH_4 的浓度或称非甲烷烃类的浓度。其他重要的烷烃还有乙烷、丙烷和丁烷。

（2）烯烃：烯烃是不饱和烃类，因为分子中含有双键，烯烃的活泼性要高得多，很容易发生加成反应。其中，最重要的是乙烯、丙烯和丁烯。乙烯能通过光化学反应生成乙醛，刺激眼睛。烯烃也是形成光化学烟雾的主要成分之一。

（3）芳香烃：芳香烃是分子中含有苯环的烃类。最简单的芳烃是苯及其同系物甲苯、乙苯等。两个或两个以上的苯环共有两个相邻的碳原子者，被称为多环芳烃（简称 PAH），如苯并芘。芳香烃的取代反应和其他反应介于烷烃和烯烃之间。在城市的大气中已鉴定出对动物有致癌性的多环芳烃，如苯并芘、苯并荧蒽等。

（4）含氧烃：含氧烃主要包括醛（RCHO）、酮（RCOR′）两类。大气中含氧烃的最重要来源可能是大气中的烃氧化分解。

表面上，城市大气中的烃类并没有对人类健康造成明显的直接危害，但是在污染的大气中，它们是形成危害人类健康的光化学烟雾的主要成分。在有 NO、CO 和 H_2O 污染的大气中，受太阳辐射作用，可引起 NO 的氧化，并生成臭氧（O_3）。当体系中存在一些 HCs 时，能加速氧化过程。HCs（主要是烷烃、烯烃、芳香烃和醛类等）和氧化剂（主要是 O、HO、O_3 等）反应，除了生成一系列有机产物（如醛、酮、醇、羧酸）和水等外，还生成了重要的中间产物——各种自由基，如烷基、酰基、烷氧基、过氧烷基（包括 HO_2）、过氧酰基和羧基等。这些自由基和大气中的 O_2、NO 和 NO_2 反应并相互作用，促使 NO 转化为 NO_2，进而形成二次污染物 O_3、醛类和过氧乙酰硝酸酯等，这些都是形成光化学烟雾的主要成分。光化学烟雾刺激人们的眼睛和呼吸系统，危害人们的身体健康，且抑制植物的生长。由于光化学烟雾是由污染源直接排出的碳氢化合物、氮氧化物等一次污染物与空气中的原有成分或其他污染物发生一系列光化学反应之后产生的新的污染物，故又称作二次污染物。

此外，很多有机污染物对人体健康都是有害的。大多数的中毒症状表现为呼吸道疾病，多为累积性的。在高浓度污染物突然作用下，有时可造成畸形中毒，甚至死亡。一些有机物接触皮肤可引起皮肤疾病。有些有机污染物具有致癌性，如稠环化合物苯并芘等。表 1-1 列出了部分常见有机污染物对人体健康的影响[8]。

表 1-1　常见有机污染物对人体健康的影响

污染物	形态、色、嗅觉	进入人体方式	对人体的危害和症状
甲醇	无色、有刺激性气味气体	吸入	轻度中毒时，头痛、头晕、无力、视觉障碍等。短时吸入高浓度，出现昏迷、痉挛、瞳孔散大等。长期接触可引起视力减弱，甚至失明
苯	无色、挥发性、有芳香味液体	吸入蒸气	高浓度时可引起急性中毒。轻度中毒有头痛、头昏、全身无力、恶心、呕吐等症状。严重时昏迷以致失去知觉，停止呼吸。慢性中毒出现头痛、失眠、手指麻木，以及一些血液系统的病变
酚	白色、特殊固体	吸入蒸气、皮肤接触	有腐蚀性，皮肤接触可引起皮疹，吸入后引起头晕、头痛、失眠、恶心、呕吐、食欲不振等，严重者可导致肝肾损害
丙酮	无色、特殊气味液体	吸入蒸气	易与水、醇混溶。对皮肤、眼和上呼吸道有刺激，吸入后可引起头痛、头晕等神经衰弱症状
硝基苯	液体	吸入蒸气、皮肤接触	毒性较大，能影响神经系统，引起疲乏、头晕、呕吐、呼吸和体温变化，还能影响到血液、肝和脾。如大面积接触液体，可立即致死
苯并芘	固体	吸入、皮肤接触	强致癌物质，可致皮肤癌、肺癌、胃癌等
甲醛	无色、强烈刺激性气味气体	吸入	刺激皮肤、黏膜，引起皮肤干燥、干裂、皮炎及过敏性湿疹，眼部灼热感，流泪，结膜炎，咽喉炎，支气管炎等

1.3　我国化工废气排放现状及发展趋势

从产业革命时期开始，环境污染作为一个重大的社会问题受到世人的关注。产业革命的故乡英国伦敦市早在 1873 年发生了第一次煤烟型大气烟雾事件，导致 268 人死亡，后来又于 1880 年、1882 年、1891 年和 1892 年连续发生了一系列类似污染事件，导致成百上千人的伤亡。

进入 20 世纪，尤其是第二次世界大战之后，由于科学技术、工业生产、交通运输业的迅猛发展，特别是随着化学工业的强势崛起，工业分布过分集中，城市人口过分密集，环境污染逐渐由局部扩大到区域，由单一的大气污染扩大到大气、水体、土壤和食品等各个方面，酿成了不少震惊世界的公害事件。20 世纪 30～60 年代，在一些工业发达国家中发生了所谓的“世界八大公害事件”，其简介见表 1-2[9]。

其实，世界上大的污染事件远不止这些。但这八大事件均发生在国家工业化、城镇化快速发展时期，其发生过程及治理对策，均极具典型性和启示性。八大事件中有 5 起与化工废气相关。由此可以看出，化工废气的治理是环境污染治理的重中之重。

表 1-2　世界八大公害事件

事件	概况	主要原因
比利时马斯河谷烟雾事件	1930 年 12 月 1～5 日，该河谷地区大气烟雾笼罩，一周内数千人发病，63 人死亡	该地区集中了国家炼焦、炼钢、硫酸、化肥、发电等工厂，排出大量烟尘、SO_2 等，再加持续逆温层（无风）笼罩
美国多诺拉镇烟雾事件	1948 年 10 月 26～31 日，该小镇烟雾笼罩，全镇 14000 人中 10 天内就有 6000 人发病，20 人死亡	该小镇地处山谷中，又是硫酸、炼钢、炼锌等工厂集中地，排出大量烟尘、金属颗粒、SO_2 等，再加持续逆温层笼罩
英国伦敦烟雾事件	1952 年 12 月 5～9 日，该市烟雾笼罩，前 4 天死亡 4000 人，此后 2 个月又死亡 8000 人	伦敦时值冬季取暖并多个大电厂耗用燃煤，排出大量烟尘、SO_2 等，再加持续逆温层笼罩
美国洛杉矶光化学烟雾事件	仅 1955 年 9 月一次，该市由于大气中弥漫浅蓝色烟雾，短短两天内 65 岁以上老人就死亡 400 余人。此前及此后，曾多次发生	该市面临大海，三面环山，拥有密度最高的汽车及较多工业，排出大量的 NO、CO 和碳氢化合物，在低湿高温及强紫外线作用下，生成含 O_3、NO_x、乙醛等有毒烟雾
日本水俣病事件	1953～1968 年在日本水俣湾地区，大量出现神经受损患者。据 1972 年统计，重病者 1000 余人，死亡 206 人。实际远超此数	该地的日本氮肥公司向水体排放含汞废物，经水生生物食物链，转化为剧毒的甲苯汞，最后进入人体，破坏神经系统
日本富山事件	1955～1977 年，日本富山县发现许多人全身骨骼奇痛，而后畸形骨折，最终疼痛而死。据统计有 200 多人死亡	该地有多家锌、铅冶炼厂排放含镉废水污染水体，当地居民长期饮用含镉河水和含镉稻米所致
日本四日市烟雾事件	1955～1972 年，该市天空终日污秽不堪，哮喘病患者剧增。统计有患者 6376 人，死亡数十人	四日市以石油化工城著称，每日排放大量烟尘、SO_2 等，危害当地居民呼吸道所致
日本米糠油事件	1968 年 3 月起，日本九州、四国地区出现许多肝和皮肤病变患者。统计有患者 5000 余人，死亡 16 人及许多牲畜	九州在食用油厂生产时，因操作失误，导致米糠油中混入工艺中用作热载体的多氯联苯。人畜食用后中毒

中国环境状况公报显示，1998 年，我国大气环境污染仍然以煤烟型为主，主要污染物是二氧化硫和烟尘，酸雨问题仍然严重。近年来，城市空气质量总体上仍处于较重的污染水平，北方城市重于南方城市。化工废气污染最严重地区是兰州西固地区[10]，该地区烃类污染严重，这些烃类主要来自当地的炼油厂和石油化工厂，20 世纪 80 年代非甲烷烃浓度一般达到 3～4 mg/m^3，最高曾超过 10 mg/m^3。烃类是二次污染物光化学氧化剂的前体物之一。因此，在西固地区夏季经常出现 O_3 超标现象，严重时就发生了光化学烟雾。其他地区也有不少与该地生产相关的大气污染。

进入 21 世纪以来，随着能源结构调整，我国化工行业结合技术改造，结构调整，开发综合利用新技术、新工艺和新设备，化工废气的治理取得了显著成效。一些地区的化工废气污染得到控制和缓解。据统计，我国化工废气总量大约为 $5500\times10^8\ m^3/a$，其中工艺废气的总量为 $3000\times10^8\ m^3/a$。

化工废气，按照所含污染物性质大致可分为三大类：第一类为含无机污染物的废气，主要来自氮肥、磷肥（含硫酸）、无机盐等行业；第二类为含有机污染物的废气，主要来自有机原料及合成材料、农药、燃料、涂料等行业；第三类为既含有机污染物，又含无机污染物的废气，主要来自氯碱、炼焦等行业。化工工业主要行业废气排放情况见表1-3[9]。

表1-3　化工工业主要行业废气排放情况

行业	废气中的主要污染物	废气来源
氮肥	NO_x、尿素粉尘、CO、NH_3、SO_2、CH_4、尘	合成氨、尿素、碳酸氢铵、硝酸铵、硝酸
磷肥	氟化物、粉尘、SO_2、酸雾	磷矿石加工、普通过磷酸钙、钙镁磷肥、重过磷酸钙、磷酸铵类、氮磷复合肥、磷酸、硫酸
无机盐	SO_2、P_2O_5、Cl_2、HCl、H_2S、CO、CS_2	铬盐、二硫化碳、钡盐、过氧化氢、黄磷
氯碱	Cl_2、HCl、氯乙烯	烧碱、氯气、氯产品
有机原料及合成材料	SO_2、Cl_2、HCl、H_2S、NH_3、NO_x、有机气体、烟尘、烃类化合物	烯类、苯类、含氧化合物、含氮化合物、卤化物、含硫化合物、芳香烃衍生物、合成树脂
农药	Cl_2、HCl、氯乙烯、氯甲烷、有机气体、H_2S、光气、硫醇、三甲醇	有机磷类、氨基甲酸酯类、菊酯类、有机氯类等
染料	SO_2、H_2S、NO_x、有机气体	染料中间体、原染料、商品染料
涂料	芳烃、粉尘、乙酸乙酯、非甲烷总烃	涂料：树脂漆、油脂漆；无机颜料：钛白粉、立德粉、铬黄、氧化锌、氧化铁、红丹、黄丹、金属粉、华蓝
炼焦	CO、SO_2、H_2S、NO_x、芳烃	炼焦、煤气净化及化学产品加工

在化工企业中，炼油与石油化工过程是有机废气的排放大户。炼油厂和石化厂的加热炉和锅炉的不完全燃烧排放的燃烧废气，生产装置的不凝气、弛放气和反应中产生的副产品等过剩气体，废水和废弃物的处理和运输过程中发出的废气等是化工有机废气的主要来源。按照生产行业可以分为石油炼制废气、石油化工废气、合成纤维废气；按废气排放方式又可以分为燃烧燃气、生产工艺废气、火炬废气和无组织排放废气。由于石化企业生产装置规模大，其工艺废气的排放量和扩散范围也大，工艺废气需经过工业装置回收及处理后才可以作为尾气排入环境，污染物排放见表1-4[11]。

表1-4　石化工业废气主要污染物分类表

行业	废气名称	主要污染物	来源
石油炼制	含烃废气	总烃	工艺装置加热炉、烷基化尾气、污水处理隔油池、轻油和烃类气体的泄漏
	氧化沥青尾气	苯并芘	沥青装置
	燃烧烟气	SO_2、NO_x、CO、CO_2、尘	加热炉、锅炉、焚烧炉、火炬
	臭气	SO_2、硫醇、酚	油品精制、硫黄回收、脱硫、污水处理、污泥处理

续表

行业	废气名称	主要污染物	来源
石油化工	燃烧烟气	SO_2、NO_x、CO、CO_2、尘	裂解炉、加热炉、锅炉、焚烧炉、火炬
	工艺废气	烷烃、烯烃、环烷烃、醇、芳香烃、醚酮、醛、酚、酯、卤代烃、氰化物、卤化物	甲醇、乙醛、乙酸、环氧丙烷、苯、甲苯装置，乙基苯、聚丙烯、氯乙烯、苯乙烯、对苯二甲酸装置，顺丁橡胶、丁苯橡胶、丙烯腈、环氧氯丙烷装置
合成纤维	含烃废气	总烃	催化重整、芳烃抽提、常减压装置，轻油储罐
	燃烧烟气	SO_2、NO_x、CO、CO_2、尘	加热炉、锅炉、焚烧炉、火炬
	刺激性废气	甲醇、甲醛、乙醛、乙酸、环氧乙烷、己二腈、己二胺、丙烯腈、对苯二甲酸二甲酯	对苯二甲酸、对苯二甲酸二甲酯、己二胺、丙烯腈、聚丙烯腈装置，硫氰酸钠溶剂回收装置

根据中华人民共和国环境保护部2015年3月发布的《全国环境统计公报(2013年)》[12]：政府通过加大环境保护工作力度，着力解决突出环境问题，主要污染物总量减排工作扎实推进，大气污染防治取得新进展，但是环境形势依然严峻，环境风险不断凸显，污染治理任务仍然艰巨。

1.4　环境保护立法

我国是发展中国家，经济发展相对较为缓慢，从 20 世纪 50 年代初我国的自然环境便受到了污染和破坏。1973 年，第一次全国环境保护工作会议在北京召开，并通过了中国第一个环境保护文件《关于保护和改善环境的若干规定》。随后又颁布了《工业“三废”排放试行标准》（GBJ 4—73）和《工业企业设计卫生标准》（GBJ 36—79）（第三次修订）等环境标准。至 1979 年 9 月《中华人民共和国环境保护法》（试行）出台，我国空气环境质量标准工作获得又一突破性进展。

进入 80 年代后，我国又先后颁布了多个大气单项环境保护法规，逐步开展起全国性环境污染综合防治工作。1983 年 10 月 11 日城乡建设环境保护部发布实施《中华人民共和国环境保护标准管理办法》，对环境保护标准管理作出全面系统的规定。该办法将标准分为环境质量标准、污染物排放标准、环境保护基础标准和环境保护方法标准等 4 种。

至 1990 年底，我国先后制订的各种环境标准已经达到了 204 项。其中，有 12 项为环境质量标准，46 项为排放标准（含有行业排放标准）；另外，还有 146 项环境基础标准和技术方法标准。除此之外，在地方标准上，北京、上海、天津、辽宁、福建、重庆、黑龙江、包头、茂名等地均相继制订了地方环境标准。至此，我国环境标准体系基本建成，这也是我国空气环境质量标准的第三阶段或发展阶段。

1990 年，继硫氧化物、氮氧化物和氟利昂之后，挥发性有机化合物（VOCs）的污染成为世界各国关注的焦点。各发达国家不断修改法律，一再降低 VOCs 的排放浓度限值。当年，美国修正的《大气污染法》规定了 189 种 VOCs 的排放标准，欧洲共同体也于 1994 年建立了共同体内的 VOCs 的统一排放标准，并要求未立法的国家限期立法。2002 年日本颁布的《恶臭防治法》规定了 149 种 VOCs 的排放标准。由于上述原因，国外关于 VOCs 治理技术和装备的发展都很快。而我国只有《大气污染物综合排放标准》（GB 16297—1996）和《恶臭污染物排放标准》（GB 14554—1993），对十余种 VOCs 的排放作出了限定。

2000 年 4 月 29 日，第九届全国人民代表大会常务委员会第十五次会议通过实施了《中华人民共和国大气污染防治法》，阐明了“超标即违法”的思想，使得环境标准在环境管理中的地位得到进一步明确。1996 年 1 月 18 日，我国颁布实施了《环境空气质量标准》（GB 3095—1996），该标准又于 1996 年和 2000 年根据具体情况进行了两次修改。在室内环境问题上，国家质量监督检验检疫总局、国家卫生部和国家环境保护总局于 2002 年 11 月 19 日批准发布，于 2003 年 3 月 1 日起正式实施了《室内空气质量标准》。

2012 年，我国环境保护部正式颁布了《环境空气质量标准》（GB 3095—2012）。该标准的主要内容体现在三个方面：首先是调整了环境空气功能区的分类，扩大了对于人群的保护范围；其次增设了 $PM_{2.5}$ 的浓度限值以及臭氧 8 小时平均浓度限值，还收紧了 PM_{10}、二氧化碳、苯并芘和铅等的浓度限值；第三是调整了数据统计有效性的相关规定，不能选择性地取舍改变数据导致人为干预检测和评价结果。

面对严峻的大气污染状况，国家采取了一系列的措施进行治理。“十二五”国家大气污染防治规划将大气污染防治工作扩展至挥发性有机污染物，实行多污染联合控制。2010 年国务院办公厅转发《环境保护部等部门关于推进大气污染联防联控工作改善区域空气质量指导意见的通知》，将 VOCs 作为防控重点污染物，把开展 VOCs 防治作为大气污染联防联控工作的重要部分。2011 年将 VOCs 的污染防治列入“十二五”环保规划。2012 年在《重点区域大气污染防治“十二五”规划》中提出全面展开挥发性有机物污染防治工作。

我国 VOCs 排放的具体法规是《中华人民共和国大气污染防治法》，根据其第七条规定，制订了 GB 16297—1996《大气污染物综合排放标准》，并规定了 33 种大气污染物的排放限值、最高允许浓度、最高允许排放速率和无组织排放的监控浓度限制。该标准自 1997 年 1 月 1 日起开始执行。除了《大气污染物综合排放标准》外，还有若干行业排放标准共同存在[13]。例如有机物的限值如表 1-5 所示。

表 1-5　有机污染物的排放限值

有机污染物	现有大气污染源（mg/m^3）	新污染源（mg/m^3）	有机污染物	现有大气污染源（mg/m^3）	新污染源（mg/m^3）
苯	17	12	丙烯醛	20	16
甲苯	60	40	甲醇	220	190
二甲苯	90	70	苯胺类	25	20
酚类	115	100	氯苯类	85	60
甲醛	30	25	硝基苯	20	16
乙醛	150	125	氯乙烯	65	36
氯化氢	2.3	1.4	苯并芘	0.5×10^{-3}	0.3×10^{-3}
丙烯腈	26	22	非甲烷总烃类（溶剂类）	150	

2013 年后，随着 $PM_{2.5}$ 和雾霾这两个名词出现的频率越来越高，中国也在环境立法方面加快了进程。2013 年 9 月，国务院发布了《大气污染防治行动计划》（简称“大气十条”），提出经过五年努力，使全国空气质量总体改善，重污染天气较大幅度减少；京津冀、长三角、珠三角等区域空气质量明显好转。具体指标是：到 2017 年，京津冀、长三角、珠三角等区域细颗粒物浓度分别下降 25%、20%、15%左右，其中北京市细颗粒物年均浓度控制在 60 $\mu g/m^3$ 左右。

2014 年为落实《节能减排“十二五”规划》等要求，确保实现节能减排约束性目标，促使企业减少污染物排放，保护生态环境，国务院下发了《关于调整排污费征收标准等有关问题的通知》。这是对 2003 年颁布的《排污费征收使用管理条例》的第一次修订。

2015 年，为了进一步摆脱四面“霾”伏的困境，8 月 29 日，经过三次审议，十二届全国人大常委会第十六次会议通过新修订的大气污染防治法，修订后的大气污染防治法自 2016 年 1 月 1 日起施行，凸显从治标走向治本的立法思路。

截止到目前为止，我国的空气环境保护标准体系基础框架已大概完成，地方空气环境保护标准建设工作也开始起步。现阶段的空气环保标准要体现环境优化经济发展的思想。要通过环境保护标准来提高准入门槛，加大淘汰力度，同时要不断地探索环境保护标准如何与经济社会发展相协调，并能引领社会、科学与经济发展，促进环境保护。

1.5　化工废气的治理技术

化工有机废气（VOCs）污染控制技术的发展，很大程度上是与各个国家制定的环保政策密切相关。为了保持空气的质量，世界各国对于 VOCs 的排放都进行严格的控制，规定了排放的界限值，而且越来越严格。解决化工废气的污染问题，从根本上讲，是要提倡不用或者少用有机溶剂，或将有机溶剂回收后循环再利用。对于前者，目前各个国家都在制定相关章程，逐步实行有机溶剂减排的强制措施，以及开发不含有机溶剂的涂料。对于后者，在以空气作为载体的 VOCs 废气存在的情况下，要将有机溶剂最大限度地回收并循环再利用，在大多数情况下都有着一定的困难[14]。原因主要在于：首先，风量太大，浓度过低；其次，化工有机废气往往并非是单一组分，而是多组分的，很难回收，或者想要达到能再利用的纯度，在经济上几乎无法承受。因此，在多数情况下，只能采用破坏的方法，即将 VOCs 转化为无害的物质，再排入空气中。对企业来讲，要实现环保，必须要投资。因此，如何做到既环保（而且还要避免产生二次污染）又节能，而且经济合理，已经成为当前有机废气净化技术的发展方向。

含有机污染物废气的治理，可采用吸收、吸附、冷凝、催化燃烧、热力燃烧和直接燃烧等方法，或者上述方法的组合，如冷凝-吸附，吸收-冷凝等。欲选择合适的化工废气治理方法，必须综合考虑各方面的因素，权衡利弊，最后选择一种经济上较合理、符合生产实际、达到排放标准的最佳方案。

考虑的因素大致如下[15]：

（1）污染物的性质。例如，利用有机污染物易氧化、燃烧的特点，可采用催化燃烧或直接燃烧的方法，而卤代烃的燃烧处理，则需要考虑燃烧后氢卤酸的吸收净化措施。利用有机污染物易溶于有机溶剂的特点，以及与其他组分在溶解度上的差异，可采用物理吸收或化学吸收的方法来达到净化或提纯的目的。利用有机污染物能被某些吸附剂（例如活性炭）选择吸附或催化的原理，可采用吸附方法来净化有机废气。

（2）污染物的浓度。含有机化合物的废气，往往由于浓度不同而采用不同的净化方案。例如，污染物浓度高时，可采用火炬直接燃烧（不能回收热值）或引入锅炉或工业炉直接燃烧（可回收能量）。而浓度低时，则需要补充一部分燃料，采用热力燃烧或催化燃烧。污染物浓度较高时，也不宜直接采用吸附法，因为吸附剂的容量往往非常有限。

（3）生产的具体情况及净化要求。结合生产的具体情况来考虑净化方法，有时可以简化净化工艺。例如，锦纶生产的过程中，用粗环己酮、环己烷作为吸收剂，回收氧化工序排出尾气中的环己烷，由于粗环己酮、环己烷本身就是生产的中间产品，因而不必再生吸收液，令其返回生产流程即可。用氯乙烯生产过程中的三氯乙烯作为吸收剂，吸收含氯乙烯的尾气，也具有相同的优点。

（4）经济性。经济性是废气治理中一个最重要的方面，它包括设备投资和运转费两个方面。所选择的最佳方案应当尽量减少设备费和运转费。方案中，尽可能回收有价值的物质或热能，可以减少运转费，有时还可获得经济效益。

总之，各种净化方法都有自己的特点，也有其不足之处。要针对具体情况，取长补短，因地制宜地选择合适的净化方法。另外，对某一有机污染物治理的最佳方案，也不是一成不变的，它随着生产的发展而变化。例如，苯酐生产的尾气处理，随着苯酐工业的发展、规模的扩大，经历了一个由高烟囱排放到尾气中顺酐回收，从没有经济效益到经济上有效益的发展过程。因而，工业废气的治理方案是逐步完善和发展的，而不是一步到位的。

目前在有机废气的净化方面，已经开发了很多方法，并且已经在工业生产中获得了成功应用。若按照其原理，不外乎物理的、化学的、生物的净化方法，但也可以采用其他的分类方法[16]。①热力学方法。例如，冷凝、吸收、吸附和膜分离等（吸附和吸收可以是化学的也可以是物理的，但归入热力学范畴为佳）。②化学方法。例如，燃烧法，即氧化法（包括直接燃烧、热力燃烧、催化燃烧、蓄热式热力燃烧）。③生化方法（也称为生物降解法或生物催化法）。例如，生化过滤、生化洗涤和生化膜分离等。

就环保和经济性而言，如果 VOCs 的价值较高，而且有可能回收，则应尽可能地将其回收再利用。因此，从这个意义上讲，有机废气的净化方法也可以分为：①回收法，例如吸附分离法、冷凝法和膜分离法等；②转化法（也称破坏法），将 VOCs 转化为无害物质，即 CO_2 和 H_2O，例如，燃烧法和生化法等。

迄今为止，在工业上已经获得成功应用的有机废气净化方法主要有吸附法、吸收法、冷凝法、膜分离法、生化法和燃烧法。

1.5.1　吸附法

吸附操作的原理是使用固体吸附剂可选择性地与污染气体组分（吸附质）进行结合，再通过解吸过程回到气相中。吸附可分为物理吸附（范德华力）和化学吸附两大类，VOCs 废气的吸附通常采用物理吸附的方法来实现。

吸附法的优点在于可以吸附浓度很低（甚至痕量）的组分，经过解吸后的 VOCs 浓度会大大增加，因此可以从废气中通过除去溶剂蒸气分离来回收溶剂。除此之外，吸附法不需要水（进行的是固体吸附），因此不会产生废水，也不需要提供过多的能量，并且可以根据废气浓度的变化和卤代烃类及所含无机物挥发组分的种类进行调整。

吸附过程与很多因素相关，并且吸附剂/吸附质系统使得各个因素间的相互作用变化十分复杂，所以无法使用一条通用的吸附等温线方程式进行描述。影响吸附的因素主要有：比表面积、颗粒大小及分布、孔径大小及分布、晶格及结构缺陷、润湿性、表面张力、气相中分子的相互作用和吸附层中分子的相互作用等。因此，吸附剂的选择非常重要，通常来说，吸附剂要实现使用价值需具备以下条件[17]：①吸附剂要有良好的化学稳定性、热稳定性和机械强度。②吸附剂的吸附容量要大。吸附剂的吸附容量越大，吸附剂使用量越少，吸附装置就越小，投资也会降低。③吸附剂应有良好的吸附动力学性质。吸附达到平衡越快，吸附区域越窄，所设计的吸附柱越小。同时，可允许的空塔速度越大，相应的气体流量越大。④吸附剂要具有良好的选择性，使吸附效果较为明显，同时得到的产品的纯度也越高。⑤吸附剂要有很大的比表面积。⑥吸附剂要有良好的再生性能。在工业生产中，吸附剂的再生可以提高吸附法分离和净化气体的经济性和技术可行性，而且可以避免对废吸附剂的处理问题。⑦吸附剂应有较低的水蒸气吸附容量。原因在于脱附蒸气必须采用干燥再生的方法，这是在有机废气处理与回收过程中不希望出现的情况。⑧较小的压力损失。⑨受高沸点物质影响小。高沸点的物质在吸附后，很难被去除，它们会集聚在吸附剂中，从而影响吸附剂对其他组分的吸附容量。⑩吸附剂应与气相中组分不发生化学反应而造成损耗。

VOCs 净化处理中常用的吸附剂主要是活性炭或者活性焦炭，因其具有较大的比表面积，并且对于非极性物质有着很好的吸附能力，能很好地吸附有机溶剂。但是其对极性物质（如水）吸附性则很差，故可以很好地使用水蒸气进行再生的处理。可以使用水蒸气进行再生后回收溶剂的方法主要有如下三种：①溶于水的溶剂，例如丙酮、乙醇、四氢呋喃、二甲基甲酰胺等，可以使用蒸馏的方法进行回收。②部分溶于水的溶剂，例如甲乙酮、丁酮、醋酸乙酯、乙醇/甲苯等，可以先增浓或冷凝，再用蒸馏的方法进行回收。③不溶于水的溶剂，例如汽油、己烷、甲苯、二甲苯、氯代烃类等，可以使用相分离法进行回收。

常见的吸附剂特性如表 1-6 所示[18]。

表 1-6　常见吸附剂的特性数据

吸附剂	比表面积（m^2/g）	空隙体积（cm^3/g）	堆积质量（kg/m^3）
活性炭	1000～1500	0.5～0.8	300～400
活性焦炭	＞100	0.3～0.4	300～400
硅胶	600～800	0.3～0.45	700～800
分子筛	500～1000	0.25～0.4	600～900

吸附法通常用于对净化气质量要求特别高的场合，但在气体的处理量很大的情况下，投资费和操作费会很高。但多出的费用也可以通过回收有价值的溶剂进行补偿。一般而言，在工业上，当需要处理的废气流量特别大或浓度极低时，优先选择使用吸附法，吸附法的投资费和操作成本都很高，并且吸附剂使用一定时间后需要进行更换，因此，最好溶剂能够回收，降低其投资费用。

此外，在 VOCs 废气的净化中，吸附法常与其他方法进行联合使用，特别是吸附后仍未达到排放要求时，可先将有机废气浓缩，再通过燃烧氧化法进行最后的净化。

1.5.2　吸收法

与吸附法相似，吸收法也是常用的 VOCs 处理方法，在进行吸收操作时，所要分离的气体组分（吸收质）先与液相（吸收剂）进行结合，随后再通过解吸使吸收质返回到气相中。

同样与吸附相似的是，吸收法也分为物理法和化学法。物理吸收的过程中，气体的吸收是气体溶解于液体的过程。可以用来回收气体混合物中的某些组分，或者可以将废气中的某些有害组分通过吸收的方法去除，防止大气受到污染。物理吸收的缺点在于选择性弱且吸收量少。化学吸收法是用溶液、溶剂或清水与化工废气中的有害气体发生明显的化学反应，使其与废气分离的方法。常用的吸收剂有溶液、溶剂、清水，不同的吸收剂可以用来吸收不同的有害气体。

对于有机废气的净化，选择合适的吸收剂极为重要，对于吸收剂的要求主要有[19]：①具有较大的溶解度，并且对于吸收质有很高的选择性；②蒸气压尽可能低，避免导致二次污染；③吸收剂要便于使用、再生；④具有良好的化学稳定性和热稳定性；⑤不易氧化，能耐水解；⑥着火温度尽可能高；⑦毒性低，不会腐蚀设备；⑧价格便宜。

常用的吸收剂主要有如下几种：

（1）水。水是物理吸收中最常用的吸收剂。水蒸气是唯一允许以任意量进入大气的一种蒸气。由于水分子的极性，并且有优良的双极特性，因此可以与所有极性溶质分子相结合，对诸如乙醇、丙酮等有着非常好的吸收性能，但是对于纯碳氢化合物或卤代烃都很难吸收。

（2）洗油。许多洗油都是非极性的，可溶解非极性蒸气。例如，可以理想地吸收脂肪族碳氢化合物。但其缺点在于：尽管其蒸气压在吸收过程中不会导致太多的损失，但是经常会因此导致排放气体中含有的有害物质浓度超标。此外，洗油必须经过再生才能返回系统再次使用，会增加成本。

（3）乙二醇醚。在有机废气净化中也会使用乙二醇醚作为吸收剂，主要是聚乙二醇-二甲基醚（PEG-DME）。该吸收剂可以在 130℃下使用真空蒸馏进行解吸，并且对极性和非极性物质都具有比较强的吸收能力。

除此之外，若有机废气中含有有机酸、酚、甲酚时，可以使用碱液作为吸收剂；若有机废气中含有胺，可使用酸类作为吸收剂；若有机废气中含有乙醛，可使用氨水或亚硫酸盐溶液作为吸收剂；若有机废气中含有醇，可使用高锰酸钾溶液、过氧酸或次氯酸盐溶液。但是，对于含氯代烃类的有机废气，不能使用甲醇、丙酮或水进行吸收，通常使用 *N*-甲基吡咯啉（NMP）、硅油、石蜡和高沸点酯类等作为吸收剂。

吸收法常用于化工、医药、纺织、石油化工等领域的 VOCs 废气处理中，一般适用于小到中等的废气流量。吸收法的优点是[19]：①可应用于废气浓度高的场合（大于 50 g/m^3）；②吸收剂容易获得；③能够适应废气流量、浓度的波动；④能够吸收可聚合的有机化合物；⑤不易着火，不需要特殊的安全措施；⑥可以使用水作为吸收剂，节约成本。

与其优点相比，吸收法也有缺点，首先，投资费用一般比较大，吸收剂循环运转的操作费用也比较高。其次，如果废气中有机物并不是单一组分，需要添加很多的分离设备，并且难以再生利用。再次，如果采用水来作为吸收法的吸收剂，会产生废水而造成二次污染。但是如果用吸收法来回收溶剂，可以得到一些补偿，但也会增加回收装置的投资。

在工业上，吸收法大多应用于废气中无机污染物的净化，例如 HCl、SO_2、NH_3 和 NO_x 等废气吸收净化；仅有少数有机废气使用吸收装置净化，例如含有丙酮的废气以及三氯乙烯等有机物废气的净化。原因是前者可溶于水并容易被生物降解，因此可以将吸收液直接排入废水处理装置进行净化；后者是疏水性，用聚乙二醇/二甲醚作为溶剂，吸收液必须通过真空蒸馏法进行回收。

1.5.3 冷凝法

冷凝法是利用物质在不同温度下具有不同饱和蒸气压这一性质，采用降温、加压的方法使得处于蒸气状态的气体冷凝，从而与废气分离，以达到净化或回收的目的[20]。冷凝净化对有害气体的净化程度，与冷凝温度和有害成分的饱和蒸气压有关，冷凝温度越低，有害成分越接近于饱和，其净化程度就越高。通过提高压力可以明显地改善冷凝效果。因为蒸气的饱和蒸气压仅与温度有关，当总压提高时不会再升高。

废气通过冷凝之后可被净化，但是室温下的冷却水无法达到很高的净化要求，若想完全净化，需要降温、加压，但会导致处理难度增大、费用增加。因此，在工业上通常使用吸附、燃烧等手段与冷凝法联合使用，先进行高浓度有机气体的前期处理，以便达到实现降低有机负荷、回收有价值产品的目的。另外，冷凝净化一般只适用于空气中的蒸气浓度较高的情况，进入冷凝装置的蒸气浓度可以在爆炸极限上限以上，而从冷凝装置出来的蒸气浓度在爆炸极限的下限之下。在冷凝器中却会处在爆炸上限和下限之间，这是不利于安全的一个缺点。

冷凝法有一次冷凝法和多次冷凝法之分。前者大多用于净化含有单一有害成分的废气，后者可用于净化含有多种有害成分的废气或提高废气的净化效果。按照冷凝回收的冷却方法，冷凝法又可以分为直接法和间接法两种，直接冷凝法使用的是直接接触式冷凝器；间接冷凝法则使用的是表面式冷凝器，大多为间壁式换热器。在直接接触式冷凝器中，被冷却的气体与冷却液或冷冻液进行直接接触，有利于传热，但是冷凝也需要做进一步处理。气体吸收操作本身伴有冷凝过程，故几乎所有的吸收设备都能作为直接接触式冷凝器。常用的直接冷凝器有喷射器、喷淋塔、填料塔和筛板塔等。表面式冷凝器则通过间壁来传递热量，达到冷凝分离的目的，各种形式的列管式换热器是表面冷凝器的典型设备，其他还有淋洒式换热器、翅管空冷式换热器、螺旋板式换热器等。

必须指出的是：当有机废气在低温下冷凝时，其中所含的水分、CO_2 和其他组分会冻结，从而导致装置的部分堵塞并且影响传热效果，因此必须用加热的方法定期清除。此外，当使用冷凝法回收溶剂时，有机组分的浓度常处于爆炸浓度范围之内，因此对装置的安全等级要求极高。

因此，原则上只有当废气的处理量较小而可凝物质的浓度相对较高时，才可以使用冷凝法。如果使用空气或者水作为冷却剂，一般情况下是无法达到排放标准的，因此需要增加净化装置；在废气处理量大、浓度低的有机废气净化情况下，通常冷凝法通过与其他方法（如吸附、燃烧氧化）联合使用，冷凝法仅作为净化过程前的预处理工序，用来降低后续气体净化装置的投资和操作费用。有机蒸气的低温冷凝法，例如在某些化工厂和医药工业中对小气量、高浓度的有机废气进行处理时，用液氮作为冷却剂，温度在–100℃，甚至更低的条件下进行冷凝净化，既回收了溶剂，又可以使排放气体符合法规的要求。

1.5.4　膜分离法

膜分离法，也称渗透法，在有机废气净化中，是借载体空气和有机蒸气不同的渗透能力，或膜对气体混合物中分子的不同选择性而将其分开[21]。压力差、浓度差以及电位差会推动膜分离过程的进行，膜分离技术能以特定形式限制和传递流体物质的分隔，两相或两部分的界面是分离膜，膜可以是固态或者液态。

就气体渗透的分离机理而言，通常可区分为微孔膜、无孔膜。在微孔膜的情况下，按照气体分子运动理论，气体分子运动的平均自由程远比膜的孔径大，物质传递是通过 Knudsen 扩散实现的。分离效应取决于分子的质量，即小的分子容易通过，而大的分子被截留。因此，在有机废气的净化过程中，使用微孔膜是不合适的，这种膜截留的只是少量低浓度的挥发性有机物，其分子比空气的分子要大，通过膜的是大量空气，即要在高压、高压力损失条件下顺利通过膜。而在无孔膜的情况下，主要是膜对一定分子的选择性渗透，因此不只是扩散步骤，而且还有气体在膜表面的吸收，气体通过膜的扩散和气体在膜表面上的解吸三个步骤。用于气体渗透的半透膜一般会被要求膜的截留侧可以维持较高的压力，从而会导致很高的压力损失。因此，通常在工业上将膜尽可能做得薄，以及为保持其一定的机械稳定性，用多孔承载层作为支承底层。

在空气净化中，膜分离是一种高效的分离方法，装置的核心部件是膜元件。常用的膜元件有平板膜、中空纤维膜和卷式膜。平板膜的结构与板式换热器或板式过滤器相似，分离层膜涂在板的两侧，这样蒸气由板外向板内进行渗透，并且通过压力差使得膜紧贴在板面。中空纤维膜的结构类似于常见的管束换热器，管束两端与合成树脂浇铸的管板相连接，分离层膜可以涂在管束的内表面，也可以涂在管束的外表面。卷式膜组件是市场上使用最多最广泛的膜应用形式，其主要优点是填装密度大，使用操作简便，行业标准比较一致。

膜元件按照材料又可以分为无机材料、金属材料和高分子材料。目前高分子聚合物膜是使用最多的分离膜，通常使用纤维素类、聚酰胺类、聚砜类、含氟高聚物、聚酯类等材料制成。无机材料分离膜是近几年被新开发出来的材料，包括陶瓷膜、玻璃膜、金属膜和分子筛碳膜等。膜元件应该同时具有高的透气性和高的机械强度、化学稳定性以及良好的膜加工性能。

膜分离技术已经被成功地应用在 VOCs 的回收中，例如，回收芳香族和脂肪族碳氢化合物，含氯溶剂、酮、醛、酚、醇、腈、胺等大部分有机化合物；聚乙烯装置的尾气中回收烃类；聚氯乙烯生产过程中回收氯乙烯单体等过程。特别是石油化工生产中的尾气、排放气含有高浓度的有机化合物，过去通常使用火炬进行燃烧，会造成大量能源的浪费，而且净化不彻底，现在可以使用膜技术进行回收。但应当注意的是，在一定任务范围内使用膜分离法可以经济有效地回收 VOCs 废气，可以作为废气的净化预处理工序；若要达到符合环保法规所要求达到的标准，必须要联合使用其他方法进一步处理，例如联合吸附、生化和热力燃烧等方法。

1.5.5 生化法

生化法是指有机废气的生物降解处理法（又称生物法或生物催化法）。生物过滤器的发明最早可以追溯到 1957 年 R. D. Pomeroy 的专利（US-Patent No. 2793096）。生化法处理废气技术在 20 世纪 80～90 年代得到快速发展，荷兰和德国成为首批大规模使用生物技术处理废气的国家。目前欧洲生物净化气体装置已有超过 7500 座，其中一半装置都用来进行污水和堆肥臭气的处理。

生物法特别适合处理气量大于 17000 m^3/h、浓度低于 0.1%的气体，其特点在于操作条件易于满足，常温、常压、操作简单、低投资、高效率，并且有较强的抗冲击能力。控制适当的负荷和气液接触条件就可以使净化率达到 90%以上，尤其是在处理低浓度（几千 mg/m^3 以下）、生物降解性好的气态污染物时，更能显现其经济性，不会产生二次污染，可氧化分解含硫、氮的恶臭物和苯酚、氰等有害物质。但是生物法仍存在某些缺点：氧化速度较低，生物过滤占用空间更大，较难控制过滤的 pH 值，对难以氧化的恶臭气体净化效果并不明显。

因此，为了使得微生物能发挥作用，并且具有足够的有机废气降解速度，必须满足如下条件[22, 23]：①有机物是可以降解的，且能溶解于水；②废气的温度大约在 5～60℃；③废气中不含强烈生物毒性物质。

同时，根据废气中所含不同有机物组分，或多或少地要有许多菌种的参与，例如放线菌、真菌等。所有这些微生物均在水膜中，因此要求有机物必须能溶于水，方便被微生物捕获而降解。微生物在适宜的环境下，将有机物作为养分和能量而生存、繁殖，并被完全降解为 CO_2 和 H_2O。

常见的生物处理工艺包括生物过滤法、生物滴滤法、生物膜反应器、生物洗涤法和转盘生物过滤反应器。目前应用最广泛的是生物过滤工艺，已有的研究成果表明：生物过滤法对于众多 VOCs 和恶臭气体均具有良好的处理效果，并且为工艺的应用和优化提供了较好的理论指导。

在生物过滤器中，微生物附着在固体过滤材料上，有机废气从下部进入，通过这些过滤材料而先被吸着，最后被微生物氧化分解。生物过滤器常用的过滤材料有：各种不同的堆肥（树皮或残渣堆积物）、纤维/枯树的泥灰、木屑、椰壳纤维、泡沫玻璃和其他多孔材料、惰性添加物（熔岩灰、黏土和聚苯乙烯，或这些物质的混合物）等。一般而言，这些过滤材料中有足够的无机养分（如氮、磷等）供微生物生存。若过滤材料主要是由惰性材料组成，或当有机废气中所含有机物的浓度很高时，必须添加一定量的养分。按照目前使用生化法进行净化有机废气的情况来看，主要被应用于带强烈臭味气体的处理。

1.5.6 燃烧法

作为本书的重点，本节将介绍的是化工废气处理中最为常用的燃烧法。燃烧法通常用于脱除有毒气体蒸气，使之变成无毒、无害的物质，又被称为燃烧净化法。燃烧净化法仅能消除可燃的或在高温下能够分解的有毒气体，其化学作用主要是燃烧氧化，也在个别情况下发生热分解。燃烧净化法被广泛应用于有机溶剂蒸气及碳氢化合物的净化处理中，在废气中含纯碳氢化合物的情况下，会在燃烧过程中被氧化成二氧化碳和水蒸气，燃烧净化法也可以用于消除烟和臭味。当然，由于有机废气中有害组分的不同（例如，可以是纯碳氢化合物，含氮、氯、氟等烃类物质的废气）、浓度不同（有机物浓度可以由每立方米几毫克到几百毫克甚至更多）、燃烧过程温度的控制因素不同，以及燃烧方式不同等，可能会存在多种氧化反应和热分解反应。此外，燃烧过程始终伴随着热量产生，因此不同的热量回收和利用方法，也构成了不同类型的燃烧净化方法和燃烧净化装置。

一般而言，燃烧法适合于处理废气中浓度较高、发热量较大的可燃性有害气体（主要是指含碳氢的气态物质），燃烧温度一般在 600～800℃。燃烧法简便易行，可回收热能，但不能回收有害气体，高温下容易形成 NO_x 等二次污染物。

为了使燃料完全燃烧，必须要有适量的空气（即按照燃烧不同阶段供给相应的空气量）；足够的温度（要达到着火温度）；必要的燃烧时间（燃料在燃烧室中高温区的停留时间要超过燃烧所需的时间）；燃料与空气的充分混合。具体而言，从有机废气的来源和可燃物爆炸极限的角度来分析，有机废气净化技术中所处理的 VOCs 废气又可以按如下分类。

从有机废气的来源分类：①过程释放气。在生产过程中未反应的原料气、副产品气体以及为了安全生产必须排放的可燃气体（例如石油、天然气开采过程中设置的火炬装置）。这类过程释放气的特点是所含有机可燃物的浓度相对较高，大部分可以直接回收再利用或回收其热能。②排风气。由于生产过程中使用的有机物（特别是有机溶剂）不可避免地会通过挥发、泄漏而释放 VOCs，以及煤矿开采中的煤层气（俗称瓦斯，主要成分是甲烷），为了健康和安全生产的需要，必须使用风机将其通风排出。此类排风气的特点主要是所含有机可燃物的浓度相对较低，甚至极低，但是风量很大，由于主要成分是空气，因此有机物的回收或热能的利用都比过程气要难。

从可燃物的爆炸极限角度分类：①排风气 VOCs 浓度低于爆炸下限。②可爆炸的有机废气 VOCs 的浓度在爆炸浓度范围之内，随时可以着火。处理此类废气必须有相应的安全措施保障。③富气 VOCs 的浓度高于爆炸上限。这类废气由于其热值相对较高，因此可以直接作为燃烧使用。

就燃烧法而言，又可分为热力燃烧法、直接燃烧法和催化燃烧法。当废气中 VOCs 的含量很高时，可以把废气直接当作燃料来燃烧，所以称其为直接燃烧；而在热力燃烧和催化燃烧的情况下，所处理废气中可燃物的浓度太低，必须借助辅助燃料（如天然气等）来实现，故称为热力燃烧，也称后燃烧、无烟燃烧。严格意义上来说，有机废气净化中的催化燃烧也属于热力燃烧，但其通常无需辅助燃料，且具有催化反应特点（燃烧温度明显降低，燃烧产物选择性可控），而被单独分出。

1. 直接和热力燃烧法

直接燃烧又被称为直接火焰燃烧，它是把废气中可燃的有害组分当作燃料燃烧，因此这种方法只适用于净化高浓度的气体或者热值较高的气体。要想保持燃烧区的温度使燃烧持续进行，必须将散向环境中的热量用燃烧放热来补偿。若废气中的各种可燃气体浓度值适宜则可以直接燃烧。如果可燃组分的浓度高于燃料上限，混入空气后可以燃烧；如果可燃组分的浓度低于燃烧下限，则可以通过加入一定量的辅助燃料来维持燃烧。直接燃烧的设备，可以使用一般的炉、窑，把可燃废气当燃料使用，也可以用燃烧器。敞开式特别是垂直位置的直接燃烧器称为“火炬”。火炬多用于含有很少灰分的废燃料气。目前，各炼油厂、石油化工厂都设法将火炬气用于生产，回收其热值或返回生产系统做原料。例如将火炬气集中起来，输送到厂内各个燃烧炉或者动力设备，用来部分代替燃料，回收热值，或者将某些火炬气送入裂解炉，生产合成氨原料。只有在废气流量过大，影响生产的平衡时，自动控制进入火炬烟囱燃烧后排空。

一般而言，在工业应用中直接燃烧法将含有有机溶剂的气体加热到700～800℃，使其直接燃烧，进行氧化反应，分解为二氧化碳和水，废气与高温火焰的接触时间或废气在室内停留的时间一般为 0.5～1 s。在处理高浓度、小风量的有机废气时，具有效率高、构造简单、设备费用低、余热可利用的优点；缺点是燃烧热值较高，为回收热能，需高价的热交换器。

直接燃烧系统由烧嘴、燃烧室和热交换器组成。该燃烧装置随废气中所含氧气不同而有差异。当废气中含有充足的氧气，能满足燃烧所需时，不需要补充氧气的装置，反之则需要增设空气补给装置。为使燃烧系统达到最好的效果，要求烧嘴能形成稳定完全燃烧的火焰，废气与火焰充分接触，其燃烧面积应大，燃料的调节范围应广。化工企业排出的废气往往是含有多种有机溶剂的混合气体，在废气浓度接近爆炸下限的高浓度场合，从安全上考虑，需要空气稀释到混合溶剂爆炸下限浓度的 1/5～1/4，才能进行燃烧。燃烧法处理含有可燃物的废气时，要注意保证安全。燃烧炉通常要采用负压操作；将废气中可燃物的含量控制在爆炸下限25%以下（直接燃烧法除外）；设置阻火器，以防回火；严格执行安全操作规程；配置监测报警系统。

碳氢化合物等废气，在较高温度下才能完全燃烧，同时也产生光化学烟雾物质 NO_x，而 NO_x 的产生与燃烧品种、燃烧温度、装置机构和燃烧时所需空气量等有关，其中最重要的是燃烧温度。因此为避免产生 NO_x，直接燃烧中应控制温度在800℃以下。

对于余热的综合利用，采用直接燃烧法处理废气，燃烧炉处理后的燃烧气体温度为500～600℃，除用于排出废气的预热外，还可对烘干室和锅炉等的热源进行有效的综合利用。燃烧过程的热量能否回收利用，是燃烧法是否经济合理的关键因素。热能回收常见方法如下：①从燃烧炉出来的热净化气与废气进行热交换，提高待处理废气的初始温度，这样就可以节约辅助材料；②部分循环热净化气使燃烧净化后的气体部分循环，作为温度较低的加热介质，可以回收部分热量；③将热净化气用于蒸馏塔的再沸器、废热锅炉产生蒸汽等其他需要热的地方。

2. 催化燃烧法

催化燃烧法，也称为触媒燃烧法或触媒氧化法，由于采用催化剂可以降低有机物氧化所需的活化能，并提高反应速率，从而可以在较低的温度下进行氧化燃烧，使得有机物转化为无害物质。在催化燃烧时，使用铂、钯、钴、铜、镍等作为催化剂，将含有有机废气加热到200～300℃，通过催化剂层，在相对较低的温度下，达到完全燃烧[24]。此法能显著地降低辅助燃料的费用，甚至完全不用辅助燃料，热能消耗少，是除去烃类化合物的最有效的方法；适用于高浓度、小风量的废气净化。缺点是表面异物附着易使催化剂中毒失效，催化剂和设备价格较贵。

催化燃烧系统由催化元件、催化燃烧室、热交换器及安全控制装置等部分组成。其系统主要部件即催化元件，外面由不锈钢制成框架，里面填充表面负载有催化组分的载体，其催化剂一般使用钯、铂等贵重金属。而载体具有各种形状，有网状、球状、柱体及蜂窝状等，其载体材料为镍、铬等热合金及陶瓷等。要求催化剂载体具有机械强度高、气阻小、传热性能好等特点。

燃烧装置由管路将含有可燃性物质的废气引入预热室，将废气预热至反应起始温度，经预热的有机废气通过催化剂层使之完全燃烧，氧化燃烧生成无害的热气体，可进入热交换器和烘干室等作为余热综合回收利用。

废气中有机溶剂含量增加1 g/m^{3}时，燃烧后温度将提高20～30℃。废气浓度过低，燃烧效果较差。而浓度过高，燃烧热量大，温度高将导致催化剂烧结破坏，降低催化剂使用寿命。因此，废气中的有机物含量宜在10～15 g/m^3。

在考虑催化装置时，必须注意如下三个参数：①空速。即每小时、每立方米催化剂的废气处理量，这个数值决定了装置的尺寸，通常空速控制在10000～20000 Nm^3/（m^3·h），对于难以分解的有机物，可以降低空速到5000 Nm^3/（m^3·h）。②温度。温度的高低主要取决于空速以及需要脱除的有机物的性质，应当确保有机物的完全氧化，一般将温度控制在200～450℃范围内。③压降。气速的大小、催化剂的形状，以及结构和床层高度决定了压降的大小，对于颗粒状的催化剂，其压降一般在10 kPa/m；而蜂窝状催化剂的压降大约为1 kPa/m。为了保证通过催化剂床层时具有良好的气体分布，必须有一定的压降；但从节能要求来看，压降应尽可能低；过高的压降还将对上游单元的生产造成影响。

废气的成分复杂，起始燃烧温度随废气成分不同而有所差异。预热温度过低，不能进行催化燃烧；预热温度过高，浪费能源。因此，在设计和选用时应首先确定废气的成分。例如二甲苯、甲苯类处理温度为250～300℃，而乙酸乙酯、环己酮等有机溶剂预热温度为 400～500℃。催化燃烧法在处理废气的可燃性物质时，可在较低温度下实现燃烧是其优点，但最大的缺点是必须注意催化剂的中毒。对于催化剂的中毒，在催化氧化法的场合，从广义来讲以下物质均能抑制催化剂的活性作用。在汞、铅、锡、锌等的金属蒸气和磷、磷化物、砷等存在时，随使用时间的延长，这些物质覆盖在催化剂表面，催化剂将失去活性。这类中毒情况的催化剂需经再生处理。卤素（氟、氯、溴和碘）和大量的水蒸气存在时，催化剂活性暂时衰退；当这些物质不存在时，其活性在短期内即可恢复。尘埃、金属锈、煤灰、硅和有机金属化合物等覆盖在催化剂表面上，影响废气中的可燃物与催化剂表面接触，从而使活性降低。可采用中性洗涤剂清洗或烧掉覆盖物，当用以上方法反复进行处理，其活性还不能恢复时，该催化剂必须进行再生处理。当树脂状的有机物黏附在催化剂上而碳化，由于碳覆盖在催化剂表面使活性降低，此时需进行热氧化处理，烧掉积碳而使催化剂再生。

相同废气处理负荷下，催化燃烧法和直接燃烧法的比较如表 1-7 所示[24]。

表 1-7 直接燃烧法和催化燃烧法相关参数比较

燃烧法	催化燃烧法	直接燃烧法
处理风量	5000 m^3/h	5000 m^3/h
处理浓度	2000 mg/m^3	2000 mg/m^3
有机废气温度	25℃	25℃
加热形式	天然气	天然气
燃烧器装机量	10 m^3/h	40 m^3/h
起燃温度	250℃	760℃
加热时间	45 min	90 min
加热时耗气量	7.5 m^3	60 m^3
燃烧时耗气量	无	25 m^3/h
每年多耗加热费用	无	30 万元
催化剂	有	无
催化剂每年消耗费用	6 万元	无
占地面积	24 m^2	50 m^2
净化率	95%～99%	95%～99%
排气温度	120℃	200℃

1）选择性催化燃烧法

在实际的化工反应中大多进行的并不是简单反应，而是复合反应，即在反应系统中同时发生两个或两个以上的化学反应。最为常见的是平行反应和连串反应。

平行反应是指反应物同时进行≥2 个反应。例如，A 同时生成 B 和 C。

连串反应是指产物进一步反应生成另一种物质，例如，A ⟶ B ⟶ C。

为了确定反应中某种产物的产量，化学中添加了选择性这一个定义。选择性（selectivity）指给定反应物中某一产物的生成量与已转化的原料量的比。例如，对反应 A ⟶ B+C 中产物 B 的选择性（S_B）可以表达为：

$$S_B(\%) = \frac{N_B}{N_{A0} - N_A} \times 100\%$$

式中，N_{A0}（mol）和 N_A（mol）分别是反应物 A 的初始量和剩余量；N_B（mol）为目标产物 B 的生成量。

针对一些含氮的挥发性有机物（如丙烯腈废气等），由于氧化过程有生成 NH_3、N_2O、NO、NO_2 等二次污染物的风险，提高 CN^- ⟶ N_2 的选择性就显得尤为必要。Nanba 等[25, 26]以 Cu-ZSM-5 作为催化剂在富氧条件下处理 200 ppm①的丙烯腈废气，测试结果显示出 100%的丙烯腈转化率与 80%以上的氮气选择性，由电子顺磁共振（ESR）谱图可以观察到三种类型的 Cu^{2+}（平面正方形，四方锥和变形的方锥）。然而，只有平面正方形 Cu^{2+}被证明是有利于提高 C_2H_3CN 转化率以及 N_2 选择性。李淑莲和李时瑶等[27]研究了贵金属 Pd、Pt、Cu-Mn 氧化物和沸石对丙烯腈的催化作用，实验结果显示以 Cu-Mn 为活性组分、ZrO_2 为助剂的催化剂具有较低的起活温度（T_{50}=229℃，T_{90}=240℃）与较高的氮气选择性。

张润铎等研究了钙钛矿氧化物对丙烯腈的催化脱除能力，研究发现钙钛矿复合氧化物的催化性能主要由钙钛矿中的 B 位金属元素决定，而 A 位金属主要起到稳定钙钛矿结构的作用。通过合成不同 B 位钙钛矿 $LaBO_3$（B=Fe、Cr、Mn、CO）和 La_2CuO_4，发现丙烯腈转化率由高到低依次是 $LaCoO_3$≈$LaMnO_3$＞La_2CuO_4＞$LaFeO_3$＞$LaCrO_4$。在氮气选择性方面，La_2CuO_4 在 350℃时能达到最高的 83%的氮气产率，远远超其他 B 位元素形成的钙钛矿催化剂[28]。

与之类似，在氯代烃（CVOCs）的催化燃烧反应中，会产生 HCl 和 Cl_2，HCl 相对于 Cl_2 更容易被回收处理，因此，希望有机物中的氯更多地转化为 HCl 的形式。Aranzabal 等[29, 30]通过研究提出，以 1,2-二氯乙烷为例，催化氧化的机理是 1,2-二氯乙烷吸附在催化剂活性位上并分解成为氯乙烯和 HCl，氯乙烯再与氧气反应，生成 CO_2、CO、H_2O 和 HCl，其中 Cl_2 通过 Deacon 反应由 HCl 氧化而来。因此，控制 Cl_2 产生的关键是在连串反应中控制反应步骤停留在 Deacon 反应之前。

当使用贵金属 Pt、Pd 催化剂作为活性组分，同时用非活性氧化物如 Al_2O_3、TiO_2 和 SiO_2 以及分子筛甚至钙钛矿来作为载体进行活性组分负载制备的负载型催化剂进行催化时，可以看到 Pt 和 Pd 表现出了不同的性能特征。对于直链氯代烃

① ppm，parts per million，10^{-6} 量级

（如二氯甲烷和三氯乙烯）而言，Pd 的活性高，但是会生成副产物 CO 和 Cl_2；而 Pt 对于目的产物 HCl 和 CO_2 的选择性更好。Lopez-Fonseca 等[31]研究了二氯甲烷和三氯乙烯在 BEA 和 PdO/BEA 催化剂上催化燃烧的活性。研究发现 PdO/BEA 催化剂比 BEA 催化剂表现出了更好的催化性能。PdO 的加入提高了催化剂对于 CO_2 的选择性，但也导致了 Cl_2 的大量产生。

与贵金属催化剂相比，当使用非贵金属氧化物催化剂时，活性略逊于贵金属，Tseng 等[32]研究发现 $MnO_x/\gamma\text{-}Al_2O_3$ 催化氧化氯乙烯时有 400～600℃的很宽的窗口，但氯化氢和氯气都是主要产物。同时，还有少量含氯有机中间产物，氯选择性很差。张润铎等以一氯甲烷作为探针进行了 SBA 分子筛负载活性组分催化燃烧活性的评价[33]。研究发现，掺铝改性介孔分子筛有利于一氯甲烷催化燃烧脱氯，虽然 Ce/Al-SBA-16 体现了较优的催化燃烧活性，但是由于副产物 Cl_2 和 CO 会大量生成，在整体上反而不如 Co/Al-SBA-16。

2）流向变换法

反应器周期性流向变换操作的概念最早由 Cottrell 等于 1938 年提出，并在美国申请了相关专利[34]，但是直到 20 世纪 70～80 年代，才由 Boreskov 和 Matros 对该操作概念进行系统性的数学描述[35]，将其用于相应的工业反应装置。随后，该反应器操作概念受到了国内外各研究小组和学者的广泛关注，被认为是替代目前定态操作技术的理想选择。

流向变换催化燃烧反应器是一种绝热式固定床反应器，在达到良好绝热状态的反应管中装填有催化剂颗粒，物料气流从反应管的一端进入反应器，在催化剂表面发生非均相催化反应，产物尾气沿着反应器轴向从另一端流出。在流向变换催化燃烧反应器的操作过程中，反应器内的气流方向在阀门的控制下发生周期性切换，其基本操作流程如图 1-1 所示[36]。

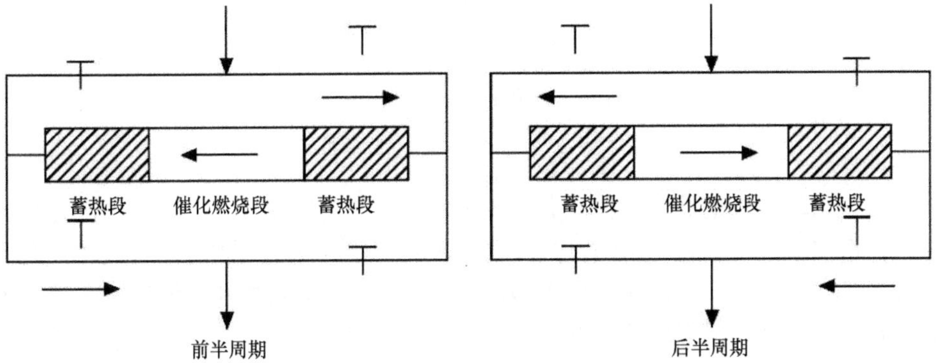

图 1-1　流向变换催化燃烧反应器的工作流程

随着反应器内流向的不断切换，当反应器达到某种相对的稳定状态时，反应器内会形成不断移动的“钟”形温度分布，如图 1-2 所示[37]，人们形象地将其称之为“热波”（heat wave）。达到此状态后，在相邻两个周期内相对应时刻，床层内的温度分布几乎相重合，该反应器状态即通常所说的“拟稳态”（pseudo steady state，PSS）。反应器入口和出口两侧的轴向温度梯度趋于相同，温度分布根据反应器中心对称。由于采用了人为的非定态操作，相较于传统定态操作的固定床反应器，流向变换催化反应器表现出如下两大优势：其一，充分利用催化床层本身巨大的蓄热能力和较高的气固表面换热效率，实际上使该反应器成为蓄热换热器和催化反应器的结合体，因此在入口反应物浓度较低、整体反应放热程度较弱的情况下也能维持反应器的自热操作，极大地拓宽了对原料气的适应性；其二，由于反应器内气流方向的周期性切换，在床层内形成两边低、中间高的温度分布条件，当进行可逆的放热反应时，有利于突破传统定态操作下的平衡限制，提高反应物的转化率和产物的选择性，从而提高整体反应效率。

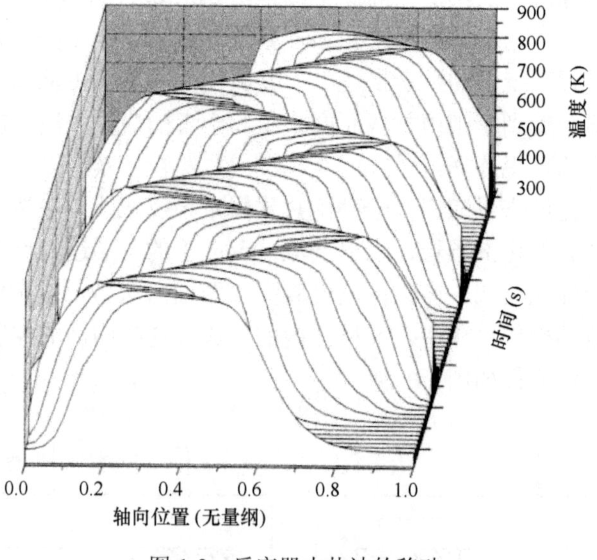

图 1-2 反应器内热波的移动

大体上，可以把处于这种流向变换操作方式的反应器分为三区：中部为反应区，两端实质上是交替使用的蓄热式固定床换热器。反应物浓度、空速和换向周期等凡是能够影响一个周期内反应器热平衡的因素，都可能显著地影响反应段的温度水平。通常，反应段的温度水平随反应物浓度升高而上升，随周期延长而下降。空速的影响则有两种不同的情况，当反应物浓度较低时，空速的升高既增加了单位体积催化床层内反应物的总量和发热量，也强化了热量输出。如果前者超过后者，反应段的温度水平将上升，否则将会下降。研究得到的关于可操作域、“飞温”和“熄火”的信息表明：换向周期能有效控制反应段温度水平，因而可在相当宽的变化范围内调节反应总量，又很容易人为地改变操作参数。

表 1-8 中列出了国内外利用流向变换催化反应技术治理废气的部分研究成果[38]。

表 1-8　流向变换催化反应技术研究成果

反应体系	研究成果	参考文献
有机废气处理（Pd 催化剂）	净化率达 99%以上	[39]
有机废气处理（Pt 催化剂）	低浓度自热操作	[40]
甲烷催化燃烧	低温自热操作	[41]
甲烷氧化及甲烷水蒸气重整反应	小型实验研究	[42]
甲烷部分氧化	选择性提高	[43]
甲醇合成	低温自热操作	[44]
甲醇合成	低温低浓度自热操作	[45]
SO_2 强制动态氧化	低浓度自热操作	[46]
SO_2 氧化（中间移热）	中试试验	[47]
丙烯腈尾气净化处理	小试和中试试验研究	[48]

综上所述，固定床催化反应器流向变换强制周期操作具有如下特点：

（1）适用于处理低温、低浓度的气体。由于气、固两相体积热容相差很大，这样操作时会形成一个沿轴向缓慢移动的热波，其温升可以明显高于绝热温升。若在热波还未移出床层之前改变反应混合物的流向，可将有限的反应热几乎全部积蓄在床层内，即使进料温度和浓度都很低，反应也能自热进行。

（2）降低设备的金属消耗量和能耗。与传统定态操作的催化反应器相比，这种催化反应器既是反应的加速器（利用了催化剂的活性表面），又是蓄热式换热器（利用了催化剂床层与惰性填料巨大的热容量和外表面），因而反应装置流程的集成度高，通常可以省去定态操作时采用的原料预热器和中间换热器，并降低了传热热阻。

（3）对输入参数波动不敏感。由于气固两相的热容量相差很大，使这一过程的抗干扰能力较强，即使原料气浓度和速度在一定范围内频繁波动，系统也能维持正常操作。

（4）对于可逆放热反应可克服平衡限制，达到很高的转化率。由于周期性地切换反应物流向，在床层中将形成一个中央高、两端低的轴向温度分布，而这种温度分布非常接近于可逆放热反应的最佳操作温度曲线，因此，即使采用一段床层，也能得到很高的转化率。

基于上述特点，从 20 世纪 80 年代末至今，流向变换催化燃烧反应器相关的研究始终是化学反应工程领域的热点之一。由于流向变换催化反应技术将预热、反应和热量回收三个部分集成在一个设备内，从而使其特别适合于处理浓度较低，并且浓度、温度和流量通常波动频繁的工业废气。该反应器概念不仅被应用于VOCs 净化、NO_x 脱除、甲烷部分氧化制氢、甲醇合成制取合成气、合成氨、邻二甲苯部分氧化制苯酐和苯乙烷脱水制苯乙烯等反应体系，而且根据此反应器操作技术的理念，分别发展出了反应器网络和吸热-放热反应耦合反应器的概念，极大地拓宽了化学反应工程的理论体系。

参 考 文 献

[1] 〔苏〕格鲁什科 R M. 大气中工业排放有害有机化合物手册[M]. 张宏才, 译. 北京: 中国环境科学出版社, 1990.
[2] Annion A M. Global Environment [M]. Longman, 1997.
[3] 陈英旭. 环境学[M]. 北京: 中国环境科学出版社, 2001.
[4] Jensen L K, Larsen A, Molhave L, et al. Health evaluation of volatile organic compound (VOC) emissions from wood and wood-based materials[J]. Archives of Environmental Health, 2001, 56(5): 419-432.
[5] 陆震维. 有机废气的净化技术[M]. 北京: 化学工业出版社, 2011.
[6] 陈华进. 含氰废水处理方法进展[J]. 江苏化工, 2005, 41(19): 39-43.
[7] 童志权, 等. 工业废气净化与利用[M]. 北京: 化学工业出版社, 2001.
[8] 童志权, 王京钢, 童华, 等. 大气污染控制工程[M]. 北京: 机械工业出版社, 2006.
[9] 黄岳元, 保宇. 化工环境保护与安全技术概论[M]. 北京: 高等教育出版社, 2014.
[10] 朱利中. 环境化学[M]. 杭州: 杭州大学出版社, 1999.
[11] 朱世勇. 环境与工业气体净化技术[M]. 北京: 化学工业出版社, 2001.
[12] 中华人民共和国环境保护部. 全国环境统计公报(2013 年)[R]. 2015.
[13] 国家环境保护局科技标准司. 大气污染物中综合排放标准详解[M]. 北京: 中国环境科学出版社, 1997.
[14] 国家环境保护局科技标准司. 污染控制技术指南[M]. 北京: 中国环境科学出版社, 1996.
[15] 李立清, 宋剑飞. 废气控制与净化技术[M]. 北京: 化学工业出版社, 2014.
[16] 马建锋, 李英柳. 大气污染控制工程[M]. 北京: 中国石化出版社, 2013.
[17] 吴永文. VOCs 污染控制技术与吸附催化材料[J]. 离子吸附与交换, 2003, 41: 51-53.
[18] 李海龙. 吸附法净化有机废气模型与实验研究[D]. 长沙: 湖南大学, 2007.
[19] 吴文锋. VOCs 处理技术研究与展望[J]. 城市建设, 2010, 36(22): 49-51.
[20] 唐云雪. 有机废气处理技术及前景展望[J]. 湖南有色金属, 2005, 17(13): 22-25.
[21] 邢巍巍. 有机废气的净化处理技术[C]. 中国环境科学学会 2010 年学术年会, 北京, 2010.
[22] Groener K, Ulrich M. Huette Umweltshutztechnik[M]. Springer Verlag, 1999.
[23] 左立, 刘均洪, 吴汝林. 生物降解有机卤化物[J]. 化工科技, 2002, 10(6): 33-35.
[24] 范恩荣. 催化燃烧方法概论[J]. 煤气与热力, 1997, 17(4): 32-35.
[25] Nanba T, Masukawa S, Ogata A, et al. Active sites of Cu-ZSM-5 for the decomposition of acrylonitrile[J]. Applied Catalysis B: Environmental, 2005, 61(3): 288-296.
[26] Nanba T, Masukawa S, Uchisawa J, et al. Mechanism of acrylonitrile decomposition over Cu-ZSM-5[J]. Journal of Molecular Catalysis A: Chemical, 2007, 176(1): 130-136.

[27] 李淑莲, 李时瑶, 吴春田, 等. 净化丙烯腈废气催化剂的研究[J]. 催化学报, 1997, 18: 207-211.

[28] 肖然. 复杂性钙钛矿催化剂上丙烯腈催化燃烧的研究[D]. 北京: 北京化工大学, 2015.

[29] Aranzabal A, Gonzalez-Marco J A, Ayastuy J L, et al. Kinetics of Pd/alumina catalysed 1,2-dichloroethane gas-phase oxidation[J]. Chemical Engineer Science, 2006, 61: 3564-3576.

[30] Aranzabal A, Ayastuy J L, Gonzalez-Marco J A, et al. The reaction pathway and kinetic mechanism of the catalytic oxidation of gaseous lean TCE on Pd/alumina catalysts[J]. Journal of Catalysis, 2003, 214: 130-135.

[31] Lopez-Fonseca R, Gutierrez-Ortiz J, Gutierrez-Ortiz M. Catalytic combustion of chlorinated ethylenes over H-zeolites[J]. Journal of Chemical Technology and Biotechnology, 2002, 78: 15-22.

[32] Tseng T K, Chu H, Hsu H H. Characterization of γ-alumina-supported manganese oxide as an incineration catalyst for trichloroethylene[J]. Environmental Science & Technology, 2003, 37(1): 171-176.

[33] 石兆源. 一氯甲烷在介孔分子筛上催化燃烧的探究[D]. 北京: 北京化工大学, 2015.

[34] Frederick G, Cottrell W D C. Purifying gases and apparatus[P]. U. S. 2171733, 1938.

[35] Boreskov G K, Matros Y U S. Unsteady-state performance of heterogeneous catalytic reactions[J]. Catalysis Reviews, 1983, 25 (4): 551-590.

[36] 牛学坤, 陈标华, 李成岳, 等. 流向变换催化燃烧反应器的可操作性[J]. 化工学报, 2003, 9: 1235-1239.

[37] Ben-Tullilah M, Alajem E, Gal R, et al. Flow-rate effects in flow-reversal reactors: Experiments, simulations and approximations[J]. Chemical Engineering Science, 2003, 58 (7): 1135-1146.

[38] 张佳瑾. 低浓度甲烷流向变换催化燃烧实验研究及模型化[D]. 北京: 北京化工大学, 2012.

[39] Borekov G K, Matros Y U S. Unsteady-state performance of heterogeneous catalytic reactions[J]. Catalysis Reviews, 1983, 25(4): 551-590.

[40] 牛学坤. 流向变换催化燃烧空气净化过程的模拟化研究[D]. 北京: 北京化工大学, 2003.

[41] Salomons S, Hayes R E, Poirier M, et al. Modelling a reverse flow reactor forthe catalytic combustion of fugitive methane emissions[J]. Computers Chemical Engineering, 2004, 28(9): 1599-1610.

[42] Van Sint Annaland M, Scholts H A R, Kuipers J A M, et al. A novel reverse flow reactor coupling endothermic and exothermic reactions. Part I: Comparison of reactor configurations for irreversible endothermic reactions[J]. Chemical Engineering Science, 2002, 57(5): 833-854.

[43] Neumann D, Veser G. Catalytic partial oxidation of methane in a high-temperature reverse-flow reactor[J]. AIChE Journal, 2005, 51(1): 210-223.

[44] Neophytides S G, Froment G F. A bench scale study of reversed flow methanol synthesis[J]. Industrial & Engineering Chemistry Research, 1992, 31(7): 1583-1589.

[45] 陈晓春, 李成岳. 流向变换强制周期操作合成甲醇[J]. 现代化工, 2000, 7: 43-45.

[46] 吴慧雄, 李成岳. 二氧化硫强制动态氧化过程的模型化(Ⅳ)——模型参数的修正与单级反应器的性能预测[J]. 化工学报, 1999, 1: 31-38.

[47] 王辉, 肖博文, 袁渭康. 中间移热式非定态 SO_2 转化器(Ⅱ)——两点移热式转化器的控制策略[J]. 化工学报, 1998, 4: 455-461.

[48] 韦军, 孙欣欣, 张金昌, 等. 丙烯腈尾气流向变换催化燃烧的实验研究[J]. 化学反应工程与工艺, 2005, 3: 199-204.

第 2 章　化工废气净化催化剂

2.1　贵金属催化剂

贵金属催化剂是指能改变化学反应速率而本身又不参与反应生成最终产物的贵金属材料。近年来，随着贵金属领域的发展，金（Au）、银（Ag）、铂（Pt）、钯（Pd）、钌（Ru）、铑（Rh）、铱（Ir）等贵金属独特的催化活性被人们认识，并得到广泛的应用，它们更被称为“现代工业的维他命”。贵金属催化剂的催化活性高、耐高温和腐蚀、抗氧化能力强等优点，有利于加氢、脱氢、氧化、还原、异构、裂化等反应，广泛用于化工、石油、医药及新能源、汽车尾气净化、天然气催化燃烧等领域。几乎所有的贵金属都可以用来制备催化剂，其中铂、钯、钌、铑、金、银、锇、铱八类金属是最常用贵金属，而其中铂、钯、钌、铑、锇、铱的性质接近，被称之为铂族金属；在这些铂族金属中，铂、钯和铑的应用价值最大。

多相贵金属催化剂中贵金属以颗粒状高分散于载体上，例如，负载于金属氧化物或分子筛等载体之上，这样可以结合两种材料的不同性质而得到性能更好的催化剂，例如 Ag/TiO_2。TiO_2 本身具有较高的光催化活性，但在很多反应中也存在一定的局限性；然而，将具有一定催化活性的 Ag 沉积在 TiO_2 表面所制备的催化剂，能够有效分离光生电子与空穴，降低还原反应（质子的还原，溶解氧的还原）的超电压，可大大提高催化剂的活性。贵金属由于价格昂贵，所以在制备过程中尽量减少贵金属的用量以降低成本，而负载型贵金属催化剂正好解决了这一问题，并具备以下几个特点：①以高度分散的纳米颗粒形态附着于载体上，分散性好，比表面积高，减少了贵金属用量，降低了催化剂成本；②催化剂中贵金属可重复利用；③载体的引入为贵金属的稳定性和安全性提供了保障。

2.1.1　贵金属催化反应的影响因素

影响贵金属催化剂性能的因素很多，包括载体的选择、制备方法、比表面积和颗粒尺寸以及催化剂活性中心结构等。

1. 制备方法

制备贵金属催化剂有许多方法，大致分为物理方法和化学方法。物理方法包括微波合成法、等离子法、惰性气体蒸发法、机械粉碎研磨法（球磨法）、超声波粉碎法、金属电极间电弧放电法等[1]。化学方法包括沉淀法、溶胶-凝胶法、浸渍法、离子交换法、微乳液法、水解法、光化学还原法、化学蒸气沉积法等；不同的制备方法对催化剂的结构、活性组分的状态和催化反应性能等产生较大的影响。

2. 载体的选择

用于净化挥发性有机化合物的催化剂，主要是由催化剂载体、催化活性组分和助催化剂构成。催化剂载体的选择相当重要，因为催化反应通常发生在催化剂表面，所以催化剂载体必须具备很高的比表面积来负载活性组分，优良的载体不仅可以使催化剂拥有较高的比表面积，以减少活性组分的使用量；同时，还使催化剂具备很好的机械强度、热稳定性和反应活性。常用的载体主要有金属氧化物载体，如 Al_2O_3、TiO_2、SiO_2、ZrO_2、MgO、WO_3、Fe_2O_3 等；分子筛载体，如 Y、HY、USY、SAPO-5、ZSM-5、MCM-41 等类型；以及内孔涂有涂层的陶瓷（堇青石）蜂窝体等。整体式催化剂主要有两种类型，一类是球状或片状颗粒，主要通过挤压成型而制备，另外一类是多孔陶瓷蜂窝体。其中，球状或片状载体，热容量大，压力降大，使用期间会发生收缩或磨损，这种对催化剂涂层的机械损害会降低催化剂的使用性能。多孔蜂窝状载体，包含金属蜂窝载体及陶瓷蜂窝载体两种，金属蜂窝载体由于金属与涂层氧化物的热膨胀系数不同，在高温气流冲击下易造成涂层脱落，陶瓷蜂窝载体则具有较低的热膨胀系数、耐热冲击性能好、气流阻力小、化学性质稳定、制作简单、价格便宜等特点，是较常用的一种载体。目前，国产有机废气净化催化剂一般都选用颗粒状氧化铝或者陶瓷蜂窝体作为载体，日本生产的有机废气净化催化剂载体和国产一样，也主要以陶瓷蜂窝体和颗粒状氧化铝为主[2-5]。德国南方化学集团公司生产的有机废气净化催化剂绝大多数是选用金属蜂窝体作为载体。由于蜂窝陶瓷比表面积小，并具有光滑坚硬的表面而使催化剂的活性组分难以固定，必须寻求一种物理和化学性稳定、适用温度区间大，同时具有高比表面积的第二载体。第二载体应当能够负载在主体蜂窝陶瓷表面以获得更大的比表面积，后将催化活性组分再负载到第二载体上。目前，一般用氧化铝为第二载体，然后再添加稀土材料以提高催化剂的活性和稳定性，或者改善催化剂的特殊性能。一般都采用浸渍法制备催化剂，根据不同的反应要求，选择相应的活性物质。

3. 颗粒尺寸和比表面积

纳米催化剂的颗粒尺寸小，会产生相当大的比表面积，表面原子数及所占的比例迅速增大，粒子的比表面积随之增大，分散度升高。大的比表面积和表面原子数使得金属粒子的粗糙度增加，即角、阶和棱等晶格缺陷数量增加，从而使金属粒子的吸附性质明显有别于光滑表面的性质。但也有研究表明，并不是颗粒的尺寸越小，催化反应活性就越高。Min 等[6]研究了颗粒尺寸以及不同合金对铂（2～14 nm）催化剂的影响，发现铂以及铂合金催化剂会随着颗粒尺寸的增大、表面积的减小，其比活性增高。

4. 催化活性中心结构

催化活性中心结构主要包括量子尺寸、配位数以及贵金属价态等。随着颗粒的粒径减小，边缘、拐角和表面的原子数增多，贵金属颗粒的配位数随之降低。有研究表明，O_2、CO 与 Au 原子结合能的降低与 Au 原子配位数的降低大致呈线性关系，当 Au 原子配位数小于 6 时，3 种结合能都小于 0[7]。量子尺寸效应是指当颗粒尺寸下降到一定值时，费米能级附近的电子能级将由准连续态分裂为离散能级，颗粒存在不连续的最高被占据的分子轨道能级、能隙变宽，此时处于离散能级中的电子的波动性可使纳米颗粒具有较突出的光学非线性、特异催化活性等性质。有研究指出，纳米粒子的半径越大，能级间隔越小，其对应的吸收峰中心波长越长，吸收峰位置红移，其半峰宽增大。

2.1.2 贵金属催化剂的研究现状

近年来的研究表明，相对非负载的金属催化剂而言，负载型金属催化剂中作为活性组分的金属具有更高的分散度和更合适的粒度，使其表现出较高的催化活性，从而降低了金属的消耗量和催化剂成本。负载型贵金属催化剂兼具无机多相催化剂与金属有机配合物均相催化剂的优点。负载型贵金属（Pt、Pd、Ru）催化剂等在氧化烃类及其衍生物方面均表现出优异的活性，且适用范围广、易于回收，在废气催化燃烧净化工艺中也最为常用。对于不同的反应物，Pt 和 Pd 表现出不同的活性。在一氧化碳、烯烃和甲烷的氧化过程中，Pd 活性较高；芳烃的氧化过程中，两者活性相仿；对 C_3 以上直链烷烃的氧化，Pt 活性较好。虽然贵金属催化剂对有机物具有较高的反应活性，但这种反应活性还是会受到载体种类、活性组分的负载量、颗粒尺寸、催化剂的预处理等诸多因素的影响。贵金属催化剂的优点是具有较高的比反应活性、低温反应活性，缺点是贵金属是稀缺资源而价格昂贵、抗中毒性差。因此，其使用也具有一定的局限性，人们一直在努力寻找替代品，尽量减少其用量。

1. 金（Au）催化剂

关于 Au 作为催化活性组分的研究也是当前热点之一。金在催化反应中曾经被认为是惰性粒子，但随着纳米技术的发展，人们逐渐发现当金的颗粒尺寸低于 3～5 nm 时，它在很多化学反应中都会表现出良好的催化活性。Hutchings 等[8]研究发现碳负载的金属氯化物的催化剂活性与阳离子的电极势大小有关，从而得出

Au^{3+}是乙炔氢氯化反应的最好催化剂的结论。Conte 等[9]也对金催化乙炔氢氯化反应进行研究，发现在活性炭上负载金和钯，能提高反应活性。有研究表明纳米金粒子能负载在很多载体上，如 TiO_2、Al_2O_3、Fe_2O_3 和 CeO_2 等，都在 CO 氧化反应中表现出良好的催化活性，但是这种性质在 SiO_2 载体上却表现得不明显。Zhu 等[10]针对 Au/SiO_2 催化剂在低温下的 CO 氧化反应进行研究，发现利用 $HAuCl_4$ 作为前驱体来合成的介孔 Au/SiO_2 催化剂在 CO 氧化反应中表现出极高的催化活性。纳米金粒子能在很多反应中表现很高的催化活性，特别是在温度低于 200℃时。同时，金纳米粒子负载在多种基体材料上包括活性炭和沸石能在环境保护中有广泛应用，特别是在常温、潮湿的环境下不需要加热即可有效地清理空气中的污染物[11]。Au 催化剂也较多地用于氧化反应、分解反应、CO_x/NO_x 催化反应、选择性氧化、选择性加氢、氢氯化反应等。

2. 银（Ag）催化剂

银是一种较为廉价的贵金属催化剂，因而对其的研究也较多。近年来，对 NO_x 在银催化剂表面的选择性还原研究较多，Y 型分子筛负载 Ag（Ag/Y）催化剂上，用乙醇在 200℃左右即可还原 NO_x，其中，Ag/Y 比 Ag/Al_2O_3 能更快地将乙醇氧化成乙醛[12]。此外，从动力学上研究在 Ag/Al_2O_3、Ag/USY（超稳定 Y 型分子筛）催化剂表面上氢气和烃对 NO 的还原[13, 14]，研究结果表明：Ag/USY 较 Ag/Al_2O_3 反应温度低，同时 Ag/Al_2O_3 催化 NO 的氧化反应可生成不同的硝酸盐物种，硝酸盐物种的分解和解吸附可通过动力学进行控制[15]。

负载 Ag 催化剂在其他催化反应中也应用较多。Ag/ZrO_2 催化剂对 1,2-丙二醇选择氧化合成丙酮醛反应的转化率为 95.7%，选择性为 55.3%，这主要是由于 Ag/ZrO_2 催化剂上存在大量的 Ag^+和 $Ag_n^{\delta+}$，有利于提高催化活性[16]。对负载 Ag 催化剂的研究除了在实验方面以外，在理论研究方面也取得诸多成果。在理论和实验上研究异氰酸酯在 Ag/Al_2O_3 上的振动光谱，发现二者相吻合[17]。利用从头计算方法验证了 Al 或者 O 原子的化学势决定 Ag/Al_2O_3 和 Au/Al_2O_3 界面的 Al_2、Al、O 端不同的稳定结构，O 端存在于 Ag/Al_2O_3 界面，Al_2 端或 Al 端存在于 Au/Al_2O_3 界面。用嵌入簇模型对 Ag 负载在 TiO_2（110）表面进行研究，计算结果表明：Ag 以桥连的形式与两个 O（2f）相连的负载模式最为稳定，Ag 的 s 电子转移到五配位 Ti 的 3d 轨道使 Ti^{4+}还原为 Ti^{3+}[18]。银催化剂的活性受到很多因素的影响，比如载银量、复合载体等。对于复合载体的研究表明：Ag/SiO_2-Al_2O_3 对甲醇氧化成甲醛具有高催化活性。Ag 不仅作为催化剂时有很高的活性，作为助剂也有很高的活性，研究表明：V_2O_5 催化剂对甲苯的氧化的催化活性不高，添加 Ag 或者 Ni 后明显提高催化剂的 CO_2 选择性，其中 Ag-Ni-V_2O_5 催化剂在 340℃时就可达到 95%的选择性[19]。

3. 铂（Pt）催化剂

Pt催化剂具有加氢、脱氢，以及挥发性有机物（VOCs）、汽车尾气催化净化功能。自从1979年起，Pt就被用于汽车尾气净化，随着原料价格、催化性能以及制备工艺等要求的提高，出现了Pt-Rh、Pt-Pd等双金属催化剂，及全Pd催化剂。Sinfelt等[20]研究了Pt、Pd、Rh和金属簇Pt_4、Pd_4、Rh_4负载在立方ZrO_2（111）面的界面性质，结果表明Pt-ZrO_2和Rh-ZrO_2比Pd-ZrO_2更稳定，其原因在于Pt-ZrO_2界面上存在着较大表面弛豫的作用，同时电子由贵金属转移到Zr原子上而使得ZrO_2（111）面带正电荷，且Pt-ZrO_2和Rh-ZrO_2比Pd-ZrO_2转移更多的电荷[21]。Pt负载于不同载体（ZrO_2和Al_2O_3），并用于CH_4催化燃烧的研究中发现，CH_4的活化都发生在Pt的表面，两种催化剂的区别在于对CH_4的活化，Pt/Al_2O_3催化剂依靠的是脱H，而Pt/ZrO_2催化剂依靠的是ZrO_2的表面缺陷，且在ZrO_2表面形成大量的甲酸盐和碳酸盐物种。Jeffrey等[22]采用氧化硼为载体的Pt催化剂用于戊烷、苯混合VOCs催化燃烧，研究发现其起燃温度仅为100 ℃，达到90%转化率的温度（T_{90}）为200℃。

4. 钯（Pd）催化剂

贵金属VOCs催化燃烧主要以Pt及Pd为主。由于Pd具有较高的催化活性，不易挥发及硫中毒，价格较Pt便宜，因而，许多科研工作者致力于Pd催化剂的研究，寻求用Pd代替Pt的可行性。一般认为，贵金属催化剂的高催化性能与其活化H_2、O_2、C—H和O—H键的能力有关，Noronha等[23]研究不同载体负载Pd催化剂对苯完全氧化的影响，发现催化剂的活性主要依赖于PdO中Pd—O键的强弱。原位X射线衍射（XRD）结果表明，Pd和PdO之间的转变对于高温下的催化活性有重要的影响。对于Pd催化剂，载体发挥重要作用，其不仅可以降低贵金属用量，获得高分散的贵金属颗粒，提高利用率；而且可以通过选用不同载体、不同制备工艺，使金属与载体间具有一定的相互作用。普遍认为载体与贵金属间的相互作用影响PdO物种的稳定性和Pd的分散度，从而影响催化剂的还原性和活性[24]。Al_2O_3由于比表面积大、价格便宜被广泛地用于贵金属Pd催化剂的载体。近期研究发现，与传统Al_2O_3载体相比，采用溶胶-凝胶法制备的具有良好介孔结构的Al_2O_3载体，具有更高的比表面积、较高的水热稳定性，采用该方法制备的PdO/Al_2O_3具备理想的CH_4催化活性及稳定性[25]。对于Pd基催化剂，通常酸性载体有利于富氧气氛下的CH_4燃烧，碱性载体则有利于提高贫氧气氛下的CH_4氧化。除Al_2O_3载体外，研究者还采用CeO_2为载体制备了Pd负载型催化剂。CeO_2具有立方面心的萤石结构，金属原子呈立方紧密堆积，在不同含氧气氛下CeO_2处于

CeO_x-CeO_2 氧化循环，因此具有储氧能力。Cargnello 等[26]合成了 Pd@CeO_2 核壳结构，并用于 CO 和 CH_4 催化燃烧，研究发现，所制备 Pd 催化剂高温下有效防止 Pd 的烧结，并且 PdO 不易分解，此外，CeO_2 还能促进 Pd 的分散，使 Pd/CeO_2 保持较高的活性。

5. 其他贵金属催化剂（Rh，Ru，Ir）

Rh、Ru 和 Ir 催化剂具备良好的活化 C—H 键及抗积碳能力，其中，Rh 和 Ru 在甲烷重整制氢反应中活性最好、抗积碳能力最强[27]。周仁美[28]近期制备了系列 Rh/CeO_2/Al_2O_3 催化剂，探究其用于含氯挥发性有机蒸气（CVOCs）的催化燃烧性能。研究发现，Al_2O_3 负载的 Rh 催化剂能够高效促进 CH_2Cl_2 的分解，但产物中有大量的二次污染物 CH_3Cl 产生，通过添加 CeO_2 后，虽然 CH_2Cl_2 分解性能有所降低，但其副产物 CH_3Cl 受到抑制。此外，Rh 和 Ru 还是常用的三效催化剂中的重要组成部分，起着催化氧化烃类和 CO、还原 NO_x 的作用[29, 30]。

2.2　简单金属氧化物

金属氧化物因其特殊的结构和性质常被用作催化剂，特别是过渡金属氧化物，在工业催化剂中很重要，主要用于氧化/还原型催化反应过程。金属氧化物催化剂可分两种类型，简单金属氧化物和复合金属氧化物。简单金属氧化物只包含单一金属氧化物，主要有过渡金属氧化物（Co_3O_4，NiO，CuO，Fe_2O_3 等）、碱土金属氧化物（MgO，CaO）、稀土金属氧化物（CeO_2，La_2O_3，Gd_2O_3，Er_2O_3 等），其中过渡金属氧化物，如第Ⅷ族（Rh，Ir，Co，Fe，Ni）及 Cu 的金属氧化物是常用的工业催化剂，主要用于催化氧化/还原反应[24]。过渡金属氧化物属于非计量化合物，容易从其晶格中传递出氧给反应物分子，组成含有两种以上可变价态的阳离子，晶格中的阳离子常常能够交叉互溶，从而形成相当复杂的结构。过渡金属氧化物自身具有一些独特的性质，具体说明如下：

（1）过渡金属氧化物中的金属阳离子的 d 电子层容易失去或得到电子，具有较强的氧化/还原性能。因为过渡金属氧化物中的阳离子的最高占据轨道和最低未占轨道均是 d 轨道和 f 轨道，或者它们参与的杂化轨道。当这些轨道未被电子占据时，对反应物分子具有亲电性，起氧化作用；相反，这些轨道被电子占据时，对反应物分子具有亲核性，起还原作用。此外，这些轨道如与反应物分子轨道相适应时，还可以对反应物空轨道进行电子反馈，从而削弱反应物分子的化学键。

（2）过渡金属氧化物具有半导体性质。因为过渡金属氧化物受杂质原子的影响，容易生成偏离化学计量的组成，从而具有半导体性质。其中有些半导体氧化物可以提供空穴能级，接受被吸附反应物的电子；有些半导体氧化物则可以提供电子能级，供给反应物电子，从而促使氧化/还原反应的进行。

（3）过渡金属氧化物中金属离子内层轨道保留原子轨道特性，当与外来轨道相遇时可重新分裂，组成新的轨道，在能级分裂过程中产生的晶体场稳定化能可以对化学吸附作出贡献，从而影响催化反应。

（4）过渡金属氧化物催化剂比过渡金属催化剂更为优越，虽然二者都可以催化氧化/还原型反应，但过渡金属氧化物的抗热、抗毒性能更强，且具有光敏、热敏、杂质敏感性，从而利于催化剂的调变。

2.2.1 简单金属氧化物分类

一般固体物质具有何种结构形式和晶体结构，依赖于其组成原子的电负性大小等因素。氧化物晶体的结合形式有离子键结合、共价键结合、金属键结合及范德华力结合，其中前两种较为重要，后一种在金属氧化物中较少见。电负性大的氧同电负性小的金属形成的化合物主要是离子键结合，形成离子晶体。电负性与氧相差不大的元素氧化物主要是共价键结合，形成共价晶体[25]。如常用作载体的 SiO_2 即为共价晶体，在 SiO_2 中，Si 的 sp^3 杂化轨道与 O 的近 sp 轨道相键合，以这种形式在空间中扩展。根据金属氧化物晶体结构的主要特征，可以将其分为如下几种类型，下面分别进行叙述。

1. M_2O 型氧化物

M_2O 型氧化物包括反萤石型、Cu_2O 型和反碘化镉型三种晶体结构。第一副族元素 Cu 和 Ag 的氧化物具有共价键成分较多的 Cu_2O 结构，金属配位数是直线型二配位（sp 杂化），而 O 的配位数是四面体型的四配位（sp^3 杂化）结构。离子型较强的碱金属氧化物除 Cs_2O 为反碘化铬型外，其余的为反萤石结构。

2. MO 型氧化物

此类氧化物的代表性结构是 NaCl 型和纤维锌矿型。形成哪一种晶型主要取决于结合键是离子键还是共价键，也与阳离子和阴离子的半径比有关。NaCl 型氧化物是离子键结合，M^{2+}和 O^{2-}的配位数都是 6，为正八面体结构。纤维锌矿型为四面体形的四配位结构，4 个 M—O 键不一定等价。过渡金属氧化物中的 FeO、CoO、MnO 及 NiO 等属于 NaCl 型晶体结构。它们在高温下是立方晶系，在低温下容易偏离理想结构变为三方晶系或四方晶系。另外，它们受合成气氛和杂质原子的影响容易偏离化学计量组成。纤维锌矿型过渡金属氧化物有 ZnO、CuO、PdO、PtO 及 NbO。其中 CuO、PdO、PtO 的晶体结构表现出共价键合特征，金属离子为 dsp^2 杂化轨道，形成平面正方形四配位体结构，氧离子则位于正方形 4 个角上。

AgO 和 CuO 结构相似，晶体学分析认为 AgO 中有两种银离子，以 Ag^{+}、Ag_3^{+}形式存在。

3. M_2O_3 型氧化物

此类氧化物的代表性结构为刚玉型和 C-M_2O_3 型两种结构。其中，刚玉型结构中氧原子以六方密堆排列，氧原子层 2/3 的八面体间隙被 Al^{3+} 占据，Al_2O_3、V_2O_3、Fe_2O_3、Ti_2O_3、Cr_2O_3 均属于此种类型，基本上是尖晶石结构。C-M_2O_3 型结构与 γ-Bi_2O_3 一样，也与萤石结构密切相关。

4. MO_2 型氧化物

MO_2 型氧化物根据阳离子 M^{4+}同阳离子 M^{2+}的半径比 r（M^{4+}）/r（M^{2+}）不同分为萤石、金红石和硅石三种主要结构。r（M^{4+}）/r（M^{2+}）比值最大的是萤石型结构，其次是金红石型结构，小的为硅石型结构。硅石型结构为相当强的共价晶体，在常压下有三种晶体结构。过渡金属氧化物主要为萤石型和金红石型。金红石型包括 TiO_2、MoO_2、VO_2、WO_2、CrO_2 和 MnO_2 等，萤石型包括 ZrO_2 和 CeO_2 等。MO_2 型氧化物常有几种晶体类型结构。例如 TiO_2 除金红石型外，还有锐钛矿型和板钛矿型两种结构，ZrO_2 的晶体结构则更为有趣，有着多种晶体形态。

5. M_2O_5 型氧化物

V_2O_5、Nb_2O_5 和 Ta_2O_5 均属于 M_2O_5 型氧化物。其中层状结构的 V_2O_5 是最重要的多相选择氧化催化剂。

6. MO_3 型氧化物

ReO_3 是最简单的晶体晶格，每个 MO_6 八面体通过共点与周围 6 个八面体连接起来。WO_3 和 MoO_3 均属于此类氧化物，常用作选择型氧化催化剂。

2.2.2　简单金属氧化物的性质

1. 简单金属氧化物的缺陷及半导体性质

实际晶格都具有各种不完整性，这种不完全性显著影响晶体的各种物理性质。晶格的不完整性称为晶格缺陷，按照缺陷中心的形态可分为以下几类：①点缺陷：晶格缺位、间隙原子、杂质置换原子、缔合中心。②复合缺陷：集团、剪切结构、块。③线缺陷：刃位错、螺位错。④面缺陷：晶粒间界、晶体表面、无规堆积。

很多金属氧化物都是半导体，20 世纪 50 年代有人提出半导体催化作用的电子理论，把半导体的催化活性与其电子逸出功和电导率相关联，用来解释一些催化现象和反应规律。

2. 简单金属氧化物的酸碱性

多数金属氧化物及复合金属氧化物都表现出一定的酸碱性，并构成固体酸碱的大部分。金属氧化物的酸碱性同它的电负性有关，同时，氧化物表面的特殊结构也会使其表现出特殊的酸碱中心，这里分别以 Al_2O_3 和 CaO 为例来说明氧化物的特殊酸碱中心。Al_2O_3 作为吸附剂和催化剂被广泛应用，特别是作为催化剂载体应用较多。在氧化铝的多种晶型变体 γ、η、α、θ等中，作为固体酸使用的是 γ 族氧化铝。从 Al^{3+}的电负性来看，氧化铝是两性的，但有人发现将氧化铝水合物在450℃以上加热抽空脱水后，氧化铝表面显示了强酸性，且通过一定的模型及计算分析认为 Al_2O_3[31]表面的强 L 酸中心是表面露出的不饱和配位的 Al^{3+}。CaO 等碱土金属氧化物是具有代表性的固体碱，$Ca(OH)_2$ 加热脱水后得到 CaO，碱中心是氧化物表面的 O^{2-}，碱性较强，另外一部分是表面的独立羟基，它们碱性较弱。

2.3 复合金属氧化物

复合金属氧化物，即多组分的金属氧化物，其通过调控组分，实现金属元素之间的性能匹配，从而形成具有一定结构的复合金属氧化物，并最终达到改善其催化性能的目的。复合金属氧化物中，一般至少有一种为过渡金属氧化物，且组分间常存在相互作用，如 Bi_2O_3-MoO_3、V_2O_5-MoO_3、TiO_2-V_2O_5-P_2O_5、V_2O_5-MoO_3-Al_2O_3 及丙烯腈合成用七组分催化剂 MoO_3-Bi_2O_3-Fe_2O_3-CoO-K_2O-P_2O_5-SiO_2 等，均为常用的复合金属氧化物体系。不同金属氧化物功能各异，可以作为活性组分，也可以作为改性的助剂，还可以作为催化剂载体。例如，Bi_2O_3-MoO_3 体系中的 MoO_3 即为主催化剂，可以单独起催化作用，而 Bi_2O_3 则为助催化剂，当其单独存在时不具备催化作用，但它可以起到增强活性的作用。作为载体的金属氧化物较多，如活性氧化铝、硅胶、二氧化钛等。金属氧化物催化剂可以在多种不同的催化反应体系中使用，如烃类的选择性氧化、氮氧化物的还原、烃类的歧化与聚合等，但主要应用于烃类选择性氧化。此类反应具有如下特点：①为高放热反应，传热、传质十分重要，需考虑反应飞温问题；②存在反应爆炸区，在操作条件上分为“燃烧过剩型”和“空气过剩型”两种；③反应最终产物相对于原料或中间产物较为稳定，有所谓的“急冷措施”来防止进一步反应或分解；④常在固定转化率水平操作或采用第二反应器及原料循环等措施，以保持高的产物选择性。

2.3.1 复合金属氧化物分类

1. ABO_2 型氧化物

常用的氧化物催化剂大多数是两种以上的氧化物组合成的复合氧化物。ABO_2

型氧化物多数以 NaCl 型作为基本结构，$LiInO_2$ 即为 NaCl 型结构，NaCl 中 Na^+ 的位置被 Li^+ 和 In^{3+} 交替置换（表 2-1）。

表 2-1　ABO_2 型复合氧化物的结构

金属原子的配位	闪新矿型超结构	$LiBO_2$
4 配位	纤维锌矿型超结构	$LiGaO_2$
6 配位	正方晶型	$LiFeO_2$、$LiScO_2$、$LiEuO_2$
	三方晶型	
M（Ⅰ）2 配位	$HNaFe_2$ 型	$LiNiO_2$、$NaFeO_2$、$NaInO_2$

2. ABO_3 型氧化物

钙钛矿型复合金属氧化物为具有空间群 $Pm3m\text{-}O_h$ 的立方体，结构式为 ABO_3，其结构示意图如图 2-1 所示[32]，其中 A 位为原子半径较大的金属元素，通常为稀土元素如 La，B 位为第四周期过渡金属元素（Cu、Cr、Fe、Co、Ni、Mn、Ti），其中 B 位金属元素为钙钛矿催化剂的活性位，通过向 A 位或 B 位添加第三金属元素，可以改善其催化性能。由于在制备过程中需经高温处理，钙钛矿催化剂的比表面积一般较低（$<10\ m^2/g$）。

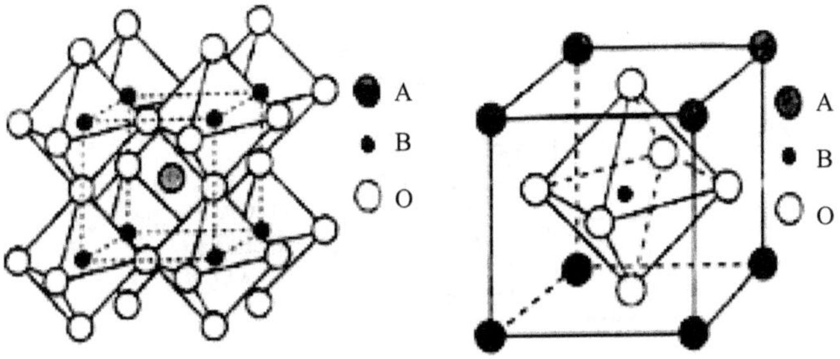

图 2-1　钙钛矿结构示意图[32]

20 世纪 70 年代初，Weadoweroft 报道了具有钙钛矿结构的 $LaCoO_3$ 有与铂相近的催化氧化活性，自此，在世界范围内掀起了研究钙钛矿型金属氧化物的催化剂的热潮。此类氧化物被广泛用于催化燃烧、氧化脱氢、光催化、NO_x 和 SO_x 的还原、汽车尾气净化及石油炼制加工中。$La_{1-x}Sr_xCoO_3$、$LaMn_{1-y}Cu_yO_3$、$BaTiO_3$、$SrPdO_3$、$La_{1-x}Sr_xCo_{1-y}Mn_yO_3$、$La_{1-x}Sr_xCrO_3$ 等均是典型的燃烧催化剂；$LaTiO_3$ 是较好的脱硫催化剂。美国新泽西州贝尔实验室的 Voorhoeve 等对钙钛矿金属氧化物净化汽车尾气进行了长期的广泛的研究，他们认为最有希望的是 $LaCoO_3$ 系、$LaMnO_3$ 系，且当以 Cu 部分地代替 Co、Mn 时，这些催化剂有更好的活性，但上述催化剂易被 SO_2 污染中毒而失去活性。后来，他们就将研究的重点放在了掺杂少量贵金属的钙钛矿氧化物上。

3. AB_2O_4 型氧化物

AB_2O_4 型氧化物为尖晶石型复合氧化物，属于立方晶系，如图 2-2 所示[33]，A 位为 2 价金属阳离子，占据四面体位置，B 位为 3 价金属阳离子，占据八面体位置，一些尖晶石催化剂的 A 位、B 位金属离子可以相互移动，形成 B（AB）O_4 结构。硅酸盐、钨酸盐等含氧酸盐均属于 AB_2O_4 型氧化物。根据 A 和 B 的配位数不同又可以分为几类，一般 A 离子为 2 价，B 离子为 3 价；也可以有 A 离子为 4 价，B 离子为 2 价的结构。主要应满足 AB_2O_4 通式中，A、B 离子的总价数为 8。尖晶石类型中强磁性的物质具有反尖晶石结构，如 $NiFe_2O_4$、$CoFe_2O_4$ 和 $MnFe_2O_4$ 等。尖晶石的特殊结构和性质使其在催化领域应用广泛，如 $MgAl_2O_4$、$ZnAl_2O_4$、$NiAl_2O_4$、$MgCr_2O_4$、$FeCr_2O_4$ 等都具有很高的热稳定性，铝系尖晶石表现出一定的酸碱性，其中的镁铝尖晶石可以用作 N_2O 分解催化剂、甲烷部分氧化的催化剂载体、甲烷化催化剂载体等。尖晶石型化合物的禁带较窄，可利用可见光，因此，在光催化方面有一定应用。此外，尖晶石是一种重要的无机功能材料，具有熔点高、热稳定性好、硬度高、耐腐蚀、疏水性好和低表面酸性等特点，在冶金、电子、光化学元件以及催化领域有广泛的应用。

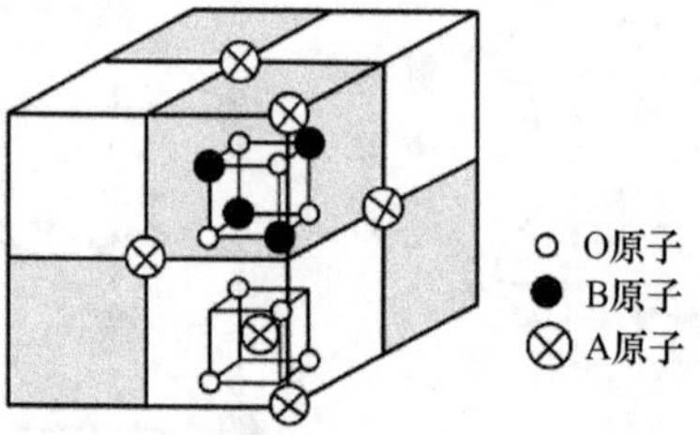

图 2-2 尖晶石复合金属氧化物结构图[33]

2.3.2 复合金属氧化物的性质

复合金属氧化物催化剂多种活性组分之间的相互作用以及它们对反应的共同作用使其在还原污染性气体中逐渐受到人们的重视。根据催化剂组成结构的不同，复合金属氧化物可以分为钙钛矿型、尖晶石型几种类型，前面已经介绍了各种类型的晶体结构特点，下面分别介绍其在催化剂方面的应用。

1. 钙钛矿型催化剂

1）氧吸附性

钙钛矿催化剂是一种重要的氧化/还原反应催化剂，其表面存在一定的氧空位，因此，具备良好的氧吸附性。Yamazoe 等[34]通过对 750℃时 $La_{1-x}Sr_xCoO_3$ 上氧脱附峰的观察发现，钙钛矿氧化物中存在两种氧：α 氧和 β 氧，其中 α 氧为吸附氧或表面氧，而 β 氧为晶格氧，两者分别对应 α 型和 β 型氧脱附峰，α 氧较 β 氧活泼，在较低温度下即可逸出。Uchida 等[35]对 $LaMO_3$（M = Cr，Mn，Fe，CO，Ni）的研究分析表明，氧的脱附温度受 α 氧和过渡金属离子间电荷作用的影响。β 型氧脱附峰则与 M 离子密切相关。此外，研究发现，氧吸附主要是由分子吸附的快速过程及随后的活化吸附动力学过程两部分组成。

2）热稳定性

钙钛矿的热稳定性取决于 A 位及 B 位的阳离子。例如，研究发现 $LnCoO_3$ 中 Co 的氢还原程度随镧系元素离子尺寸的增大而增加。用低氧化态离子部分取代 A 离子会引起稳定性的变化，如 Sr（$La_{1-x}Sr_xCoO_3$）取代，x 值越大，晶格越不稳定。此外，B 位阳离子也在一定程度上决定热稳定性，Nakamura 等[36]研究了 1000℃下，氢还原 $LaBO_3$（B=Cr，Mn，Fe，Co，Ni）系列氧化物的结构变换，得到下列稳定性顺序：$LaCoO_3 < LaMnO_3 < LaFeO_3 < LaCrO_3$。

3）氧传输性

在钙钛矿研究工作中，通常认为氧扩散是在氧空位的快速传输基础上，通过传统的跳跃机制进行的，在钙钛矿混合导体材料中，氧离子电导率是提高氧传输量的关键。其中，A 离子愈小，B 离子愈大，则氧空位迁移能愈低。另根据计算表明，容忍因子为 0.81 的钙钛矿会引起较低的迁移能和较快的扩散，这一发现对催化氧化和低温高效燃料电池开发具有实用意义，如以低价阳离子（Sr^{2+}）替代 La^{3+}形成了补偿空位，可以得到较高的电导率，从而提高氧传输量。

4）催化特性

对于钙钛矿催化剂，A 位和 B 位离子的性质、比表面积和粒径大小及晶格氧的活性（氧迁移能力）是影响其催化性能的主要因素。B 位为过渡金属（如 Mn、Fe、Co、Cr）的钙钛矿型氧化物（$LaBO_3$）对 VOCs 具有较好的催化活性[37]。例如，$La_{0.8}Sr_{0.2}MnO_3$ 可在 350℃以下将多种 VOCs（丙烷、丙烯、乙烷、环己烷、苯、甲苯、乙醇、丙醛、丙酮、乙酸乙酯等）完全氧化成 CO_2 和 H_2O[38]。Nakamura 等[39]研究丙烷在 Sr 或 Ce 部分取代的 $LaMO_3$（M = Fe、Co）催化剂上的氧化反应，结果表明 $La_{1-x}Sr_xMO_3$ 的催化活性与催化剂表面的可还原性、可逆吸附的氧量和氧同位素交换平衡速率呈线性关系。Kremenić 等[40]研究丙烯和异丁烯在 $LaMO_3$（M=Fe、Co、Cr、Mn）上的催化燃烧反应，结果发现丙烯和异丁烯在钙钛矿上的氧化反应属于表面反应，吸附氧是参与反应的主要氧物种。然而，钙钛矿催化剂的最大缺点是比表面积较小，其中采用常规制备方法（共沉淀法、柠檬酸法、冷冻干燥法、火焰喷雾法、固相反应法）所制备的钙钛矿催化剂比表面积均低于 15 m^2/g。

因此，研究高比表面积钙钛矿制备是提升其催化性能的一种有效手段。Zhang 和 Kaliaguine 课题组发明了高能球磨技术，实现了对钙钛矿复合氧化物颗粒尺度的有效控制，制备出晶粒大小为 13 nm，比表面积高达 120 m^2/g（500℃焙烧 5 h 之后降至 30～50 m^2/g）的复合氧化物，极大提升了材料的催化氧化/还原活性[41]。此外，人们相继开发了一些低温微晶合成的新方法（如模板组装法和非水溶剂热法等）：Teraoka 等曾采用模板组装法[42]，以介孔的氧化硅为模板制备了比表面高达 87 m^2/g 的 $LaCoO_3$ 钙钛矿复合氧化物。Niederberger 等成功利用以苯甲醇为溶剂和反应介质的溶剂热法制备了粒径为 5～8 nm 的（Ba，Sr）TiO_3 复合氧化物[43]。21 世纪初，Forni 课题组开发出一种名为火焰喷雾的方法成功制备出系列钙钛矿复合氧化物，得到了比表面积＞60 m^2/g 的材料[44]。此外，利用介孔载体的高比表面来实现钙钛矿氧化物分散也是减小复合氧化物尺度的好办法：Royer 等成功地将钙钛矿微晶组装在多孔载体 SBA-15 中得到了 2～5 nm 的 $LaCoO_3$ 复合氧化物晶相[45]。

2. 尖晶石型催化剂

1）铁氧体磁性

铁氧体是一种铁元素和其他一种或几种金属元素形成的复合氧化物，尖晶石型铁氧体作为一种软磁性材料，可用于磁芯轴承、电感元件、转换开关和磁记录材料，其中尖晶石型 $CoFe_2O_4$ 是优良的软磁性材料，突出的优点是磁谱特性好，电阻率极低，介电性能较高。

2）光催化性能

尖晶石型 AB_2O_4 材料一般具有较窄的禁带宽度，在光激发下能够产生光生电子-空穴对，光生空穴具有很强的氧化性，且光生空穴也能引发 OH 自由基，OH 自由基具有较高的化学活性，从而使水中或空气中的有机污染物降解为无毒小分子。因此，该类材料显示出较高的光催化氧化性。

3）锂电池阳极材料

近年来，锂离子电池由于其高能量密度、高工作电压、长存储寿命、低自放电率等特点而备受关注。目前，锂离子电池的正极材料主要有 $LiCoO_2$、$LiNiO_2$ 和 $LiMn_2O_4$。其中，具有尖晶石结构的 $LiMn_2O_4$ 可通过调节掺杂离子及改变掺杂离子的种类和数量来改变电压、容量和循环性，再加上 Mn 价格较为便宜，污染小，因此 Li-Mn-O 尖晶石，被认为是最具应用前景的锂电池正极材料。

4）催化特性

尖晶石具有独特的结构和表面化学性质，作为催化材料或载体已在催化领域得到广泛的应用，已在低碳烷烃催化脱氢制取低碳烯烃、丁烯氧化脱氢制丁二烯、CO 还原、费-托合成、碳氢化合物燃烧等众多反应中显示出良好的性能。例如，

$ZnAl_2O_4$ 尖晶石，由于其结构中存在阳离子空位和表面能很高的棱、角等缺陷，被认为是一种很有潜力的催化材料[46]。

2.4　分　子　筛

2.4.1　分子筛组成及拓扑结构

分子筛（molecular sieve）是一种具有规则孔道结构及较高比表面积的化工新材料，主要由 TO_4 四面体共用 O 顶点连接形成三维四连接骨架。如图 2-3 所示，其中骨架 T 原子通常为 Si、Al 两种元素，也可以用 B、P、Be、Ga 等元素取代部分骨架中的 Si 或 Al 形成杂原子型分子筛[47]。TO_4 四面体为沸石（zeolite）分子筛的一级结构单元，T 原子采用 sp^3 轨道杂化的形式与 O 原子连接成键，形成 Si—O 键 1.61 Å、Al—O 键 1.75 Å、P—O 键 1.54 Å。根据化学组分和结构的不同，分子筛的分子式可表示为 $Me_{x/n}[(AlO_2)_x{\cdot}(SiO_2)_y]{\cdot}mH_2O$，其中 x，y 表示 Al 和 Si 原子的数目，Me 是金属阳离子，n 是金属离子的价态，m 是水分子数目，括号内为晶体的单晶细胞，一般的沸石分子筛多数具有水合分子。

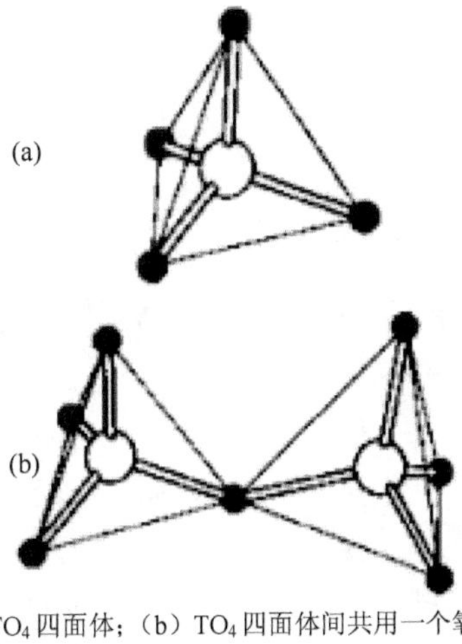

（a）TO_4 四面体；（b）TO_4 四面体间共用一个氧顶点

图 2-3　硅（铝）氧的四面体示意图

几种常见的分子筛列于表 2-2 中。根据分子筛孔径尺寸，可将沸石分子筛分为微孔（<2 nm）、介孔（2～50 nm）及大孔和超大孔（>50 nm）分子筛。

由多个 TO_4 四面体通过氧桥连接而成的环状结构称为二级结构单元（SUB），如图 2-4 所示，组成环的四面体数目称为环的元数，可以是四元环、五元环、六元环、八元环、十元环、十二元环及十八元环等。图 2-4 中每一个端点或交叉点代表一个 T 原子，每一条边表示一个氧桥，氧原子处于两个 T 原子中间。图 2-4 中画出的多元环都是平面的，实际上这些多元环有时是扭曲的或折皱的，这些多元环的最大直径见表 2-3。

表 2-2 常用的几种分子筛[48]

型号	化学组成	硅铝比	孔径（nm）
3A	$K_{64}Na_{32}[(AlO_2)_{96}(SiO_2)_{96}]\cdot 216H_2O$	1	～0.3
4A	$Na_{96}[(AlO_2)_{96}(SiO_2)_{96}]\cdot 216H_2O$	1	～0.4
5A	$Ca_{34}Na_{28}[(AlO_2)_{96}(SiO_2)_{96}]\cdot 216H_2O$	1	～0.5
13X	$Na_{86}[(AlO_2)_{86}(SiO_2)_{106}]\cdot 264H_2O$	1.23	0.9～1.0
10X	$Ca_{35}Na_{16}[(AlO_2)_{86}(SiO_2)_{106}]\cdot 264H_2O$	1.23	0.8～0.9
Y	$Na_{56}[(AlO_2)_{56}(SiO_2)_{136}]\cdot 264H_2O$	2.46	0.9～1.0
ZSM-5	$Na_3[(AlO_2)_3(SiO_2)_{93}]\cdot 13H_2O$	31.0	0.5

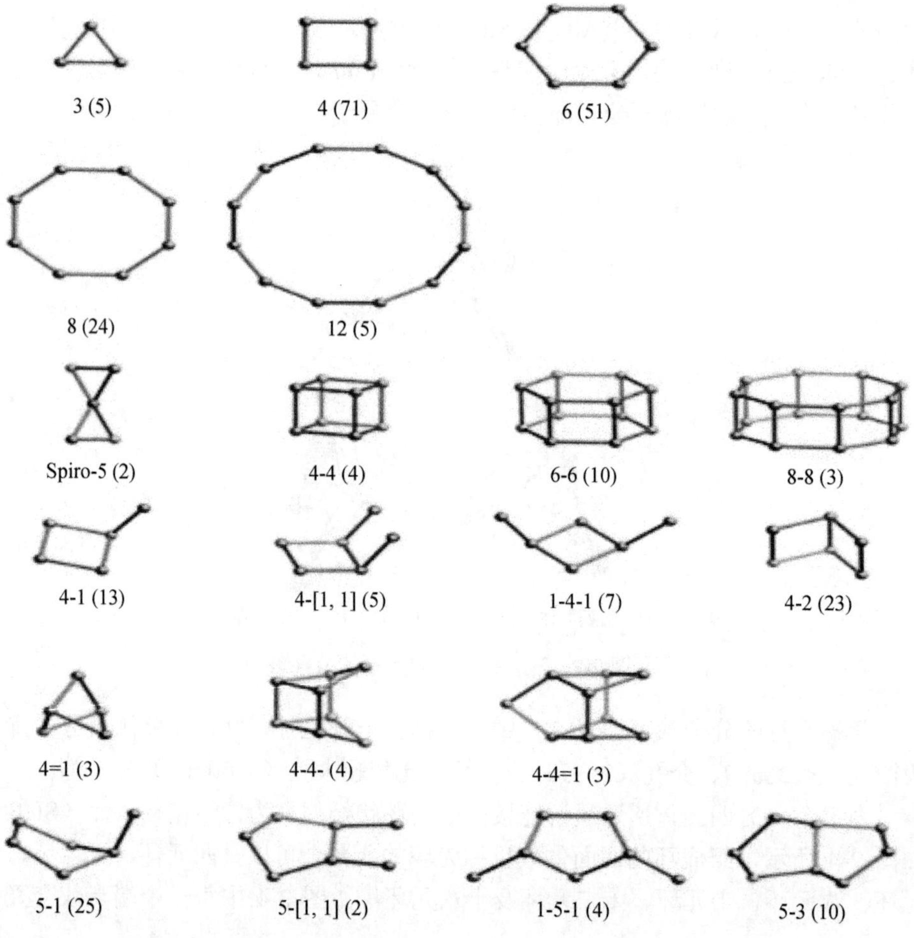

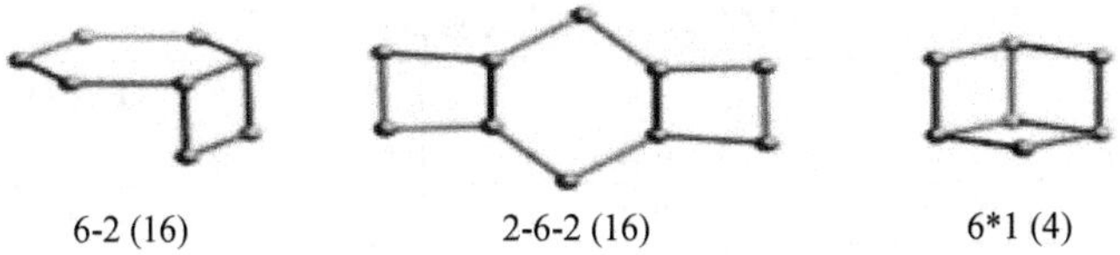

图 2-4　分子筛中常见的二级结构单元（SUB）及其符号[49]

表 2-3　多元环的最大直径[50]

环的元数	四元环	五元环	六元环	八元环	十元环	十元环
最大直径（nm）	1.15	1.6	2.8	4.5	6.3	8.0

分子筛二级结构单元按照不同的排列方式拼搭可构成不同结构的分子筛笼，如图 2-5 所示，进而形成具有不同规则孔道结构的沸石分子筛。常见的分子筛笼包含 α 笼，β 笼，γ 笼和八面沸石笼（FAU 笼）。α 笼是 A 型分子筛骨架结构的主要孔穴，它是由 12 个四元环，8 个六元环及 6 个八元环组成的二十六面体。笼的平均孔径为 1.14 nm，α 笼的最大窗孔为八元环，孔径约 0.41 nm；β 笼主要用于构成 A 型、X 型和 Y 型分子筛的骨架结构，是最重要的一种孔穴，它的形状宛如削顶的正八面体，窗口孔径约 0.66 nm，只允许 NH_3、H_2O 等尺寸较小的分子进入；γ 笼体积较小，一般分子是不可能进入其中的；八面沸石笼是构成 X 型和 Y 型分子筛骨架的主要孔穴，由 18 个四元环、4 个六元环和 4 个十二元环组成的二十六面体，笼的平均孔径为 1.25 nm，最大孔窗为十二元环，孔径 0.74 nm。八面沸石笼也称超笼。

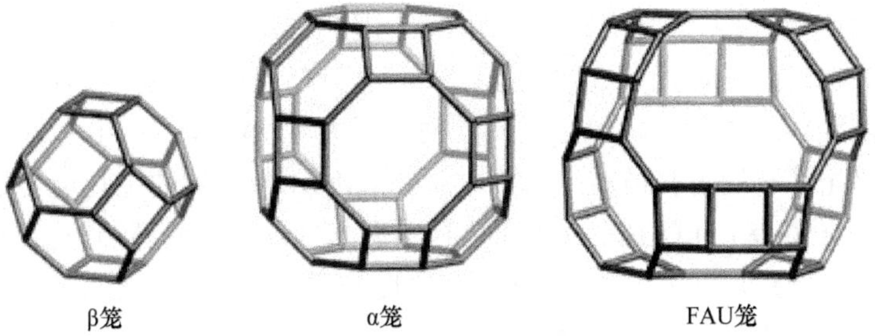

图 2-5　分子筛中几种笼形结构

分子筛二级结构单元在组合过程中，往往能形成更大的孔笼，每个孔笼又通过多元环窗口与其他孔笼相通，在分子筛晶体内部孔笼之间形成了许多通道，称之为孔道。分子筛的孔道结构分为一维、二维和三维，沸石主要依据四面体框架形成的孔笼和孔道的几何形状来区分。目前，国际沸石协会结构委员会收纳的沸石骨架结构有 229 种（参见表 2-4）[51]。

表 2-4 国际沸石协会结构委员会（IZA-SC）收纳的沸石骨架结构[51]

ABW	ACO	AEI	AEL	AEN	AET	AFG	AFI	AFN	AFO	AFR
AFS	AFT	AFV	AFX	AFY	AHT	ANA	APC	APD	AST	ASV
BIK	BOF	BOG	BOZ	BPH	BRE	BSV	CAN	CAS	CDO	CFI
CGF	CGS	CHA	CHI	CLO	CON	CSV	CZP	DAC	DDR	DFO
DFT	DOH	DON	EAB	EDI	EEI	EMT	EON	EPI	ERI	ESV
ETR	EUO	EWT	EZT	FAR	FAU	FER	FRA	GIS	GIU	GME
GON	GOO	HEU	IFO	IFR	IFW	IFY	IHW	IMF	IRN	IRR
IRY	ISV	ITE	ITG	ITH	ITN	ITR	ITT	ITV	ITW	IWR
IWS	IWV	IWW	JBW	JNT	JOZ	JRY	JSN	JSR	JST	JSW
KFI	KFI	LAU	LEV	LIT	LOS	LOV	LTA	LTF	LTJ	LTL
LTN	MAR	MAZ	MEI	MEL	MEP	MER	MFI	MFS	MON	MOR
MOZ	MRE	MSE	MEO	MTF	MTN	MTT	MTW	MVY	MWW	NAB
NAT	NES	NON	NPO	NPT	NSI	OBW	OFF	OKO	OSI	OSO
OWE	PAR	PAU	PCR	PHI	PON	POS	PSI	PUN	RHO	RON
RRO	RSN	RTE	RTH	RUT	RWR	RWY	SAF	SAO	SAS	SAT
SAV	SBE	SBN	SBS	SBT	SEW	SFE	SFF	SFG	SFH	SFN
SFO	SFS	SFV	SFW	SGT	SIV	SOD	SOF	SOS	SSF	SSO
SSY	STF	STI	STO	STT	STW	SVR	SVV	SZR	TER	THO
TOL	TON	TSV	TUN	UEI	UFI	UOS	UOV	UOZ	SUT	UTL
UWY	VET	VFI	VNI	VSV	WEI	WEN	YUG	ZON		

1. 几种常见的分子筛

1）MOR 分子筛

MOR 分子筛又名丝光沸石，是由 Barrer[52]于 1948 年首次合成成功，其骨架结构是由大量的五元环相互连接构成，每对五元环通过氧桥再与另一对联结。联结处形成四元环，这种结构单元进一步联结形成层状结构，层中有八元环和十二元环，是丝光沸石的主孔道。如图 2-6 所示。MOR 分子筛的主孔道呈椭圆形，尺寸为 0.695 nm×0.581 nm，主孔道之间还有不规则排列的八元环，其孔径约为 2.8 Å，基本没有分子通过。MOR 分子筛其具有优良的耐热、耐酸和抗水蒸气性能，广泛地应用于精细化工、环保等领域。

2）ZSM-5（Zeolite Socony Mobil-5）分子筛

ZSM-5 分子筛是由 Mobil 公司的 Argauer 和 Landelt 于 1972 年首次合成，其晶体属于正交晶系，为 MFI 构型，空间群为 *Pnma*，晶胞参数 a=20.1 Å、b=19.9 Å、c=13.4 Å，晶胞组成可以表示为 $Na_xAl_xSi_{96-x}O_{192}\cdot 16H_2O$，式中 x 是晶胞中铝原子的个数，其理论值变化范围为 0～27[54]。图 2-7（a）为 ZSM-5 骨架结构的基本特性单元，由 8 个五元环组成，这些基本单元相互连接，可进一步形成五硅链（Pentasil

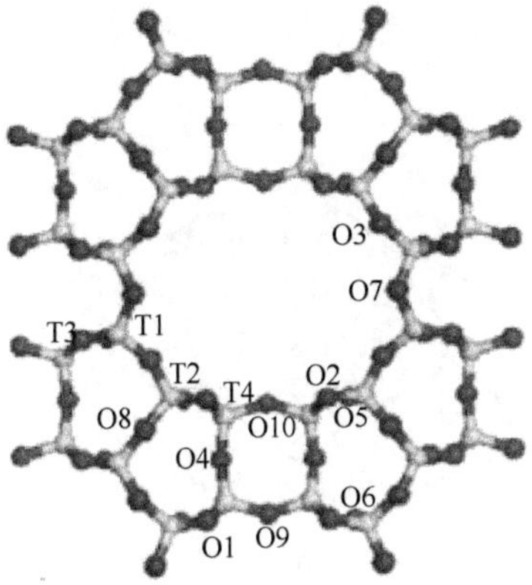

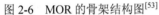

图 2-6　MOR 的骨架结构图[53]

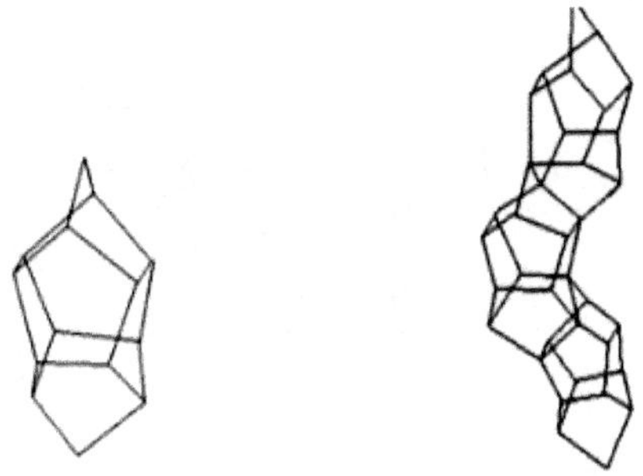

(a)　(b)

图 2-7　ZSM-5 特性单元[54]

（a）结构单元；（b）五硅链

链），如图 2-7（b）所示。Pentasil 链间进一步连接，最终可形成 ZSM-5 独特的三维骨架结构：[010]晶面十元环直孔孔道（straight channel），如图 2-8（a）所示；[100]晶面十元环的正弦孔道（sinusoidal channel），如图 2-8（b）所示。图 2-8（c）为 ZSM-5 分子筛空间立体结构示意图，由直孔道与正弦孔道所组成的三维空间结构，平行于[010]面的直孔道孔径约为 0.51 nm × 0.55 nm，而平行于[100]面的正弦孔道孔径约为 0.56 nm × 0.56 nm[55]。

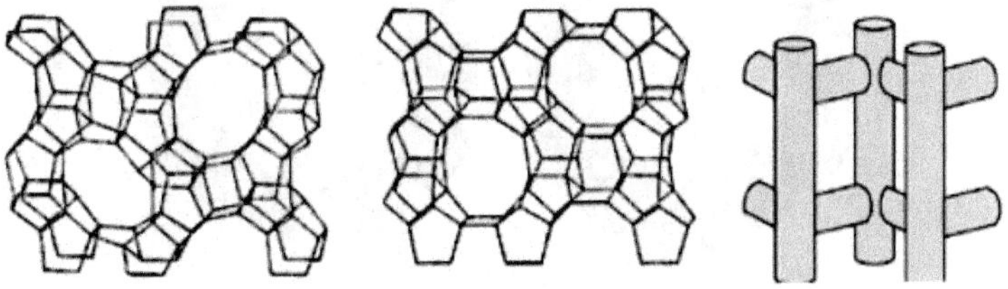

(a)　(b)　(c)

（a）[010]晶面十元环孔道；（b）[100]晶面十元环孔道；（c）ZSM-5 孔道空间立体图

图 2-8　ZSM-5 分子筛的两个晶面与孔道结构图

3）BEA 分子筛

Beta 分子筛（BEA 构型）最早是由美国 Mobil 公司 Wadlinger 等[56]于 1967 年以四乙基氢氧化铵为模板剂，采用水热晶化法合成。由于其骨架结构复杂及当时表征技术有限等因素，BEA 分子筛一直没有得到广泛的研究及应用。时隔 20 年之后，Newsam 等[57]和 Higgins 等[58]采用计算机建模、高倍电子显微镜等技术对 BEA 分子筛的内部拓扑结构进行了深入分析并确定了其晶体结构，研究发现 BEA 是唯一具有三维十二元环孔道结构的沸石分子筛，其晶体是由 A、

B 和 C 三种晶型结构沿[001]方向堆积，最终形成堆垛层错结构，如图 2-9（a，b）所示[59]。

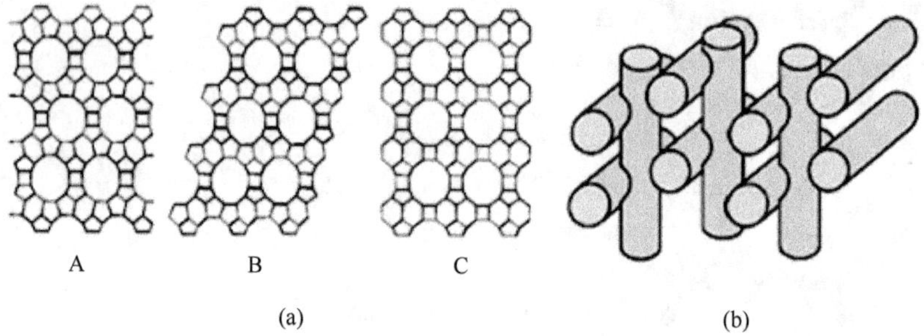

图 2-9 （a）BEA 分子筛孔道结构图；（b）BEA 孔道空间立体图[59]

在 BEA 分子筛中存在两种孔径，平行于[001]晶面的十二元环孔径为 0.75 nm × 0.57 nm，平行于[100]晶面的十二元环孔径为 0.65 nm × 0.56 nm，如图 2-10 所示[60]。基于独特的三维十二元环孔道结构，BEA 分子筛被广泛地应用于石化行业，如加氢裂化、催化重整、芳香烃烷基化等[61]。

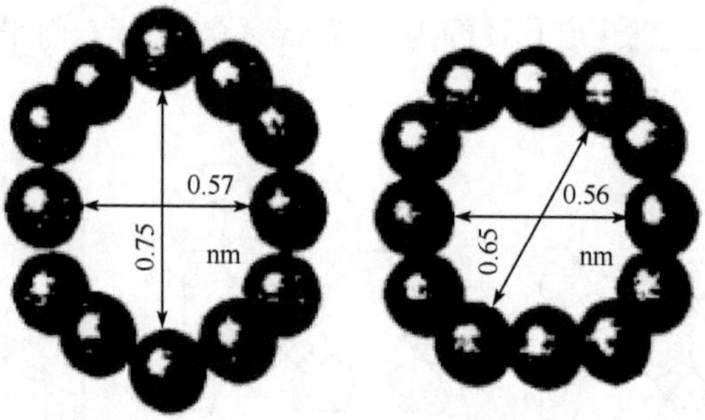

图 2-10　BEA 分子筛孔径示意图[60]

4）FER 分子筛

FER 沸石分子筛又名 ZSM-35 分子筛或碱镁沸石，属于正交晶系，晶胞参数为 a=1.892 nm，b=1.415 nm，c=0.747 nm[62]，具有两种孔道结构，分别为平行于[001]面的十元环孔道（0.42 nm × 0.54 nm）和 [010]面的八元环孔道（0.35 nm×0.48 nm）[63]，其内部骨架结构是由八元环和六元环孔道相互交叉形成，FER 笼结构可以表示为（$8^2 6^2 6^4 5^8$）[64]，其结构如图 2-11 所示。

5）MCM-49 分子筛

MCM-49 是于 20 世纪 90 年代初，由 Mobil 公司成功开发的一种以六亚甲基亚胺（HMI）为模板剂直接水热合成的 MWW 构型分子筛，其主要成员除 MCM-49

外，还有 MCM-22、MCM-36 及 MCM-56 等。图 2-12（a）为构成 MWW 族分子筛骨架的基本结构 MWW 小笼，顶点处的 Si 通过 O 与另一个 MWW 小笼的顶点连接，形成 180°的 Si—O—Si，通过该种连接方式，可以形成超笼，如图 2-12（b）所示。

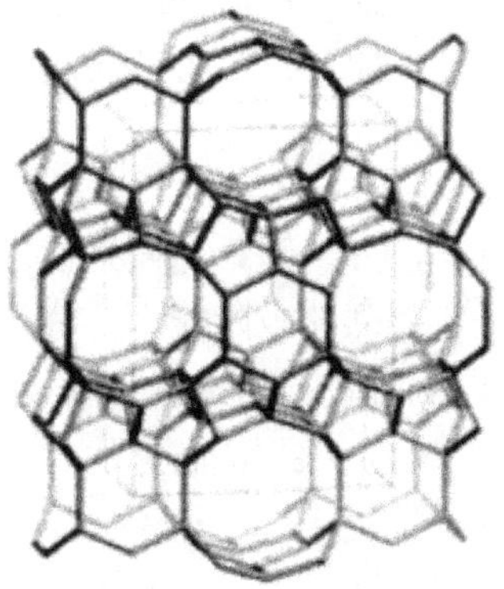

图 2-11　FER 分子筛骨架结构示意图

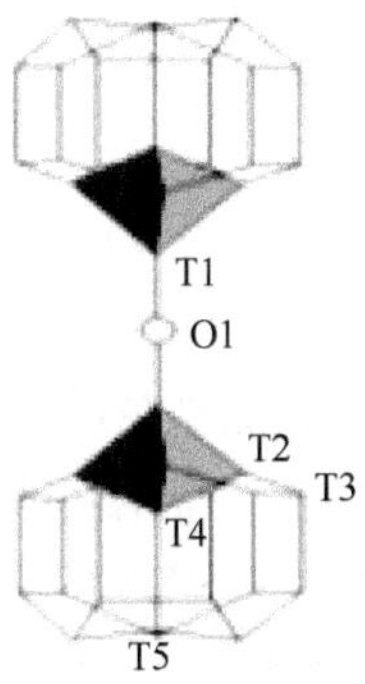

(a)

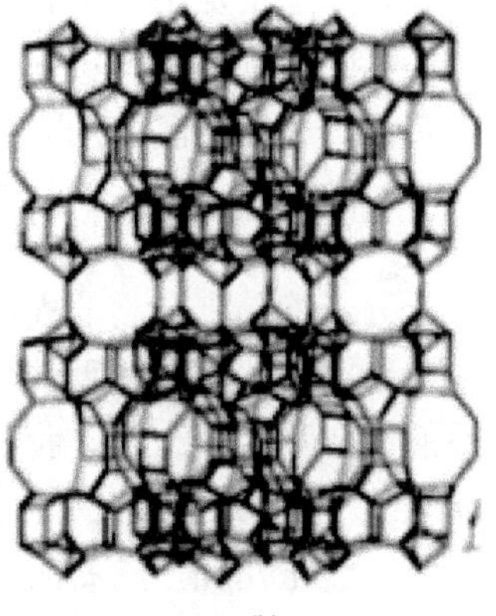

(b)

图 2-12　MWW 族分子筛骨架结构

（a）MWW 笼；（b）MCM-49 骨架图

6）磷酸铝系分子筛

该系沸石是继 20 世纪 60 年代 Y 型分子筛，70 年代 ZSM-5 型高硅分子筛之后，于 80 年代出现的第三代新型分子筛。到目前为止，已报道的磷酸铝系分子筛有 28 种不同结构，超过 200 种的骨架形式。包括大孔的 AlPO-5（0.1～0.8 nm），介孔的 AlPO-11（0.6 nm）和微孔的 AlPO-34（0.4 nm）等结构及 MAPO-*n* 系列和 AlPO 经 Si 化学改性成的 SAPO 系列等。

2.4.2　分子筛理化特性

由于独特的骨架连接方式，沸石分子筛在结构及性能上具有如下优点：

（1）沸石分子筛具有较高的比表面积 （300～800 m^2/g），且内部可形成规则的孔道和空腔，孔径与一般分子大小相当，气体分子可以在其孔道内部进行扩散。

（2）AlO_4 四面体为–1 价，需 1 个质子 H 或金属离子，如 Na^+平衡，经质子 H 平衡后的 AlO_4 四面体可以形成一个 Brönsted 酸位（B 酸位），因此硅铝沸石分子筛通常具有一定的酸性。由于其较常用酸如 H_2SO_4、HCl、HNO_3 等酸性弱，沸石分子筛也是一种良好的酸催化剂，广泛用于石化行业加氢脱硫等工艺。

（3）B 酸位的质子氢可以与其他金属阳离子进行离子交换，使金属离子交换至分子筛孔道和空腔中，从而使得分子筛对某些反应体系具有一定的催化活性。

（4）沸石分子筛的组成、孔道结构、酸性易于调变，可被广泛地用于催化、分离和吸附等领域。

（5）分子筛具有很高的热稳定性、水热稳定性，能在较苛刻的环境下安全、方便地使用。

分子筛正是由于具有上述多个结构特点，而在吸附、催化等诸多领域占有举足轻重的地位。本节将主要讲述分子筛催化剂结构特性与其催化性能间的关系，主要包括分子筛催化剂的吸附性、择形性、比表面积、酸碱性及硅铝比（Si/Al）。

1. 分子筛的吸附特性

分子筛具有较高的表面极性，是一种良好的吸附材料，分子筛最先被人们发现和使用的性质是其吸水性[65, 66]，主要表现在对水分子有强烈的吸附能力，分子筛的饱和吸水性比起硅胶要高五到六倍，在高温下依然能保持较高的饱和吸附量，在95℃下可以达到12%的饱和吸附量，195℃时仍然可以达到5%，在高速的气流下，如25 m/min，沸石的吸水量还能够超过15%[67]。分子筛由于硅铝比不同，产生亲水性和憎水性。硅铝分子筛对水的吸附作用强烈，高硅沸石表现出憎水性。此外，一般情况下分子筛空腔体积可以占到其总体积的50%之多，同时分子筛特殊的分子结构使得其具有相当大的应力场，当沸石中的吸附质被完全脱附之后，沸石内部就会存在应力场，因此，对周围的物质有了吸附性。基于分子筛良好的吸水性，其被广泛地用作干燥剂。

2. 分子筛的择形性

1）分子筛择形性定义及分类

“择形催化”最早于1960年由Weisz和Frilette提出，其在研究小孔分子筛催化反应过程时发现，分子筛催化剂特殊的孔道结构可对反应物分子、产物分子及中间产物分子在分子筛孔道内部的吸附、扩散及反应产生影响，由于分子筛孔道结构中有均匀的小孔，当反应物和产物的分子动力学半径与晶内孔径相接近时，催化反应的选择性将取决于反应物小分子与分子筛孔径的相应大小，这种选择性称为择形催化选择性。

分子筛择形催化产生的原因主要是选择性扩散约束作用和（或）选择性空间位阻作用。即，反应物分子、中间物种及反应产物在分子筛催化剂孔道内部反应、扩散时，会受到分子筛孔道结构的限制[68]。影响择形催化反应的因素主要有两个：一是反应空间限制和扩散能力差异；二是催化剂内外表面酸性。在择形催化作用中，当催化剂的孔道结构尺寸接近分子大小时，分子的移动就会受到限制，并称此区域为“构形”扩散区；在此区域内分子尺寸的微小变化都能导致扩散系数的较大改变。分子筛择形催化的实际意义在于可根据反应体系中参加反应分子尺寸大小，筛选相应孔道尺寸分子筛催化剂，进而可实现在相对温和的反应条件下有效地抑制副反应的进行，提高目的产物的选择性。

择形催化主要有以下三种形式[69]，反应物择形催化、产物择形催化及过渡态择形催化，如图 2-13 所示。

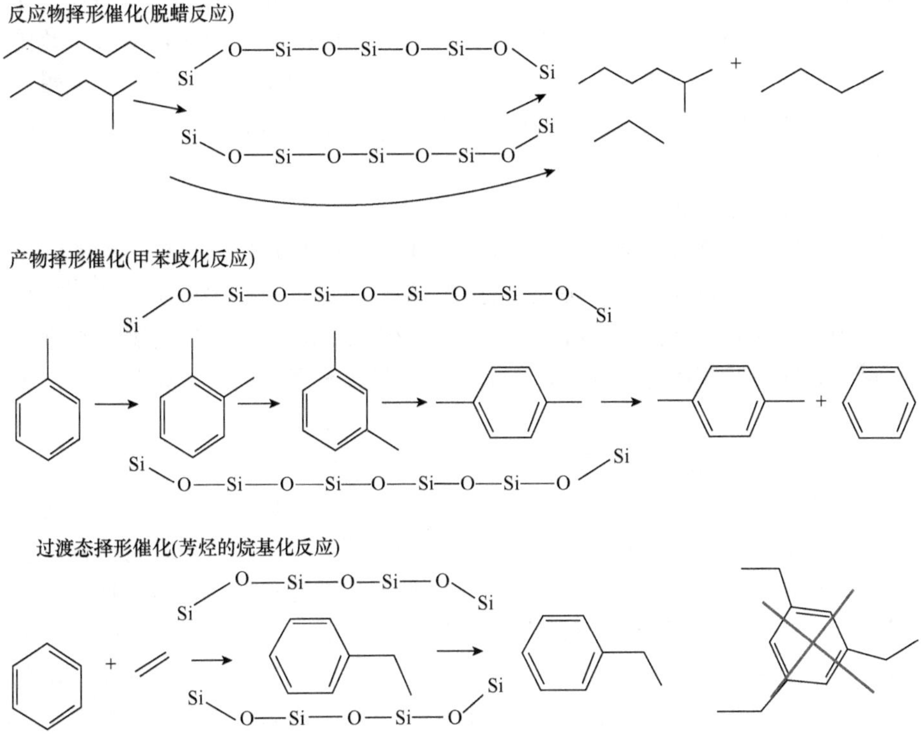

图 2-13　分子筛的择形催化示意图

（a）反应物择形催化

当反应混合物中的某些反应物分子直径大于分子筛孔径时，其无法进入催化剂孔腔内发生反应，而只有那些直径小于孔径的反应物分子才能进入内孔，并在活性位发生催化反应，该类反应定义为反应物择形催化，如图 2-13 中脱蜡反应，此外，研究发现在己烷裂解中，采用硅铝比高、孔径与正己烷相当（约为 0.5 nm）的分子筛（如毛沸石、菱沸石），其对正己烷具有极高的选择性。再如，对于 2-丁醇脱水反应，研究发现 10X 分子筛比 5A 分子筛的活性高 100～1000 倍，其原因在于 10X 和 5A 分子筛孔径分别为 0.9 nm 和 0.5 nm，而 2-丁醇的直径为 0.58 nm，因此，2-丁醇易于进入 10X 分子筛的晶孔内发生脱水反应[70]。

（b）产物择形催化

同理，当反应产物混合物中某些分子太大，难以从分子筛催化剂的内孔窗口扩散出来，就形成了产物的择形选择性，该类反应称为产物择形催化，如图 2-13 中甲苯歧化反应。此外，王桂茹等[71]采用改性的 ZSM-5 分子筛催化剂进行甲苯甲醇烷基化反应，研究发现改性 ZSM-5 分子筛催化剂对目的产物二甲苯选择性高达 98%，其原因在于反应产物中对二甲苯分子直径为 0.57 nm，间二甲苯为 0.70 nm，邻二甲苯为 0.74 nm，而 ZSM-5 孔径为 0.52～0.58 nm。由此可见，对二甲苯更易于从分子筛孔中扩散出去，而间二甲苯和邻二甲苯难以扩散。实验数据证明，对二甲苯的扩散速度是后两者的 1000 倍，所以在使用 ZSM-5 时，可得到高浓度的对二甲苯。

（c）过渡态择形催化

当反应物及产物分子能在孔道内扩散，但生成最终产物所需的过渡态（反应中间物）空间尺寸较大，分子筛孔道有效空间却很小，无法提供所需的空间时，由于受到空间限制，在分子筛孔道内不能形成过渡态，此时反应也就不能进行，从而反应表现为过渡状态选择性，该类反应为过渡态择形催化，如图 2-13，苯烷基化反应。

2）择形催化在废气治理技术中的应用

分子筛择形催化除在石化行业有着广泛的应用外，近年来，其在工业尾气治理方面也逐渐引起学术界的关注。顾勇义等[72]以四类 VOCs（醇类、酯类、烃类、酮类）为探针分子，研究了 Na-ZSM-5 分子筛对实际工业废气的吸附性能，研究结果表明，Na-ZSM-5 分子筛更适合吸附小分子 VOCs，如异丙醇、丙酮、乙酸乙酯等含碳小于 6 的有机物；而对一些大分子 VOCs，如环己烷和环己酮，由于其无法进入分子筛孔道，吸附效果较差。此外，近年，最新研究发现，存在一种超微孔分子筛 SSZ-13，其经过 Cu 离子改性后，在 150～400℃较宽温度范围内，可实现～100%的 NO 转化，且其 N_2 选择性大于 95%。经过系统的研究后，人们发现 SSZ-13 分子筛主孔道为八元环孔道，其孔径仅为 3.8 Å，而在 NO-SCR 反应体系中，各分子动力学半径为：N_2O（3.83 Å）、NO（3.17 Å）、NO_2（>3.83 Å）、NH_3（2.90 Å），由此可见，对于反应主产物 N_2 而言，其动力学半径小于 SSZ-13 的八元环主孔道孔径，而对于 NO-SCR 反应副产物 N_2O、NO_2 而言，其动力学直径大于 SSZ-13 的八元环主孔道孔径，因此 SSZ-13 表现出极高的 N_2 选择性[73]。为择形反应选择分子筛催化剂，必须密切关注反应物及分子筛的尺寸以及两者间的匹配，相关尺寸数据可从手册或分子筛专著中找到，部分数据如表 2-5 所示，部分典型分子筛孔道结构参数如表 2-6 所示。

表 2-5 分子筛直径与分子筛孔尺寸[74]

分子	动力学直径（nm）	分子筛	孔直径（nm）
He	0.25	KA	0.3
NH_3	0.26	LiA	0.40
H_2O	0.28	NaA	0.41
N_2，SO_2	0.36	CaA	0.50
丙烷	0.43	毛沸石	0.38×0.52
正己烷	0.49	ZSM-5	0.54×0.56/0.51×0.55
异丁烷	0.50	ZSM-12	0.57×0.69
苯	0.53	CaX	0.69
对二甲苯	0.57	丝光沸石	0.67～0.70
CCl_4	0.59	NaX	0.74
环己烷	0.62	AlPO-5	0.80
邻、间二甲苯	0.63	VPi-5	1.20
1,3,5-三甲苯	0.77		
$(C_4H_9)_3N$	0.81		

3. 酸碱性

1）分子筛酸碱性的定义及形成

一般而言，固体酸可理解为凡能使碱性指示剂改变颜色的固体，或是凡能化学吸附碱性物质的固体。严格地讲，固体酸分为两种类型，一种是Brönsted酸（简称B酸或质子酸），一种是Lewis酸（简称L酸）。能够给出质子的物质称为Brönsted酸，能够接受电子对的物质称为Lewis酸，到目前为止，开发出的固体酸大致可分为九类，如表2-7[75]所示。

沸石分子筛是酸碱催化剂的一种，其一级结构单元由硅氧四面体（SiO_4）和铝氧四面体（$A1O_4$）组成，在沸石分子筛表面可形成两种酸性中心：L酸中心和B酸中心，且两种酸性中心的强度不同。表面酸性中心的出现与沸石的结构有关，硅铝桥羟基是主要的B酸中心，在硅氧四面体中Si是4价，而铝氧四面体中Al是3价，Al取代硅氧四面体中Si的位置后，为保持电中性，这个铝必须带一个负电荷，因此需要一个质子来中和过剩的负电荷，从而在沸石的结构中形成B酸中心；而暴露在表面配位不饱和的铝，则起L酸中心的作用。B酸中心如图2-14所示。

沸石分子筛中的B酸和L酸是可以相互转化的，低温有水存在时以B酸为主；相反，高温脱水会导致L酸为主；两个B酸中心形成了一个L酸中心。如在高温活化β沸石加热到450℃时，B酸中心脱水转化为L酸中心结构，如图2-15所示。

表 2-6　分子筛不同拓扑结构的结构参数［国际沸石协会（IZA）收纳］

拓扑结构	名称	次级结构单元	多级结构	结构	最大直径（Å）	环数	孔道体系
CHA	SSZ-13 SSZ-62 SAPO-34 SAPO-47 DAF-5 LZ-218 ZK-14 ZYT-6	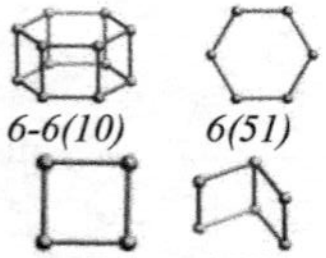 6-6(10)　6(51)　4-2(23)　4(71)	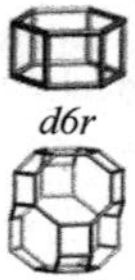 d6r　cha	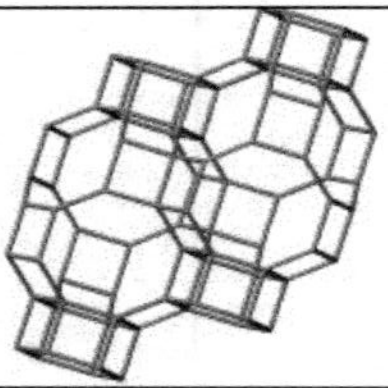	⊥[001]八元环： 3.8 × 3.8***	8/6/4	三维
LEV	SSZ-17 LZ-132 NU-3 ZK-20 SAPO-35 SAPO-67	 6(51)	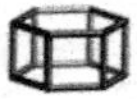 d6r	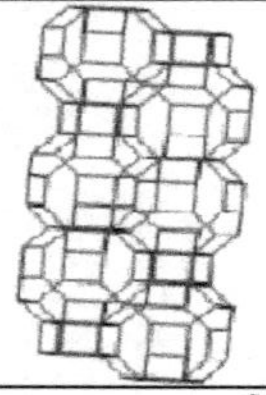	⊥[001]八元环： 3.6 × 4.8**	8/6/4	二维
OFF	LZ-217 RMA-4 TMA-O	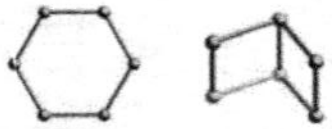 6(51)　4-2(23)	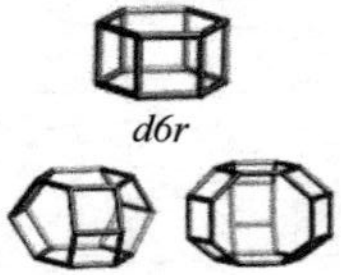 d6r　can　gme	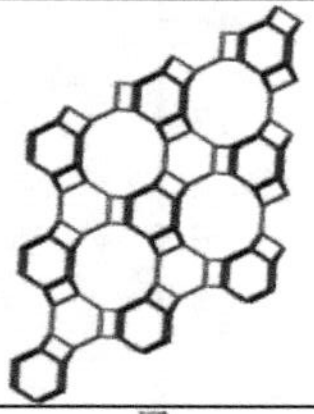	[001]十二元环： 6.7 × 6.8*↔⊥[001]八元环： 3.6 × 4.9**	12/8/6/4	一维
ERI	AlPO-17 LZ-220 UZM-12	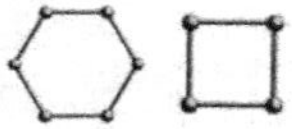 6(51)　4(71)	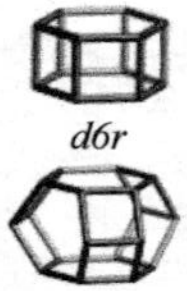 d6r　can	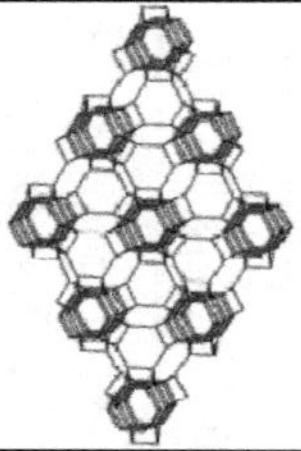	⊥[001]八元环： 3.6 × 5.1***	8/6/4	三维

续表

拓扑结构	名称	次级结构单元	多级结构	结构	最大直径（Å）	环数	孔道体系
AFX	SAPO-56 SSZ-16	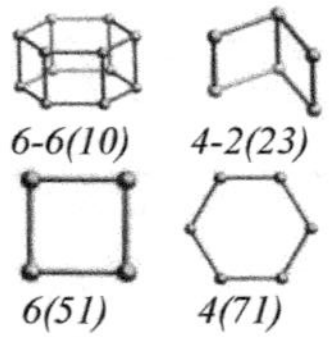	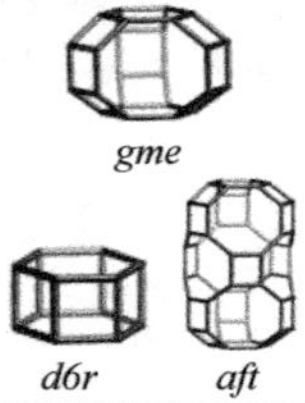	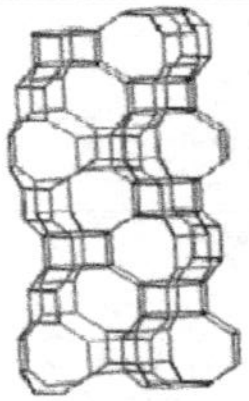	⊥[001]八元环：3.4 × 3.6**	8/6/4	三维
ATT	AlPO-33 RMA-3	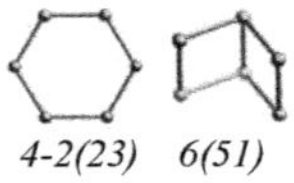	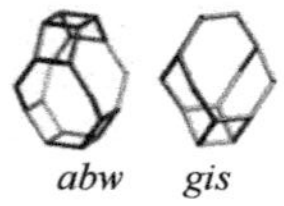		[100]八元环：4.2 × 4.6* ↔ [010]八元环：3.8 × 3.8*	8/6/4	二维
BCT	BCTT	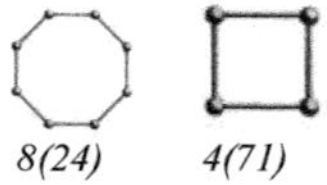		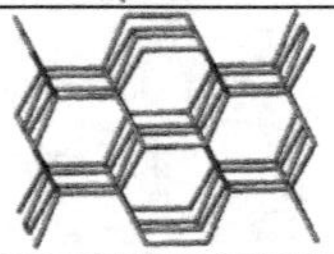	[001]八元环：2.4 × 2.4*	8/6/4	一维
CAS	EU-20b	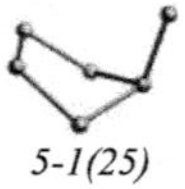	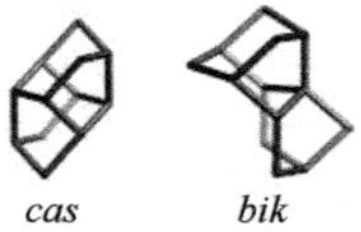	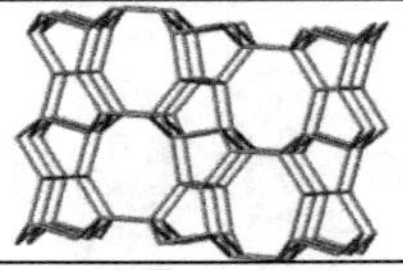	[001]八元环：2.4 × 4.7*	8/6/5	一维
EAB	TMA-E	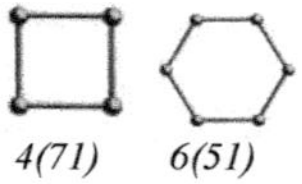	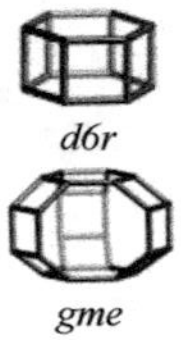	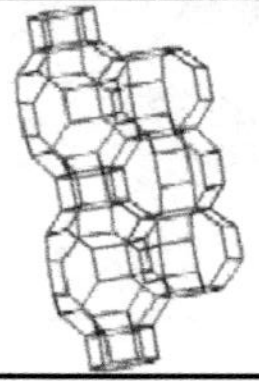	⊥[001]八元环：3.7 × 5.1**	8/6/4	二维

续表

拓扑结构	名称	次级结构单元	多级结构	结构	最大直径（Å）	环数	孔道体系
LTA	ITQ-29 LZ-215 SAPO-42 UZM-9 ZK-22 ZK-4	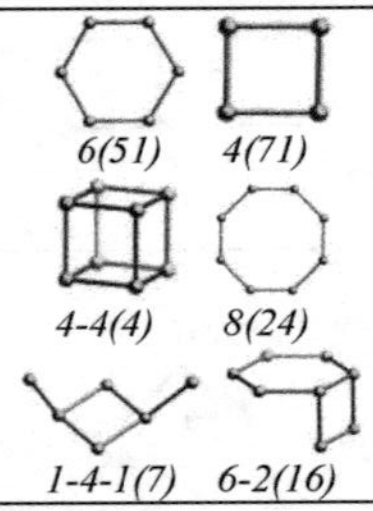 *6(51)* *4(71)* *4-4(4)* *8(24)* *1-4-1(7)* *6-2(16)*	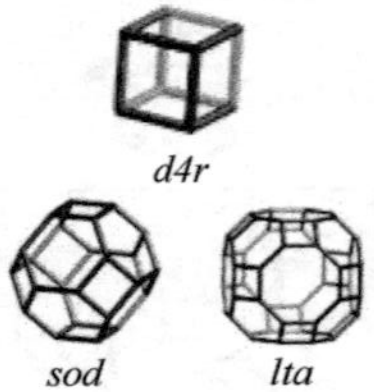 *d4r* *sod* *lta*	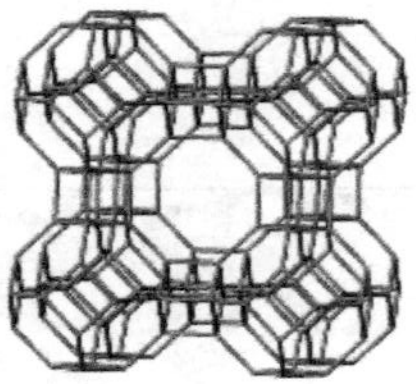	〈100〉八元环：4.1 × 4.1***	8/6/4	三维
OWE	UiO-28 ACP-2	 *4(71)* *4-4(4)*	 *sti*	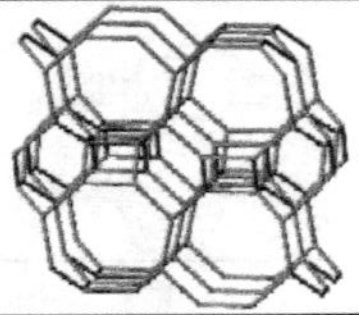	[010]八元环：3.5 × 4.0*↔[001]八元环：3.2 × 4.8*	8/6/4	二维
SAT	STA-2	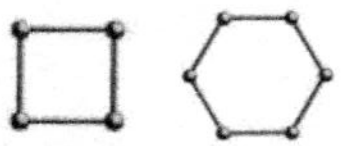 *6(51)* *4(71)*	 *d6r* *can*	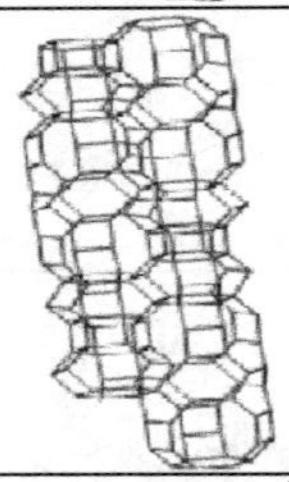	⊥[001]八元环：3.0 × 5.5***	8/6/4	三维
STT	SSZ-23	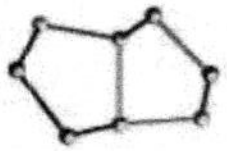 *5-3(10)*	 *bea* *cas*	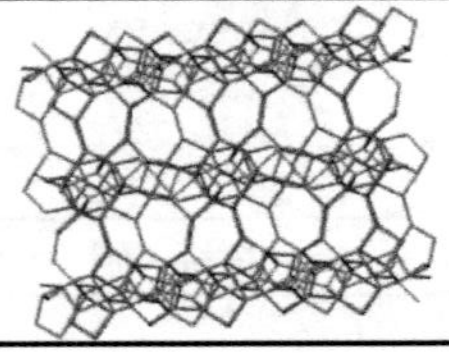	[101]九元环：3.7 × 5.3*↔[001] 七元环：2.4 × 3.5*	9/7/6/5/4	二维

续表

拓扑结构	名称	次级结构单元	多级结构	结构	最大直径（Å）	环数	孔道体系
UFI	UZM-5	 *8(24)*	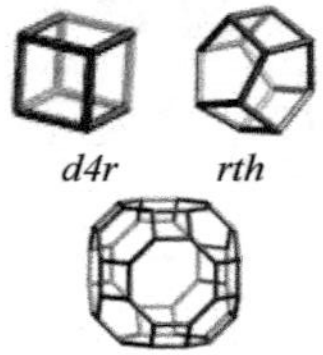 *d4r* *rth* *lta*	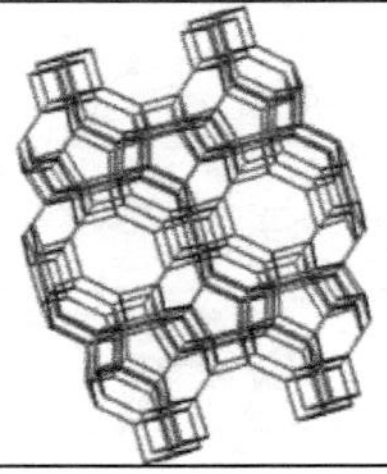	〈100〉八元环：3.6 × 4.4**↔[001]八元环：3.3 × 3.3	8/6/4	二维
MFI	ZSM-5 TS-1 NU-4 AZ-1 FZ-1 USC-4 USI-108	 *5-1(25)*	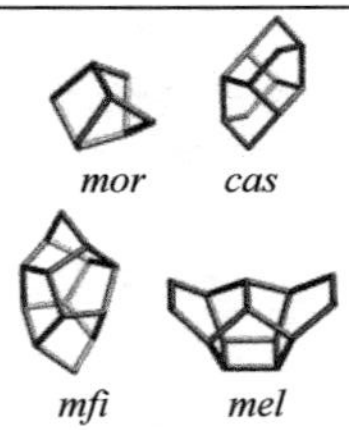 *mor* *cas* *mfi* *mel*	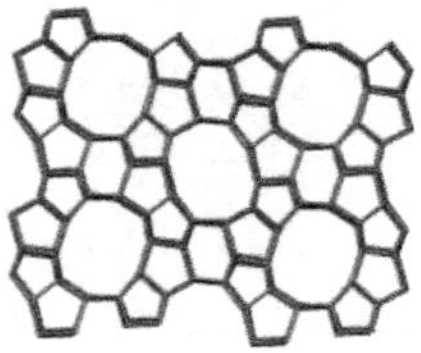	[100]十元环：5.1 × 5.5↔[010]十元环：5.3 × 5.6***	10/6/5/4	三维
FER	ZSM-35 FU-9 ISI-6 NU-23	 *5-1(25)*	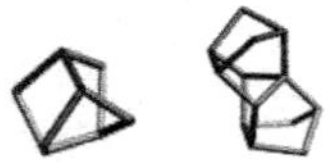 *mor* *fer*	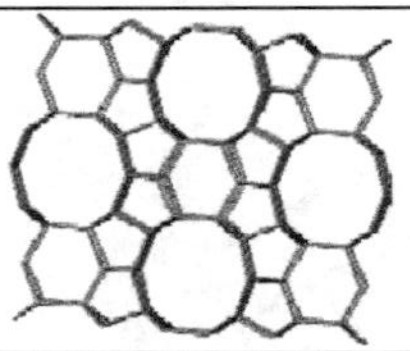	[001]十元环：4.2 × 5.4* ↔ [010]八元环：3.5 × 4.8*	10/8/6/5	二维
AFO	AlPO-41 SAPO-41	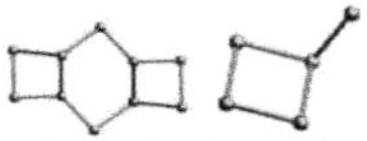 *2-6-2(16)* *4-1(13)*	 *afi* *bog*	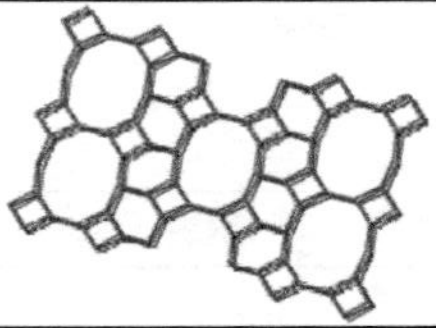	[001]十元环：4.1 × 5.3*	10/6/4	一维

续表

拓扑结构	名称	次级结构单元	多级结构	结构	最大直径（Å）	环数	孔道体系
MTT	ZSM-23 EU-13 ISI-4 KZ-1	 *5-1(25)*	 *jbw* 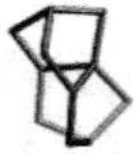 *mtt*  *bik*  *ton*	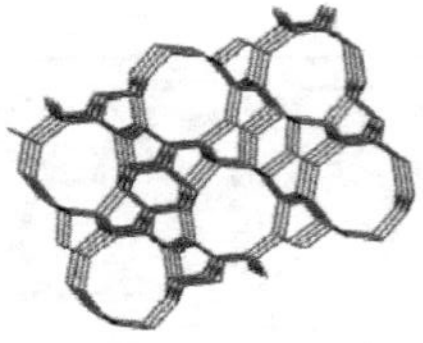	[001]十元环：4.5 × 5.2*	10/6/5	一维
MWW	MCM-22 ITQ-1 SSZ-25 ERB-1	1-6-1 6-1 (1：4)	 *d6r*  *mel*	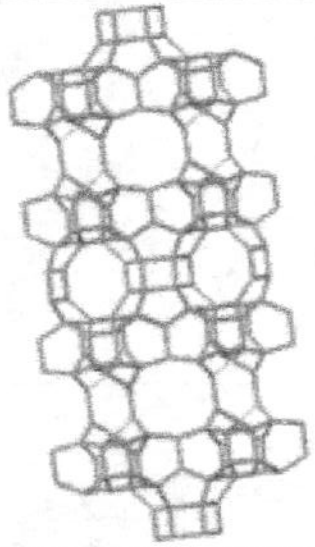	[001]十元环：4.0 × 5.5** ↔ [001] 10-MR 4.1 × 5.1**	10/6/5/4	二维
BEA	Beta CIT-6	仅存在多级结构	 *mor*  *bea* 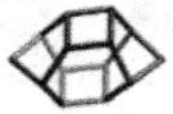 *mtw*	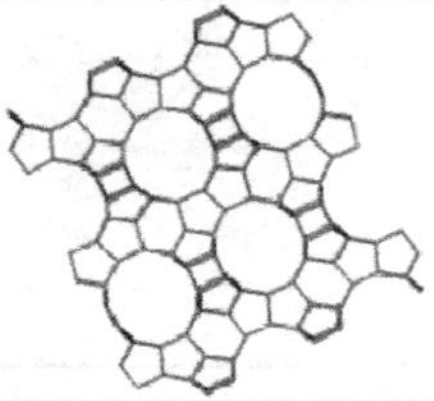	[100]十二元环：6.6 × 6.7** ↔ [001]十二元环：5.6 × 5.6*	12/6/5/4	三维

续表

拓扑结构	名称	次级结构单元	多级结构	结构	最大直径（Å）	环数	孔道体系
MOR	Mordenite LZ-211 RMA-1	 5-1(25)	 *mor*	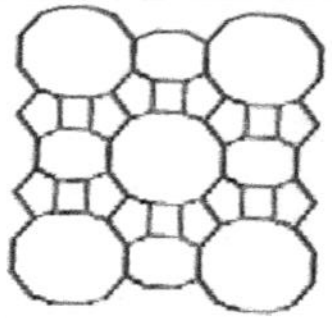	[001]十二元环：6.5 × 7.0* ↔ [001]八元环：2.6 × 5.7**	12/8/5/4	一维
FAU	X Y USY SAPO-37 ZSM-20 ZSM-3	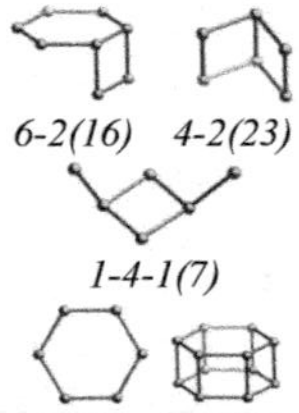 6-2(16)　4-2(23) 1-4-1(7) 6(51)　6-6(10)	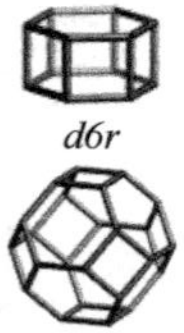 *d6r* *sod*	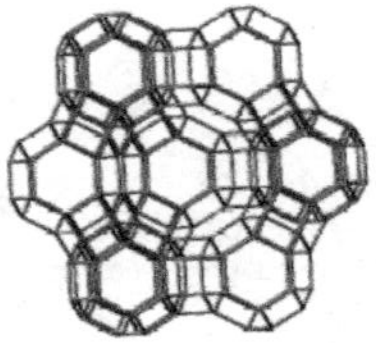	〈111〉十二元环： 7.4 × 7.4***	12/6/4	三维
DFO	DAF-1	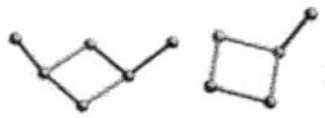 1-4-1(7)　4-1(13)	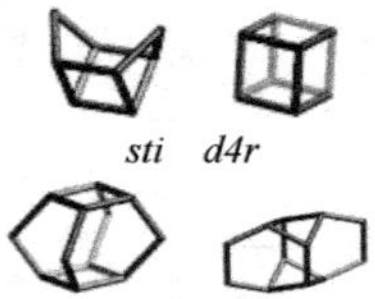 *sti*　*d4r* *lau*　*bog*	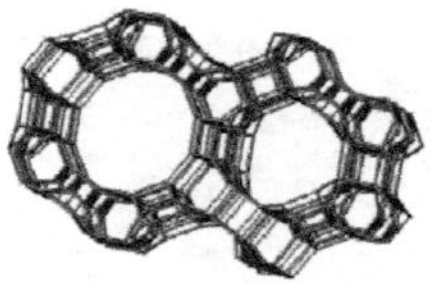	{[001]十二元环：7.3 × 7.3 ↔⊥[001]八元环：3.4 × 5.6}*** ↔ {[001]十二元 环：6.2 × 6.2 ↔⊥[001]十元 环：5.4 × 6.4}***	12/10/8/6/4	三维
VET	VPI-8	 5-1(25)　5-[1，1](2)	 *cas*	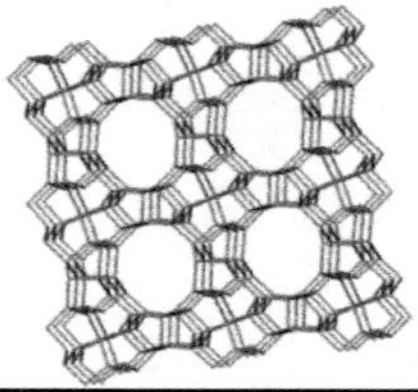	[001]十二元环：5.9 × 5.9*	12/8/7/6/5	一维

注：*表示一维孔道，**表示二维孔道，***表示三维孔道；↔代表平行，⊥代表相互垂直；MR 表示环数

表 2-7 固体酸分类与实例

序号	酸类型	实例
1	固载化液体酸	$HF/A1_2O_3$、SbF_5/SiO_2-$A1_2O_3$、H_3PO_4/硅藻土
2	氧化物	$A1_2O_3$、SiO_2、B_2O_3、$A1_2O_3/SiO_2$、B_2O_3/Al_2O_3、ZrO_2/SiO_2
3	硫化物	CdS、ZnS
4	金属盐	磷酸盐、硫酸盐，如 $AlPO_4$、$CuSO_4$
5	分子筛	ZSM-5、MCM-41
6	杂多酸及盐	$H_3PW_{12}O_{40}{\cdot}xH_2O$、$H_3PMo_{12}O_{40}{\cdot}xH_2O$、$Cs_{2.5}H_{0.5}PW_{12}O_{40}{\cdot}xH_2O$
7	阳离子交换树脂	苯乙烯-二乙烯基苯共聚物、Nafion-H
8	天然黏土	高岭土，膨润土，蒙脱石
9	固体超强酸	SO_4^{2-}/ZrO_2、WO_3/ZrO_2

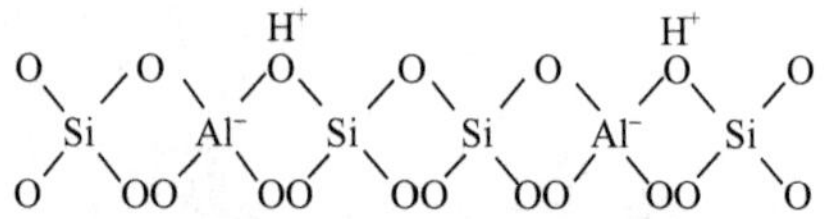

图 2-14 β 沸石的 B 酸中心

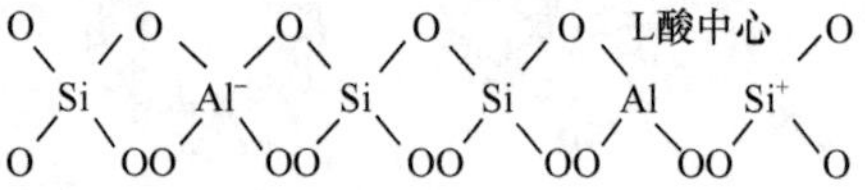

图 2-15 高温处理过的 β 沸石的 L 酸中心

分子筛酸位的形成归纳为以下几点[76]：

（1）氢型分子筛上的羟基形成酸性中心。一般的分子筛不采用强酸酸化，而采用离子交换的方式转换为铵（NH_4^+）型分子筛，随后经过高温热处理，释放出氨气，进而在表面不同部位上形成羟基，最终形成酸性位。

（2）骨架外的铝离子等三价离子或不饱和的四价离子可形成 Lewis 酸位中心。在上述的铵型分子筛变化过程中，存在三配位骨架铝，其结构不稳定，易脱出骨架，进而以$(AlO)^+$或$(AlO)_p^+$阳离子形式存在于孔隙中，这种骨架外的铝离子易形成 Lewis 酸中心。

（3）多价金属阳离子也可以产生羟基酸位中心。类似于 Ca^{2+}、Mg^{2+}、La^{3+}等的多价金属阳离子交换于分子筛后可产生酸性中心，如$[Ca(OH_2)]^{2+} \longrightarrow [Ca(OH)]^+ + H^+$。此外，研究发现随着交换碱土金属离子半径减小，质子酸性增强，其次序为 BeY＞MgY＞CaY＞SrY＞BaY[71]。

2）分子筛酸性的测定方法

沸石分子筛之所以能广泛应用于催化领域，除具有规整的骨架和孔道、高的热稳定性和水热稳定性等性能外，最重要的特征就是其酸性。在沸石分子筛材料催化过程中，催化剂及其载体表面中心的酸碱性质会直接决定催化剂的催化性能。因此，表面酸性的表征在研究催化剂的作用原理、改进现有的和研制新型的分子筛催化剂，以及在研究新型分子筛催化材料酸位的性质、来源及结构等方面起着非常重要的作用。通常，沸石分子筛表面酸性的表征包括酸性位的类型、位置、酸强度和酸量四个方面。酸性位的分类有多种方法，如质子酸、路易斯酸、软酸、硬酸等。酸量又称酸度或酸密度，按实际需要可用不同的单位，如单位质量或单位表面积样品上酸位的量，记以 mmol/g 或 $mmol/cm^2$，对沸石样品，可用单位晶胞上的酸位数表示。随着新的物理化学研究方法与科学仪器的不断改进，固体酸表面酸性的测定方法也不断进步。目前已经建立了许多酸性测定法，其中比较常用和重要的有程序升温热脱附法、红外光谱法、吸附指示剂滴定法、吸附微量热法、核磁共振（NMR）法。

（a）程序升温热脱附法

20 世纪 60 年代，Cvetanovio 和 Amenomiya 在闪脱技术的基础上成功地建立和发展了程序升温技术（temperature programmed desorption，TPD），是一种非稳态的表征技术。在最近的几十年中，不论是在理论上还是在实验上都得到了充分的发展和完善，并得到了广泛的应用。其测定原理：首先将含有一定浓度的 NH_3 气体对催化剂进行预吸附，待吸附饱和后，采用惰性气体在室温下吹扫，除去表面物理吸附的 NH_3。随后将样品进行程序升温处理，并通过 TCD 检测器对脱附 NH_3 信号进行检测计量。

（b）红外光谱法

红外光谱法是一种有效定量分析固体酸催化剂中 B 酸、L 酸的光谱学表征方法，1963 年 Parry[77]首次建议采用吡啶（pyridine）吸附的红外光谱法分析氧化物表面的 B 酸和 L 酸，该方法首先采用吡啶作为吸附剂，对固体酸催化剂进行预吸附，经处理后，将催化剂样品置于傅里叶红外光谱检测仪中，通过分析 B 酸、L 酸的特征吡啶吸附谱图，对固体酸催化剂中的 B 酸、L 酸进行定性、定量分析，目前，红外光谱法是最常用的分析固体酸催化剂表面酸性的方法之一，可同时得到催化剂表面酸的类型、强度和酸量的信息。

（c）指示剂滴定法

早在 20 世纪 50 年代初，Walling[78]提出利用吸附在固体酸表面的 Hammett 指示剂的变色方法来测定固体酸的酸强度。Tamele 用对二甲氨基偶氮苯为指示剂，以正丁胺滴定悬浮在苯溶剂中的固体酸测定酸量。随后 Benesi 做出重大改进，先让催化剂分别与不同滴定浓度的正丁胺达到吸附平衡，再采用一系列不同 pK_a 值的 Hammett 指示剂来确定等当点，进而可在较短的时间测定酸强度分布，形成一个测定固体酸表面酸强度分布的吸附指示剂正丁胺滴定法，又称非水溶液胺滴定法[79]。

（d）吸附微量热法

吸附微量热法是一种直接测定碱分子在固体酸表面吸附产生的微分吸附热来表征酸位的强度，同时测定相应的吸附量来表征酸量，从而获得酸强度分布的方法。由于热流式量热计的使用和推广，该方法已被采用来研究各类固体酸催化剂的表面酸性。

（e）核磁共振（NMR）法

将 NMR 用于多相催化反应过程中的原位研究，是近年来催化领域的研究热点之一，其中固体 ^{1}H NMR 技术被用来研究微孔和介孔材料表面羟基和酸性，其基于化学位移的不同可区分和定量分析四种不同的质子：①非酸性的末端硅羟基 SiOH（1.5～2 ppm）；②非骨架铝上的 AlOH（2.6～3.6 ppm）；③酸性的桥羟基 SiO（H）Al（3.6～5.6 ppm）；④铵离子（6.5～7.6 ppm）；但 ^{1}H NMR 技术只能测定固体酸中的 B 酸量，无法测定 L 酸量。此外，近年来，也开发出了 ^{31}P 同位素 NMR 测定酸性及酸量计算，由于 ^{31}P 具有 100%的天然丰度，磁旋比也较大，该技术具备较高的灵敏度和较宽的化学位移（$\delta>300$）。

3）分子筛酸性调控

酸性和孔道结构是决定分子筛催化剂活性和选择性的重要因素，酸强度、酸中心类型和酸量的改变，会极大地影响分子筛的催化活性和选择性。因此，为了提高分子筛的催化性能，很多情况下必须调整其酸性，具体可针对分子筛不同的结构部位展开，如分子筛表面、分子筛孔道等，目前，常用的分子筛酸性调控方法主要包含以下两种[55, 57]。

（a）骨架调变技术

分子筛骨架脱铝是增强分子筛酸性的常用方法，通常可采用水热处理或酸处理两种方法，分子筛经脱铝改性后有利于提高分子筛的热稳定性及化学稳定性，并可改善其催化性能。此外，在分子筛骨架脱铝后，会导致孔道结构出现缺陷，进而产生介孔孔道。例如，Kumar 等分别用盐酸、乙酰丙酮、六氟硅酸铵对常规合成的 ZSM-5 分子筛进行轻度脱铝处理，结构表征结果发现脱铝后分子筛硅铝比明显增大，总比表面积显著增加，其中，微孔比表面积稍有减小，而介孔比表面积增加明显。Xin 等[80]采用 NaOH 溶液（脱硅）和草酸（脱铝）对常规 ZSM-5 分子筛进行组合处理，以调整 ZSM-5 分子筛的结构和表面酸性。研究结果表明，在乙醇脱水反应中，组合处理能较好地调变 ZSM-5 分子筛表面的弱酸和强酸分布（图 2-16），进而使其弱酸量增加，最终有利于提高乙烯的选择性。

（b）离子交换技术

离子交换技术通过改变骨架外平衡离子的特性，调变分子筛的酸碱性，是最

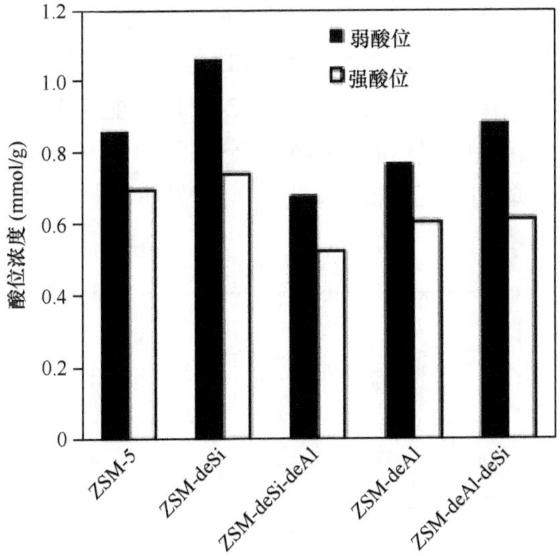

图 2-16　基于 NH_3-TPD 多种 ZSM-5 分子筛酸量及酸强度分布图

常用、最易行的沸石改性方法，采用该技术将金属离子交换于离子交换位，进而达到调变分子筛催化剂酸性的目的。例如，张进等[81]采用 Co^{2+}、Fe^{3+}改性 ZSM-5，使分子筛的 B 酸中心和 L 酸中心重新分布，其中研究发现，离子交换后分子筛的 L 酸中心显著减少。杨小明等[82]采用磷氧化物对 HZSM-5 分子筛进行改性，研究发现磷氧化物改性可提高沸石分子筛酸量的保留，如经同样条件的水热老化处理，磷改性 ZSM-5 沸石分子筛酸量保留可从 7.2%提高到 18.1%；此外，磷氧化物改性可有效抑制沸石骨架在水热老化过程中的脱铝现象，进而提高其水热稳定性；最后，表 2-8 为 ZSM-5 酸性表征数据表，由表可见，磷氧化物改性可改善 ZSM-5 分子筛的酸强度分布，极大地丰富了中强酸量。

表 2-8　ZSM-5 沸石样品的酸性（$\times 10^{20}$ 位/g）

TPD 氨脱附峰	峰Ⅰ＜250℃	峰Ⅱ＞250℃
P-ZSM-5	204℃/0.6970	317℃/0.2566
ZSM-5	-	352℃/0.4928

4）分子筛酸密度及酸强度

分子筛的酸密度取决于骨架铝的密度大小，例如，纯硅分子筛 Silicate-1，其不具备任何酸性，而对于富铝的 Y 型分子筛，其骨架铝含量高，酸密度大。一般而言，微孔分子筛均是典型的酸性催化剂，而对于介孔分子筛 MCM-41、SBA-15，往往需要采用引入骨架 Al 原子的方式，使其具备一定的酸性。例如，高闯等[83]

在盐酸介质中，以异丙醇铝为铝源，采用一步法合成出 Al-SBA-15 介孔分子筛，并采用 N_2 吸附-脱附、XRD、TEM 和 NH_3-TPD 等方法对其进行表征，考察了 Si/Al 对 Al-SBA-15 分子筛结构和性能的影响(图 2-17)，表征结果显示：Si/Al = 30、25、20、15 的 Al-SBA-15 分子筛均保持了 SBA-15 分子筛的六方相介孔结构，当 Si/Al =10 时，六方相介孔结构遭到一定的破坏，晶体形貌发生明显变化；此外，Al-SBA-15 酸性随 Si/Al 减小而增强。

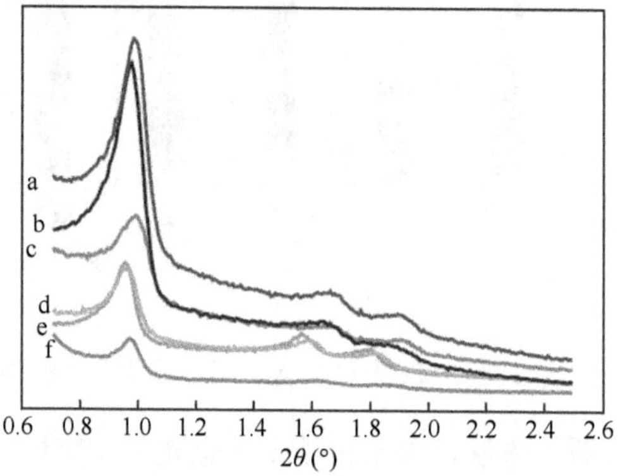

图 2-17 试样的 XRD 谱图

a. SBA-15；b. Al-SBA-15（30）；c. Al-SBA-15（25）；d. Al-SBA-15（20）；e. Al-SBA-15（15）；f. Al-SBA-15（10）

分子筛催化剂酸强度主要取决于骨架铝原子周围的微观环境，由于硅原子的电负性大于铝原子，因此，孤立 AlO_4 上的酸性位强度最大，而次邻位 AlO_4 数目越多，酸强度越弱。为了使分子筛具有强酸性，通常需限制 AlO_4 四面体周围邻位的 AlO_4 数目，例如，对于 HY 分子筛，要提高其酸强度，必须要进行脱铝，牺牲一定的酸性位密度。分子筛的酸强度对催化剂的反应活性有着很大的影响。刘吕花等[84]研究了 $Ce_yV_{1-y}O_x$/H-ZSM-5 上二氯甲烷的催化燃烧性能，研究发现 Ce-V 复合氧化物可有效调变 H-ZSM-5 分子筛表面酸性，从而提高催化剂对二氯甲烷的催化活性和对 CO_2 和 HCl 的选择性。图 2-18 为不同负载量 $Ce_{0.7}V_{0.3}O_x$/H-ZSM-5 分子筛催化剂的 NH_3-TPD 谱图，由图可见，低于 250℃的 NH_3 脱附峰归属为弱酸，250～500℃的 NH_3 脱附峰归属为中强酸峰，高于 500℃的峰归属为强酸峰。随着 Ce-V 复合氧化物负载量的增加，催化剂的弱酸量减少，中强酸脱附峰向高温移动，总酸量降低。因此，Ce-V 复合氧化物改性的 H-ZSM-5 分子筛催化剂，主要为反应提供新的酸中心，特别是中强酸中心，进而改变 H-ZSM-5 的二氯甲烷催化燃烧活性及选择性。

华月明等[85]研究了改性 ZSM-5 沸石分子筛上（F-ZSM-5、NiO-ZSM-5、H-ZSM-5）乙醇胺催化胺化合成乙撑胺，重点考察了催化剂酸性对其催化性能影响，研究结果表明与 H-ZSM-5 相比，F-ZSM-5 具有较高的酸中心密度和酸强度，更利于乙二胺的生成，而 NiO-ZSM-5 含有大量中等强度的酸中心，则易于副产物三乙烯二胺的生成。

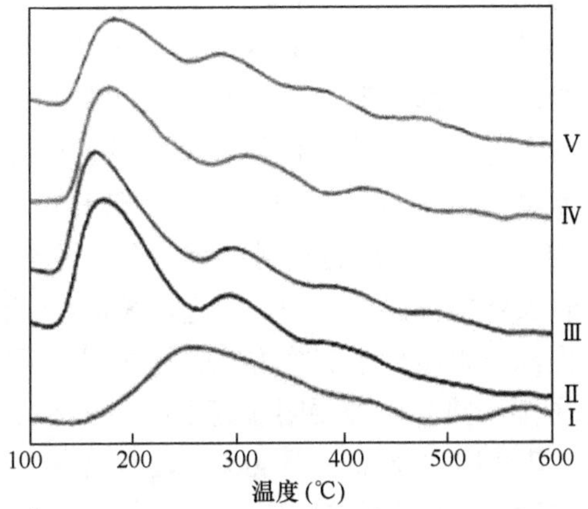

图 2-18　wt/%$Ce_{0.7}V_{0.3}O_x$/HZSM-5 催化剂的 NH_3-TPD 谱图

Ⅰ. HZSM-5；Ⅱ. 10%$Ce_{0.7}V_{0.3}O_x$/HZSM-5；Ⅲ. 15%$Ce_{0.7}V_{0.3}O_x$/HZSM-5；Ⅳ. 20%$Ce_{0.7}V_{0.3}O_x$/HZSM-5；Ⅴ. 15%$Ce_{0.7}V_{0.3}O_x$/HZSM-5（反应后）

4. 硅铝比

分子筛骨架硅铝比（Si/Al）是其重要参数之一，直接影响分子筛的水热稳定性、酸性及离子交换性。高硅铝比（Si/Al＞10）分子筛，抗热、抗酸能力较强，但与骨架铝平衡的阳离子数目相对变小，进而使其离子交换性降低。低硅铝比（Si/Al=1～1.5）沸石分子筛，由于铝含量高，具有较高的阳离子交换容量，但其水热稳定性差，骨架铝在高温水热环境中易脱落，进而使得骨架坍塌。表 2-9 归

表 2-9　不同硅铝比分子筛的酸碱性和稳定性

硅铝比	分子筛	酸碱性
低（1～1.5）	FAU（A，X）	晶格稳定性相对低 在酸中稳定性低 在碱中稳定性高 高浓度酸组分下显示中酸强度
中（2～5）	ERI（毛沸石）	
	CHA（SSZ-13，SAPO-34）	
	FAU（Y）、Chinoptilite 沸石	
高（＞10）	MFI（ZSM-5） MOR（丝光沸石） BEA（β 沸石） FER（镁碱沸石）	晶格稳定性相对高 在酸中稳定性高 在碱中稳定性低 低浓度酸组分下显示高酸强度

纳了不同硅铝比分子筛的酸碱性和稳定性。本节将主要从硅铝比与水热稳定性、酸性、离子交换性等几个方面展开讨论。

1）硅铝比与分子筛水热稳定性

硅铝比影响分子筛的稳定性，高硅铝比分子筛具备较高的水热稳定性。因此，通常可通过提高分子筛硅铝比，以提高其水热稳定性。常用的提高分子筛硅铝比的方法有：水蒸气热处理法、酸处理法，这些方法旨在脱除骨架中的铝，以提高分子筛硅铝比。王稚真[86]采用高温水热脱铝技术制备了超稳高硅 HY 分子筛，并深入考察制备过程中水蒸气流量与 NH_4^+交换度对高硅 HY 分子筛结构和表面吸附性能的影响。结果表明，HY 分子筛的硅铝比会随水蒸气流量和 NH_4^+交换次数增加而提高，但分子筛骨架结构会发生坍塌，引起比表面积下降，为维持 Y 分子筛骨架稳定性和高比表面积，采用离子交换方式，在 Y 分子筛中引入 La^{3+}离子。结果表明，高硅 LaY 分子筛水热稳定性要明显高于高硅 HY 分子筛，当 LaY 分子筛硅铝比达到 23.91 时，其结构还能保持近 600 m^2/g 的比表面积，并且通过稀盐酸处理可以浸取出沸石二次孔中的非骨架铝，从而进一步提高 LaY 分子筛的比表面积和硅铝比。

对不同构型沸石分子筛，其骨架脱铝受其骨架空间构型的影响，Muller 等[87]研究发现分子筛拓扑结构影响其骨架脱铝，如 BEA、MOR、MFI 三种拓扑结构的分子筛催化剂经相同的脱铝工艺处理后，其脱铝结果具有明显差异，脱铝程度排序为 BEA＞MOR＞MFI，该结果进一步表明，骨架铝在 BEA 分子筛内较 MOR、MFI 不稳定，易于脱落。Palella 等[88] 分析对比了 Cu-SAPO-34（CHA 构型）与 Cu-ZSM-5（MFI 构型）的水热稳定性，该两种分子筛首先分别在 600℃及 550℃下进行高温水蒸气处理 80 h 及 60 h，随后其采用 CO 为探针分子，通过傅里叶红外（FT-IR）分析对比高温水蒸气处理前后，两类分子筛催化剂活性中心（Cu^+离子）的变化情况，研究结果表明 Cu-SAPO-34 上 Cu^+离子没有发生明显变化，而 Cu-ZSM-5 上 Cu^+离子发生大量流失，进而表明 MFI 分子筛骨架较 CHA 构型骨架分子筛更易于脱铝。综上所述，可得到一定的规律，BEA、MOR、MFI、CHA 构型分子筛孔径呈逐渐减小趋势（见表 2-5），而其骨架 Al 脱除难易程度呈逐渐增加趋势，其原因在于分子筛小孔径可有效阻止骨架 Al 脱落后形成的 Al_xO_y 物种在分子筛孔道内部的扩散，进而使其具备较高的水热稳定性。

纳米分子筛具有大的外表面积、高表面能、短孔道等优点，引起了学术界的广泛关注，但纳米分子筛的热稳定性不如微米分子筛，为了改善纳米 ZSM-5 分子筛的热稳定性，张艳侠[89]研究了 Si/Al 对纳米 ZSM-5 分子筛热稳定性的影响，研究发现所合成的 Si/Al≈60 的纳米 ZSM-5，在空气气氛中焙烧到 800℃（升温速率 20℃/min）时 XRD 保留结晶度可达到 86%以上，而工业生产的 Si/Al＝20～30 的纳米 ZSM-5，经相同条件处理后，保留结晶度只有 54%左右，由此得出结论，即提高 Si/Al 可改善纳米 ZSM-5 沸石的骨架热稳定性。

2）硅铝比与分子筛酸性

如 2.4.2.3 小节所讨论，分子筛 Si/Al 与其酸性有直接联系，分子筛骨架 Al 直接参与 B 酸及 L 酸的形成，进而影响分子筛的酸量及酸强度。通过大量的研究表明，高硅铝比分子筛酸量较低，但酸强度高。与此相反，低硅铝比分子筛酸量较高，但酸强度低。王永强等[90]采用等体积浸渍法制备了负载型催化剂 $La_{0.8}Ce_{0.2}MnO_3$/ZSM-5，并考察不同 Si/Al 对其甲苯的催化氧化性能的影响，由 NH_3-TPD 表征结果发现，ZSM-5 分子筛随着 Si/Al 的增大其表面酸性逐渐降低，进一步与其催化性能相关联，发现随 Si/Al 的增大，参加反应的酸性中心量减少，从而使催化剂性能降低。薛晓敏[91]采用浸渍法制备了系列 CeO_2/HZSM-5、MO_x/HZSM-5、MO_x-CeO_2/HZSM-5 催化剂，并选择典型的 CVOCs 为探针反应，研究了 Si/Al 对催化剂二氯乙烯（DCE）催化氧化性能的影响，结果表明，低硅铝比的 CeO_2/HZSM-5（Si/Al=22）催化剂对 DCE 的催化降解活性最高，其中催化剂的酸强及酸密度对催化活性起着决定性作用。

3）硅铝比与分子筛离子交换性

分子筛离子交换性，即分子筛中 Brönsted 酸性位（$AlO_4^-H^+$）中的质子 H 与配位金属离子间的交换性能，与骨架 Al 含量有密切关系，骨架 Al 含量高（低硅铝比），则其离子交换性能强，反之则离子交换性能低。研究进一步发现，骨架 Al 含量及其分布影响交换金属离子的化学状态，例如，对于 Co^{2+}、Fe^{2+}、Cu^{2+}离子，其易落位于［$Al—O\text{-}(Si—O)_2\text{-}Al$］结构的 Al 分布，而对于 CoO_x，CuO_x 金属氧化物，其易落位于［$Al—O\text{-}(Si—O)_{n>2}\text{-}Al$］结构的 Al 分布[92]。此外，近期最新研究发现[93]，对于 Si/Al＞12 的高硅分子筛，如 FER、MFI、BEA、MWW 构型分子筛，其骨架 Al 在分子筛的分布具有一定的规律，如图 2-19 所示，以单核 Al 或双核 Al（成对或非成对）的形式落位于分子筛 α、β、γ 孔道内。

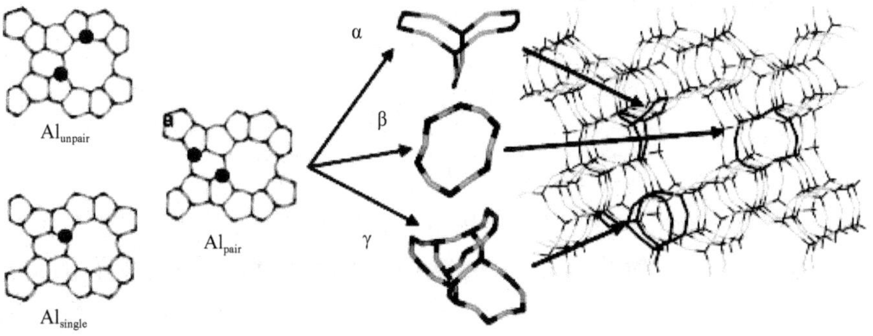

图 2-19　ZSM-5 骨架 Al 原子分布示意图

5. 比表面积

催化剂比表面积（specific surface area）是表征催化剂性质的重要技术指标之一，是指单位质量固体物质具有的表面积值，分为外表面和内表面，其中外表面指非孔催化剂的表面，内表面指的是多孔催化剂细孔的内壁，多孔催化剂的表面积主要由内表面贡献，催化剂颗粒越小，孔径越小，比表面积越大。对于分子筛催化剂，其比表面积通常为300～1000 m^2/g，比表面积的大小与其催化性能密切相关，一般而言，表面积愈大，催化剂的活性愈高。尽管催化剂的表面积愈大，催化剂活性也愈大，但仅少数催化剂能够表现出催化活性与表面积呈线性比例的关系，这是因为具有催化活性的表面积往往只占总面积的很少一部分。此外，由于制备方法不同，催化剂的活性中心并不都能均匀地分布在表面上，这样一部分表面就有可能比另一部分表面更活泼，所以催化剂的活性和催化剂的表面积常常不成正比。对于分子筛催化剂而言，其表面积中绝大部分为内表面积，活性中心也往往分布在内表面上。

1）比表面积测定方法

（a）BET 法测定比表面积

BET 法是 BET 比表面积检测法的简称，该方法依据著名的 BET 理论而得名。BET 是三位科学家（Brunauer、Emmett 和 Teller）的首字母缩写，三位科学家从经典统计理论推导出的多分子层吸附公式，即著名的 BET 方程，成为了颗粒表面吸附科学的理论基础，并被广泛应用于颗粒表面吸附性能研究及相关检测仪器的数据处理中。

物理吸附的多分子层理论的基本假设是：①吸附剂固体表面是均匀的，对所有吸附质分子的吸附机会相等；②吸附质分子的吸附、脱附不受其他分子的影响；③吸附质表面分子与吸附质气体分子的作用力为范德华力；④在第 1 层上还可以进行第 2 层，第 3 层乃至第 i 层的吸附。

吸附平衡时，各层均达到各自的吸附平衡，最后可导出：

$$\frac{V}{V_m}=\frac{C(p/p_0)}{(1-p/p_0)[1+(C-1)p/p_0]} \tag{2-1}$$

或

$$\frac{p}{V(p-p_0)}=\frac{1}{CV_m}[1+(C-1)\frac{p}{p_0}] \tag{2-2}$$

式中，p 为吸附平衡时的吸附质气体压力；p_0 为吸附质气体在该温度下的饱和蒸气压；V 为平衡压力 p 时的吸附量；V_m 为吸附剂固体表面上形成单吸附层时所需要的气体体积；C 为常数。实验测定固体的吸附等温线，可以得到一系列不同压力 p 下的吸附量值 V，将 p/V（p_0–p）对 p/p_0 作图，为一直线，截距为 $1/V_mC$，斜率为（C–1）/V_mC。V_m = 1/（截距+斜率）。

吸附剂的比表面积为：$S_{BET} = V_m \cdot A \cdot \sigma_m$。

BET 公式适合的p/p_0范围：0.05～0.25。式中，A 为 Avogadro 常数（6.023×10^{23} mol^{-1}）；σ_m 为一个吸附质分子截面积（见表 2-10）。

BET 二常数方程式中，参数 C 反映了吸附质与吸附剂之间作用力的强弱，C 值通常在 50～300 之间。当 BET 比表面积大于 500 m^2/g 时，如果 C 值超过 300，则测试结果是可疑的。较高 C 值或负 C 值与微孔有关，BET 模型如果不加修正是不适合表面积分析的。用 BET 法测定固体比表面，最常用的吸附质是氮气，吸附温度在氮气的液化点 77.2 K 附近。低温可以避免化学吸附的发生。将相对压力控制在 0.05～0.25 之间，是因为当相对压力低于 0.05 时，不易建立多层吸附平衡；高于 0.25 时，容易发生毛细管凝聚作用。

表 2-10 列出了常用分子的饱和蒸气压和分子截面积。

表 2-10　一些物质的饱和蒸气压和分子截面积[71]

吸附质	温度（K）	饱和蒸气压 p_0（Pa）	分子截面积 σ_m（nm^2）
N_2	77.4	1.0133×10^5	0.162
Kr	77.4	3.4557×10^2	0.202
Ar	77.4	3.333×10^4	0.138
C_2H_6	293.2	9.879×10^3	0.40
CO_2	195.2	1.0133×10^5	0.195
CH_3OH	293.2	1.2798×10^4	0.25

（b）低比表面（<1 m^2/g）样品的比表面测定

低温氮吸附法测比表面的下限一般是 1 m^2/g。吸附量的测定是由转移到样品管中的气体吸附质的体积（标准态）减去样品管中未被吸附的气体的体积（标准态）得到。在用氮作吸附质的情况下，对比表面积很小的样品，吸附量的测定将导致很大的误差。因为，此时吸附量很小，而在液氮温度下作为吸附质的氮饱和蒸气压与大气压相近，所以，在实验范围的一定相对压力下，达到吸附平衡后残留在样品管中的氮气量仍然很大，与最初转移到样品管中（未吸附之前）的总氮量相差无几，不容易测准。氪吸附法最大的优点就是在液氮温度下氪的饱和蒸气压只有 2 mmHg①左右，所以，在吸附等温线的测定范围内，达到吸附平衡后残留在死空间中的未被吸附的氪气量变化就会很大，可以测得准确，因此氪气适合于低比表面固体的测定。

（c）活性表面积的测定

BET 法测定的是吸附剂总表面积，而通常只是其中的一部分才有活性，这部

① 1 mmHg=1.133322×10^2Pa

分叫活性表面，可采用“选择性化学吸附”方法测定活性表面的面积，如表面氢氧滴定方法。

2）比表面积与催化性能

分子筛催化剂比表面积影响催化剂反应性能主要表现在两个方面，首先，比表面积影响活性组分的分散；其次，比表面积影响反应物中分子与活性中心的接触比例，高比表面积有利于活性组分的分散及反应物分子与活性中心的接触，进而促进催化过程，提升反应性能。

Zhang 等[94]分析对比了系列 Fe 改性分子筛（MOR、FAU、BEA、MFI，Si/Al=12）比表面积与其 Fe^{3+}离子交换量间的关系，研究发现 Fe^{3+}离子负载量随分子筛催化剂比表面积增高而增大：Fe-FAU（3.38 wt%①，512 m^2/g）＞Fe-MOR（2.68 wt%，478 m^2/g）＞Fe-MFI（0.3 wt%，423 m^2/g）。其次，将上述系列 Fe 改性分子筛用于 N_2O 直接分解，研究发现其催化性能排序与离子负载量排序相同，表明分子筛催化剂高比表面积对于促进催化性能发挥重要作用。

分子筛催化剂有不同的制备方法，制备条件是影响催化剂比表面积的因素之一。刘维桥等[95]采用两种矿产钙质蒙脱土为原料制备了两种层柱分子筛（Al-CLM 和 Al-CLB），首先考察了焙烧温度对其比表面积的影响，结果表明在 300～500℃范围内，随着焙烧温度升高，层柱分子筛的比表面积逐渐增大，而当 T>600℃，催化剂比表面积开始显著降低；其次，在 Pt/Al-CLM 比表面积随浸渍液的不同而引起的比表面积变化的研究中，发现采用酸性较强的浸渍液[$H_2PtCl_6·6H_2O$]比用酸性较弱的浸渍液［$Pt(NH_3)_4Cl_2$］所引起的比表面积下降得更多。

介孔分子筛具备较微孔分子筛高的比表面积及发达的孔道结构，是良好催化剂载体，在催化领域具有潜在的应用价值，尤其是针对于挥发性有机物（VOCs）的催化治理。由于大部分 VOCs 分子尺寸较大，采用微孔分子筛，存在 VOCs 分子无法进入内部孔道、吸附及反应性能较差、吸附有机物易发生积碳而产生孔道堵塞等问题。因此，介孔分子筛在 VOCs 催化治理领域具有良好的应用前景。

曹宇等[96]成功合成了具有长程有序和优良比表面积（约为 575～675 m^2/g）的一系列过渡金属负载型 SBA-15 催化剂［M/SBA-15（M = Cu，Co，Cr，Mn）］，并研究其乙腈选择性催化氧化。研究结果表明，SBA-15 较高的比表面积可保证过渡金属的充分分散，活性组分主要以均匀分散的金属离子或金属氧化物微晶形态存在。催化性能评价结果表明，Cu/SBA-15 乙腈选择性催化氧化性能最优，其可在 350℃实现乙腈 100%转化，且 N_2 收率可达 80%，如图 2-20 所示。

张博[97]采用双模板剂法制备的介孔分子筛 SBA-16，其比表面积高达 668 m^2/g，

① wt %表示质量分数

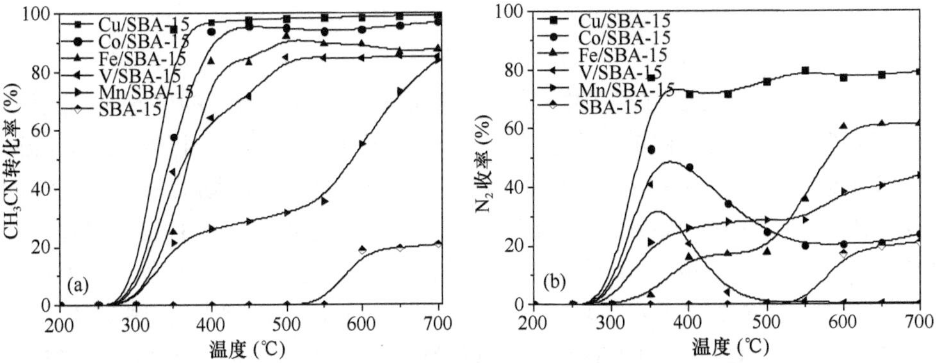

图 2-20　乙腈选择性催化氧化性能评价谱图

(a) 乙腈转化率；(b) N_2 收率

并将 Co、Ce、Mn、Fe、Zr、V 和 W 活性组分负载于 SBA-16 上，用于一氯甲烷选择性催化氧化，研究发现 Fe/SBA-16 催化活性明显高于其他过渡金属，介孔分子筛超高比表面积的结构优势，有利于活性组分的分散，Fe 物种主要以高度分散的 Fe^{3+}离子形式存在于 SBA-15 分子筛上，其有利于反应物的吸附和反应。

3）多级孔道分子筛催化剂的制备及应用

分子筛比表面积应与其催化性能密切关联，通过增加比表面积以提高其催化性能是一种重要技术手段。众所周知，分子筛是一类具有多孔性晶型结构的固体，其粒度一般在 1 μm 以上，常规分子筛发达的表面主要由微孔孔道的孔壁以及笼壁构成，外表面在其中所占比例很低，远小于 1%。所以，对于常规分子筛，其外表面对催化活性的贡献常常可以忽略。然而，纳米分子筛催化剂由于晶粒尺寸减小至少 10 倍，其外表面积显著增加，表面能增大，表面活性位点浓度增加，从而表现出更强的催化活性，但由于纳米分子筛晶粒在水热合成过程中易于团聚、热稳定性差，进而限制其大规模应用。如何提高传统分子筛催化剂的比表面积，增大其内扩散效率，同时兼具良好的热稳定性成为当今高性能分子筛催化剂制备技术的热点问题。鉴于此，多级孔道分子筛逐渐成为人们广泛研究的热点，近年来研究发现，多级孔道分子筛既可以显著提高催化剂比表面积，缩短反应物和产物的扩散路径，又能够提高扩散有效系数，此外，多级孔道分子筛可以调控酸性和酸量分布，克服有序介孔分子筛酸性较弱的问题，因此，具有良好的工业应用价值及前景[98, 99]。

(a) 多级孔道分子筛制备技术

多级孔道分子筛催化剂，可以通过碱/酸处理微孔分子筛的方法得到，使得微孔分子筛不但具备微孔孔道结构，同时还具备一定的介孔孔道结构，其中碱处理使得分子筛骨架脱硅，酸处理使得骨架脱铝。此外，也可通过分别或同时引入微孔和介孔结构，实现多级孔道分子筛设计的策略，按模板类型分为硬模板法和软模板法[100]。

（i）脱硅改性

脱硅改性是指通过引入碱性试剂选择性溶解分子筛骨架中的硅原子，从而在分子筛产生晶内孔结构的一种方法。Perez-Ramirez 等[101]分析对比了多级孔 Fe-ZSM-5 及普通 Fe-ZSM-5 分子筛 N_2O 直接催化分解性能，研究发现，经 NaOH 处理所制备的多级孔 Fe-ZSM-5 具备一定的介孔孔道结构，其 BET 比表面积由 372 m^2/g 增加为 415 m^2/g，其中 t-plot（介孔比表面积）由 32 m^2/g 增加至 140 m^2/g，因此其多级孔 Fe-ZSM-5 具备较高的催化性能。Verboekend 等[102]详细阐释了脱硅过程中分子筛骨架铝原子的脱除、沉积以及脱硅过程的机理：对于 Si/Al = 25～50 的微孔分子筛，晶胞在脱硅的同时，也不可避免发生铝物种脱落，但从骨架脱除的铝物种会发生再铝化现象，沉积在周围的晶胞表面，充当介孔导向剂。随即，脱硅沿着介孔导向剂包覆的介孔稳定生长，最终形成介孔孔道结构。然而，对于 Si/Al＜25 及 Si/Al＞50 的分子筛，脱硅改性不易形成介孔孔道结构。影响碱处理脱硅改性的因素包括碱处理试剂的种类、苛性，还与原料沸石的性质密切相关。

（ii）脱铝改性

脱铝改性是在水热条件或酸处理条件下破坏骨架中的 Al—O—Si（P）键而实现的，典型的脱铝方法包括水热脱铝和酸处理脱铝。脱铝改性会在分子筛骨架内产生大量的二次介孔缺陷，对于低硅铝比的硅铝分子筛和磷铝分子筛，脱铝处理是形成晶内介孔的一种简单易行的方法。影响脱铝改性效果的因素主要有：脱铝试剂的种类、浓度、脱铝时间、温度。阎子峰等[103]采用多羟基羧酸与磷酸复合体系对 USY 进行脱铝处理，采用五因素三水平正交试验，以二次介孔孔容为评价指标，优化得到适宜改性的合成条件。合成样品二次介孔孔容为 0.184 mL/g，相对于原料 USY，复合分子筛的结晶度保留率为 73.0%，并成功实现了 1000 mL 规模的放大制备，放大样品具有合适的酸分布和良好的结晶度。

（iii）硬模板法

硬模板法又称固体模板法，在合成体系中，加入的固体不与凝胶中的硅源或铝源发生反应，而将凝胶相互隔离，分子筛晶体在硬模板孔道内或者在硬模板外表面进行二次生长，并采用焙烧法、溶剂萃取法等除去硬模板，就可以得到多级孔分子筛。目前，文献报道最多的硬模板是碳模板，已成功用于 MFI、MEL、MTW、BEA、FAU、LTA、CHA、AFI 等硅铝及磷铝介孔分子筛的合成。碳模板主要包括碳纳米颗粒、有序介孔碳、碳气溶胶。太原理工大学袁景彬[104]以多壁碳纳米管（MWNTs-none、MWNTs-COOH 和 MWNTs-OH）为模板剂，采用水热合成方法制备介孔 NaA 型分子筛。为了提高分子筛的比表面积，实验中使用了硅烷偶联剂 KHH-560 和 KH-660 对 MWNTs-OH 进行表面处理。通过对比可知，以模板剂

MWNTs 合成的样品的 BET 比表面积最大，说明官能化的 MWNTs 做模板剂能增大样品的 BET 比表面积，而模板剂 MWNTs-OH 与 MWNTs-COOH 所合成的样品的 BET 比表面积相近，说明这两种模板剂的造孔能力相近。

（iv）软模板法

软模板法是指模板在合成体系与硅源或者铝源发生作用，充当介孔模板的合成方法。起初，人们通过同时加入传统介孔模板剂（如十六烷基三甲基溴化铵或嵌段共聚物等）与沸石微孔导向剂实现多级孔分子筛的合成。但事与愿违，传统介孔模板剂与沸石微孔导向剂之间存在竞争而非协同作用，因而引起微孔沸石相与介孔相在介观层面上的“相分离”。针对上述问题，近几年的研究主要是循着如下两条思路进行：①精心设计新型软模板同时起到介孔和微孔支架的作用；②传统介孔模板合成体系的改善。Xiao 课题组[105]报道了他们以聚二烯丙基二甲基氯化铵（polydiallyldimethylammonium chloride，PDADMAC）为软模板合成的多级孔 BEA 分子筛，由于 PDADMAC 具有较高的电荷密度，因而可在水溶液中充分分散，保证在晶化过程中 PDADMAC 能够始终嵌在硅铝源中。研究发现，材料中可形成约 0.8 nm 的规整微孔孔道和 5～40 nm 的无序介孔，这些介孔孔道相互贯通并与复合分子筛的外表面相连接。

（b）多级孔道分子筛的催化反应

传统的分子筛由于其微孔孔道结构而产生强扩散阻力，而多级孔分子筛兼具微孔与介孔结构的结构优势，既可以改善反应的传质性能，又使得更多的活性位暴露在材料外表面，在以下反应有明显的潜在优势：①大分子反应物或产物参与的反应；②发生在外表面或孔口的强酸催化反应。本节将介绍微孔-介孔复合结构材料在挥发性有机物（VOCs）的治理研究中的一些例子。

He 等[106] 采用 ZSM-5 为晶种，成功控制合成具有微-介多级孔道结构的 ZSM-5-KIT-6 （Z-K）分子筛催化剂，并将 Pd 负载于 Z-K 分子筛上，用于甲苯的催化氧化研究。研究结果发现，通过控制原料 Si/Al，可以控制 Z-K 分子筛中 ZSM-5 与 KIT-6 的比例，经 Pd 负载后的 Z-K 多级孔道分子筛催化剂对甲苯催化燃烧具有优异的催化性能，其在 197 °C 可实现 90%甲苯的催化氧化，该性能与所制备多级孔道分子筛较高的比表面积、良好的酸性及活性组分 Pd 分散性密切相关。图 2-21 为所制备多种多级孔分子筛催化剂及 ZSM-5 分子筛透射电镜谱图。从图中可见，Pd-ZK 系列分子筛介孔明显。

Liu 等[107]采用自组装法成功制备出具有介孔结构的 ZSM-5 多级孔分子筛催化剂，并通过 Pd 及过渡金属氧化物（Y、Ce、La、Pr、Nd）负载进行改性，通过 BET 表征发现所制备多级孔 ZSM-5 具有良好的介孔结构，与未处理的 ZSM-5 相比较，介孔孔容增大，由 0.14 cm^3/g 增大到约 0.2 cm^3/g，微孔孔容减小，由 0.13 cm^3/g 减小到约 0.05 cm^3/g，所形成的介孔孔道有利于苯在催化剂上的扩散，同时也有利于活性组分的分散。图 2-22 为系列改性多级孔 ZSM-5 分子筛苯催化氧化活性评价图，从图可见，0.2%Pd/6%La-ZSM-5 多级孔分子筛具有最优的催化性能，可在 260℃实现 90%苯的催化转化。

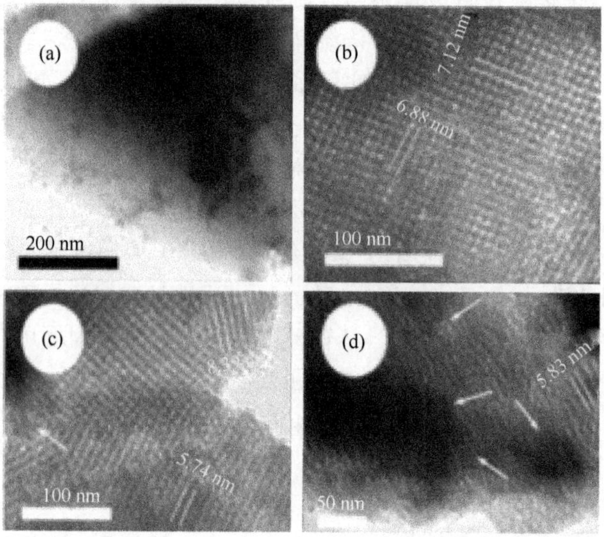

图 2-21 分子筛催化剂透射电镜图

（a）Pd/ZSM-5；（b）Pd/KIT-6；（c）Pd/ZK-25(Si/Al = 25)；（d）Pd-ZK-100(Si/Al = 100)

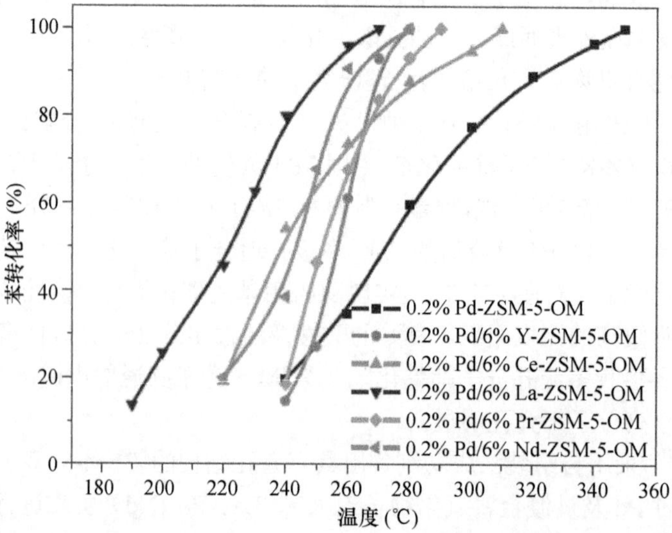

图 2-22 系列 Pd/La 改性 ZSM-5 多级孔分子筛苯催化氧化活性评价图

Puértolas 等[108]研究了在机动车冷启动条件下，多级孔 Cu-ZSM-5 分子筛催化剂用于机动车排放的有机废气的催化净化，首先，其通过碱对 ZSM-5 分子筛进行一次处理，随即采用酸进行二次处理，经两次处理后，得到具有介孔结构的 ZSM-5 多级孔分子筛，最后进行 Cu 改性，得到 Cu-ZSM-5 多级孔分子筛催化剂，通过 BET 表征分析发现，所制备多级孔 Cu-ZSM-5 分子筛催化剂具有较高的 BET 比表面积（472 m^2/g）及介孔比表面积（238 m^2/g），而传统方法所制备 Cu-ZSM-5 的 BET 比表面积为 392 m^2/g，介孔比表面积为 43 m^2/g。图 2-23 为两种方法所制备 Cu-ZSM-5 透射电镜图，由图可见，多级孔 Cu-ZSM-5 上介孔孔道结构明显，且活性组分金属分散均匀，而在传统 Cu-ZSM-5 上，活性组分团聚现象明显。活性评价研究发现所制备多级孔 Cu-ZSM-5 对冷启动工况条件下，机动车尾气中的碳氢化合物催化净化具有更为优异的性能。

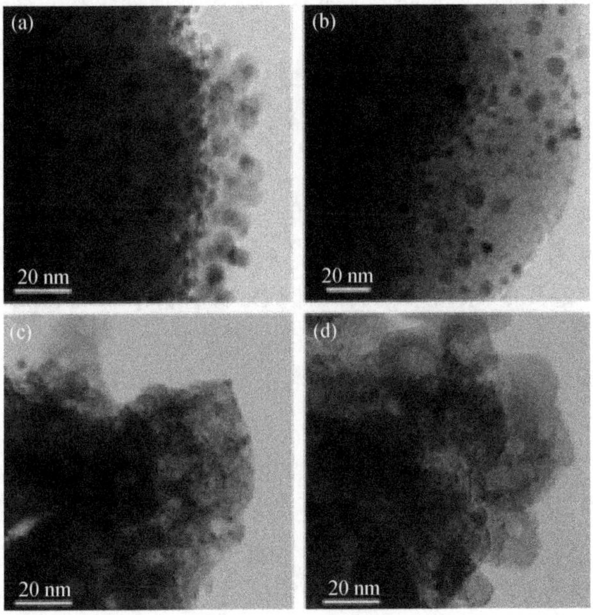

图 2-23　传统 Cu-ZSM-5（a，b）及多级孔 Cu-ZSM-5（c，d）分子筛透射电镜图

6. 氧化/还原性

分子筛催化剂经金属离子改性后，具备一定的氧化/还原性，该性能在很大程度上影响改性后催化剂的催化性能。大多数多相催化反应过程都涉及氧化/还原机理，其中，工业 VOCs 的催化治理过程就是典型的氧化/还原反应。那么对于改性分子筛催化剂，影响其氧化/还原性能的因素有哪些呢？研究发现引入分子筛的改性金属离子化学性质、分子筛骨架构型以及骨架硅铝比构成影响分子筛氧化/还原

性的三大因素，因此，本小节将依次对上述三因素展开讨论，分析其对分子筛催化剂氧化/还原性能的影响。

1）改性金属离子化学性质

（a）贵金属改性分子筛催化剂

常见的改性金属包括贵金属（Pt、Pd、Rh）和过渡金属（包括 Fe、Co、Cu），改性金属引入分子筛骨架后，将与骨架原子进行配位，形成具备独特化学性质的活性位点。与过渡金属改性分子筛催化剂相比，贵金属改性分子筛催化剂通常具备较高的氧化/还原能力，且其在 VOCs 催化反应过程中表现出优异的催化燃烧性能，但带来优异性能的同时，其较高的制备成本极大地阻碍了贵金属催化剂的大规模应用，此外，对于含氮有机废气，如氢氰酸、丙烯腈等，贵金属极强的氧化性，会将 CN^-过度氧化，生成大量 NO_x，进而造成二次污染。由此可见，开发高效过渡金属改性分子筛催化剂将是工业 VOCs 废气治理技术的发展方向。

（b）Cu 改性分子筛催化剂

对于 Cu 改性分子筛催化剂，Cu 物种主要以两种形式存在于分子筛上，Cu^{2+}离子及 CuO_x 氧化物种，当 Cu 负载量较低时，其主要以 Cu^{2+}形式存在于分子筛之上，而当 Cu 过量负载时，则产生 CuO_x 物种。H_2-TPR 实验数据表明，Cu^{2+}离子需经两步发生 H_2 还原：①$Cu^{2+} \rightarrow Cu^+$（100～300℃）；②$Cu^+ \rightarrow Cu^0$（300～500℃），CuO_x 则进一步发生 H_2 还原：$CuO_x \rightarrow Cu^0$（250～300℃），其中，Cu^{2+}离子的两步氧化/还原反应决定其催化性能，具体不同 Cu 改性分子筛的 H_2-TPR （H_2 程序升温还原）数据可见表 2-11。目前，Cu 改性分子筛被广泛地报道于 NO_x、含氰有机废气的催化治理技术中[109, 110]。

（c）Fe 改性分子筛催化剂

与 Cu 改性分子筛相似，对于 Fe 改性分子筛催化剂，根据 Fe 负载量不同，同样存在 Fe^{3+}离子及 FeO_x 金属氧化物两大类物种，基于 H_2-TPR 表征，Fe 物种将进行如下三类还原：①$Fe^{3+} \rightarrow Fe^{2+}$（400～480℃）；②$FeO_x \rightarrow Fe^0$（480～730℃）；③$Fe^{2+} \rightarrow Fe^0$（$T$>730℃）。其中，$Fe^{3+}$的氧化/还原性（①）决定 Fe 改性分子筛的氧化/还原性，此外，具体不同 Fe 改性分子筛的 H_2-TPR 数据可见表 2-12。目前，Fe 改性分子筛被广泛报道用于含氯有机废气（CVOCs）、含氰有机废气以及 NO_x、NO 的催化治理。

（d）Co 改性分子筛催化剂

Co 改性分子筛催化剂中，Co 同样以 Co^{2+}离子及 CoO_x 氧化物两种形式存在，其中 Co^{2+}为氧化/还原反应的活性中心位点，其氧化/还原性决定 Co 改性分子筛的氧化/还原能力。研究表明当分子筛中 Co/Al<0.3，Co 主要以 Co^{2+}离子的形式存在于分子筛上，而当 Co/Al>0.5，将有 CoO_x 出现[111]。根据 H_2-TPR 数据发现，

存在两类 H_2 还原反应：①$Co^{2+} \rightarrow Co^0$（600～900℃）；②$CoO_x \rightarrow Co^0$（220～550℃）。值得注意的是，与 Cu、Fe 改性的分子筛催化剂不同，Co 改性分子筛中 Co^{2+}离子的还原峰出现在高温区（T>600℃），该现象与 Co^{2+}离子独特的化学性质有关，具体不同 Co 改性分子筛的 H_2-TPR 数据可见表 2-13。

表 2-11　Cu 改性分子筛 H_2-TPR 数据表

Cu-Zeolite	制备方法	H_2 还原温度（℃）			参考文献
		$Cu^{2+}\rightarrow Cu^{+}$	$CuO\rightarrow Cu^0$	$Cu^{+}\rightarrow Cu^0$	
Cu-ZSM-5	WIE[a]	207	—	315	[112]
Cu-SSZ-13	WIE	230 300（肩峰）	—	—	
Cu-Y	WIE	195（超级笼内的 Cu^{2+}） 310（方钠石笼内的 Cu^{2+}）	—	—	
Cu-Beta	WIE	200	—	390	
Cu-ZSM-5	WIE	240	240	400	[113]
Cu-ZSM-5	WIE	248	279	356	[114]
Cu-SSZ-13	WIE	266	311	431	
Cu-Beta	WIE	220	246	279	
Cu-ZSM-11（Si/Al=15） Cu-ZSM-11（Si/Al=25） Cu-ZSM-11（Si/Al=36）	WIE	270	—	410 450 470	[115]
Cu-Beta	WIE	211	—	335，422	[116]
Cu-SAPO-34（0.98%） Cu-SAPO-34（1.42%） Cu-SAPO-34（1.89%） Cu-SAPO-34（2.89%）	WIE	256 261 256 260	303 300 319 310	358 360 383 362	[117]
Cu-ZSM-5	IM[b]	270	—	400	[118]
Cu-SBA-15	IM	—	228	288	[119]
Cu-Y	IM	259	—	>800	[120]
Cu-MCM-41	水热改性	171	348	483	[121]

a. 液相离子交换法；b. 浸渍法

2）分子筛骨架构型

分子筛骨架主要通过影响改性金属的分布，来影响分子筛催化剂最终氧化还原性。例如，对于引入相同改性金属离子的不同构型分子筛催化剂，由于其骨架空间构型不同，使得改性金属配位微环境不同，进而影响改性金属的存在状态及化学性质，并导致改性分子筛最终氧化还原性出现差异。

Kwak 等[122]近期基于 H_2-TPR 研究了系列 Cu 改性不同构型分子筛（SSZ-13、ZSM-5、Beta、Y）的氧化/还原性，如图 2-24 所示，由图可见，对于 Cu-SSZ-13，

表 2-12　Fe 改性分子筛 H_2-TPR 数据表

Fe-Zeolite	制备方法	H_2 还原温度（℃）					参考文献
		$Fe_2O_3 \rightarrow Fe_3O_4$	$Fe^{3+} \rightarrow Fe^{2+}$	$Fe_3O_4 \rightarrow Fe^0$	$FeO \rightarrow Fe^0$	$Fe^{2+} \rightarrow Fe^0$	
Fe-USY	WIE[a]	—	480	—	477～727	＞727	[123]
Fe-ZSM-5	WIE	—	430	—	—	—	[124]
Fe-ZSM-5	CVD[b]	—	410	—	—	—	
Fe-ZSM-5	WIE	—	380	—	—	—	[125]
Fe-ZSM-5	SSIE[c]	—	360	—	—	—	
Fe-ZSM-5	IM[d]	—	—	—	—	＞830	[126]
Fe-ZSM-5	WIE	—	360	520，620	—	＞830	
Fe-ZSM-5	CVD	—	380	—	—	＞830	
Fe-ZSM-5（15%） Fe-ZSM-5（25%） Fe-ZSM-5（35%）	IM	323 318 328	—	540 518 475	—	—	[127]
Fe-SBA-15	IM	—	419	—	—	＞ 800	[119]
Fe-Beta	IM	—	395	—	—	＞730	[128]

a. 液相离子交换法；b. 化学气相沉积法；c. 固相离子交换法；d. 浸渍法

表 2-13　Co 改性分子筛 H_2-TPR 数据表

Co-Zeolite	制备方法	H_2 还原温度（℃）					参考文献
		CoO^+	$Co_3O_4 \rightarrow CoO$	$CoO \rightarrow Co^0$	CoO_x	Co^{2+}	
Co-SBA-15	IM[a]	—	322	457	—	—	[119]
Co-ZSM-5	IM	—	360	437	—	—	[129]
Co-ZSM-5	WIE[b]	—	300	—	550	740	[130]
Co-USY	WIE	—	320	—	530	700	
Co-ZSM-5	WIE	—	—	—	—	707	[131]
Co-ZSM-5	IM	235	—	—	390	695	
Co-ZSM-5	SSIE[c]	250	—	—	—	—	
Co-ZSM-5	CVD[d]	220	—	—	385	707	
Co-ZSM-5	WIE	230	325	—	—	650	[132]
Co-Y	WIE	—	300（超级笼内） 570（方钠石笼内） 660（六棱柱内）	—	—	—	[133]
Co-Y	IM	—	342，372	—	—	—	
Co-Al-Beta	WIE	—	—	—	—	507	[134]

a. 浸渍法；b. 液相离子交换法；c. 固相离子交换法；d. 化学气相沉积法

其在 230℃存在一个强 H_2 还原峰，且在 300℃存在一个伴峰，其分别可归属为落位于 SSZ-13 骨架中Ⅳ位和Ⅰ位处 Cu^{2+}离子的还原峰（$Cu^{2+} \rightarrow Cu^+$）；同样，对于 Cu-Y，在 195℃及 310℃存在两个还原峰，分别归属为落位于 Y 分子筛超笼及方

钠石笼位置处的 Cu^{2+}离子的还原峰（$Cu^{2+} \rightarrow Cu^{+}$）；对于 Cu-Beta，Cu-ZSM-5 两个还原峰分别归属为 $Cu^{2+} \rightarrow Cu^{+}$ 及 $Cu^{+} \rightarrow Cu^{0}$。由此可见，分子筛骨架构型极大地影响改性金属的落位，进而使其氧化/还原性出现差异。

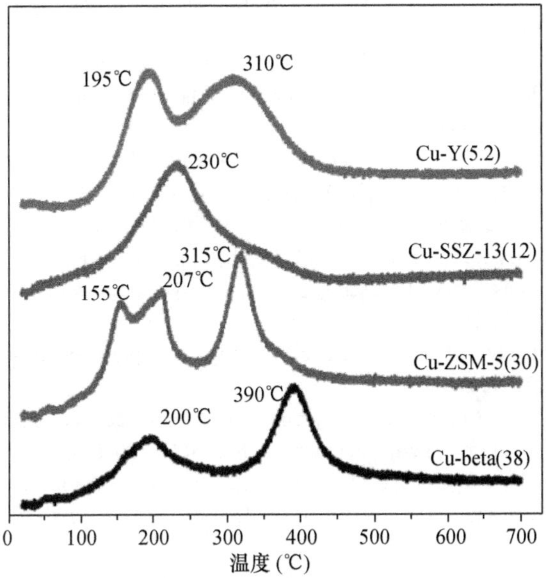

图 2-24　系列 Cu 改性分子筛（SSZ-13，ZSM-5，Beta，Y）H_2-TPR 谱图

3）骨架硅铝比

分子筛骨架除其构型影响氧化/还原性外，其骨架组成，即硅铝比（Si/Al），也对其氧化还原性产生影响。Torre-Abreu 等[135]采用 NO-TPD（NO 程序升温脱附）及 H_2-TPR 技术研究了系列不同硅铝比（Si/Al = 6，32，108）Cu-ZSM-5 的氧化/还原性，研究发现三种不同硅铝比 Cu-ZSM-5 具有相似的 $Cu^{2+} \rightarrow Cu^{+}$还原峰，然而，其 $Cu^{+} \rightarrow Cu^{0}$ 还原峰随 Si/Al 的增大而向低温方向移动，该结果表明高 Si/Al Cu-ZSM-5 具备较高的催化性能，其原因在于，骨架 Al 具有较强的电负性，当骨架中 Al 含量较高时，其与改性金属离子间的键合力增强，进而使得改性金属离子难以还原。此外，研究发现不同骨架 Al 分布，同样影响改性金属离子的氧化还原性[136]，落位于单个 Al [Al—O$\leftarrow$Si—O$\rightarrow_{n>2}$Al] 位置处的 Cu^{2+}的氧化/还原性强于落位于同环双核 Al [Al—O$\leftarrow$Si—O$\rightarrow_{2}$Al]位置处的 Cu^{2+}。

参 考 文 献

[1] Mu X, Evans D G, Kou Y. A general method for preparation of PVP-stabilized noble metal

nanoparticles in room temperature ionic liquids[J]. Catalysis Letters, 2004, 97(3-4): 151-154.
[2] Okumura K, Kobayashi T, Tanaka H, et al. Toluene coombustion over supported palladium catalysts[J]. Applied Catalysis B: Environmental, 2003, 44: 325-331.
[3] Li J J, Xu X, Jiang Z, et al. Nanoporous silica-supported nanometric palladium: Sythesis, characterisatin, and catalytic deep oxidation of benzene[J]. Environmental Science & Technology, 2005, 39: 1319-1323.
[4] Kim H S, Kim T W, Koh H L, et al. Complete benzene oxidation over Pt-Pd bimetal catalyst supported on γ-alumina: Influence of Pt-Pd ratio on the catalytic activity[J]. Applied Catalysis A: General, 2005, 280: 125-131.
[5] Luo M F, He M, Xie Y L, et al. Toluene oxidation on Pd catalysts supported by CeO_2-Y_2O_3 washcoated cordierite honeycomb[J]. Applied Catalysis B: Environmental, 2007, 69: 213-218.
[6] Min M, Cho J, Cho K, et al. Particle size and alloying effects of Pt-based alloy catalysts for fuel cell applications[J]. Electrochimica Acta, 2000, 45(25): 4211-4217.
[7] Hvolbæk B, Janssens T V W, Clausen B S, et al. Catalytic activity of Au nanoparticles[J]. Nano Today, 2007, 2(4): 14-18.
[8] Hutchings G J, Haruta M. A golden age of catalysis: A perspective[J]. Applied Catalysis A: General, 2005, 291(1): 2-5.
[9] Conte M, Carley A F, Attard G, et al. Hydrochlorination of acetylene using supported bimetallic Au-based catalysts[J]. Journal of Catalysis, 2008, 257(1): 190-198.
[10] Zhu H, Ma Z, Clark J C, et al. Low-temperature CO oxidation on Au/fumed SiO_2-based catalysts prepared from $Au(en)_2Cl_3$ precursor[J]. Applied Catalysis A: General, 2007, 326(1): 89-99.
[11] Ntho T A, Anderson J A, Scurrell M S. CO oxidation over titanate nanotube supported Au: Deactivation due to bicarbonate[J]. Journal of Catalysis, 2009, 261(1): 94-100.
[12] Young H Y, Li M, Wolfgang M H, et al. Low-temperature NO_x reduction with ethanol over Ag/Y: A comparison with Ag/γ-Al_2O_3 and BaNa/Y[J]. Journal of Catalysis, 2007, 246(2): 413-427.
[13] Li J H, Zhu Y Q, Ke R, et al. Improvement of catalytic activity and sulfur-resistance of Ag/TiO_2-Al_2O_3 for NO reduction with propene under lean burn conditions[J]. Applied Catalysis B: Environmental, 2008, 80(3-4): 202-213.
[14] Arve K, Backman H, Klingstedt F, et al. Kinetic considerations of H_2 assisted hydrocarbon selective catalytic reduction of NO over Ag/Al_2O_3: I. Kinetic behaviour[J]. Applied Catalysis A: General, 2006, 303: 96-102.
[15] Zhang X L, He H, Gao H W, et al. Experimental and theoretical studies of surface nitrate species on Ag/Al_2O_3 using DRIFTS and DFT[J]. Spectrochimica Acta Part A: Molecular and Biomolecular Spectroscopy, 2008, 71: 1446-1451.
[16] 沈江, 杜俊明, 黄静静, 等. Ag/ZrO_2 催化剂上的 1,2-丙二醇选择性气相氧化反应[J]. 化学学报, 2007, (65): 403-408.
[17] Gao H W, He H. Conformational analysis and comparison between theoretical and experimental vibration spectra for isocyanate species on Ag/Al_2O_3 catalyst[J]. Spectrochimica Acta Part A: Molecular and Biomolecular Spectroscopy, 2005, 61: 1233-1240.
[18] Livia G, Gianfranco P, Thomas B, et al. Cu, Ag, and Au atoms adsorbed on TiO_2 (110): Cluster and periodic calculations[J]. Surface Science, 2001, 471: 21-30.
[19] Xue M W, Ge J Z, Zhang H J, et al. Surface acidic and redox properties of V-Ag-Ni-O catalysts

for the selective oxidation of toluene to benzaldehyde[J]. Applied Catalysis A: General, 2007, 330: 117-126.
[20] Sinfelt J H. Role of surface science in catalysis[J]. Surface Science, 2002, 500(1): 923-946.
[21] Joung C, Ishimoto R, Tsuboi H, et al. Interfacial properties of ZrO_2 supported precious metal catalysts: A density functional study[J]. Applied Catalysis A: General, 2006, 305(1): 102-109.
[22] Jeffrey C, Lin A, Pan J. W, et al. A novel boron nitride suppoted Pt Catalyst for VOCs ineineration[J]. Journal of Molecular Catalysis A: Chemical, 2005, 239: 243-249.
[23] Ferreira R S G, Deoliveira P G P, Noronha F B. Charaeterization and catalytic activity of Pd/VZOS/$A1_2O_3$ catalysts on benzene total oxidation[J]. Applied Catalysis B: Environmental, 2004, 50: 243-249.
[24] 娄向东, 赵晓华, 成庆堂, 等. ABO_3 钙钛矿复合氧化物研究进展[J]. 传感器技术, 2002, 21(7): 5-11.
[25] Sazanov L A. 2nd Japan-Soviet Catalysis Semionar[C]. Tokyo, 1973: 144.
[26] Cargnello M, Delgado Jaén J J, Hernández Garrido J C, et al. Exceptional activity for methane combustion over modular Pd@CeO_2 subunits on functionalized Al_2O_3[J]. Science, 2012, 337(6095): 713-717.
[27] Budiman A W, Song S H, Chang T S, et al. Dry reforming of methane over cobalt catalysts: A literature review of catalyst development[J]. Catalysis Surveys from Asia, 2012, 16(4): 183-197.
[28] 周仁美. 负载型贵金属催化剂的 CVOCs 氧化性能及水热稳定性研究[D]. 杭州: 浙江师范大学, 2015.
[29] Zhan Z, Song L, Liu X, et al. Effects of synthesis methods on the performance of Pt+Rh/$Ce_{0.6}Zr_{0.4}O_2$ three-way catalysts[J]. Journal of Environmental Sciences, 2014, 26(3): 683-693.
[30] Li L, Yuan F L, Fu H G, et al. Structural characterization and catalytic properties of three-way catalyst $La_{1-x}Ce_xFe_{1-y-n}Co_yRu_nO_3$[J]. Chemical Journal of Chinese Universities-Chinese, 2004, 25(9): 1679-1683.
[31] Zhang Z, Pinnavaia T J. Mesostructured γ-Al_2O_3 with a lathlike framework morphology[J]. Journal of American Chemical Society, 2002, 124: 12294-12301.
[32] 孙萌萌. 钙钛矿型催化剂光化学活性与其稳定性及与 SiO_2 质材料的复合[D]. 长春: 吉林大学, 2011.
[33] Sickafus K E, Wills J M, Grimes N W. Structure of spinel[J]. Journal of the American Ceramic Society, 1999, 82(12): 3279-3292.
[34] Yamazoe N, Teraoka Y, Seiyama T. TPD and XPS study on thermal behavior of absorbed oxygen in $La_{1-x}Sr_xCoO_3$[J]. Chemistry Letters, 1981, 10(12): 1767-1770.
[35] Yokoi Y, Uchida H. Catalytic activity of perovskite-type oxide catalysts for direct decomposition of NO: Correlation between cluster model calculations and temperature-programmed desorption experiments[J]. Catalysis Today, 1998, 42(l-2): 167-174.
[36] Nakamura T, Petzow G, Gauckler L J. Stabiliy of the perovskite phase $LaBO_3$: (B=V, Cr, Mn, Fe, Co, Ni) in reducing atmosphere I. Experimental results[J]. Materials Research Bulletin, 1979, 14(5): 649-653.
[37] 李红花, 汪浩, 严辉. ABO_3 钙钛矿型复合氧化物光催化剂设计评述[J]. 化工进展, 2006, 25(11): 1309-1313.
[38] Blasin-Aubé V, Belkouch J, Monceaux L. General study of catalytic oxidation of various VOCs over $La_{0.8}Sr_{0.2}MnO_{3+x}$ perovskite catalyst: Influence of mixture[J]. Applied Catalysis B:

Environmental, 2003, 43(2): 175-186.
[39] Nakamura T, Misono M, Yoneda Y. Catalytic properties of perovskite-type mixed oxides, $La_{1-x}Sr_xCoO_3$[J]. Bulletin of the Chemical Society of Japan, 1982, 55(2): 394-399.
[40] Kremenić G, Nieto J M L, Tascón J M D, et al. Chemisorption and catalysis on $LaMO_3$ oxides[J]. Journal of the Chemical Society, Faraday Transactions 1: Physical Chemistry in Condensed Phases, 1985(4): 939-945.
[41] Zhang R, Villanueva A, Alamdari H, et al. Cu-and Pd-substituted nanoscale Fe-based perovskites for selective catalytic reduction of NO by propene[J]. Journal of Catalysis, 2006, 237(2): 368-380.
[42] Teraoka Y, Nakano K, Kagawa S, et al. Simultaneous removal of nitrogen oxides and diesel soot particulates catalyzed by perovskite-type oxides[J]. Applied Catalysis B: Environmental, 1995, 5(3): 181-185.
[43] Niederberger M, Garnweitner G, Pinna N, et al. Nonaqueous and halide-free route to crystalline $BaTiO_3$, $SrTiO_3$, and (Ba, Sr) TiO_3 nanoparticles via a mechanism involving CC bond formation[J]. Journal of the American Chemical Society, 2004, 126(29): 9120-9126.
[44] Giacomuzzi R A M, Portinari M, Rossetti I, et al. A new method for preparing nanometer-size perovskitic catalysts for CH_4 flameless combustion[J]. Studies in Surface Science and Catalysis A, 2000, 130: 197-202.
[45] Royer S, Duprez D A. General route to synthesize supported isolated oxide and mixed- oxide nanoclusters at sizes below 5 nm[J]. Chemical Communications, 2011, 47(5): 1509-1511.
[46] Blanco A, Chomski E, Grabtchak S, et al. Large-scale synthesis of a silicon photonic crystal with a complete three-dimensional bandgap near 1.5 micrometres[J]. Nature, 2000, 405(6785): 437-440.
[47] 徐如人, 庞文琴, 于吉红, 等. 分子筛与多孔材料化学[M]. 北京: 科学出版社, 2004: 51.
[48] 谢素娟, 徐龙伢, 王清遐. MCM-22 分子筛的合成及其性质研究[J]. 化学通报, 2003, 66(10): 651.
[49] Nakatsuji T, Komppa V. Structural evolution of highly active Ir-based catalysts for the selective reduction of NO with reductants in oxidizing conditions[J]. Applied Catalysis B: Environmental, 2000, 25: 163-179.
[50] 于世涛, 刘福胜. 固体酸与精细化工[M]. 北京: 化学工业出版社, 2006.
[51] http://www.iza-online.org/.
[52] Barrer R M. Synthesis and reactions of mordenite[J]. Journal of the Chemical Society, 1948, 127: 2158-2163.
[53] 刘洁翔, 魏贤, 张晓光, 等. Cu-[M′] MOR 和 Ag-[M′] MOR (M′= B, Al, Ga, Fe) 的酸性[J]. 物理化学学报, 2009, 25(10): 2123-2129.
[54] 徐如人, 庞文琴. 沸石分子筛的结构与合成[M]. 长春: 吉林大学出版社, 1987: 38-40.
[55] Kokotailo G T, Lawton S L, Olson D H, et al. Structure of synthetic zeolite ZSM-5[J]. Nature, 1978, 227(5652): 437-438.
[56] Wadlinger R L, Kerr G T, Rosinski E J. Catalytic composition of a crystalline zeolite[P]. US Patent, US 3308069. 1967-07-26.
[57] Newsam J M, Treacy M M J, Koetsier W T. Structural characterization of zeolite Beta[J]. Zeolites, 1988, 13(3-4): 375-380.
[58] Higgins J B, LaPierre R B, Schlenker J L, et al. The framework topology of zeolite Beta[J]. Zeolites, 1988, 8(6): 446-452.

[59] 陈艳丽. 沸石 beta 分子筛膜的合成与表征及其性质研究[D]. 长春: 吉林大学, 2009
[60] 孙秀良. 固相合成 β 分子筛及其合成机理的理论计算研究[D], 北京: 北京化工大学, 2009.
[61] Martens M T J, Jacobs P A. Estimation of the volid structure and pore dimensions of molecular sieve zeolites using the hydroconversion of *n*-decane[J], Zeolites, 1984, (2): 98-107.
[62] Kokotailo G T, Schlenker J L, Dwyer F G, et al. The framework topology of ZSM-22 a high silica zeolite [J]. Zeolites, 1985, 5(6): 349-351.
[63] 刘勇, 张维萍, 谢素娟, 等. 用固体核磁共振研究 HZSM-35 分子筛的酸性[J]. 催化学报, 2009, 30(2): 119-123.
[64] Baerlocher C, Meier W M, Loson D H. Atals of Zeolite Framework Type[M]. 5th Ed. Amsterdram: Elsevier Science, 2001: 134.
[65] Zhang J, Zhu W, Makkee M. Adsorption of 1,2-dichloropropane on activated carbon[J]. Journal of Chemical & Engineering Data, 2001, (46): 662-664.
[66] Yu F D, Luo L A, Grevillot G. Adsorption isotherms of VOCs onto an activated carbon monolith: Experimental measurement and correlation with different models[J]. Journal of Chemical & Engineering Data, 2002, (3): 467-473.
[67] 秦关林, 周日新, 倪则埙. 分子筛上水蒸气吸附的研究[J]. 催化学报. 1980, (3): 181-186.
[68] Weisz P B, Frilette V J. Intracrystalline and molecular-shape-selective catalysis by zeolite salts[J]. The Journal of Physical Chemistry, 1960, (64): 382-382.
[69] Jule A R. Zeolite Chemisty and Catalysis[C]. American Chemical Society, Washington, 1976.
[70] Weisz P B. Molecular shape selective catalysis[J]. Pure and Applied Chemistry, 1980, 52(9): 2091-2103.
[71] 王桂茹. 催化剂与催化作用[M]. 大连: 大连理工大学出版社, 2007.
[72] 黄海凤, 戎文娟, 顾勇义. ZSM-5 沸石分子筛吸附-脱附 VOCs 的性能研究[J]. 环境科学学报, 2014, (12): 3144-3151.
[73] Chen B, Xu R, Zhang R. Economical way to synthesize SSZ-13 with abundant ion-exchanged Cu^+ for an extraordinary performance in selective catalytic reduction (SCR) of NO_x by ammonia[J]. Environmental Science & Technology, 2014, (48): 13909-13916.
[74] Hagen J. Industrial Catalysis—A Practical Approach[M]. New York: Wiley-VCH, 1999.
[75] 储伟. 催化剂工程[M]. 成都: 四川大学出版社, 2006.
[76] 黄仲涛. 工业催化[M]. 北京: 化学工业出版社, 1994.
[77] Parry E P. An infrared study of pridine adsorbed on acidic solids. Characterization of surface acidity[J]. Journal of Catalysis, 1963, (2): 371-379.
[78] Walling C. The acid strength of surfaces[J]. Journal of the American Chemical Society, 1950, 72: 1164-1168.
[79] Benesi H A, Wlnquist B H C. Surface acidity of solid eatalysts[J]. Advancesin Catalysis, 1978, (27): 97-18.
[80] Xin H, Li X, Fang Y, et al. Catalytic dehydration of ethanol over post-treated ZSM-5 zeolites[J]. Journal of Catalysis, 2014, 312: 204-215.
[81] 张进, 肖国. ZSM-5 型分子筛的表面酸性与催化活性[J]. 分子催化, 2002, (16): 307-310.
[82] 杨小明, 罗京娥. 磷氧化物改性对 ZSM-5 沸石物化性质及择形催化性能的影响[J]. 石油炼制与化工, 2001, (11): 48-51.
[83] 高闯, 韩果, 孙晓艳, 等. 硅铝摩尔比对 Al-SBA-15 介孔分子筛结构和性质的影响[J]. 石油化工, 2015, (3): 314-318.

[84] 刘吕花, 刘绍英, 王公应, 等. 二氯甲烷在 $Ce_yV_{1-y}O_x$/HZSM-5 上的催化燃烧性能[J]. 石油化工, 2013, (42): 216-221.
[85] 华月明, 胡望明. 改性 ZSM-5 分子筛上乙醇胺催化胺化合成乙撑胺[J]. 高校化学工程学报, 2005, 19(1): 88-92.
[86] 王稚真. Y 型分子筛吸附 VOCs 性能的研究[D]. 杭州: 浙江工业大学, 2010.
[87] Muller M, Harvey G, Prins R, Comparison of the dealumination of zeolites beta, Mordenite, ZSM-5 and Ferrierite by thermal treatment, leaching with oxalic acid and treatment with $SiCl_4$ by ^{1}H, ^{29}Si and ^{27}Al MAS NMR[J]. Microporous and Mesoporous Materials, 2000, (34): 135-147.
[88] Palella B I, Cadoni M, Frache A, et al. On the hydrothermal stability of CuAPSO-34 microporous catalysts for N_2O decomposition: A comparison with CuZSM-5[J]. Journal of Catalysis, 2003, (217): 100-106.
[89] 张艳侠. 高硅铝比的纳米 ZSM-5 沸石分子筛的合成[D]. 大连: 大连理工大学, 2005.
[90] 王永强, 肖丽, 孙启猛, 等. $Pd/La_{0.8}Ce_{0.2}MnO_3$/ZSM-5 的制备及其甲苯催化燃烧活性[J]. 燃料化学学报, 2014, (9): 1146-1152.
[91] 薛晓敏. HZSM-5 分子筛负载稀土复合氧化物催化剂上 CVOCs 催化氧化性能的研究[D]. 杭州: 浙江大学, 2011.
[92] Sazama P, Wichterlova B, Tabor E, et al. Tailoring of the structure of Fe-cationic species in Fe-ZSM-5 by distribution of Al atoms in the framework for N_2O decomposition and NH_3-SCR-NO_x[J]. Journal of Catalysis, 2014, (312): 123-138.
[93] Pashkova V, Klein P, Dedecek J, et al. Incorporation of Al at ZSM-5 hydrothermal synthesis. Tuning of Al pairs in the framework[J]. Microporous and Mesoporous Materials, 2015, (202): 138-146.
[94] Zhang X, Shen Q, He C, et al. N_2O catalytic reduction by NH_3 over Fe-zeolites: Effective removal and active site[J]. Catalysis Communications, 2012, (18): 151-155.
[95] 刘维桥, 孙桂大, 达志坚, 等. 负载贵金属的层柱分子筛比表面积研究[J]. 抚顺石油学院学报, 1997, (4): 3-6.
[96] 曹宇, 陈标华, 张润铎. SBA-15 介孔分子筛负载型过渡金属催化燃烧脱除乙腈废气[J]. 高等学校化学学报, 2011, (12): 2849-2855.
[97] 张博. 分子筛负载过渡金属催化燃烧脱除一氯甲烷的研究[D]. 北京: 北京化工大学, 2013.
[98] Perez-Ramirez J, Christensen C H, Egeblad K, et al. Hierarchical zeolites: Enhanced utilisation of microporous crystals in catalysis by advances in materials design[J]. Chemical Society Reviews, 2008, (37): 2530-2542.
[99] Choi M, Kim J, Ryoo R. Effect of mesoporosity against the deactivation of MFI zeolite catalyst during the methanol-to-hydrocarbon conversion Process[J]. Journal of Catalysis, 2010, (269): 219-228.
[100] Fang C, Meng X J, Xiao F S. Mesoporous zeolites and their catalytic performance[J]. Chinese Science Bulletin, 2010, 55 (29): 2785-2793.
[101] Perez-Ramirez J, Kapteijn F, Groen J C, et al. Steam-activated Fe-MFI zeolites: Evolution of iron species and activity in direct N_2O decomposition[J]. Journal of Catalysis, 2003, (214): 33-45.
[102] Verboekend D, Pérez-Ramírez J. Design of hierarchical zeolite catalysts by desilication[J]. Catalysis Science & Technology, 2011, 1(6): 879-890.
[103] Chang X, He L, Liang H, et al. Screening of optimum condition for combined modification of ultra-stable Y zeolites using multi-hydroxyl carboxylic acid and phosphate[J]. Catalysis Today,

2010, 158: 198-204.

[104] 袁景彬. 多壁碳纳米管为模板合成介孔 NaA 型分子筛[D]. 太原: 太原理工大学, 2015.

[105] Jin Y, Xiao C, Liu J, et al. Mesopore modification of beta zeolites by sequential alkali and acid treatments: Narrowing mesopore size distribution featuring unimodality and mesoporous texture properties estimated upon a mesoporous volumetric model[J]. Microporous and Mesoporous Materials, 2015, (218): 180-191.

[106] He C, Li J, Zhang X, et al. Highly active Pd-based catalysts with hierarchical pore structure for toluene oxidation: Catalyst property and reaction determining factor[J]. Chemical Engineering Journal, 2012, 18: 46-56.

[107] Liu F, Zuo S, Wang C, et al. Pd/transition metal oxides functionalized ZSM-5 single crystals with b-axis aligned mesopores: Efficient and long-lived catalysts for benzene combustion[J]. Applied Catalysis B: Environmental, 2014, (148): 106-113.

[108] Puértolas B, García-Andújara L, Garcíaa T, et al. Bifunctional Cu/H-ZSM-5 zeolite with hierarchical porosity for hydrocarbon abatement under cold-start conditions[J]. Applied Catalysis B: Environmental, 2014, (198): 161-170.

[109] Zhang R, Shi D, Liu N, et al. Mesoporous SBA-15 promoted by 3d-transition and noble metals for catalytic combustion of acetonitrile Runduo acetonitrile[J]. Applied Catalysis B: Environmental, 2014, (146): 79-93.

[110] Kwak J H, Tonkyn R G, Kim D H, et al. Excellent activity and selectivity of Cu-SSZ-13 in the selective catalytic reduction of NO_x with NH_3[J]. Journal of Catalysis, 2010, (275): 187-190.

[111] Smeet P J, Meng Q, Corthals S, et al. Co-ZSM-5 catalysts in the decomposition of N_2O and the SCR of NO with CH_4: Influence of preparation method and cobalt loading[J]. Applied Catalysis B: Environmental, 2008, (84): 505-513.

[112] Kwak J H, Tran D, Burton S D, et al. Effects of hydrothermal aging on NH_3-SCR reaction over Cu/zeolites[J]. Journal of Catalysis, 2012, 287: 203-209.

[113] Zou W, Xie P, Hua W, et al. Catalytic decomposition of N_2O over Cu-ZSM-5 nanosheets[J]. Journal of Molecular Catalysis A: Chemical, 2014, 394: 83-88.

[114] Thomas F, Degnan J. The implications of the fundamentals of shape selectivity for the development of catalysts for the petroleum and petrochemical industries[J]. Jouranl of Catalysis, 2003, 216: 32-46.

[115] Xie P, Ma Z, Zhou H, et al. Catalytic decomposition of N_2O over Cu-ZSM-11 catalysts[J]. Microporous and Mesoporous Materials, 2014, 191: 112-117.

[116] Boroń P, Chmielarz L, Gurgul J, et al. Influence of iron state and acidity of zeolites on the catalytic activity of FeHBEA FeHZSM-5 and FeHMOR in SCR of NO with NH_3 and N_2O decomposition[J]. Microporous and Mesoporous Materials, 2015, 203: 73-85.

[117] Xue J, Wang X, Qi G, et al. Characterization of copper species over Cu/SAPO-34 in selective catalytic reduction of NO_x with ammonia: Relationships between active Cu sites and de-NO_x performance at low temperature[J]. Journal of Catalysis, 2013, 297: 56-64.

[118] Nanba T, Masukawa S, Uchisawa J, et al. Screening of catalysts for acrylonitrile decomposition[J]. Catalysis Letters, 2004, 93: 195-201.

[119] Zhang R, Shi D, Liu N, et al. Mesoporous SBA-15 promoted by 3d-transition and noble metals for catalytic combustion of acetonitrile[J]. Applied Catalysis B: Environmental, 2014, 146: 79-93.

[120] Richter M, Fait M, Eckelt R, et al. Gas-phase carbonylation of methanol to dimethyl carbonate on chloride-free Cu-precipitated zeolite Y at normal pressure[J]. Journal of Catalysis, 2007, 245:

11-24.

[121] Wan Y, Ma J, Wang Z, et al. Selective catalytic reduction of NO over Cu-Al-MCM-41[J]. Journal of Catalysis, 2004, 227: 242-252.

[122] Kwak J H, Tran D, Burton S D, et al. Effects of hydrothermal aging on NH_3-SCR reaction over Cu/zeolites[J]. Journal of Catalysis, 2012, (287): 203-209.

[123] Li L, Shen Q, Li J, et al. Iron-exchanged FAU Zeolites: Preparation characterization and catalytic properties for N_2O decomposition[J]. Applied Catalysis A, 2008, 344: 131-141.

[124] Chen H Y, Sachtler W M H. Activity and durability of Fe/ZSM-5 catalysts for lean burn NO_x reduction in the presence of water vapor[J]. Catalysis Today, 1998, 42: 73-83.

[125] Sultana A, Sasaki M, Suzuki K, et al. Tuning the NO_x conversion of Cu-Fe/ZSM-5 catalyst in NH_3-SCR[J]. Chemical Communications, 2013, 41: 21-25.

[126] Delahay G, Valade D, Guzman-Vargas A, et al. Selective catalytic reduction of nitric oxide with ammonia on Fe-ZSM-5 catalysts prepared by different methods[J]. Applied Catalysis B: Environmental, 2005, 55: 149-155.

[127] Yan Y, Jiang S, Zhang H, et al. Preparation of novel Fe-ZSM-5 zeolite membrane catalysts for catalytic wet peroxide oxidation of phenol in a membrane reactor[J]. Chemical Engineering Jouranl, 2015, 259: 243-251.

[128] Ma L, Li J, Arandiyan H, et al. Influence of calcination temperature on Fe/HBEA catalyst for the selective catalytic reduction of NO_x with NH_3[J]. Catalysis Today, 2012, 184: 145-152.

[129] Lónyi F, Solt H E, Pászti Z, et al. Mechanism of NO-SCR by methane over Co H-ZSM-5 and Co H-Mordenite catalysts[J]. Applied Catalysis B: Environmental, 2014, 150: 218-229.

[130] Zhang X, Shen Q, He C, et al. Decomposition of nitrous oxide over Co-zeolite catalysts: Role of zeolite structure and active site[J]. Catalysis Science & Technology, 2012, 2: 1249-1258.

[131] Wang X, Chen H, Sachtler W M H. Catalytic reduction of NO_x by hydrocarbons over Co/ZSM-5 catalysts prepared with different methods[J]. Applied Catalysis B: Environmental, 2000, 26: 227-239.

[132] Wen B, Jia J, Li S, et al. Synergism of cobalt and palladium in MFI zeolite of relevance to NO reduction with methane[J]. Physical Chemistry Chemical Physics, 2002, 4: 1983-1989.

[133] Tang Q, Wang Y, Zhang Q, et al. Preparation of metallic cobalt inside NaY zeolite with high catalytic activity in fischer-tropsch synthesis[J]. Catalysis Communications, 2003, 4: 253-258.

[134] Mihaylova A, Hadjiivanov K, Dzwigaj S, et al. Remarkable effect of the preparation technique on the state of cobalt ions in BEA zeolites evidenced by FTIR spectroscopy of adsorbed CO and NO TPR and XRD[J]. The Journal of Physical Chemistry B, 2006, 110: 19530-19536.

[135] Torre-Abreu C, Ribeiro M F, Henriques C, et al. NO TPD and H_2-TPR studies for characterisation of Cu MOR catalysts: The role of Si/Al ratio, copper contentand cocation[J]. Applied Catalysis B: Environmental, 1997, (14): 261-272.

[136] DedeceK J, Capek L, Sazama P, et al. Control of metal ion species in zeolites by distribution of aluminium in the framework: From structural analysis to performance under real conditions of SCR-NO_x and NO, N_2O decomposition[J]. Applied Catalysis A, 2011, (391): 244-253.

第3章　含氰废气选择性催化氧化技术

含氰废气广泛来源于石化行业及碳纤维行业的丙烯腈厂（丙烯腈、乙腈、HCN）、合成橡胶厂（丙烯腈）、有机玻璃厂（乙腈）、碳纤维厂（HCN）、碳素厂（HCN）等。这些行业废气均具有较高的毒性，较低浓度的排放即可对人类健康造成严重损害，甚至危及生命，其相关污染有效治理具有重大的社会效益及经济效益。近年来，碳纤维行业呈快速发展态势，但该行业从业的小规模民营企业较多，生产技术薄弱，环境污染严重，尾气中剧毒 HCN 排放所引发的环境问题日益突出。此外，石化行业的丙烯腈、乙腈等废气的来源广泛，且排放量大，也亟需产业技术的提升，消除含氰废气污染，来实现真正意义上的“绿色生产”。而我国目前化工行业含氰尾气通常采用直接排放或直接燃烧处理的方式，无法保证企业可持续发展的要求，采用先进的催化燃烧必然是今后石化行业和碳纤维行业含氰废气净化技术的主流。参照2003年国家计委、财政部、国家环保总局、国家经贸委共同颁布的《排污费征收标准管理办法》，对相关企业所排放的有毒含氰气体需征收高昂的处理费。例如，我国2011年丙烯腈总产能128.9万吨，相关废气排污费用高达数亿元。如果能够实现理想的净化效果，不仅保护了环境，又能产生经济效益。若考虑工业上所排放的乙腈、HCN 等其他含氰废气的处理，其相关净化产业的经济效益将非常可观。尤其是考虑到改善大气质量，提高人民健康水平，保护国土生态环境，提升企业国际市场竞争力，其社会效益难以估算。因而，化工行业含氰废气的有效治理具有重要的现实意义，且符合企业的技术需求。本章将结合某石化企业丙烯腈厂含氰废气催化燃烧净化技术的开发及工业示范建设，阐述相关研究的科学基础和工程实践，其中包括，针对丙烯腈、HCN、乙腈等含氰废气氧化脱除催化材料的制备、表征及筛选，催化燃烧反应机理的探索，实验室小试、中试、工业规模的逐级放大的反应特征，催化剂的整体式结构化制备，催化燃烧技术的工艺包设计及工业示范建设和运行效果。

3.1　含氰废气选择性催化氧化的科学基础

传统燃烧不能完全适合含氰废气脱除的要求，因为超高的燃烧温度[1]（~850℃），易导致 NO_x 二次污染物的形成。选择性催化氧化技术（SCO）作为一种处理有机废气的有效方法，具有起燃温度低、辅助燃料费用少、燃烧设备体积小、操作管理方便、有机废气去除率高等优点，适合于低浓度且浓度经常出现变动的含氰废气的净化处理。尤为重要的是：该技术可通过催化组分配方的调节，实现目的产物 N_2 选择性的提高。因此，选择性催化氧化技术在处理丙烯腈等含氰废气方面具有独特的优势，是一种很有前途的方法。

3.1.1 实验室催化剂的制备及表征

催化剂的设计和特色制备是优异催化燃烧性能的重要基础。着眼于含氰废气的催化脱除，制备钙钛矿复合氧化物、介孔分子筛、微孔分子筛等催化材料待活性考察。氧化性能优异的钙钛矿复合氧化物采用柠檬酸自燃烧法获得；高比表面介孔分子筛可采用 P123、F127 等软模板法水热合成，并通过浸渍方法引入活性组分，获得介孔分子筛催化剂；传统微孔分子筛经离子交换改性获得含活性离子的微孔分子筛催化剂；对所制备的粉末状催化剂进行比表面积（BET）、X 射线衍射（XRD）、程序升温还原（TPR）、透射电子显微镜（TEM）、X 射线光电子能谱（XPS）等理化性质的表征，如图 3-1 和图 3-2 所示，揭示了微孔分子筛的晶相、

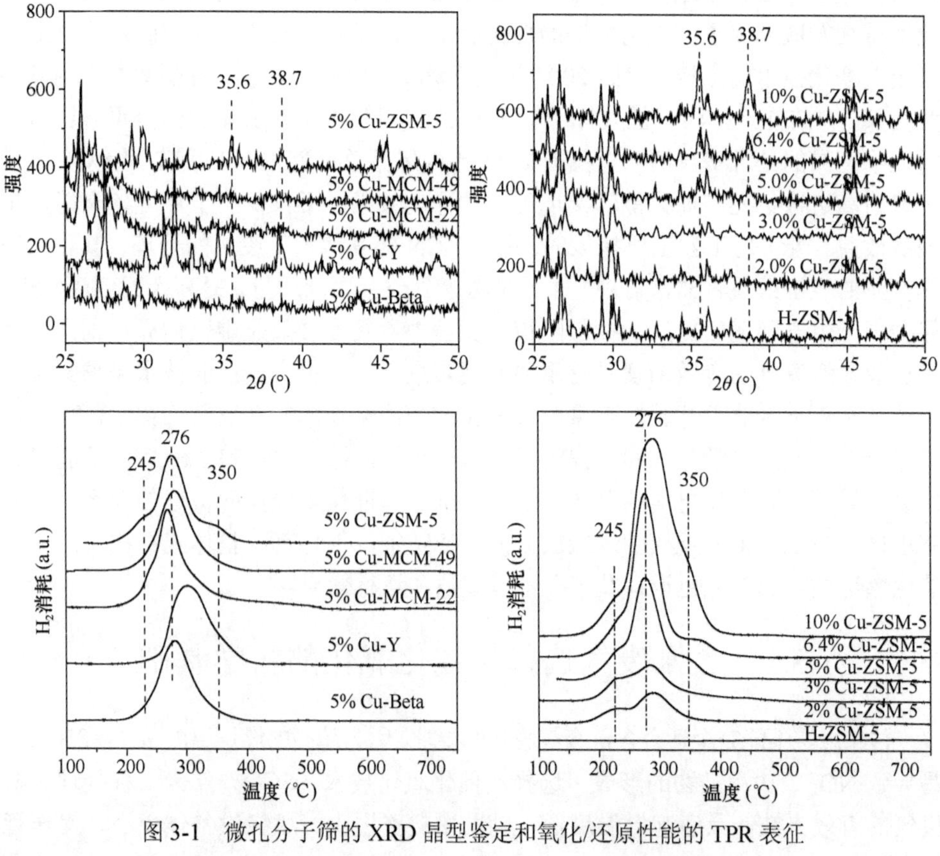

图 3-1 微孔分子筛的 XRD 晶型鉴定和氧化/还原性能的 TPR 表征

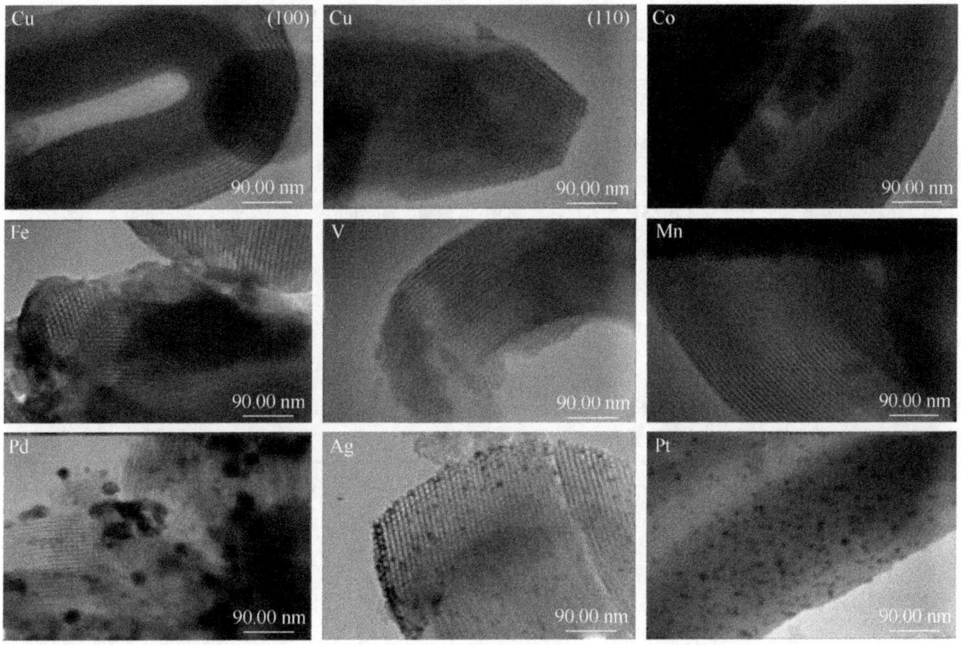

图3-2　所制备介孔催化剂（Cu，Co，Fe，V，Mn，Pd，Ag，Pt）/SBA-15的透射电镜图

介孔分子筛的孔结构特征、活性组分的性质和状态。

3.1.2　实验室小试活性评价装置的建设

鉴于含氰废气的毒性，以及原料气较难获得，其催化燃烧的相关研究在国内外还鲜有报道。尤其是剧毒性的 HCN 无法从市面上的气体公司订购，因而，实验室通常采用甲醇-氨氧化法制备 HCN，然后对其进行催化燃烧活性考察。此外，实验室可采用鼓泡法，利用饱和蒸气的稀释，获得含不同浓度丙烯腈、乙腈等废气用于实验考察，以上操作均需在通风橱中进行。实验室小试工艺流程图如图 3-3 所示，评价系统的整体情况见表 3-1。

实验室小试活性评价装置工艺流程如图 3-3 所示，丙烯腈（C_3H_3N）进料是采用鼓泡法，在一定温度下将丙烯腈的饱和蒸气带出，经过定量后，利用高纯氮气对其进行稀释，并同时补充空气，以提高氧气含量，最终获得的丙烯腈蒸气浓度为 1000 ppm，氧浓度为 5%～16%的反应氛围。

废气中各组分定性、定量分析一直是相关反应研究的重点和难点。可尝试采用气体红外光谱作为定性、定量的依据，借助带有气体分析池的红外气体分析仪，通过智能辅助分析软件，实现 HCN、丙烯腈、乙腈、NO、N_2O、NO_2、NH_3、CO、CO_2 等多组分的实时在线分析。安装了原位气体池附件的红外气体分析仪，如图 3-4 所示。

表 3-1　实验室小试催化剂评价体系整体情况

反应器类型	石英管固定床	反应器进出口情况	
反应器直径（mm）	18	反应器入口条件	0.1% C_3H_3N + 8% O_2 + N_2
反应器高度（mm）	21	总的气流量（mL/min）	1000
测温点数量（个）	1	其中空气的量（mL/min）	400
催化剂类型	Cu-ZSM-5	其中 N_2 的量（mL/min）	590
催化剂形状	颗粒型	反应器控温范围（℃）	100～800
催化剂尺寸	ϕ2 mm，高 2 mm	长周期测评温度（℃）	400
装填层数	散装 1 层	反应器入口压力（MPa）	0.1
装填总体积（mL）	6	反应器出口压力	北京地区大气压
催化剂质量（g）	4.35	床层压力降	未检测出
体积空速（h^{-1}）	8 000～20 000	检测设备	红外光谱仪

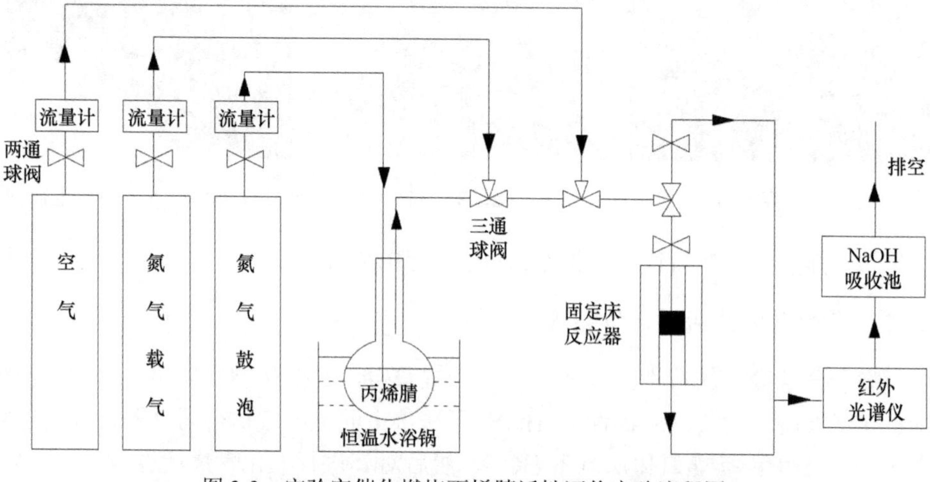

图 3-3　实验室催化燃烧丙烯腈活性评价实验流程图

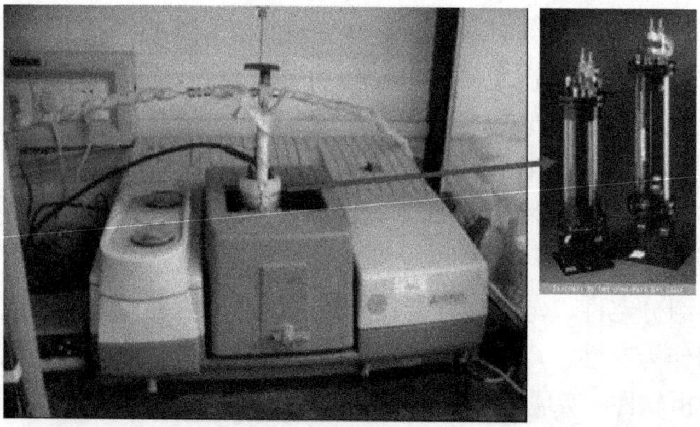

图 3-4　附有原位气体池附件的红外气体分析仪

根据催化反应体系的要求，来搭建可用于有机蒸气催化燃烧脱除的多气路反应活性评价装置，如图 3-5 所示，其中包括：有机溶剂挥发系统、气体流量控制和混合系统、温控反应炉、尾气分析系统。微型反应器活性评价装置可用于粉末状催化剂的快速筛选以及催化燃烧特性的综合考察。针对尺度稍大些的颗粒状催化剂的活性评价，应采用反应气体通量高、附有大尺寸反应器的评价系统来完成，如图 3-6 所示。

图 3-5　催化燃烧微反应器活性评价系统（用于粉末状催化剂筛选）

图 3-6　催化燃烧微反应器活性评价系统（用于颗粒状催化剂考察）

3.1.3　含氰废气的催化燃烧性能

1. 丙烯腈的催化燃烧

针对石化行业典型含氰废气（丙烯腈装置吸收塔尾气）的催化治理，张润铎等曾采用不同离子 B 位掺杂的系列钙钛矿复合氧化物，用于丙烯腈催化燃烧特性的考察。

在 8%O_2 存在的条件下，钙钛矿氧化物呈现出良好的低温起燃性能，其丙烯腈脱除能力次序如下：$LaCoO_3$＞$LaMnO_3$＞$LaCrO_3$＞$LaFeO_3$＞La_2CuO_4＞$LaVO_3$＞$LaZrO_3$。其中，$LaCoO_3$ 的低温活性最好，温度高于 150℃时，丙烯腈开始转化，200℃接近 80%，但产物中 N_2 的产率不高（最高 40%左右），而 NO 成为主要产物，产生二次污染，后续势必需要加装 SCR 装置来还原脱除，使废气脱除工艺变得复杂。而其他钙钛矿复合氧化物上几乎没有 N_2 生成，其中 NO 的产率通常高于 NO_2 的产率，而 $LaMnO_3$ 上易生成 N_2O。进一步研究发现，B 位的铜掺杂和氧浓度的控制均有助于提高 N_2 的选择性。其中 300℃以上时，1.2%氧浓度的条件下，$LaCu_{0.2}Fe_{0.8}O_3$ 上 N_2 的产率高达 80%以上。一些具有代表性的钙钛矿复合氧化物催化剂对丙烯腈转化及氮气产率等方面的活性评价见图 3-7。

进一步的研究表明：微孔分子筛型催化剂所拥有的丙烯腈催化净化效能（尤其是 N_2 的选择性）远优于钙钛矿复合氧化物型催化剂；具有催化燃烧起燃温度低、N_2 产率高等特点。这可归结于其独特的拓扑结构，尤其是骨架中 Al 的引入，形成

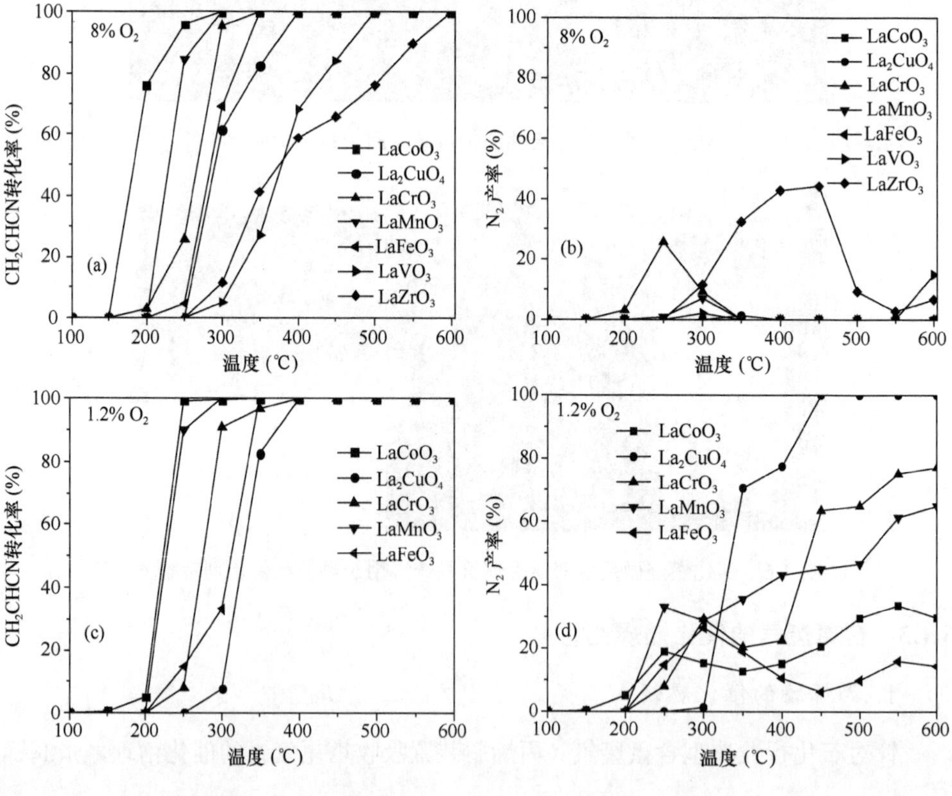

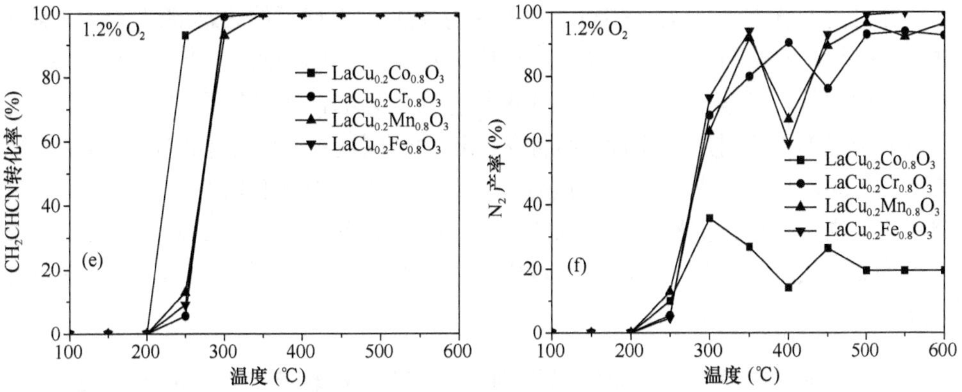

图 3-7　钙钛矿型金属氧化物催化燃烧 C_2H_3CN 的特性分析

可交换的 H^+，进而通过离子交换更好地实现活性组分的分散。而在不同构型微孔分子筛中，ZSM-5 为最佳选择，其中，Cu-ZSM-5 取得了最优的催化性能，350℃即可实现丙烯腈的完全转化，且 N_2 产率高达 90%以上，见图 3-8。

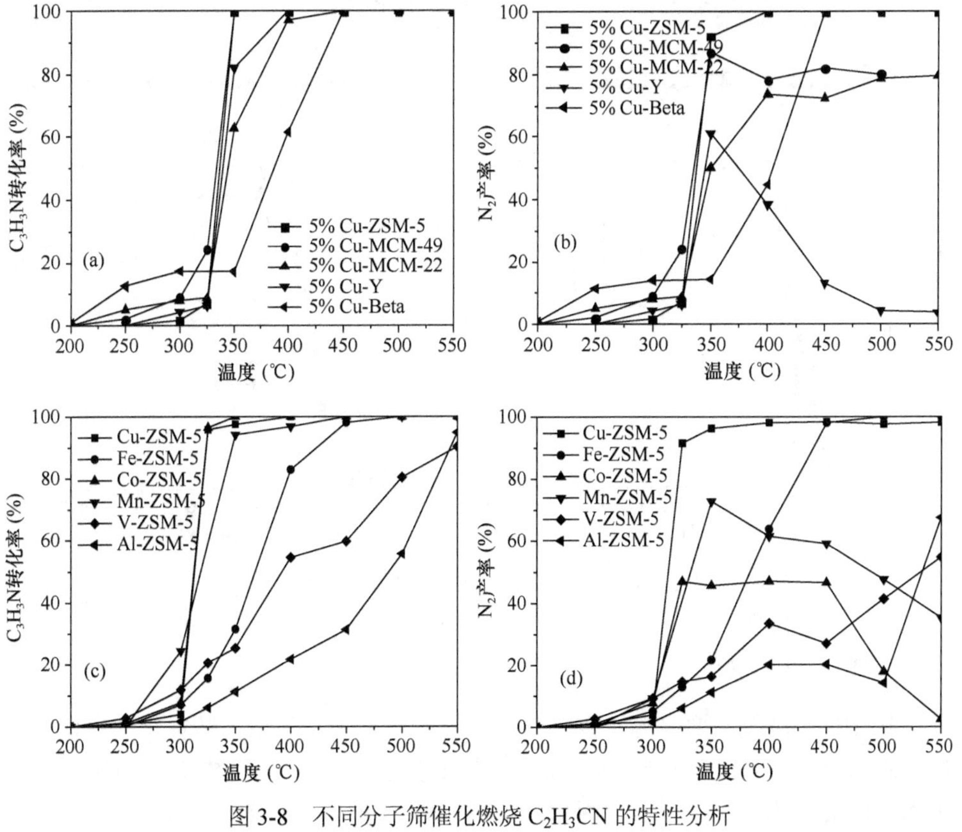

图 3-8　不同分子筛催化燃烧 C_2H_3CN 的特性分析

针对前期优选出的 Cu-ZSM-5 活性组分配方，进行了催化剂的成型，将黏结剂、助挤剂、造孔剂等与分子筛催化剂粉末共混，挤出成型，获得颗粒状催化剂。通过活性评价，考察成型助剂对催化燃烧行为的影响，实验结果如图 3-9 所示，确定成型工艺。并对所制备颗粒状催化剂进行长周期、热/水热稳定性、复杂氛围的全面考察。研究表明：所制备的颗粒式分子筛催化剂具有较好的稳定性，经 1 个月的长周期试验，依然保持较高的丙烯腈脱除效率，以及 N_2 的高选择性。高温处理等加速失活手段，对丙烯腈的转化率总体上影响不大，仅高温下 N_2 产率稍有下降。

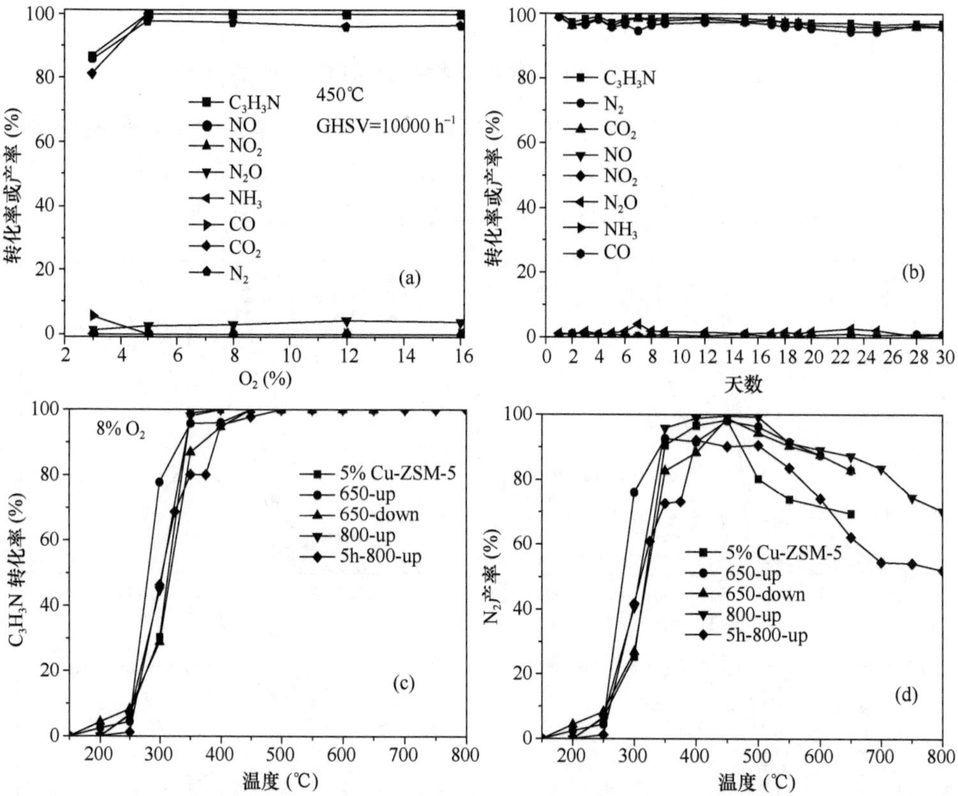

图 3-9 颗粒式 Cu-ZSM-5 催化剂上丙烯腈催化燃烧行为的考察

（a）不同氧浓度；（b）长周期；（c）高温处理丙烯腈转化率；（d）高温处理 N_2 产率

2. HCN 催化燃烧

含 HCN 废气主要来源于碳纤维生产的炭化工序，丙烯腈装置尾气也含有一定量的 HCN。早在 1952 年，Marsh 等[2]就发现在无氧的环境中 Al_2O_3 可用于水解 HCN。Peden 和他的同事[3]详细研究了在 Pt/Al_2O_3 催化剂上 HCN 的氧化，产物分析表明除生成目标产物 N_2、CO_2 和 H_2O，还产生有害气体 NO 和 NO_2。据文献报道[4-6]，贵金属催化剂对于 HCN 氧化是不理想的，在低温下 Rh/TiO_2 活性较差，而对于 Pd/TiO_2 和 Pt/TiO_2 催化剂来说，HCN 会优先转化为 NO_x。Nanba 等[7]发现在水和氧存在的条件下，H-FER 分子筛有利于 HCN 水解，同时会产生 NH_3 和 CO。Szanyi 等[8]比较了 Na-Y 和 Ba-Y 两种分子筛上 NO_2 氧化 HCN 的活性，指出 Ba-Y 上 HCN 的吸附作用强度高于 Na-Y，在 Ba-Y 表面 HCN 更易与 NO_2 反应，200℃时生成 N_2、CO、CO_2、HNCO、NO、NO_2、C_2N_2。随后，Kröcher 等[6]全面研究了在不同的催化剂上气态 HCN 的水解和氧化，包括金属氧化物、分子筛和贵金属负载型催化剂。根据他们的工作，TiO_2、Fe-ZSM-5、Al_2O_3 等被归类为水解催化剂，HCN 催化转化遵循水解反应机理。相反，含 Pd 和 Pt 的负载型贵金属、Cu-ZSM-5 分子筛等则属于氧化催化剂，遵循氧化反应机理。在水解催化剂中，锐钛矿型 TiO_2 具有最高的 HCN 水解活性，其活性大约是 Al_2O_3 的两倍。值得注意的是：Cu-ZSM-5 催化氧化 HCN 的活性大约是一般催化剂的 5～10 倍。

宋修文等[9]制备了多种分子筛催化剂应用于 HCN 催化氧化体系，对它们的催化活性进行考察，发现 Cu 离子交换的 ZSM-5 分子筛在低温活性、高温稳定性以及 CO_2 与 N_2 选择性等方面均具有较大优势，并且随着硅铝比的降低，HCN 催化燃烧的转化率略有提高，N_2 的选择性大幅上升。由图 3-10 中可清晰地看到 Cu-ZSM-5 催化剂表现出最好的 HCN 催化燃烧活性，在 350℃时 HCN 的转化率接近 100%，相比于相同交换率的其他金属离子交换 ZSM-5 催化剂，展现出了更好的活性，其他几种催化剂的活性依次为：Co-ZSM-5＞Fe-ZSM-5＞Mn-ZSM-5＞Ni-ZSM-5。在 250℃时，Co-ZSM-5 催化剂即呈现出了良好的 HCN 转化率，这可能由于金属钴离子具有较强的氧化性，因而表现了较好的低温氧化活性。

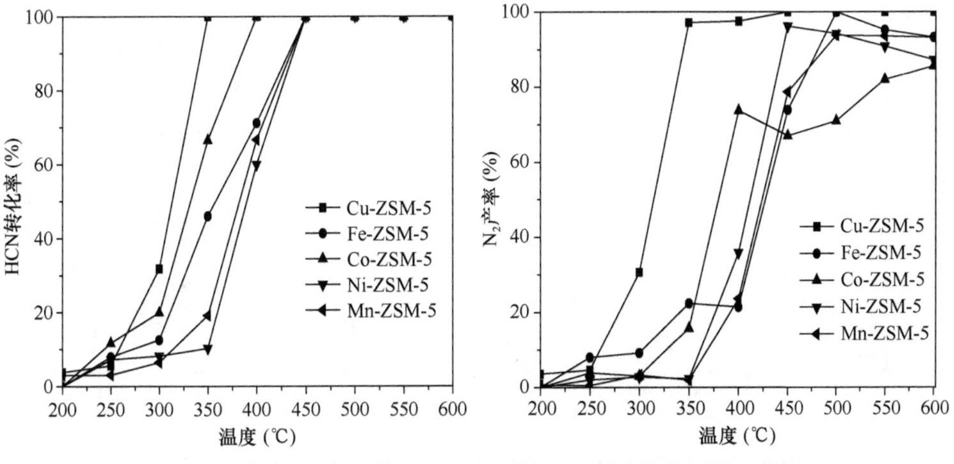

图 3-10　负载不同金属 ZSM-5 分子筛 HCN 催化燃烧活性评价图

HCN 催化燃烧的反应中，N 元素具有多种副产物，如 NH_3、NO、N_2O、NO_2 等，因此，N_2 的选择性对于催化燃烧 HCN 反应体系是一个非常重要的指标。研究发现，Cu-ZSM-5 催化剂的 N_2 的选择性基本接近于 100%；而对于 Co-ZSM-5 催化剂来说，在温度为 400～600℃范围内，N_2 的选择性在 70%～80%之间，明显低于同温度下的其他催化剂，这也归结于 Co 元素具有很强的氧化性，在反应中极易将 N 元素氧化成 NO、NO_2 等 NO_x 产物。而对于 Fe-ZSM-5 催化剂来说，在温度为 400℃时发现了大量 NH_3 的生成，这可能是由于在含氰物种的催化燃烧过程中，Fe 元素参与的反应机理主要以水解路线为主，而 NH_3 是一种主要的水解产物，所以在低温下 Fe-ZSM-5 催化剂上 N_2 的选择性受到了较大的影响。而对于 Mn 与 Ni 两种催化剂来说，在反应过程中，也不同程度地产生了 NH_3 与 NO_x 等副产物。综上所述，过渡金属 Cu 作为活性组分在 HCN 催化燃烧反应体系中相比于其他的金属具有明显优势。

图 3-11 反映了 5%负载量 Cu 离子交换的不同构型微孔分子筛（Beta、MCM-49、MOR、ZSM-5、FER、MCM-22）上催化燃烧 HCN 的活性评价比较，由此图可以看到，Cu-FER、Cu-Beta、Cu-MCM-49、Cu-MCM-22 分子筛催化剂在低温下便具有较高的催化活性，其中尤以 Cu-FER 催化剂的活性最好，在 300℃时已经接近 100%完全转化。而对于 Cu-ZSM-5 催化剂来说，与 Cu-MOR 活性相似，但在低温活性以及起活温度方面则不如其他类型催化剂。此外，由图可知：Cu-Beta、Cu-MOR、Cu-FER 等 3 种催化剂在温度超过 350℃之后，N_2 的产率有明显下降的趋势，而另外 3 种催化剂则表现得相对稳定一些，在这之中，尤以 Cu-ZSM-5 催化剂的 N_2 产率最高，通过查阅文献以及催化剂的表征数据来探究这种现象的原因，推测可能由于 ZSM-5 以及 MCM 系列的分子筛的内部孔道结构对于负载在其

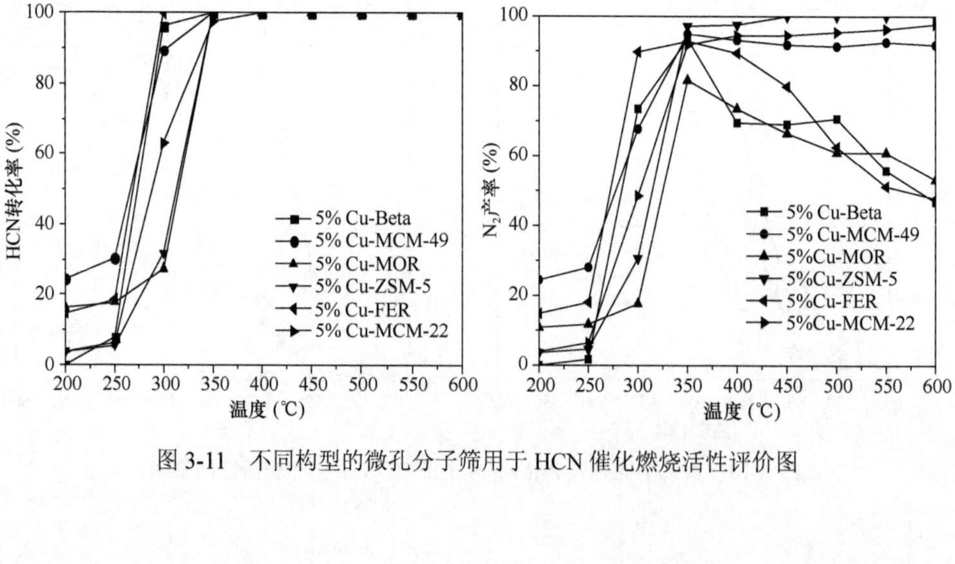

图 3-11　不同构型的微孔分子筛用于 HCN 催化燃烧活性评价图

表面的金属来说，更适合以金属离子的形式存在，而对于 Beta、MOR、FER 等具有三维立体空间孔道结构的分子筛来说，负载在其表面的金属更容易以不同价态的金属氧化物的形式存在，而金属离子作为主要活性组分对于 N_2 具有更好的选择性，金属氧化物作为主要活性组分虽然低温活性较好，但是在高温下其对 NO_x 具有较高选择性。

综上可知，虽然 Cu-FER、Cu-Beta、Cu-MCM-49、Cu-MCM-22 等催化剂在 HCN 转化率以及低温活性方面较 Cu-ZSM-5 略优，但是对于工业生产中更为关注的目标产物 N_2 的选择性，Cu-ZSM-5 催化剂显然优于其他几种以微孔分子筛作为载体的催化剂。

3. CH_3CN 的催化燃烧

乙腈（CH_3CN）作为丙烯腈生产的副产品之一，其脱除技术引起了广泛关注。近年来，人们意识到 CH_3CN 在体内很容易地分解为剧毒物质 HCN。Zhuang 等[10]报道了利用 TiO_2 催化剂，通过光氧化作用脱除 CH_3CN，并提出了两个动力学步骤：①吸附态 CH_3CN 的 CH_3·基最先被光氧化释放一个 CN^-自由基；②CN^-自由基随后攻击 TiO_2 表面的 Ti—O 键产生 Ti—NCO 物种，后者可进一步转化成最终产物 CO_2 和 N_2。

介孔 SBA-15 分子筛具有超高表面积，规则孔结构，3～30 nm 范围内孔径可调，因此被认为是活性成分的理想载体[11, 12]。鉴于此，曹宇等[13]通过浸渍法制备了一系列 M/SBA-15 催化剂［M=3d 过渡金属（Cu、Co、Fe、V、Mn）和贵金属（Pd、Ag、Pt）］，并应用于乙腈选择性催化燃烧。这些催化剂的 CH_3CN 转化率由大到小依次为 Pt/＞Pd/＞Cu/＞Co/＞Fe/＞V/＞Ag/＞Mn/＞SBA-15。在催化燃烧过程中除了观察到主产物 N_2，还观察到有害副产物（NO、NO_2、N_2O、NH_3 和 CO）。催化剂的活性和选择性被证明是与负载金属的氧化/还原性质和化学性质有关。所制备的 M/SBA-15 催化剂中，Cu/SBA-15 表现出最好的催化燃烧活性，T＞350℃时，CH_3CN 几乎完全转化，N_2 选择性达到 80%左右，针对催化脱除 CH_3CN 具有潜在的应用价值。

对于催化燃烧活性和 N_2 选择性均较好的 Cu/SBA-15 催化剂，分别进行了活性金属（Mn、Co、Ag）添加和骨架金属（Zn、Zr、La）掺杂，并研究了两种金属添加后对乙腈转化率、氮气产率和二氧化碳产率的影响，发现 Mn、Co 和 Ag 的添加，对乙腈的转化率的提升作用不大，但氮气的产率可进一步改善，Cu-Ag/SBA-15 的选择性催化性能最佳。在骨架金属添加 Zr 和 La，对乙腈的转化率的提升作用也不大，添加 Zn 后反而使转化率降低；但 Cu-Zr/SBA-15 催化剂上 N_2 的产率也可提高约 10%左右。

3.1.4 反应机理研究

催化反应机理的研究，有利于明确催化剂构-效关系间的内在必然，解析$CN^- \rightarrow N_2$选择性控制的关键所在，为催化剂的设计提供思路。因此，含氰废气催化燃烧机理的研究具有重要的学术价值。根据催化剂所含活性组分化学性质的不同，含氰废气的催化脱除经历不同的反应途径，生成不同的产物（NH_3、N_2O、NO_x、N_2等），本节将按水解机理和氧化机理两大类简要介绍脱除系列含氰废气的反应机理。

1. 水解反应机理

1）C_2H_3CN（AN）

Nanba 等[14]推断了在负载 Ag 催化剂上，AN 水解的反应途径，如图 3-12 所示，AN 首先被催化水解，而中间体NH_3和丙烯酸分别被氧化成N_2和CO_x（$CO + CO_2$），Ag/SiO_2的高活性是由于表面兼具氧化银和金属银物种，其中，Ag_2O催化 AN 水解，而Ag^0催化NH_3氧化。对于 Ag-ZSM-5，金属银的减少抑制了N_2的形成，此外 AN 水解生成的丙烯酸很容易导致酸性沸石表面覆盖碳质沉积物而失活，导致 AN 转化率的降低。

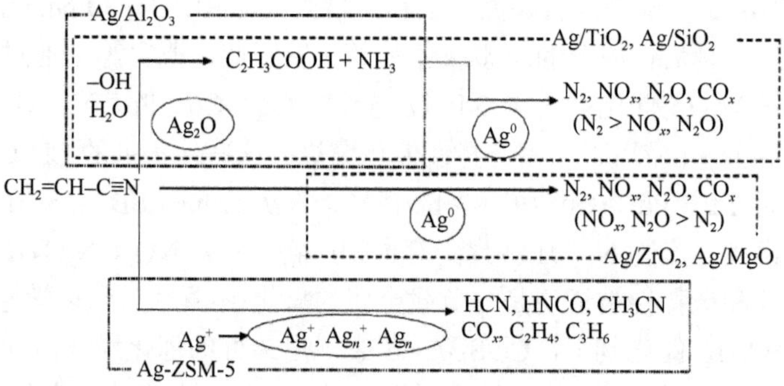

图 3-12 含 Ag 催化剂分解C_2H_3CN可能的反应途径

最近，张润铎等基于漫反射红外光谱研究了C_2H_3CN在 Fe/SBA-15 上催化水解脱除机理[15]：①C_2H_3CN分子可水解为酰氨物种（—$CONH_2$）（A1～A2）；②—$CONH_2$通过连续的水解可以产生大量NH_3中间体（A3）；③通过NH_3-SCO 机理产生目标产物N_2和NO_x等副产物（A6）；④在步骤 A1 中生成的乙烯基经步骤 A4 氧化成羧酸，可进一步氧化成二氧化碳和水。

$$CH_2{=}CH{-}CN\sigma + \sigma \longrightarrow {-}CH{=}CH_2\sigma + {-}CN\sigma \quad (A1)$$

$$-CN\sigma + H_2O \longrightarrow -CONH_2\sigma \quad (A2)$$

$$—CONH_2σ+H_2O+σ \longrightarrow —COOHσ+NH_3σ \quad (A3)$$

$$—CH{=}CH_2σ+O_2 \longrightarrow C_xH_yO_z（CH_3CHO，CH_3COOH）σ \quad (A4)$$

$$C_xH_yO_zσ+O_2 \longrightarrow CO_2+H_2O \quad (A5)$$

$$NH_3σ+O_2 \longrightarrow N_2（NO，NO_2，N_2O）_{(g)} \quad (A6)$$

σ 代表负载的金属催化剂的活性位点。

2）HCN

Kröcher 等[6]研究了多种催化剂对 HCN 催化脱除的活性，其中 Fe-ZSM-5 分子筛催化剂被认为是通过水解反应机理分解 HCN，并且大量生成 NH_3。如图 3-13 所示，在水蒸气的存在下，HCN 最初水解成甲酰胺，甲酰胺进一步发生水解产生甲酸胺，并分解成氨和甲酸，甲酸最终分解成 H_2O 和 CO。Cant 等[16]还提出，温度高于 250℃时，产生的甲酰胺可直接分解成 NH_3 和 CO。

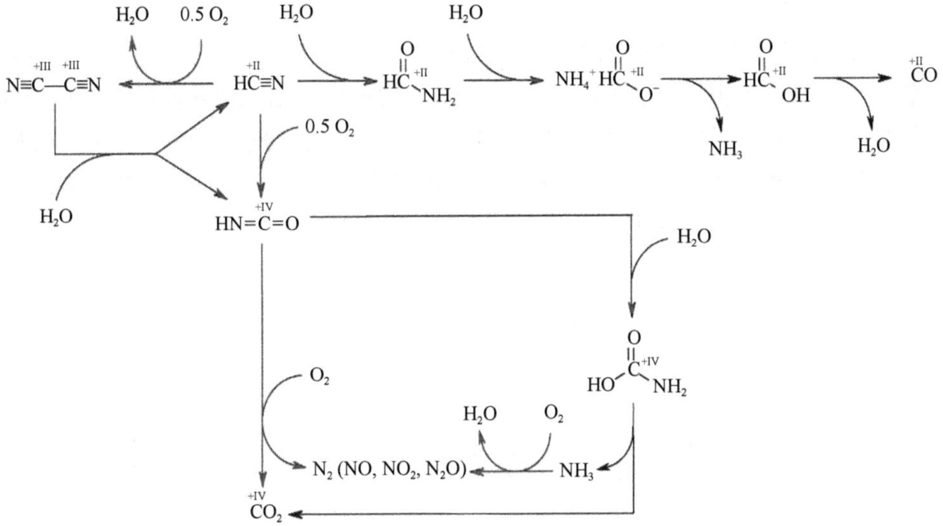

图 3-13　气相中 HCN 异构分解的反应途径

Czekaj 等[17]采用 DFT 方法，选取 $Ti_8O_{28}H_{24}$ 模型来代替 TiO_2（101）晶面（图 3-14），研究了常见中间产物 HNCO 与 TiO_2（101）晶面上的活性中心相互作用，生成 NH_3 与 CO_2 的过程。首先 HNCO 吸附在晶面上，吸附的 HNCO 分子立即形成一个更稳定的复杂的中间体，从而削弱了 N—C 键。在接下来的步骤中，N—C 键断裂，CO_2 分子从表面解吸，这将导致在 TiO_2 表面形成氧空位，N—H 基团依然存在于表面上。随后，一个水分子被吸附在氧空位，水分子的两个氢原子分别与 N—H 基团相互作用，氨分子形成并从表面脱附。

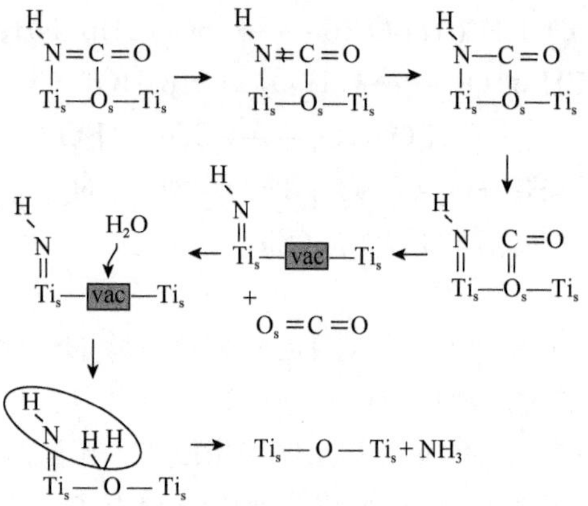

图 3-14　在二氧化钛（101）表面 HNCO 的水解反应路径

3）CH_3CN

Barbosa 等[18]基于密度泛函理论，构建 FAU 的一个 4T 簇（Si/Al=1）代替锌负载的分子筛，模拟了 CH_3CN 在分子筛上水解产生大量乙酰胺的过程。该反应的机理包括水合、异构化、产物解吸三个部分。Zn^{2+}先与 H_2O 反应，生成 $ZnOH^+$ 和沸石质子，水分子针对 CH_3CN 的亲核攻击成为在整个催化循环中的速控步骤，可按不同反应路径 A～G 进行（图 3-15），其中水分子活化的是反应路径 A～D，

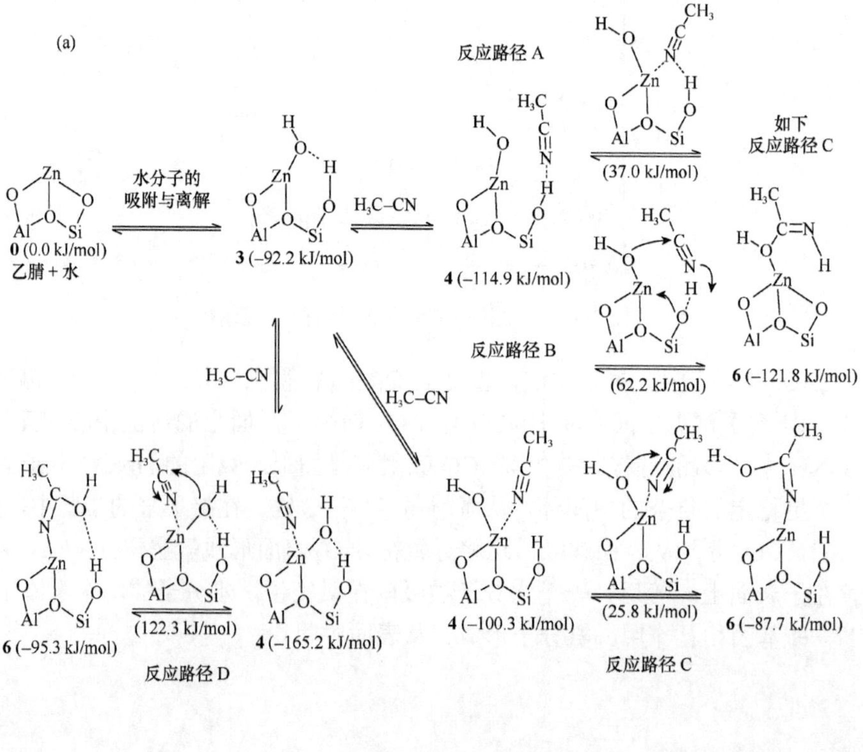

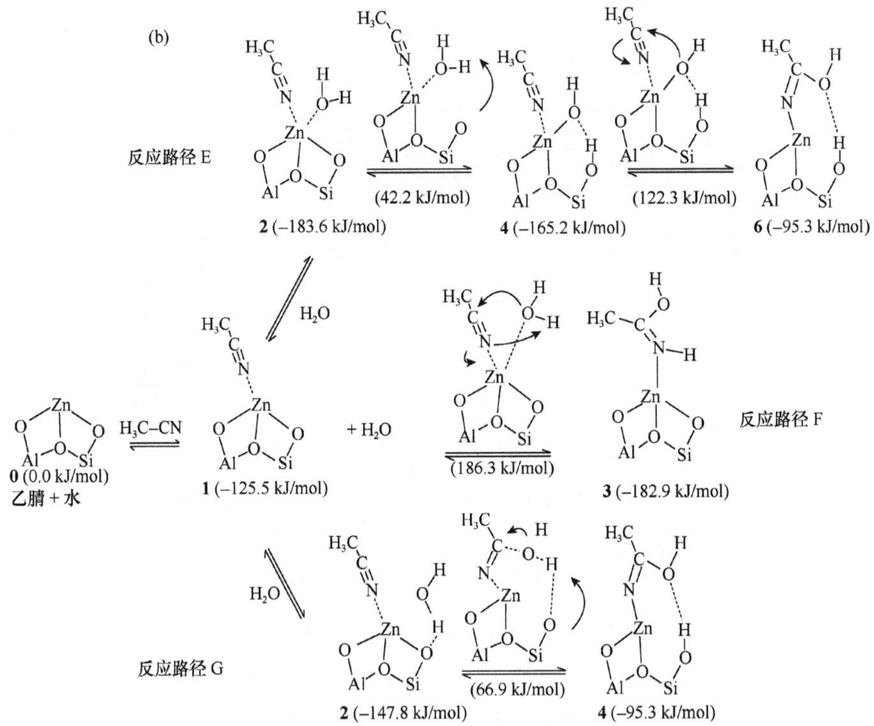

图 3-15　水解机理

（a）水分子活化；（b）乙腈活化

乙腈活化的是反应路径 E～G。在这些反应路径中，C、D 和 G 的反应路径被证明是最有利的，需要较少的步数和相对较低的活化能。

张润铎等借助原位漫反射红外光谱技术，通过 Fe 金属改性的介孔 SBA-15 分子筛为催化剂，考察了 CH_3CN 选择性催化氧化反应机理[19]，见图 3-16。在 150℃下，CH_3CN（1 vol%①）+ O_2（5 vol%）+ He（94 vol%）流经 Fe/SBA-15 分子筛催化剂 10 min 后，在 2260 cm^{-1} 和 2296 cm^{-1} 清楚地观察到红外峰（包括 2323 cm^{-1} 的肩峰），被归属为化学吸附的 CH_3CN 的 v（CN）振动，表明 CH_3CN 通过 N 端吸附在 Fe/SBA-15 上。同时，150～300℃范围内 $CH_3CN + O_2$ 流经 Fe/SBA-15 吸附物种的红外光谱，可以观察到 NH_3（3388 cm^{-1}）、CO_2（2364 cm^{-1}）、醋酸［1738 cm^{-1}，v（C=O）］，乙酰胺（1571 cm^{-1}、1659 cm^{-1}）这些物种的生成。基于此，提出了 CH_3CN 在 Fe/SBA-15 上的水解机理 1。如下所述，被吸附的 CH_3CN 被水解成乙酰胺（B1），通过进一步水解产生 NH_3 和 CH_3COOH（B2），最后 NH_3 和 CH_3COOH 被氧化成 N_2、CO_2，以及其他 NO_x 副产物（B3～B7）。

① vol%表示体积分数

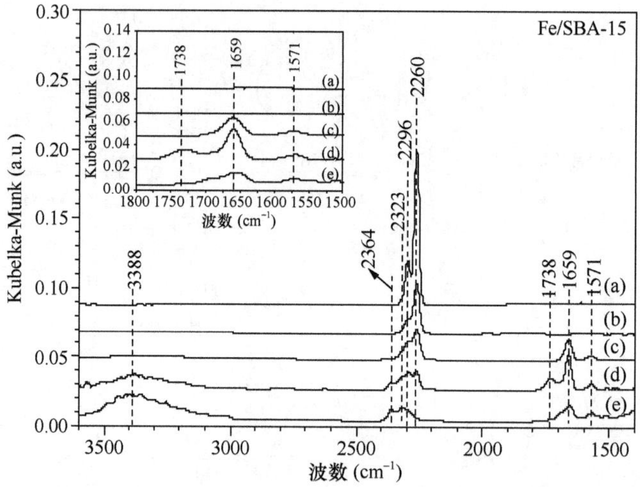

CH_3CN（1 vol%）+ O_2（5 vol%）+ He（94 vol%）；总流速 20 mL/min（STP）

图 3-16 流经 Fe/SBA-15 分子筛催化剂 10 min 后吸附物种的红外光谱
（a）150℃；（b）200℃；（c）250℃；（d）300℃；（e）350℃

$$CH_3CN\sigma + H_2O \longrightarrow CH_3CONH_2\sigma \tag{B1}$$

$$CH_3CONH_2\sigma + H_2O + \sigma \longrightarrow \sigma NH_3 + CH_3COOH\sigma \tag{B2}$$

$$CH_3COOH\sigma + 2O_2 \longrightarrow 2CO_2 + 2H_2O + \sigma \tag{B3}$$

$$4\sigma NH_3 + 3O_2 \longrightarrow 2N_2 + 6H_2O + 4\sigma \tag{B4}$$

$$2\sigma NH_3 + 2O_2 \longrightarrow N_2O + 3H_2O + 2\sigma \tag{B5}$$

$$4\sigma NH_3 + 5O_2 \longrightarrow 4NO + 6H_2O + 4\sigma \tag{B6}$$

$$C_xH_yO_{z(ad)} + O_{2(ad)} \longrightarrow CO_{2(g)} + H_2O \tag{B7}$$

2. 氧化反应机理

1）C_2H_3CN

Nanba 等[20]研究了 C_2H_3CN 在 Cu-ZSM-5 上的氧化反应机理，发现氧在 C_2H_3CN 解离过程中是必需的，充足的氧气对于 N_2 的形成至关重要。在原位红外光谱的研究中，如图 3-17 所示，2991～3124 cm^{-1} 处的峰被归属为乙烯基的振动，2260 cm^{-1} 和 2283 cm^{-1} 处的峰被归属为 CN^-的振动。1604 cm^{-1} 处的峰刚开始随温度的升高而增加，然后下降，但它并没有消失，被归属为 H_2O 和 NH_3 分子在路易斯酸位的吸附，3376 cm^{-1} 处微弱的峰被认为是 NH_3 吸附补充证据。2306 cm^{-1} 处的峰最初随着温度的升高略有增加，当温度高于 300℃时开始减少，在温度高于 400℃时消失，预示—NCO 中间体的形成。综上分析，C_2H_3CN 首先被氧化形成气态 HCN、NO_x 以及—NCO 和硝酸盐物种，而—NCO 物种可水解生成 NH_3，NH_3 通过与表面硝酸盐物种反应或者选择性催化氧化反应生成 N_2。

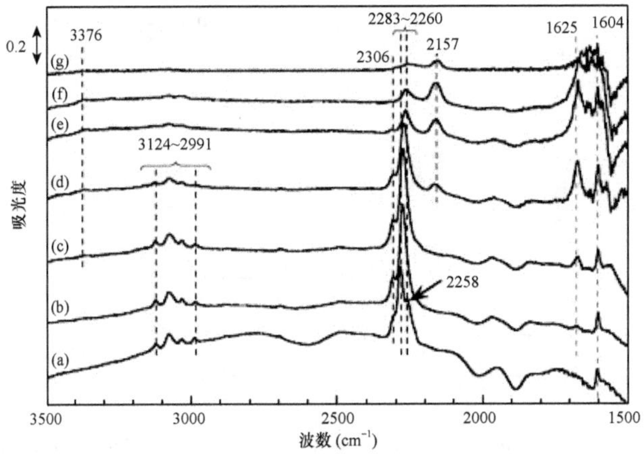

AN vol% = 300 ppm，O_2 vol% =1%

图 3-17　原位漫反射红外傅里叶变换谱图

（a）室温；（b）200℃；（c）250℃；（d）300℃；（e）350℃；（f）400℃；（g）450℃

Poignant 等[21]提出了类似的观点，认为 Cu-ZSM-5 上 C_2H_3CN 的转变遵循以下的反应过程：吸附物种→Cu-CN→Cu-NC→Cu^+-NCO→Cu^+-NH_3。吸附的 NH_3 与 NO 反应生成 N_2。此外，张润铎等对于 Cu/SBA-15 上 C_2H_3CN-SCO 反应机理进行了红外考察[15]，结果如图 3-18 所示，在 2237 cm^{-1} 和 2286 cm^{-1} 所生成的峰被归属为 C_2H_3CN 的 v（CN）振动，在 2994 cm^{-1}、3040 cm^{-1} 和 3078 cm^{-1} 所生成的峰被归属为乙烯基的 v（CH）振动。随着温度的升高，在 2237 cm^{-1} 和 2286 cm^{-1} 的 v（CN）峰强将逐渐变弱，当 $T>300$℃时仅剩 2286 cm^{-1} 峰。值得注意的是当 $T>300$℃时，在 2198 cm^{-1} 处形成一个新峰，可以被归属为异氰酸酯（—NCO）物种。NCO 通过氧化最终生成产物 N_2 以及副产物 NO_x。—C_2H_3 转化成 CO_2 需要通过两个连续的步骤（—$C_2H_3 \rightarrow C_xH_yO_z \rightarrow CO_2$）。

$$CH_2{=}CH{-}CN + 2\sigma \longrightarrow \sigma CH{=}CH_2 + \sigma CN \qquad (C1)$$

$$\sigma CN + O_2 \longrightarrow \sigma NCO \qquad (C2)$$

$$\sigma CH{=}CH_2 + O_2 \longrightarrow \sigma C_xH_yO_z\ (CH_3CHO,\ CH_3COOH) \qquad (C3)$$

$$\sigma C_xH_yO_z + O_2 \longrightarrow CO_{2(g)} + H_2O \qquad (C4)$$

$$\sigma NCO + O_2 \longrightarrow N_2\ (NO,\ NO_2,\ N_2O)_{(g)} + CO_{2\,(g)} \qquad (C5)$$

2）HCN

中间体异氰酸酯（—NCO）是含氰气体 SCO 氧化反应机理的主要特征之一。Kröcher 等[6]指出在 Cu-ZSM-5 上 HCN-SCO 遵循氧化机理，具体步骤如下：在 O_2 存在的条件下，HCN 最初被氧化成 HNCO。此后 HNCO 中间体会发生两种反应路径：①水解生成不稳定的碳酸，并相继分解成 CO_2 和 NH_3；继而 NH_3 被氧化成目标产物 N_2 和其他含氮副产品（N_2O 和 NO_x）；②HNCO 直接选择性氧化，也可

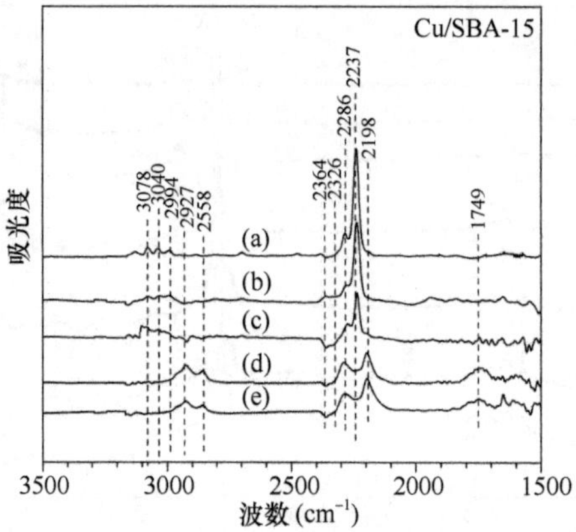

C_2H_3CN (0.3 vol%) + O_2 (8 vol%) + He (91.7 vol%); 总流速40 mL/min (STP)

图 3-18　流经 Cu/SBA-15 分子筛催化剂 25 min 后吸附物种的红外光谱图

（a）50℃；（b）150℃；（c）200℃；（d）300℃；（e）350℃

产生 N_2，并伴随着 N_2O 和 NO_x 的生成。Zhao 等[4]将 Pt-Al_2O_3 催化剂用于 HCN 催化燃烧的反应体系，并利用红外光谱，推测反应机理如下：

$$O_{2(g)} \longrightarrow 2O_{(ad)} \quad \text{(D1)}$$

$$HCN_{(g)} \longrightarrow H_{(ad)} + CN_{(ad)} \quad \text{(D2)}$$

$$CN_{(ad)} + O_{(ad)} \longrightarrow NCO_{(ad)} \quad \text{(D3)}$$

$$NCO_{(ad)} \longrightarrow N_{(ad)} + CO_{(ad)} \quad \text{(D4)}$$

$$N_{(ad)} + N_{(ad)} \longrightarrow N_{2(g)} \quad \text{(D5)}$$

$$CO_{(ad)} + O_{(ad)} \longrightarrow CO_{2(g)} \quad \text{(D6)}$$

3）CH_3CN

基于原位红外漫反射技术，Cu/、Co/、Pt/SBA-15 表面的 CH_3CN-SCO 反应遵循氧化机理得到验证[19]。通过反应步骤（E1）中产生的 σCH_3CN 吸附物种可解离成 σCH_3 和 σCN。随后，σCN 通过进一步氧化产生不同的含氮中间体，这与 M/SBA-15 负载金属的氧化/还原能力密切相关。由于 Cu/SBA-15 具有适当的氧化/还原性质，σCN 主要被氧化成 σNCO（E3a），它的红外光谱在 2200～2210 cm^{-1} 区域，NCO 通过反应步骤（E3d）最终被氧化形成产物 N_2 和 CO_2。然而 Co/、Pt/SBA-15 因为具有很强的氧化能力，σCN 被氧化成 NO 和 N_2O（E3b～E3c）。

$$CH_3CN + \sigma \longrightarrow CH_3CN\sigma \quad \text{(E1)}$$

$$CH_3CN\sigma + \sigma \longrightarrow CH_3\sigma + CN\sigma \quad \text{(E2)}$$

$$2CN\sigma + O_2 \longrightarrow 2\sigma NCO \quad \text{(E3a)}$$

$$4CN\sigma + 3O_2 \longrightarrow 2CO_2 + 2\sigma NO \quad \text{(E3b)}$$

$$4CN\sigma + 5O_2 \longrightarrow 4CO_2 + 2\sigma N_2O \quad \text{(E3c)}$$

$$2\sigma NCO + O_2 \longrightarrow N_2 + 2CO_2 + 2\sigma \quad (E3d)$$

$$2\sigma NO \longrightarrow 2NO + 2\sigma \quad (E4a)$$

$$2\sigma N_2O \longrightarrow 2N_2O + 2\sigma \quad (E4b)$$

$$4CH_3\sigma + 7O_2 \longrightarrow 4CO_2 + 6H_2O + 4\sigma \quad (E5)$$

表 3-2 总结了各种金属改性分子筛拓扑结构、制备方法、比表面积、活性（含氰废气转化率）、主要产物、反应条件，以及选择性催化氧化含氰气体（HCN、C_2H_3CN、C_2H_3CN）的反应机理。反应机理大致可分为氧化机理和水解机理两类，并且活性组分的理化性质密切相关。例如，Cu-、Mn-、Co-、Ag-、Pd-、Pt-离子交换分子筛催化剂遵循氧化机理；而 Fe-、V-、Zn-离子交换分子筛催化剂遵循水解机理。氧化机理所产生的中间体是异氰酸酯 NCO，IR 特征峰是 2198 cm^{-1}，在此过程中主要产生 N_2、NO_x 和 N_2O 等产物；水解机理所产生的中间体主要是酰胺类物种，IR 特征峰是 1558 cm^{-1} 和 1671 cm^{-1}，在此过程中形成大量的 NH_3。氧化机理根据生成的含氮产物可以进一步分为三组：N_2 形成机理（Cu-、Mn-、Ag-分子筛），N_2O 形成机理（Co-、Pd-、Pt-分子筛），NO_x 形成机理（Pd-、Pt-基分子筛）。如上所述，贵金属（Pd、Pt）改性分子筛催化剂虽然具有较高的含氰废气转化率，但是 N_2 选择性很低，在低温度范围内（200～400℃）能够形成大量的 N_2O，在高温度范围内（T>400℃）形成大量 NO_x。总之，相对于其他金属改性的分子筛催化剂，Cu-改性分子筛不仅显示出高活性，而且具有较好 N_2 选择性，被认为是消除含氰废气最具有前景的催化剂。

3.2　模式放大试验考察

3.2.1　中试反应装置的搭建和控制系统设计

针对丙烯腈的选择性催化燃烧净化，经实验室活性评价小试研究发现：Cu-ZSM-5 催化剂呈现出良好的丙烯腈脱除效率，以及优异的 N_2 选择性；但面向工业应用，尚需经历试验的逐级放大，综合考察其在复杂氛围、长周期的催化性能，以及耐受潜在毒物的能力，解决所面临的各种工程问题。依托国家“863”项目“石化行业典型含氰废气净化技术与示范”，中国石化上海石油化工研究院针对北京化工大学所优选、制备的颗粒式和蜂窝式 Cu-ZSM-5 分子筛催化剂，进行模式放大试验考察。开展流程的工艺设计和中试反应装置的搭建工作。整个工艺流程可分两段：第一段为丙烯氨氧化制丙烯腈（简称 I 段反应器），见图 3-19；第二段为含丙烯腈气体的催化燃烧氧化（简称 II 段反应器），见图 3-20，总工艺流程图见图 3-21。

表 3-2　各种金属改性分子筛催化脱除含氰废气的反应机理

名称	拓扑结构	制备方法	比表面积 (m^2/g)	活性	主要产物	反应条件	氧化机理			水解机理	参考文献
							N_2 机理	N_2O 机理	NO_x 机理		
Cu-ZSM-5	MFI	商业催化剂	—	[c]$T_{50}=225℃$ [d]$T_{90}=275℃$	N_2	50 ppm HCN + 5% H_2O + 10% O_2，N_2 为平衡气；GHSV = $2×10^5\ h^{-1}$	•	—	—	—	[6]
Cu-ZSM-5	MFI	WIE[a]	293	$T_{50}=280℃$ $T_{90}=300℃$	N_2	200 ppm C_2H_3CN +5% O_2，He 为平衡气；W/F = $3.75×10^{-2}$ g s/mL	•	—	—	—	[22]
Cu/SBA-15	*P6mm*	IM[b]	575	$T_{50}=320℃$ $T_{90}=340℃$	N_2	0.3% C_2H_3CN，8% O_2，He 为平衡气；GHSV = $3.7×10^4\ h^{-1}$	•				[15]
Cu/SBA-16	*Im3m*	IM	543	$T_{50}=320℃$ $T_{90}=340℃$	N_2	0.3% C_2H_3CN，8% O_2，He 为平衡气；GHSV = $3.7×10^4\ h^{-1}$	•	—	—	—	[15]
Cu/KIT-6	*Ia3d*	IM	550	$T_{50}=320℃$ $T_{90}=340℃$	N_2	0.3% C_2H_3CN，8% O_2，He 为平衡气；GHSV = $3.75×10^4\ h^{-1}$	•	—	—	—	[15]
Cu/SBA-15	*P6mm*	IM	575	$T_{50}=320℃$ $T_{90}=340℃$	N_2	1% CH_3CN + 5% O_2，He 为平衡气；GHSV = $2.0×10^4\ h^{-1}$	•	—	—	—	[19]
Mn/SBA-15	*P6mm*	IM	579	$T_{50}=560℃$ $T_{90}=700℃$	N_2	1% CH_3CN + 5% O_2，He 为平衡气；GHSV = $2.0×10^4\ h^{-1}$	•	—	—	—	[19]
Ag/SBA-15	*P6mm*	IM	460	$T_{50}=430℃$ $T_{90}=550℃$	N_2	1% CH_3CN + 5% O_2 He 为平衡气；GHSV = $2.0×10^4\ h^{-1}$	•	—	—	—	[19]
Co/SBA-15	*P6mm*	IM	588	$T_{50}=340℃$ $T_{90}=380℃$	NO	1% CH_3CN + 5% O_2，He 为平衡气；GHSV = $2.0×10^4\ h^{-1}$	—	—	•	—	[19]
Co/SBA-15	*P6mm*	IM	588	$T_{50}=320℃$ $T_{90}=340℃$	NO	0.3% C_2H_3CN，8% O_2，He 为平衡气；GHSV = $3.7×10^4\ h^{-1}$	—	—	•	—	[19]
Pd/SBA-15	*P6mm*	IM	632	$T_{50}=280℃$ $T_{90}=300℃$	N_2O，NO	1% CH_3CN + 5% O_2，He 为平衡气；GHSV = $2.0×10^4\ h^{-1}$	—	•	•	—	[19]

续表

名称	拓扑结构	制备方法	比表面积 (m^2/g)	活性	主要产物	反应条件	氧化机理			水解机理	参考文献
							N_2 机理	N_2O 机理	NO_x 机理		
Pt/SBA-15	*P6mm*	IM	402	$T_{50}=220℃$ $T_{90}=250℃$	N_2O，NO	1% CH_3CN + 5% O_2，He 为平衡气；GHSV = $2.0\times10^4\ h^{-1}$	—	●	●	—	[19]
Pt/SBA-15	*P6mm*	IM	402	$T_{50}=260℃$ $T_{90}=270℃$	N_2O，NO	0.3% C_2H_3CN，8% O_2，He 为平衡气；GHSV = $3.7\times10^4\ h^{-1}$	—	●	●	—	[19]
Fe/SBA-15	*P6mm*	IM	614	$T_{50}=360℃$ $T_{90}=500℃$	NH_3	1% CH_3CN + 5% O_2，He 为平衡气；GHSV = $2.0\times10^4\ h^{-1}$	—	—	—	●	[19]
Fe/SBA-15	*P6mm*	IM	614	$T_{50}=375℃$ $T_{90}=500℃$	NH_3	0.3% C_2H_3CN，8% O_2，He 为平衡气；GHSV = $3.7\times10^4\ h^{-1}$	—	—	—	●	[15]
V/SBA-15	*P6mm*		503	$T_{50}=380℃$ $T_{90}=700℃$	NH_3	1% CH_3CN + 5% O_2，He 为平衡气；GHSV = $2.0\times10^4\ h^{-1}$	—	—	—	●	[19]
Fe-ZSM-15	MFI	商业催化剂	—	$T_{50}=260℃$ $T_{90}=400℃$	NH_3	50 ppm HCN + 5% H_2O + 10% O_2，N_2 为平衡气；GHSV = $5.2\times10^4\ h^{-1}$	—	—	—	●	[6]

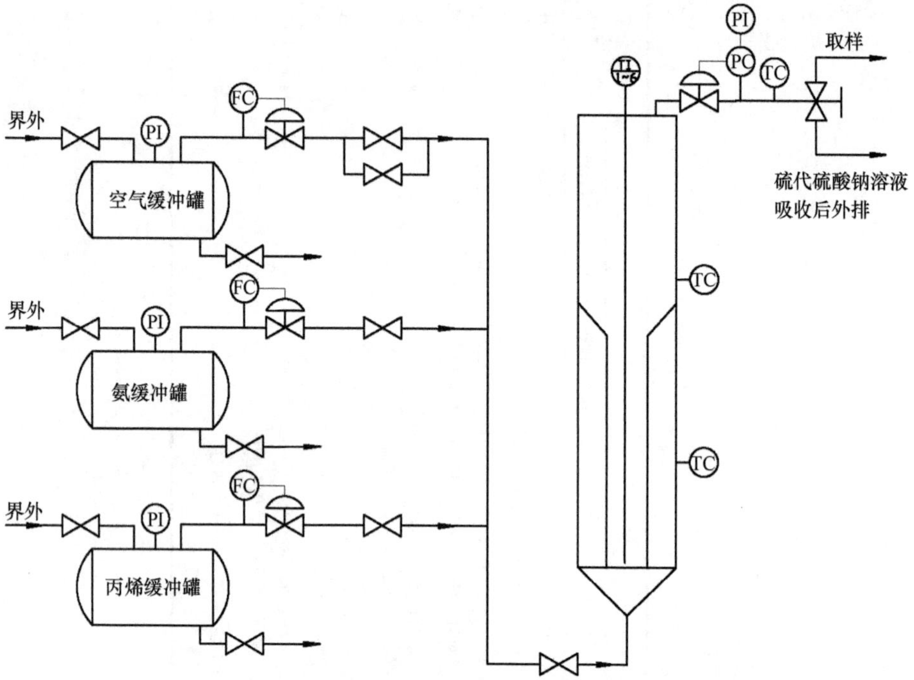

图 3-19　丙烯氨氧化制丙烯腈工艺流程图

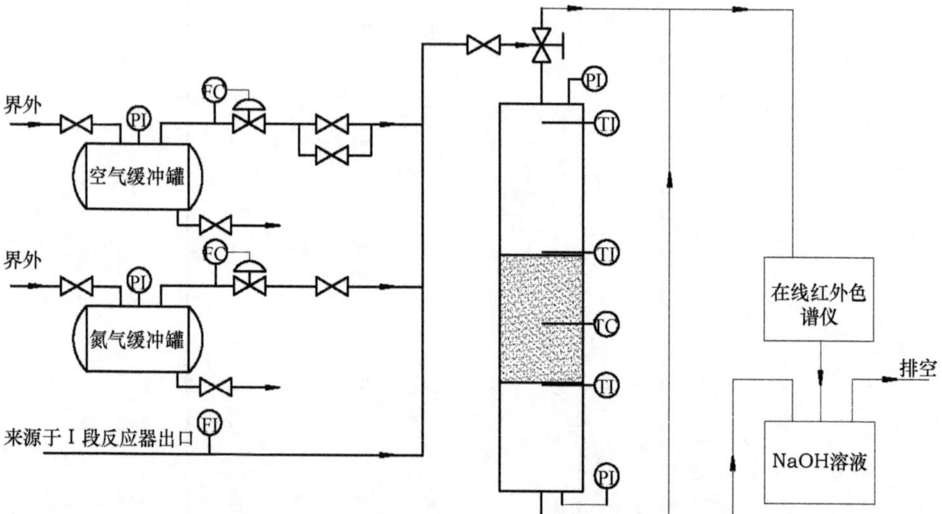

图 3-20　含丙烯腈废气催化燃烧工艺流程图

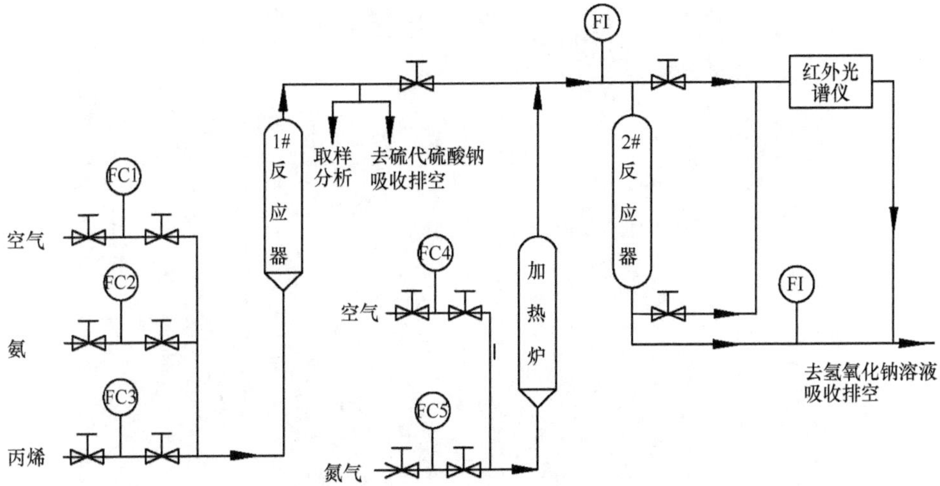

图 3-21　中试装置总工艺流程图

整个工艺流程具体实物图为：第一段丙烯氨氧化制丙烯腈（见图 3-22），第二段含丙烯腈气体的催化燃烧脱除（见图 3-23），整个系统可实现计算机自动控制（见图 3-24）。

图 3-22　丙烯氨氧化制丙烯腈中试装置

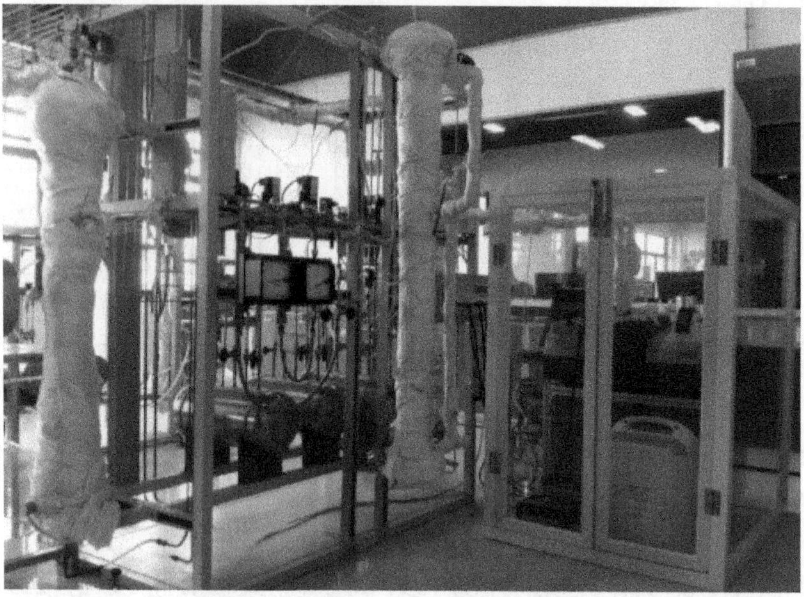

图 3-23 含丙烯腈废气催化燃烧中试装置

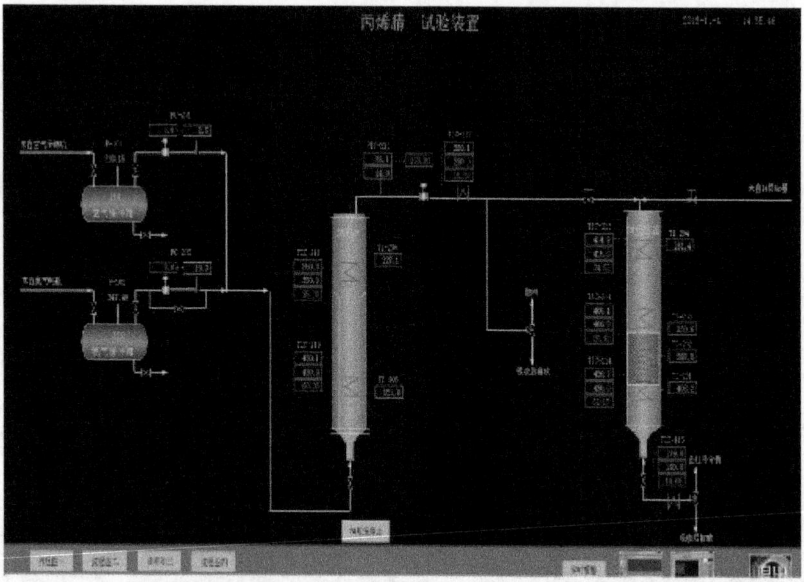

图 3-24 全自动控制系统操作界面

3.2.2 中试评价体系催化剂装填、床层压力和温度分布情况

蜂窝状分子筛催化剂在中国石化上海石油化工研究院进行活性和稳定性测试

（图 3-25），催化剂装填情况见表 3-3。

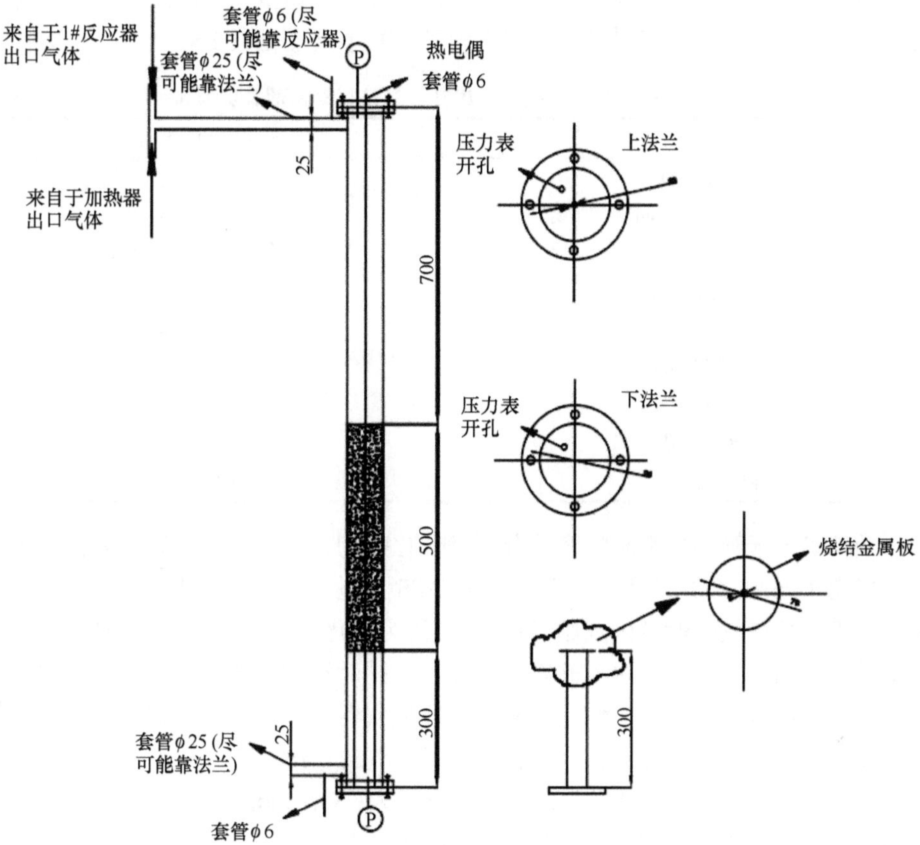

图 3-25　中试活性评价反应器设计图

表 3-3　中试反应器类型、尺寸及蜂窝状催化剂装填情况

反应器类型	固定床反应器
反应器直径（mm）	80
反应器高度（mm）	1500
催化剂	BHAN-1
催化剂形状	蜂窝状
单块催化剂尺寸	ϕ73 mm，高 60 mm
装填体积（mL）	1255
装填质量（g）	890
装填层数	每层 1 块共 5 层
体积空速（h^{-1}）	10742

颗粒状分子筛催化剂与蜂窝状分子筛催化剂评价装置与评价方法是一致的，其主要区别为催化剂的样式不同，催化剂装填体积、质量不同，催化剂装填的方式不同，床层压力降、床层温度分布不同等。其不同点见表 3-4。

表 3-4　中试反应器类型、尺寸及颗粒状催化剂装填情况

反应器类型	固定床反应器
反应器直径（mm）	80
反应器高度（mm）	1500
催化剂	BHAN-1
催化剂形状	颗粒状
催化剂尺寸	ϕ2 mm，高 2 mm
装填体积（mL）	1457
装填质量（g）	1166
装填层数	1
体积空速（h^{-1}）	9253

颗粒状分子筛催化剂和蜂窝状分子筛催化剂均在同一装置下评价运行，装填情况如图 3-26 和图 3-27 所示，并配备了 DCS 控制系统。该工艺可分为二段，其中Ⅰ段为丙烯氨氧化制备丙烯腈（1#），Ⅱ段为催化燃烧丙烯腈尾气处理（2#）。由Ⅰ段产生的尾气，全部进入Ⅱ段反应器中，同时经过加热炉预热的空气和氮气也进入Ⅱ段反应中，其中氮气用作稀释Ⅰ段尾气各物质，降低其浓度；空气一方面补充氧气含量，另一方面也起到稀释Ⅰ段尾气的作用。

制备丙烯腈反应器为流化床反应器，直径为ϕ38.1 mm。反应是将一定比例的丙烯、氨、空气通入流化床反应器，在催化剂作用下，反应生成丙烯腈（AN）等。反应条件为：$C_3^=$∶NH_3∶空气为 1∶1.25∶9.7，反应温度为：430℃，反应压力为：0.084 MPa，反应流程及控制如图 3-21 所示。反应器出口气体具体有：丙烯腈（AN）、乙腈（CAN）、氢氰酸（HCN）、丙烯醛（ACL）、丙烯酸（AA）、CO、CO_2、丙烯（$C_3^=$）、NH_3 等，具体浓度见表 3-5。

针对蜂窝状催化剂，催化剂填装总高度为 310 mm，催化剂直径为 73 mm，理论计算可得：此时的催化剂床层压力降为 0.44 kPa，反应器入口压力略高于大气压，出口为大气压。针对颗粒型催化剂，催化剂填装高度为 290 mm，直径为 80 mm，理论计算可得：此时的催化剂床层压力降为 1.1 kPa。

颗粒状催化剂在长周期评价期间，反应器共设置了 4 个测温点，如图 3-26 所示。催化剂在长周期期间某一天床层温度分布如表 3-6 和表 3-7 所示。

表 3-7 记录了颗粒型催化剂在评价过程中反应器温度的变化。由 T4 温度可知，催化剂热点位于催化剂床层末端。随着时间的推移，T4 的温度有逐渐上升的趋势。

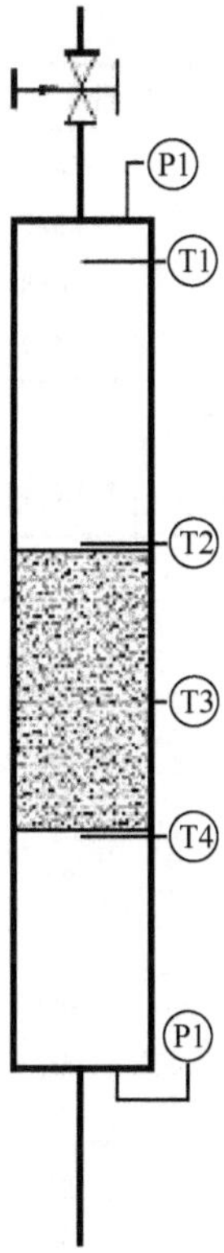

图3-26　颗粒状催化剂装填及测温点分布示意图

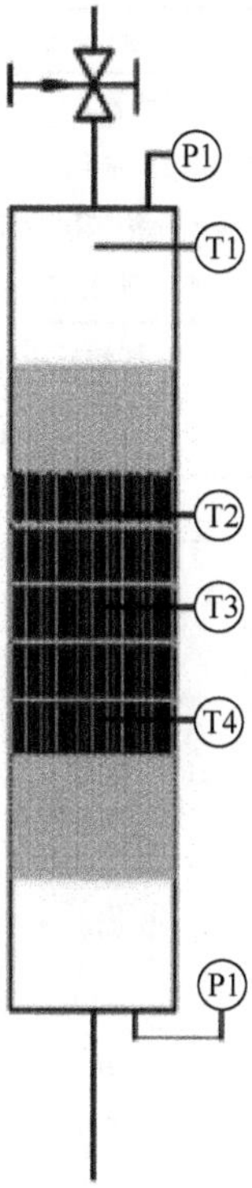

图3-27　蜂窝状催化剂装填示意图

表3-5　丙烯氨氧化Ⅰ段反应的结果和Ⅱ段氧化反应器入口浓度（%）

红外分析数据	Ⅰ段出口浓度（mg/Nm^3）	Ⅱ段进口浓度（mg/Nm^3）
丙烯腈（AN）	97000.0	1650.0
乙腈（ACN）	5308.0	87.9
氢氰酸（HCN）	14825.9	245.6
丙烯醛（ACL）	450.0	7.5
丙烯酸（AA）	2635.7	44.0
一氧化碳（CO）	10937.5	181.2
二氧化碳（CO_2）	33785.7	559.8
尾气丙烯（$C_3^=$）	1556.3	25.8
尾气乙烯（$C_2^=$）	312.5	5.2
水（H_2O）	230625.0	3821.0
氧（O_2）	5385.7	114374.9
氨（NH_3）	607.1	10.1
氮气含量	747000	1141666.3
尾气总体积（L/min）	3.7	224.7

注：补充空气85 L/min，补充氮气136 L/min

表 3-6　反应器温度分布

测温点	温度（℃）
T1 反应器入口时温度	301
T2 刚接触催化剂床层温度	329
T3 催化剂床层中间温度	418
T4 离开催化剂床层温度	447

注：丙烯腈催化燃烧反应器，入口温度约为 300℃，出口温度一般为 447℃

表 3-7　颗粒状分子筛催化剂床层温度记录情况表

某年	T1（℃）	T2（℃）	T3（℃）	T4（℃）	ΔT（T3–T2）（℃）	ΔT（T4–T3）（℃）
1 月 23 日	294	307	381	399	74	18
2 月 26 日	295	306	381	400	75	19
3 月 4 日	304	332	421	441	89	20
4 月 7 日	301	329	418	437	89	19
5 月 7 日	308	328	416	435	88	19
6 月 3 日	310	339	420	443	81	23
7 月 3 日	300	338	520	488	182	-32
7 月 31 日	310	339	420	445	81	25
8 月 13 日	300	321	359	384	38	25
9 月 3 日	297	338	423	446	85	23
10 月 20 日	320	346	419	447	73	28
11 月 8 日	306	346	415	449	69	34
12 月 9 日	332	359	410	466	51	56

由 ΔT（T3–T2）温差与 ΔT（T4–T3）温差对比发现，催化剂刚开始时起作用的部分主要是催化剂床层前段，后段起作用较少。

蜂窝状催化剂在长周期评价期间，反应器共设置了 4 个测温点，如图 3-27 T1～T4 所示，目前温度分布如表 3-8。

表 3-8　反应器催化剂床层温度分布

测温点	温度（℃）
T1 反应器入口温度	306
T2 催化剂床层第一层温度	408
T3 催化剂床层中间温度	422
T4 催化剂床层最后一层温度	425
反应器出口温度	425

注：本实验装置采用反应器外包裹电阻丝，利用电加热方式进行加热。采用 DCS 控制系统对催化剂床层温度进行控制

热点在催化剂床层末端，在反应初始阶段，T1 与 T2 的温差最大，T2 和 T3 温差较小，反应主要发生在催化剂床层前段，后段发挥的作用少一些。针对蜂窝状催化剂，累计测评 4400 h，由于前期进行条件优化过程，反应器热点温度不唯一。

3.2.3　模式放大反应的运行效果

针对颗粒式催化剂，基于中试放大试验，进行长周期考察。在废气浓度 1607 mg/m^3 丙烯腈、328 mg/m^3 HCN、244 mg/m^3 一氧化碳，空速 9000 h^{-1} 的条件下，尝试高含氰废气浓度下加速失活试验，经 4400 h 催化燃烧活性试验考察，所制备的催化剂依然保持了较好的活性及稳定性，如表 3-9 所示。当浓度大于 5%时，氧对催化燃烧性能的影响不大。上述试验探索，为工业示范的建设和成功运行奠定了坚实的基础。

表 3-9　颗粒型催化剂长周期评价结果（mg/m^3）

运行时长(h)	AN	HCN	CO	CO_2	$C_2^=$	$C_3^=$	C_3	O_2	HCN 转化率（%）
1000	0	0.77	0	2770	0	0	0	77280	99.60
2000	0	0	0	2800	0	0	0	71200	100.0
2700	0	0.68	0	2900	0	0	0	74500	99.50
3000	0	0.31	0	2560	0	0	0	67060	99.84
3200	0	0.34	0	2700	0	0	0	72000	99.82
3700	0	0	0	2500	0	0	0	76700	100.0
4000	0	0.50	0	2260	0	0	0	67170	99.74
4200	0	0.25	0	2500	0	0	0	71100	99.86
4400	0	0.50	0	2500	0	0	0	71700	99.74

比对工业典型含氰废气组成（含 150 mg/m^3 丙烯腈），基于相同毒物处理量，本长周期试验后相当于催化剂工业应用六年后所保留的净化效能。而此时催化剂仍呈现出优异的活性。此外，整个长周期评价过程中，结构化催化剂呈现出高 N_2 选择性的特点，无 NO_x 二次污染生成，催化燃烧处理后的尾气，可直接排放，无需 NH_3 选择性催化还原（SCR）系统来进一步脱除 NO_x，大幅度地降低了设备的投资。

在同一温度下，中试评价体系进行不同空速、不同氧浓度测试，见图 3-28。在不同的空速下考察，催化剂对丙烯腈的转化率均保持 100%，氢氰酸的浓度也低于国家排放标准，该范围空速对反应影响不大，可选择高空速下处理尾气。根据实验室所需的最低氧体积浓度为 5%，中试考察了较高氧浓度下，丙烯腈的转化率（近完全转化）及氮气的选择性（95%以上）仍维持不变。

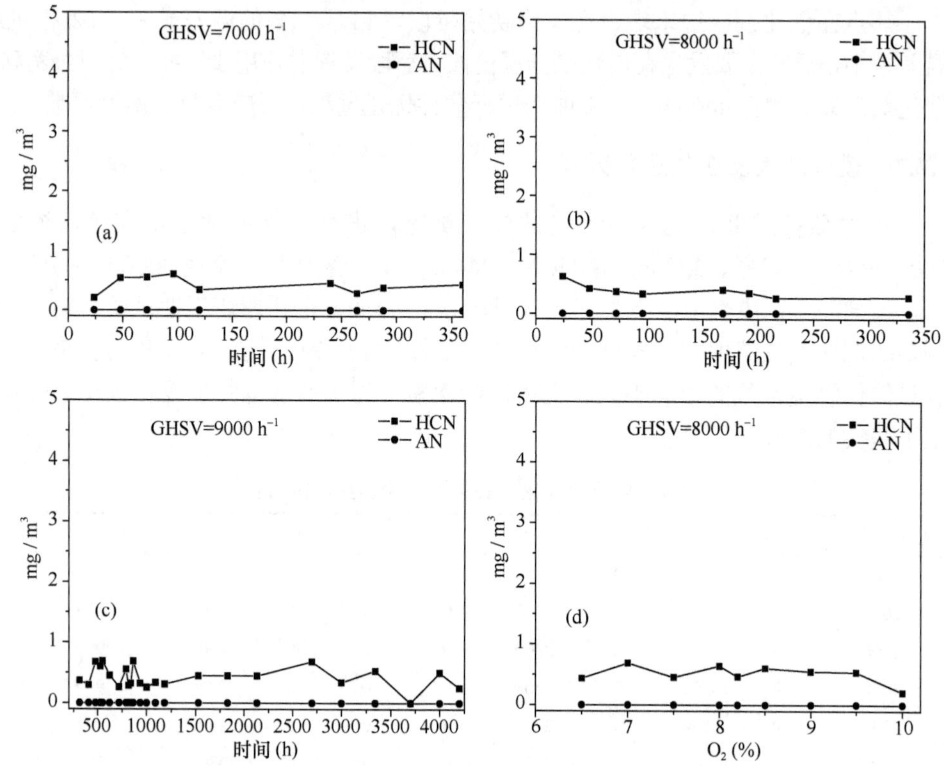

图 3-28　在不同空速、时间、氧浓度下，含氰废气催化燃烧后主要废气浓度值

针对蜂窝状催化剂性能的考察，同样表现出较好的活性和稳定性，见表 3-10。由于工艺评价中Ⅰ段产生丙烯腈装置变化可引起Ⅱ段反应装置的波动，从而影响温度的变化。其中某日，催化剂床层温度突然升至 520℃，产生飞温，这是大量反应物进入反应器中造成的，当改变进料浓度时恢复正常。然而在某日，由于Ⅰ段装置丙烯腈聚合，堵塞了管路，造成温升仅为 63℃，放热量明显减少。清理完管路重新开车后，床层温度恢复正常，催化剂活性未见下降。

3.2.4　扰动因素考察

关于高径比对气体流动分布影响的扰动试验，由于目前中试装置仅有一台直径为 80 mm 的反应器，只能通过改变催化剂床层的高度来实现高径比的变化。

中国石化上海石油化工研究院在进行中试试验过程中，为避免气体分布不均，从而影响催化剂活性、稳定性等不可预期的问题，通过采用在催化剂床层上方添加金属丝网填料的方式（相当于气体分布器），以增加气体的扰动性和湍流，充分保证气体到达催化剂床层前分布均匀，以便气体能均匀通过催化剂床层。据经验，填装高度一般为 200～360 mm。

表 3-10　蜂窝状催化剂的长周期测试结果（mg/m^3）

运行时长（h）	AN	HCN	CO	CO_2	$C_2^=$	$C_3^=$	C_3	O_2	转化率（%）	
									AN	HCN
10	32.3	1.02	0	2300	0	0	0	70400	97.97	99.42
22	30.58	1.35	0	2100	0	0	0	77500	98.08	99.24
70	31.69	1.51	0	2000	0	0	0	75500	98.01	99.15
142	21.26	0.82	0	1700	0	0	0	74500	98.66	99.54
170	21.26	0.82	0	1600	0	0	0	78800	98.66	99.54
218	18.55	0.47	0	1300	0	0	0	76400	98.83	99.73
314	19.71	0.71	0	1400	0	0	0	70500	98.76	99.60
386	18.16	0.66	0	1600	0	0	0	78700	98.86	99.63
482	19.71	0.65	0	1600	0	0	0	78800	98.76	99.63
554	19.32	0.74	0	1700	0	0	0	76300	98.78	99.58
650	18.94	0.85	0	1800	0	0	0	71600	98.81	99.52
746	20.48	0.89	0	1100	0	0	0	86200	98.71	99.50
818	18.55	0.69	0	1300	0	0	0	68800	98.83	99.61
890	20.1	1.36	0	1600	0	0	0	85200	98.74	99.23
956	18.94	1.29	0	1200	0	0	0	72100	98.81	99.27
1028	20.1	1.17	0	1600	0	0	0	85000	98.74	99.34
1124	20.87	0.91	0	1400	0	0	0	81200	98.69	99.49
1550	20.5	0.79	0	1800	0	0	0	79400	98.65	99.52
2002	20.1	0.92	0	1500	0	0	0	85900	98.74	99.42
2510	18.94	0.53	0	1300	0	0	0	82800	98.81	99.67
3010	18.94	0.73	0	1400	0	0	0	78600	98.81	99.58
3900	19.32	0.91	0	2000	0	0	0	62800	98.78	99.49
4080	20.10	0.87	0	1800	0	0	0	73300	98.74	99.52

针对蜂窝状整体式催化剂，装填时上方同样添加了不少于 200 mm 高的金属丝网填料。由于蜂窝状催化剂属于直通型孔道结构，当气体进入反应器后，首先经过金属丝网填料，使气体分布均匀后到达催化剂床层。气体流经催化剂直通型孔道时，蜂窝状催化剂孔道直径仅为 1.4 mm，每一个孔道均可看作一个微型的反应器，气体在轴向方向上，很容易达到分布均匀。

因此，只要当气体达到催化剂床层前，能够分布均匀，在蜂窝状整体式催化剂床层，气体轴向分布由于孔道直径小，气体轴向分布均匀很容易实现。而径向上，由于气体到达催化剂床层前已经保证分布均匀，因此催化剂床层内也不存在气体分布不均匀情况。针对颗粒型催化剂，可通过改变催化剂床层的高度，来考察高径比变化对活性的影响。当固定气体进料量，改变催化剂床层高度，即改变了单位时间内气体流经催化剂床层的速度，即变空速实验对活性的影响，实验结果见表3-11和图3-29。

表3-11　反应空速对尾气处理结果的影响

空速（h^{-1}）	AN	HCN	CO	CO_2	$C_2^=$	$C_3^=$	C_3	O_2
5000	0	0.48	0	4600	0	0	0	72000
7000	0	1.76	0	3500	0	0	0	73600
8000	0	0	0	3200	0	0	1	69070
9000	0	0.82	0	2900	0	0	0	74500

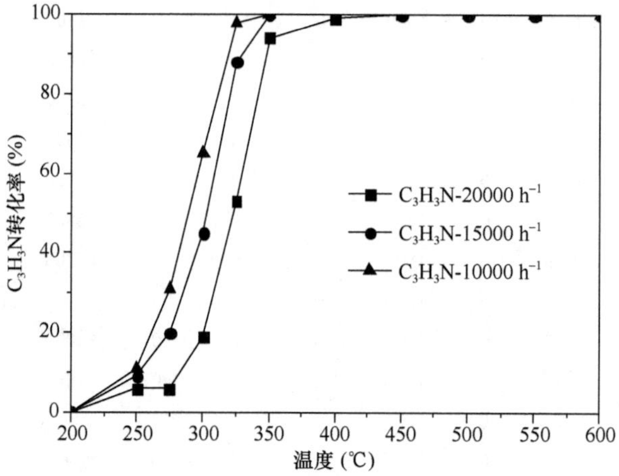

图3-29　不同空速随温度变化对BHAN-1催化剂性能的影响

反应操作条件：常压、反应温度为420℃氧浓度为8%

可见，在变空速实验过程中，随着空速的提升，丙烯腈低温活性略有所下降。但在450℃以上均能实现丙烯腈的完全脱除。

3.3　基于分子筛催化剂的含氰废气催化燃烧工业技术

3.3.1　整体式催化剂的成型工艺

在固定床反应器中，为使催化剂发挥效率，就应使催化剂在反应床层中的颗粒形状、大小、填装等情况处于最佳的状态，才使催化剂的效率因子在实际工业应用中达到最大值，从而大大地提高催化剂的使用效果。

催化剂生产需要的化工原料种类繁多，制备过程复杂，在工业操作中因催化剂强度差而造成的装置停车的例子屡见不鲜。有时实验室研究初步取得的具有良好活性、选择性的催化剂，在扩大试验规模时，却发现试验过程中催化剂容易碎裂或碎化，造成反应装置阻力增大，传热情况恶化，或者造成催化剂携带损失。这时往往又需要不断改进催化剂的配方及成型工艺，直至制得适合工业反应要求的催化剂为止。

1. 整体式催化剂的特点

整体式蜂窝型催化剂的最大特点就是众多的平行通道内基本不存在任何的径向混合，因此各个平行的反应通道之间没有气固相之间的传质作用。整体式蜂窝状催化剂与人们熟悉的颗粒状催化剂相比，它的最大优势是床层反应压降极小，只是颗粒状催化剂的 0.1%～1%，能有效地减小能量的损失，因此可以降低反应的能耗，而且活性组分的均匀薄层使分子扩散路径缩短，可以减少反应物与产物的扩散阻力，从而达到提高催化效率的目的。此外，整体式催化剂还可保持高的比表面积，有利于提高反应物分子与活性中心的有效吸附，反应完成后有利于产物的脱附移出，整体式催化剂还有机械强度高以及放大效应小等诸多优点[23]。从经济方面分析，整体式催化剂的集成结构有利于催化剂的填装、拆卸、清洗以及维护，降低了成本，有效提高了经济效益[24]。

2. 载体

载体在整体式催化剂中起到了很重要的作用，不仅起到了支撑的作用，更重要的是载体的平行孔道还为反应物和产物提供了流通孔道，因此作为载体的材料的选择是十分重要的。目前最常用作整体式载体的材料主要有陶瓷和金属合金两个类别。陶瓷材料包括堇青石、铝红柱石、TiO_2、刚玉、钛酸镁等。其中，堇青石是最为常用的陶瓷材料，它的化学式为 $2MgO·2Al_2O_3·5SiO_2$，具有较低的热膨胀系数，在温度剧烈变化时，仍然能够保持结构和性能的稳定，易于浸渍承载。金属合金材料载体一般为不锈钢或者含铝的铁素体合金，尤其是近年来随着真空焊接技术的改进，以前存在的金属载体与外壳不能有效焊接的问题得以解决，使金属载体的应用更为广泛。金属材料与陶瓷基相比可延展性能良好，同时还具备极好的抗冲击性和导热性能，后续处理简单，还可以多次利用，此外耐高温性能以及耐振动性也十分突出，因此金属材料更容易加工成高孔密度的载体，而且已经应用于 VOCs 的氧化等多个领域。

3. 活性组分

活性组分是整体式催化剂中最重要的部分，如何将活性组分引入到载体上，并均匀地分布于载体表面，还要保证不改变活性组分的活性中心结构，是整体式催化剂制备的关键。以前，人们采用浸渍法、沉淀法、离子交换法以及原位晶化法等将活性组分引入到整体式载体上。

4. 陶瓷基整体式催化剂

陶瓷基整体式催化剂的制备有固载化和自成型两种方式。固载化是在具有一定结构和机械强度的陶瓷载体的表面，通过涂覆、水热生长等方法将催化剂粉体固定于其表面。自成型是将活性组分与黏结剂、胶溶剂、水等原料均匀混合制成有一定黏度和流动性的泥状坯料，再通过挤压、干燥、煅烧等过程制备整体式蜂窝状催化剂。

1）固载化法制备整体式催化剂

固载化法制备整体式催化剂主要包括涂覆法和水热生长法。涂覆法是利用黏合剂的黏性将活性组分成品与载体相结合，传统的涂覆法存在活性组分与载体结合不牢固、易脱落等缺点。水热生长法是将活性组分以化学键的方式与载体结合，比传统涂覆法得到的催化剂更牢固，且具有更好的催化活性。表 3-12 对上述制备过程进行了对比。

表 3-12　涂覆法与水热生长法的制备过程

名称	方法	载体	载体与合成液	黏结剂位置	分子筛成品	晶化
涂覆法	一步合成法	需要	—	合成溶液中	需要	不需要
	两步合成法	需要	—	载体上	需要	不需要
水热生长法	传统水热法	需要	接触	合成溶液中	不需要	需要
	晶种法	需要	接触	载体上	需要	需要
气相生长法	VPT 法	需要	不接触	载体上	不需要	需要

常规的堇青石载体和金属载体都存在比表面积较低，与活性组分结合不紧密等缺点，且载体在运输和切割等过程中会对其表面造成污染，为了提高载体与涂层结合强度、改善涂层微观结构、提高催化活性与耐久性，载体必须经预处理才能进行固载工艺。有研究表明，利用草酸、硝酸、盐酸等对载体进行酸蚀处理，可以显著提高其比表面积，并能保证一定的机械强度[25]。当草酸浓度为 20%，处理时间为 2 h 时具有最佳的效果[26]。

黏合剂的选择是固载化制备方法的主要影响因素之一，黏合剂的作用是在催化剂的成型过程中将活性组分与载体材料黏结在一起，并使活性组分黏结形成特定形状，以适用于工业催化过程。黏合剂可分为有机黏合剂和无机黏合剂。常用的有机黏合剂有聚乙烯醇或者聚乙二醇等；无机黏合剂可用石英砂、SB 粉等与酸溶液混合制得，或直接用硅溶胶、铝溶胶进行黏合。

2）自成型法制备整体式催化剂

自成型整体式催化剂较之固载化整体式催化剂，有活性组分含量高、较好的耐热性等优势。决定其能否工业应用的关键，在于催化剂成型后性能的优劣。自成型整体式催化剂的成型过程主要包括原料（黏合剂、胶溶剂、活性组分、助挤剂、扩孔剂、水）的混合、老化、成型、干燥、煅烧等步骤，其中黏合剂的选择及含量、水含量、活性组分粒径分布、挤出成型过程及干燥条件等都会影响催化剂的机械强度和催化性能。由于工业催化剂巨大的商业价值，对自成型整体式的制备工艺报道文献较少，大多以专利的形式公开。

（a）黏合剂的影响

成型过程中黏合剂的作用是与胶溶剂反应生成具有黏性的溶胶等物质，将成型原料黏结在一起，经挤压煅烧后具有一定的机械强度，从而适应工业应用。一般常用的黏合剂包括无机黏合剂（如薄水铝石、蒙脱石、水玻璃、水滑石等）和有机黏合剂（如纤维素、淀粉、聚乙烯醇、酚醛树脂等）。黏结剂过少会导致不能很好地黏结分子筛和其他填充物，产品的强度很低；黏合剂含量过高会造成分子筛有效组分降低而影响其催化性能，一般黏合剂用量在 10%～50%的范围内。

（b）挤出成型过程的影响

挤出过程是影响成型分子筛成败的关键步骤所在。首先，模具孔密度的大小决定了挤出成型催化剂的孔尺寸和壁厚。当模具目数较大时，挤出的成型催化剂的孔过密，孔壁厚度太薄，以至于不能使成型催化剂具有较好的机械强度。其次，挤压过程中对挤出速率和挤出温度等条件的优化，对制备具有良好形貌和性能的成型催化剂也具有较强的影响。

（c）干燥过程

干燥过程的工艺优化是最关键的。干燥过程中的主要困难是黏合剂在成型催化剂表面的迁移：当水分由于毛细管力的作用在催化剂表面聚集的过程中，能将黏合剂也集中于催化剂表面，这将会造成催化剂内部黏合剂浓度的不均匀性，会最终导致黏合剂浓度低的部分产生裂痕。Li 等[27]为避免干燥温度过高和水分蒸发速率过大，将制备的整体式催化剂放入温度为 18～22℃、相对湿度为 65%～75%的烘箱中进行干燥，并且在干燥过程中要缓慢地转动催化剂，以防止催化剂弯曲或者干裂。Aranzabal 等采取控制升温速率和干燥湿度的多段式干燥法[28]，在避免催化剂弯曲或者干裂方面取得了较好的成果。

（d）其他影响因素

在成型过程中，水含量直接影响着成型坯料的可塑性和成型分子筛的机械强度。当水含量较低时，分子筛坯料干燥，挤出压力逐渐增大，成型较为困难，成型后的整体式催化剂表面粗糙，机械强度较低；当水含量较高时，坯料在挤出过程中容易抱杆和液体泄漏，成型后的整体式催化剂中可能含有气泡，也直接造成其机械强度下降。Vandeneede 等[29]通过测定不同水含量的成型坯料的可塑性和电导率，认为水粉比必须高于 20%才能保证坯料有良好的黏性和可加工性。此外，催化剂的粒径分布对于成型催化剂的机械强度及催化性能有较大影响。葛冬梅[30]研究重油型加氢裂化催化剂强度影响因素时发现，随着颗粒度的减小，催化剂的强度逐渐增加。

3.3.2 用于丙烯腈脱除的蜂窝状分子筛催化剂的工业规模生产

工业上生产蜂窝陶瓷技术已经成熟，而利用分子筛作为基质，直接制备成蜂窝状催化剂鲜有工业报道。本节将结合丙烯腈脱除所采用的蜂窝状分子筛催化剂具体工业生产，举例说明其工业制备过程，让读者清晰地了解蜂窝状催化剂结构化成型的具体工艺，以及相关注意事项。

1. 分子筛原粉工业规模的批量合成

所采用的分子筛原粉是由北京化工大学提供技术，委托企业进行生产，完全按照所需的技术指标，由专业技术人员进行严格把控，确保产品符合要求，其基本生产过程如图 3-30 所示，包括水热合成、压滤、干燥、焙烧等系列工序，大批量合成 ZSM-5 等分子筛原粉。

图 3-30 分子筛原粉的工业规模制备

2. 工业粉末催化剂的制备

由于前期所生产的分子筛原粉本身针对吸收塔所排放的各种污染物的去除并没有足够的催化活性，需要对分子筛进行金属改性，以便进一步提高其含氰废气净化活性和N_2选择性。北京化工大学经前期研究，筛选出合适的活性金属离子（如Cu等），经过金属离子改性后的分子筛的催化活性获得了显著的提高，并探索出工业规模放大制备的工艺条件与技术，确保催化剂制备的工业放大后不会明显降低其含氰废气净化效能。其粉末状催化剂的制备过程如图3-31所示，包括离子交换、烘干、焙烧、粉化等工序。

图3-31　工业粉末催化剂的制备

3. 整体式蜂窝状催化剂的制备

虽然粉末状催化剂性能优异，但由于其严重的催化床层压力降，不便于工业推广应用。所以，结合工业尾气大流量、高空速的特点，制备出压力降较低的整体式蜂窝状催化剂势在必行，需对该整体式结构化制备工艺进行深入探索。而由于分子筛属于多孔材料，温度敏感指数较高，易吸水，其整体式结构化一直成为困扰业界的难题之一。而将粉末分子筛直接挤压成型为整体式蜂窝状催化剂的批量生产，鲜有工业报道。北京化工大学在国内率先尝试分子筛的蜂窝状结构化制备，结合科研单位在分子筛应用领域的优势，成功摸索出一条可工业化应用的分子筛催化剂结构化制备的工艺路线，其基本步骤如图3-32所示，包括混料、捏合、炼泥、挤出成型、阴干、快速干燥、切割、焙烧等工序。

图 3-32 整体式蜂窝状催化剂的制备

3.3.3 催化剂最终产品及测评

将生产的催化剂单体通过模块框架进行组装，单体间加高温石棉衬垫，最终获得模块催化剂产品，如图 3-33 所示，本次工业示范装置共计生产了 6.3 m^3 的工业催化剂，经包装、装箱后，运输送递至某企业丙烯腈厂的施工现场。

在正式装入反应器进行工业示范考核前，所生产的蜂窝状催化剂在上海石油化工研究院进行中试规模、长周期、稳定性的测评，在加速失活的条件下（中试试验的丙烯腈入口浓度为 1600 mg/m^3，是工业排放值 150 mg/m^3 的约 10 倍），催化剂经 4080 h 的稳定运行，仍能保持高活性（丙烯腈转化率在 98%以上，HCN

转化率在 99%以上，均达到并优于项目考核指标要求）。

图 3-33　催化剂组合模块的包装及发货

3.4　整体式催化反应器的模型化

在新研制的蜂窝状分子催化剂投入工业应用前，需要对催化剂和反应器进行匹配性设计，而随着计算机应用技术水平的不断提高和计算流体力学（computational fluid dynamics，CFD）工具的快速发展，使得应用该方法可建立数学模型，通过计算机模拟获得理论上的结果，能为实验研究和工业生产提供基础数据和理论支持。而且，基于过程的详细模拟，可以帮助修正理论模型，对于流体流动和热现象的分析是一个很有效的工具。在模拟结论的帮助下，可以设计出更有效的体系。顺应这一发展趋势，利用 CFD 技术，通过模拟，研究整体式催化剂的传递和反应性能，已成为整体式催化剂与反应器性能预测的有力工具。

整体式固定床反应器较之传统的颗粒式固定床反应器有很大的优势，其中压降低和传递性能优良是最突出的优点。但是，有关结构化催化剂上反应动力学和压降的研究较少。实际上，整体式催化反应器中反应速率的动力学分析，与一般固定床反应器遵循同样的化学工程原理。如果反应的本征速率很快，总反应速率由组分到表面的扩散所控制。通过一些基本的试验，可以得到转化率和操作温度的关系，然后确定活化能，假如活化能为零，则反应为扩散控制。如果反应温度较低，反应速率较慢，总反应速率由反应动力学控制。

一般认为，整体式催化反应器中的传递机理是，流体相中的反应物是靠扩散传输到催化剂表面和微孔内部的，而在反应器长度方向上主要靠对流输运。压降是反应器设计中一个重要的参数，在整体式催化剂的设计中，要做一个压降和比表面积的权衡。总的几何表面积越大，转化率越高，其损失通常就是压降增大。

根据某石化企业丙烯腈车间尾气催化氧化净化系统的条件，利用 FLUENT 模拟软件对反应器内部进行了压力场、温度场分布计算，如图 3-34 所示。

催化剂的装填量必须符合最佳空速范围，而在氧化反应器两个极限进口尾气量条件下，催化剂的装填量为 6.3 m^3，分为三层填装，每层为 3.1 m^3。由图 3-34 可知，在模拟整个催化剂床层压力降时，床层压力降为 2.4 kPa。而根据现场测量，反应器进口压力为 5 kPa，出口压力为 2 kPa，计算可得床层压降为 3 kPa，与计算值基本一致。

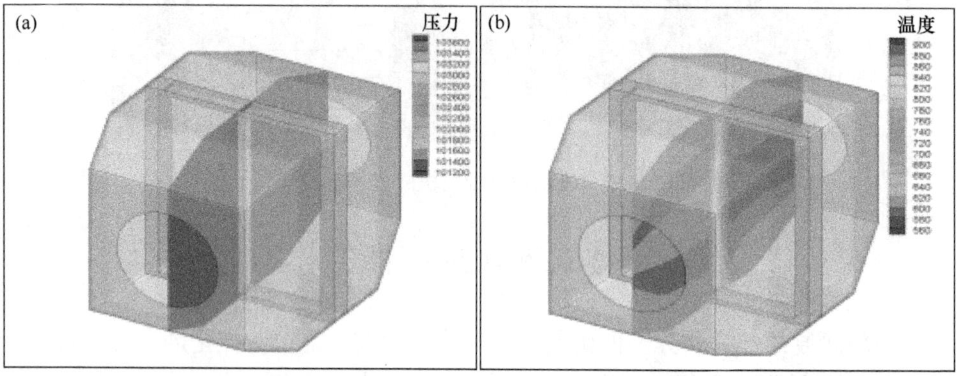

图 3-34　计算机 CFD 模拟反应器内压力（a）及温度（b）分布

如图 3-34 所示，模拟计算了反应器内全组分燃烧时温度分布情况，反应器入口温度为 300℃，而反应器出口温度为 627℃，与计算的绝热温升相近。温度随着催化剂床层增加而逐渐增大，在反应器出口处温度最高。而根据现场结果测量，当床层入口温度为 300℃时，出口温度可以达到 600～620℃，与入口非甲烷总烃的浓度有关。

丙烯腈吸收塔尾气中含有一氧化碳、丙烯、丙烷等组分，由于浓度相对较高，其燃烧对反应器温度分布的影响较为显著。因此，研究一氧化碳、丙烯和丙烷质量分布及燃烧放热性质尤为必要。如图 3-35 所示，单独对这三种物质进行了模拟

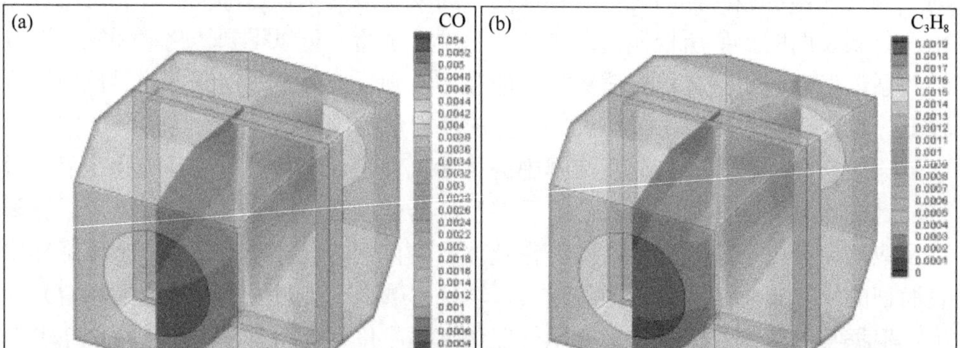

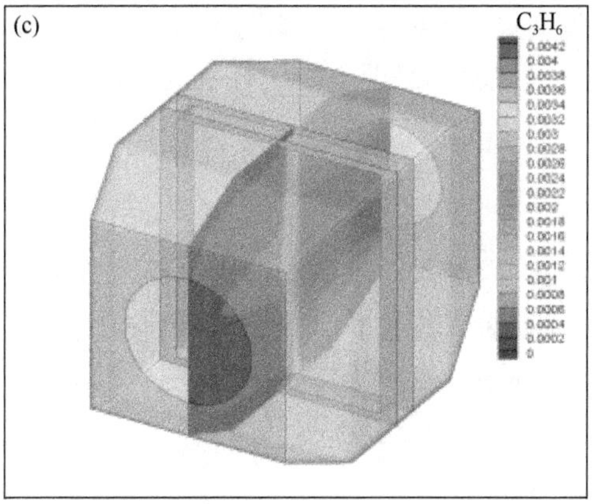

图 3-35　计算机 CFD 模拟燃烧物质浓度分布
（a）CO；（b）C_3H_8；（c）C_3H_6

计算，反应器进出口质量流量相等且不变，用质量分数可以代表反应物的转化程度，可知三种主要反应物转化率均接近 100%，并且一氧化碳和丙烯在低温段以及接触催化剂后迅速反应完全，反应放热床层温度升高，丙烷随着温度升高继续转化。通过模拟计算，丙烷难以脱除，其起燃的温度要高于丙烯，而现场运行数据分析也同样证明这一点。

3.5　针对 13 万吨/年丙烯腈装置尾气催化燃烧净化工艺的初步设计

工艺设计是工业装置和生产单元的整体规划与现场施工的重要基础和依据。本节将针对石化行业丙烯腈装置尾气的净化工序，介绍相关初步设计工作的内容，主要让读者了解其工业设计过程，从而起到抛砖引玉的作用。拟从控制催化剂最佳反应温度的角度出发，进行反应器及换热器的设计，及工艺流程的绘制。

从工业应用角度来说，由于丙烯腈生产装置吸收塔尾气排放量很大，可燃物浓度相对较低，其处理方法的选择主要应从设备投资和操作费用两个方面来考虑，选择一种使两者费用之和最小的经济有效的方法，而且还应考虑处理方法的通用性，以便该方法在同类装置及相似工艺尾气处理中推广和应用。本书所阐述的设计工作主要涉及采用催化燃烧法进行丙烯腈生产装置吸收塔含氰尾气的净化处理。

由参数计算可知，尾气催化燃烧过程放热量较大，会导致催化剂床层温度过高，故需进行中间换热。因此，设计的工艺流程主要设备有换热器、分离器、鼓风机和高温电炉。设计使用的分子筛型催化剂的最佳反应温度为 400℃，活性温度在 350～700℃，温度过高时催化剂会烧结，故反应设计温度为 400℃。设计中包含了尾气的物料衡算、热量衡算；并对主体设备反应器进行了具体的设计计算、选型；对其他设备，如分离器、鼓风机和高温电炉进行了选型计算。并得到了初步设计所要求的结论。最后，绘制出了 PFD、PID、反应器设备条件图和平面布置图。

工艺流程概述

设计采用催化燃烧进行丙烯腈尾气的处理，以氧气作为氧化剂，丙烯腈尾气在 0.20 MPa、350℃下通过装有蜂窝状分子筛基催化剂的固定床反应器，被完全氧化为无污染性的氮气、水和二氧化碳。丙烯腈尾气的处理分为两部分：预热-热量回收系统和丙烯腈尾气净化系统。

1）预热-热量回收系统

本工艺设计所采用的催化剂的起始活性温度在 350℃，而丙烯腈尾气温度为常温 20℃，需要对丙烯腈尾气进行预热。丙烯腈尾气量较大，如果全部利用公用工程热量来预热，将会是一大笔开销。工艺设计本着节能和环保的理念，充分回收利用系统内的热量来降低能耗。丙烯腈尾气经过反应器催化燃烧后，出口设计温度为 400℃。通过利用三个管板式换热器，可以将 20℃的丙烯腈尾气预热至 350℃，而反应器排出的废气温度从 400℃降到 70℃左右。此时的反应器出口废气的能量已经大部分被回收，可直接排放到大气中。丙烯腈尾气 350℃可再通过电加热升温至 400℃，达到最佳反应温度进入反应器；由于催化剂起始活性温度为 350℃，故也可直接进入反应器。其中，电加热装置可在开工阶段直接对常温下的丙烯腈尾气加热。

2）丙烯腈尾气净化系统

经过预热至 400℃的丙烯腈尾气进入反应器内。反应器中填装催化剂。气体从反应器顶部进入，被列管中的催化剂氧化成氮气、水和二氧化碳。反应后气体出反应器。反应热被列管反应器壳程中的冷却水移出。冷却水 20℃，0.5 MPa 进，升温至 152℃饱和水蒸气排出。

1. 设计条件

1）原料组成（表 3-13）

表 3-13 丙烯腈尾气组成

组分	丙烯腈	一氧化碳	二氧化碳	丙烯	丙烷	氧气	氮气	水
摩尔流量(kmol/h)	0.1	33.85	66.4	6.05	1.6	59.7	3034.0	172.2

2）反应原理

各组分反应方程式可表为：

$$C_3H_3N+3.75O_2 \longrightarrow 3CO_2+1.5H_2O+0.5N_2 \quad \Delta H_1=-1757.7\ \text{kJ/mol}$$

$$CO+0.5O_2 \longrightarrow CO_2 \quad \Delta H_2=-283\ \text{kJ/mol}$$

$$C_3H_6+4.5O_2 \longrightarrow 3CO_2+3H_2O \quad \Delta H_3=-2049\ \text{kJ/mol}$$

$$C_3H_8+5O_2 \longrightarrow 3CO_2+4H_2O \quad \Delta H_4=-2217.8\ \text{kJ/mol}$$

总耗氧量为 52.525 kmol/h（表 3-14），提供氧气量为 59.7 kmol/h，故氧气过量。但为使可燃物充分燃烧，氧气应为过量，通过鼓风机进行补充空气，从而提升氧浓度。

表 3-14　组分耗氧量

	组分				
	丙烯	丙烷	一氧化碳	丙烯腈	总耗氧量
每摩尔物质消耗的氧气摩尔量	4.5	5	0.5	3.75	
消耗氧气的量（kmol/h）	27.225	8	16.925	0.375	52.525

3）丙烯腈和非甲烷总烃排放量

根据物料衡算和催化剂脱除效果，反应器入口、出口及国家相关排放标准见表 3-15。

表 3-15　反应器入口、出口的气体量（kmol/h）和国家排放标准（mg/m^3）

	组分							
	丙烯腈	CO	CO_2	丙烯	丙烷	氧气	氮气	水
入口	0.1	33.85	66.5	6.05	1.6	59.7	3033.95	32.908
出口	0.0025	0.8462	122.1727	0.1512	0.04	8.4879	3033.99875	56.99065
相对分子质量	53.064	28.01	44.01	42.081	44.096	31.999	28.014	18.015

污染物	最高允许排放浓度（mg/m^3）	排气筒（m）	最高允许排放速率（kg/h）		
			一级	二级	三级
丙烯腈	22	20	禁排	1.5	2.3
		30		5.1	7.8
		40		8.9	13
		50		14	21
非甲烷总烃	120	20	10	20	30
		30	35	63	100
		40	61	120	170

由表 3-15 计算可得，出口总气体量为 3222.6899 kmol/h，尾气中丙烯腈的量为 $0.0025\times53.064=0.13266\ \text{kg/h}$，在标准状况下，体积流量为 $71339.92\ \text{m}^3/\text{h}$。

丙烯腈排放量 $\dfrac{0.0025\times53.064\times10^6}{71339.92}=1.86\ \text{mg/m}^3$，小于 $22\ \text{mg/m}^3$，满足排

放要求。非甲烷总烃 $\frac{(0.1512\times 42.081+0.04\times 44.096)\times 10^6}{71339.92}=113.9\ \mathrm{mg/m^3}$ ，小于 $120\ \mathrm{mg/m^3}$ ，满足排放要求。

2. 热量衡算

利用 CHEMCAD 进行计算混合气体各个状态下的物性参数。由软件计算结果可知，混合气体离开反应器后的比热为 $C_{p2}=1.1032\ \mathrm{kJ/(kg\cdot K)}$ 。设原料气带入的热量为 Q_1，反应热为 Q_2，尾气带出热量为 Q_3，反应器的换热量为 Q_4。当忽略热损失时，有 $Q_1+Q_2=Q_3+Q_4$，其中：

1）原料气带入的热量 Q_1

$$Q_1=C_p m(T_{入}-T_{基})=1.0905\times 91701.5\times(350-0)=3.5000\times 10^7\ \mathrm{kJ/h}$$

2）反应热 Q_2 在操作条件下，反应的热效应分别为

$$C_3H_3N+3.75O_2\longrightarrow 3CO_2+1.5H_2O+0.5N_2\quad \Delta H_1=-1757.7\ \mathrm{kJ/mol}$$

$$CO+0.5O_2\longrightarrow CO_2\quad \Delta H_2=-283\ \mathrm{kJ/mol}$$

$$C_3H_6+4.5O_2\longrightarrow 3CO_2+3H_2O\quad \Delta H_3=-2049\ \mathrm{kJ/mol}$$

$$C_3H_8+5O_2\longrightarrow 3CO_2+4H_2O\quad \Delta H_4=-2217.8\ \mathrm{kJ/mol}$$

则反应的放热量为：$Q_{21}=0.1\times 1757.7\times 10^3=175770\ \mathrm{kJ/h}$

副反应的放热量为：$Q_{22}=33.85\times 283\times 10^3=9579550\ \mathrm{kJ/h}$

$$Q_{23}=6.05\times 2049\times 10^3=12396450\ \mathrm{kJ/h}$$

$$Q_{24}=1.6\times 2217.8\times 10^3=3548480\ \mathrm{kJ/h}$$

总反应热为：

$$Q_2=Q_{21}+Q_{22}+Q_{23}+Q_{24}$$

$$=(175.77+9579.55+12396.45+3548.48)\times 10^3=2.5700\times 10^7\ \mathrm{kJ/h}$$

3）尾气带出的热量 Q_3

氧化气出口温度为 400℃，以 0℃为基准温度，则

$$Q_3=C_p m(T_{出}-T_{基})=1.1032\times 91701.5\times(400-0)=4.0466\times 10^7\ \mathrm{kJ/h}$$

4）反应器的撤热量 Q_4

可得反应器的撤热量

$$Q_4=Q_1+Q_2-Q_3=(3.5000+2.5700-4.0466)\times 10^7=2.0234\times 10^7\ \mathrm{kJ/h}$$

3. 反应器设计

在物料衡算和热量衡算的基础上，可以对反应部分主要设备的工艺参数进行

优化计算。这一部分主要是反应器的工艺参数优化。已知：每小时输入的总原料气量为 91701.5 kmol/h；催化剂颗粒为圆柱形，d=2.5 mm，h=2.5 mm，空隙率 ε=0.8；催化剂床层温度为 400℃，操作压力为 0.2 MPa，空速为 9000 h^{-1}；丙烯腈转化率为 97.5%。

1）催化剂用量

催化剂总体积 V_R (m^3) 是决定反应器主要尺寸的基本依据，其计算公式[31]如下所示：

$$V_R = \frac{V_{总}}{S_v}$$

式中，$V_{总}$为原料气流量，m^3/h；S_v 为空速，h^{-1}。

2）原料的体积流量 V_0

由于反应主要在反应器前段反应，因此原料气进入反应器时以温度 350℃时的状态参数进行近似计算。由 CHEMCAD 计算原料气在 350℃，0.2 MPa 下的物性数据，可得 V_0=83859 m^3/h，$V_R = \frac{V_0}{S_V} = \frac{83859}{9000} = 9.3177\,m^3$。

3）催化剂截面积 A（m^2）及高度 H（m）的计算

$H = \frac{V_R}{A}$，床层高度设计为 H=3 m，故 $A = \frac{V_R}{H} = \frac{9.3177}{3} = 3.1059\,m^2$

4）反应器的基本尺寸

对于固定床反应器，首先应根据传热要求选定 159 mm×6 mm 的无缝钢管作为反应器的反应管规格[32]，再求出反应管根数 n。

反应管内径：d_i=159–6×2=147 mm=0.147 m

反应管根数：$n = \frac{V_R}{\frac{\pi}{4} \times d_i^2 \times H} = \frac{A}{\frac{\pi}{4} \times d_i^2}$

由公式可得：$n = \frac{9.3177}{\frac{\pi}{4} \times 0.147^2 \times 3} = 183.09$ 根，经圆整可得，反应管根数为 184 根。

5）床层压力降的计算

可查得如下计算公式[33]：

$$\frac{\Delta p}{H} = \frac{G}{\rho_g \times d_p} \times \frac{1-\varepsilon}{\varepsilon^3} \times [\frac{150(1-\varepsilon)\mu}{d_p} + 1.75G]$$

式中，Δp 为床层压力降，kg/m^2；H 为催化剂床层高度，m；G 为质量流速，

kg/(m^2·s)；ρ_g 为气体密度，kg/m^3；ε 为固定床空隙率；d_p 为催化剂颗粒当量直径，m；μ 为气体黏度，Pa·s 或［kg/(m·s)］。

本次设计所选用的催化剂为 d=2.5 mm，h=2.5 mm 的圆柱体，计算其当量直径 $d_p=0.00306\ \text{m}$，$H=3\ \text{m}$，$\varepsilon=0.8$，$G=\dfrac{m}{A}=\dfrac{91701.5\ \text{kg/h}}{3.1059\ \text{m}^2\times 3600\ \text{s/h}}=8.2014\ \text{kg/(m}^2\cdot\text{s)}$，

$\mu=3.023\times10^{-5}\ \text{Pa}\cdot\text{s}$，$\rho=1.0935\ \text{kg/m}^3$。

$$\Delta p=\frac{8.2014}{1.0935\times0.00306}\times\frac{1-0.8}{0.8^3}\left(\frac{150\times(1-0.8)\times3.023\times10^{-5}}{0.00306}+1.75\times8.2014\right)\times3$$
$$=42075.7\ \text{Pa}=42.0757\ \text{kPa}$$

6）反应器塔径的确定（表 3-16）

表 3-16　列管反应器的主要参数

名称	数据
废气进料量（kmol/h）	91701.5
废气进口温度（℃）	350
废气出口温度（℃）	400
催化剂用量（m^3）	9.3177
催化剂用量（t）	6.76
冷却水进口温度（℃）	20
冷却水出口温度（℃）	152
反应器直径（mm）	3600
列管根数	184
列管尺寸（mm）	159×6
列管长度（mm）	3000
换热面积（m^2）	275.59

查得塔径的计算公式[31]为

$$D=t\times(n_c-1)+2b'$$

式中，D 为壳体内径，m；t 为管中心距，m；n_c 为横过管中心线的管数；b' 为管束中心线最外层管的中心至壳体内壁距离；$t=1.25d_2=1.25\times0.159=0.19875\ \text{m}$；一般取 $b'=(1\sim1.5)d_2$，$b'=1.25d_2=1.25\times0.159=0.19875\ \text{m}$。

则横过管中心线的管数为

$$n_c=1.19\times\sqrt{184}=16.1419\approx17$$

所以，可得 $D=0.19875\times(17-1)+2\times0.19875=3.5775\ \text{m}$，本反应器取最小壁厚为 10 mm，故外径为 $D'=3577.5+10\times2=3597.5\ \text{mm}$。故取反应器外径圆整为 3600 mm。

经列管布置图可得，反应器实际外径 3600 mm，列管数 184。

4. 分离器计算

用近似估算法计算分离器尺寸[34]：

$$V_t = K_s(\frac{\rho_L - \rho_G}{\rho_G})^{0.5}$$

式中，V_t 为沉降流速，m/s；K_s 为系数，取 0.0512；ρ_L，ρ_G 为液体密度和气体密度，kg/m^3。

分离前混合气体中

$$\rho_L = 997.72\ \text{kg/m}^3,\quad \rho_G = 2.677\ \text{kg/m}^3$$

$$V_t = K_s(\frac{\rho_L - \rho_G}{\rho_G})^{0.5} = 0.0512 \times (\frac{997.72 - 2.677}{2.677})^{0.5} = 0.987\ \text{m/s}$$

$$D = 0.0188(\frac{V_G}{u_e})^{0.5}$$

式中，D 为分离器直径，m；V_G 为气体体积流量，m^3/h；u_e 为容器中气体流速，m/s，取 $u_e \leqslant V_t$，即容器中的气体流速必须小于悬浮液滴的沉降流速，取 $u_e = 0.78\ \text{m/s}$。

已知 $V_G = 34256.16\ \text{m}^3/\text{h}$，则

$$D = 0.0188(\frac{V_G}{u_e})^{0.5} = 0.0188 \times (\frac{34256.16}{0.78})^{0.5} = 3.940\ \text{m}$$

圆整为 4 m。

5. 高温电炉计算

已知 q_m=91701.5 kg/h，350℃，0.2 MPa 下的混合气体 C_{p1}=1090.5 J/(kg·K)

400℃，0.2 MPa 下的混合气体 $C_{p2} = 1103.1$ J/(kg·K)

则高温电炉功率为：

$$Q = C_{p2}q_mT_2 - C_{p1}q_mT_1 = 1103.1 \times \frac{91701.5}{3600} \times 400 - 1090.5 \times \frac{91701.5}{3600} \times 350 = 1.517 \times 10^3\ \text{kW}$$

6. 鼓风机计算

已知反应器壳程总压降为：$\Delta p_{总} = 39.061\ \text{kPa}$，反应器进口压强为 0.2 MPa，则反应器出口压强为：$p_{出} = p_{进} - \Delta p_{总} = 0.2 - 0.039061 = 0.160939\ \text{MPa}$。

换热器一进口压强为 0.2 MPa，则鼓风机提升压强为 39.061 kPa。

标准状况下混合气体体积流量为：$Q_v = 78810.6192\,m^3/h$，根据计算，选择合适鼓风机即可。

经上述过程，获得工艺设计图纸如图 3-36 至图 3-39 所示。

上述工业装置的初步设计，体现了反应器与颗粒式催化剂最佳反应温度匹配的设计理念，能够维持催化剂较高的活性、选择性和寿命。但在工业实际应用中，颗粒式催化剂床层阻力降大，列管式反应器设计较为复杂，操作和控制较为不便。本节只提供设计的理念与相关计算的方法，作为案例，供读者参考。

3.6 示范工程建设

目前某石化企业丙烯腈厂采用进口技术，已建立了尾气处理装置（简称 AOGC 系统），采用蜂窝状贵金属催化剂，主体工艺流程及设备已经确定。为尽快将北京化工大学新研制的高效蜂窝状分子筛催化剂（产品型号：BHAN-1）应用于工业装置，推动国产催化技术的革新，故对其现场考察，经多次技术交流，确定了在某丙烯腈厂进行工业化示范工程建设的具体方案。基于前期的调研，结合企业现状，充分利用企业现有的装置及设备，并通过重新核算，确认了各个设备的匹配性，并对不合适的设备提出了改造的方案，加快了示范工程建设的进度，最终确定了由 BHAN-1 国产催化剂替换企业现有进口催化剂的方案，并对尾气净化工艺由过去的两段式（含氰废气催化氧化+氮氧化物催化还原）调整为一段式（含氰废气选择性催化氧化），显著地降低了工程投资和运行成本，此方案得到了各方的认可与批准。

3.6.1 反应器内部改造方案

结合企业当前贵金属催化的尺寸和重量，以及反应器的内部结构特征，主要对其反应器内部进行改造，具体改造内容如下：

（1）催化剂框架的支撑结构的改造，替换为蜂窝状结构化分子筛催化剂后，单个催化剂模块的重量发生了变化，整个催化剂框架的重量也随之改变。因此，需要改造催化剂框架的支撑结构，使之能够承载更大的重量。催化剂模块的重量分为两部分，即催化剂本身重量和模块框架的重量。根据催化剂框架结构尺寸，设计了两种催化剂尺寸，即 144×144×75 和 144×100×75，单位为 mm。如图 3-40 所示。

模块催化剂成型密度为 620 kg/m^3，重量为 28.5 kg。框架采用 316L 不锈钢制成，密度为 7800 kg/m^3，重量为 8.4 kg。因此，模块总重量为 36.9 kg。

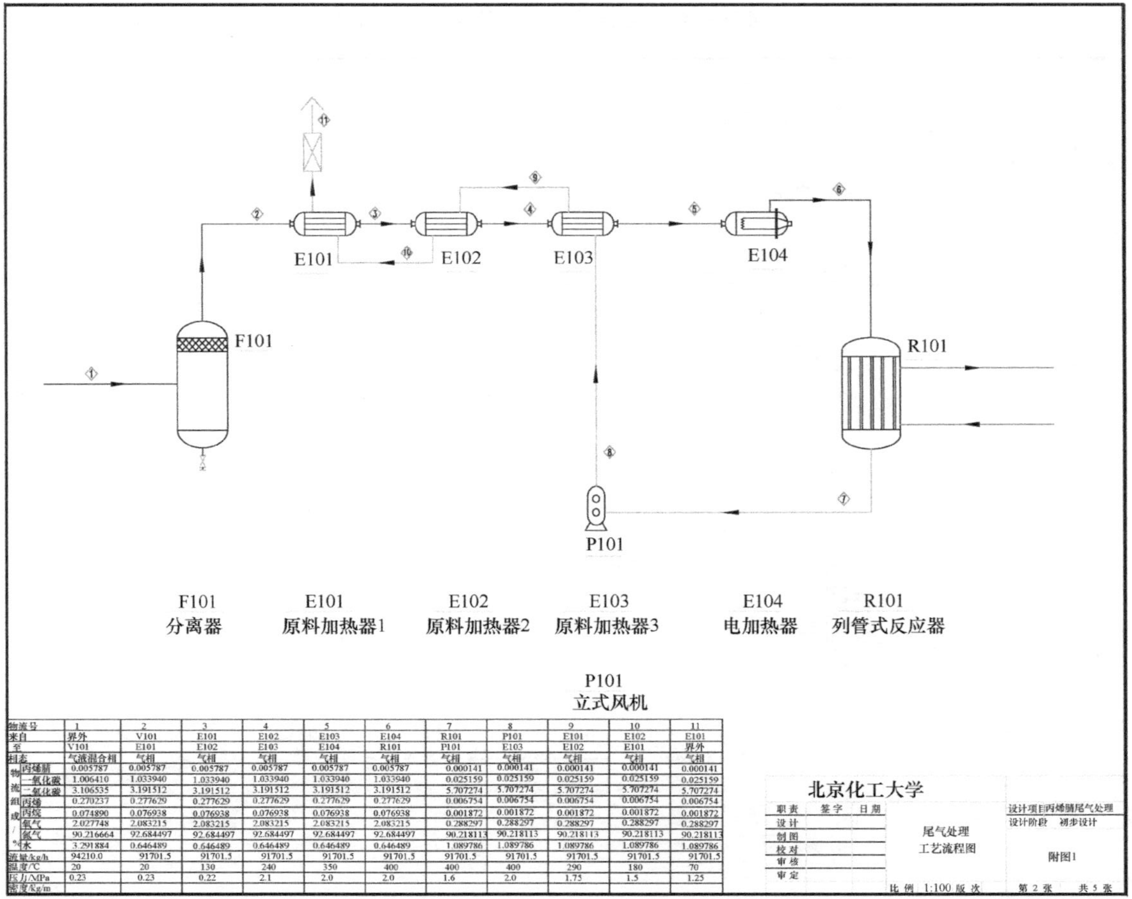

物流号		1	2	3	4	5	6	7	8	9	10	11
来自		界外	V101	E101	E102	E103	E104	R101	P101	E101	E102	E101
至		V101	E101	E102	E103	E104	R101	P101	E103	E102	E101	界外
相态		气液混合相	气相	气相	气相	气相	气相	气相	气相	气相	气相	气相
物流组成/%	丙烯腈	0.005787	0.005787	0.005787	0.005787	0.005787	0.005787	0.000141	0.000141	0.000141	0.000141	0.000141
	一氧化碳	1.006410	1.033940	1.033940	1.033940	1.033940	1.033940	0.025159	0.025159	0.025159	0.025159	0.025159
	二氧化碳	3.106535	3.191512	3.191512	3.191512	3.191512	3.191512	5.707274	5.707274	5.707274	5.707274	5.707274
	丙烯	0.270237	0.277629	0.277629	0.277629	0.277629	0.277629	0.006754	0.006754	0.006754	0.006754	0.006754
	丙烷	0.074890	0.076938	0.076938	0.076938	0.076938	0.076938	0.001872	0.001872	0.001872	0.001872	0.001872
	氧气	2.027748	2.083215	2.083215	2.083215	2.083215	2.083215	0.288297	0.288297	0.288297	0.288297	0.288297
	氮气	90.216664	92.684497	92.684497	92.684497	92.684497	92.684497	90.218113	90.218113	90.218113	90.218113	90.218113
	水	3.291884	0.646489	0.646489	0.646489	0.646489	0.646489	1.089786	1.089786	1.089786	1.089786	1.089786
流量/kg/h		94210.0	91701.5	91701.5	91701.5	91701.5	91701.5	91701.5	91701.5	91701.5	91701.5	91701.5
温度/℃		20	20	130	240	350	400	400	400	290	180	70
压力/MPa		0.23	0.23	0.22	2.1	2.0	2.0	1.6	2.0	1.75	1.5	1.25
密度/Kg/m												

图 3-36　丙烯腈尾气催化燃烧净化装置的工艺流程图

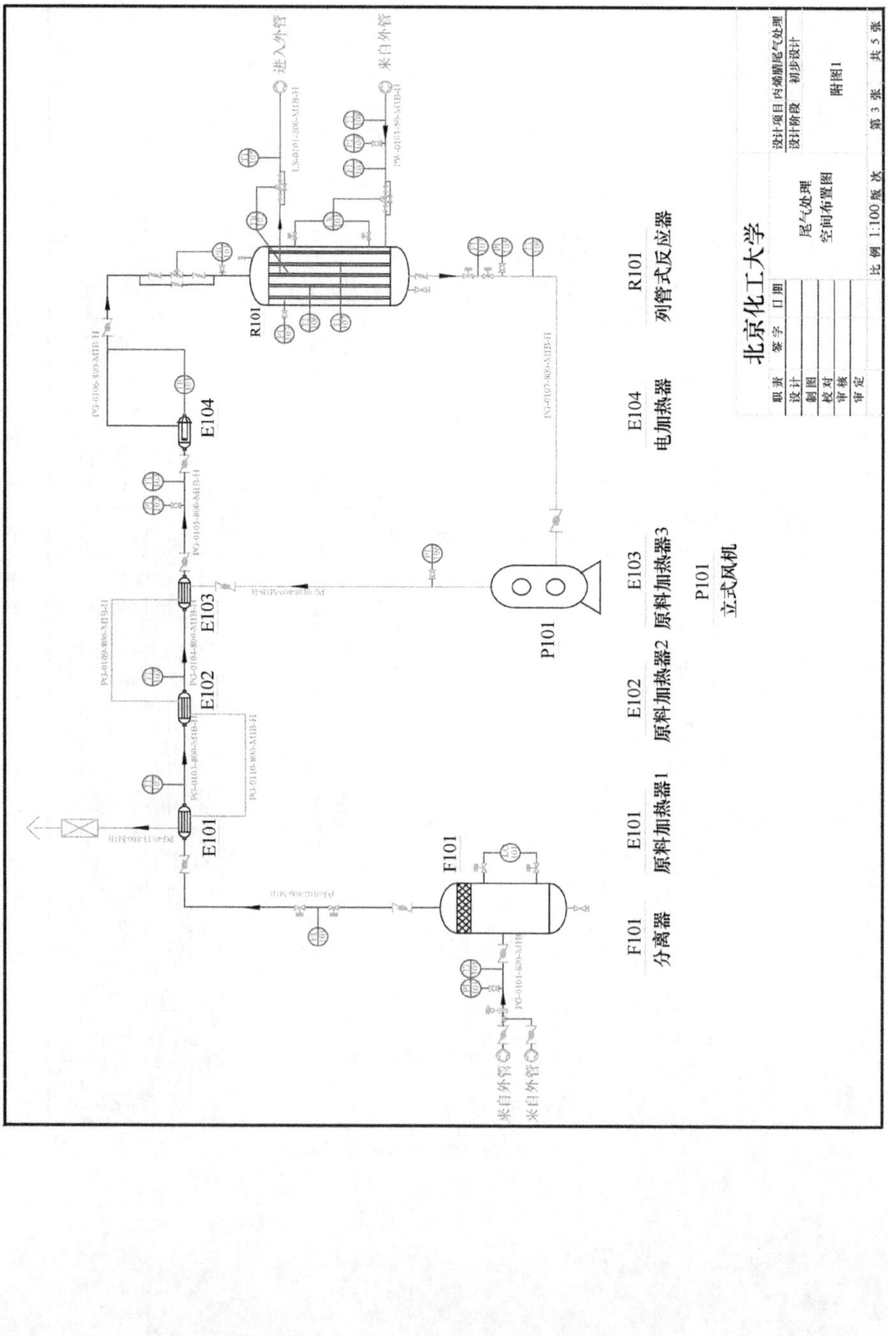

图 3-37　丙烯腈尾气净化装置的PID图

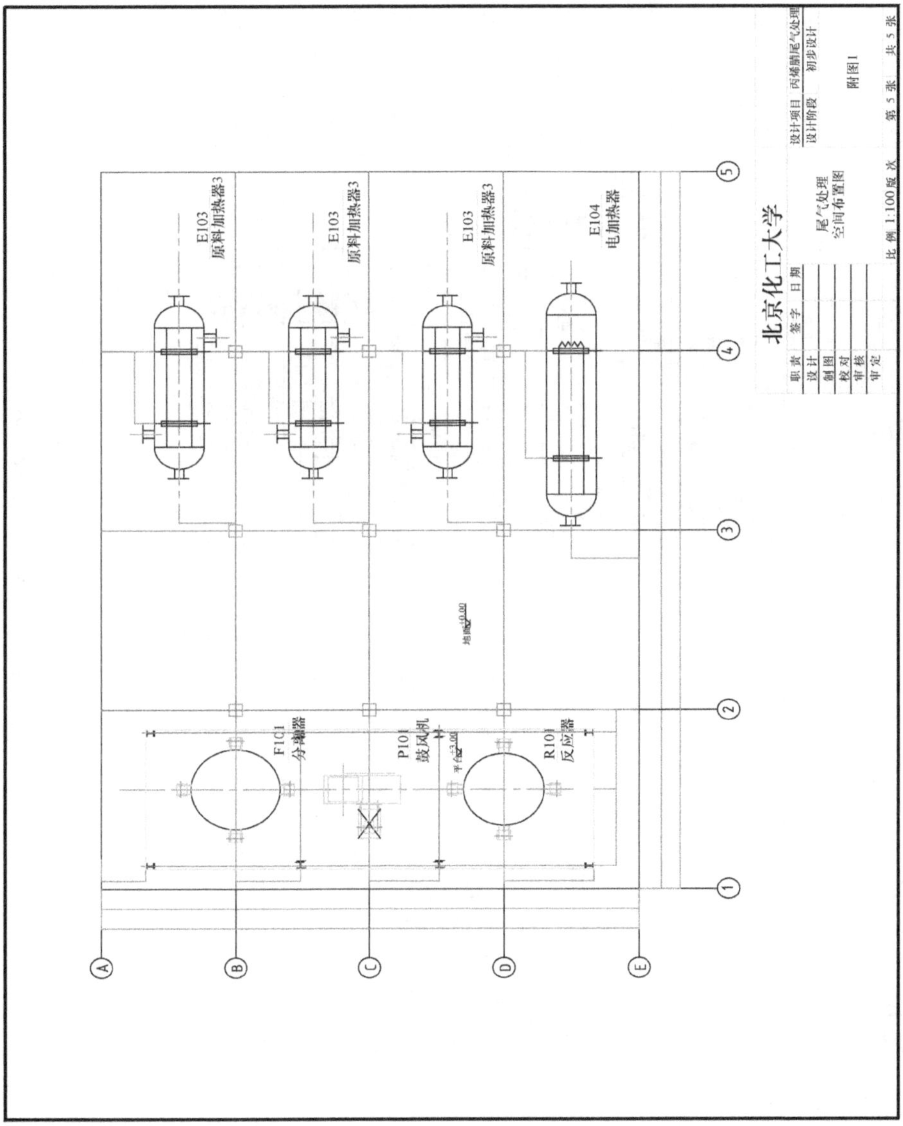

图 3-38　装置的平面布置图

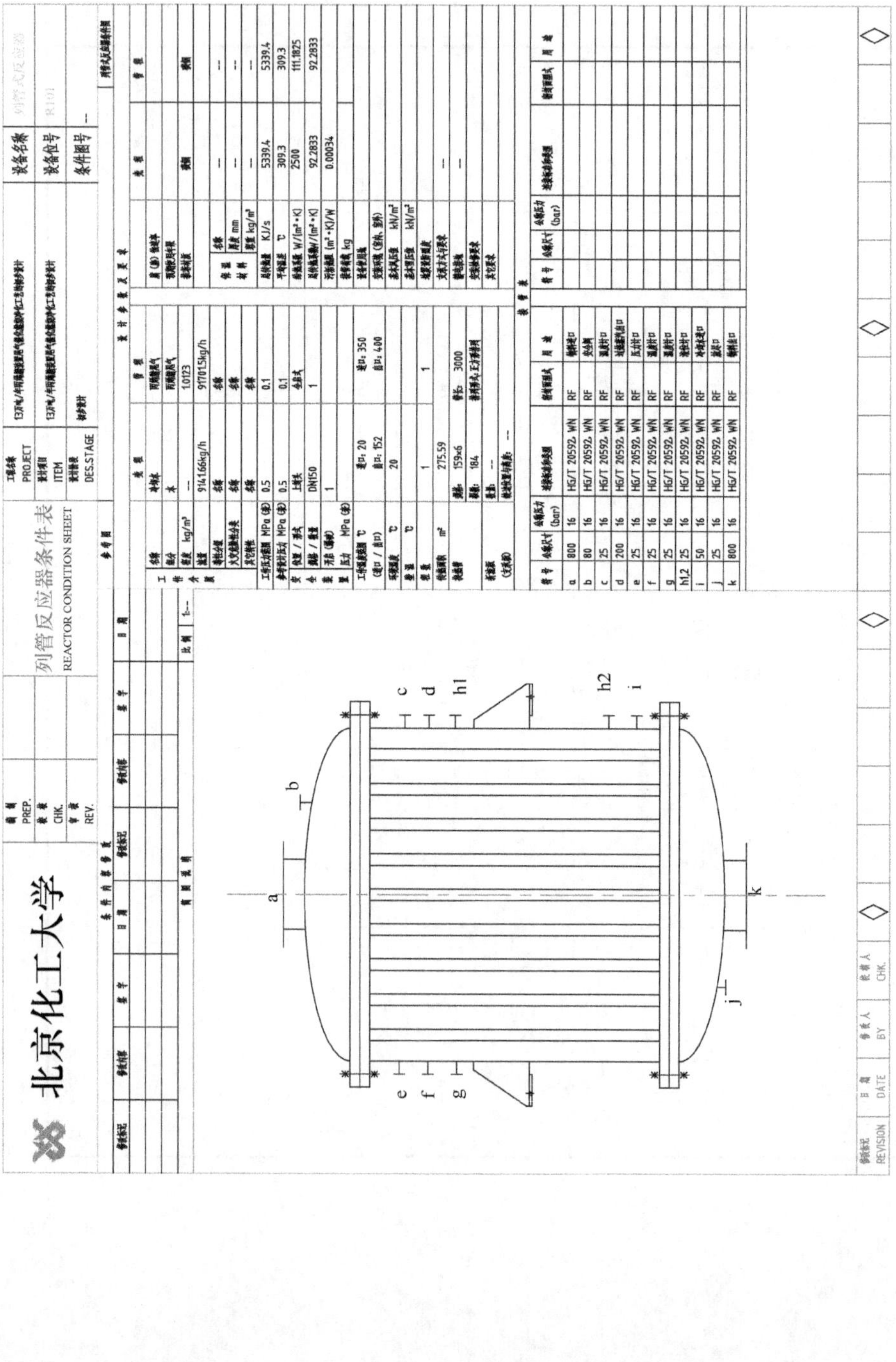

图 3-39　主体设备（反应器）设计图

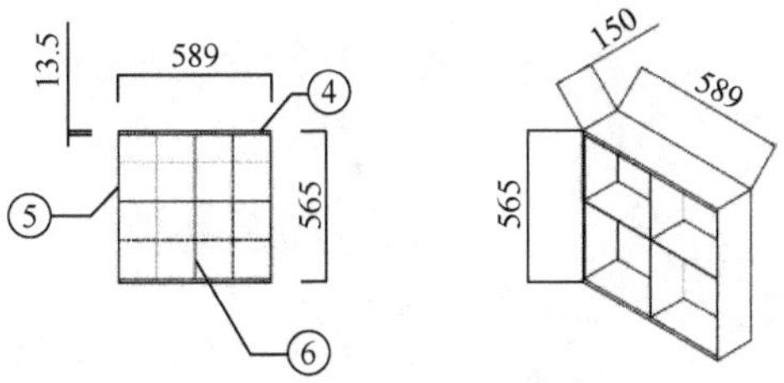

图 3-40　催化剂模块框架

（2）根据反应器整体框架的构造和催化剂的特点，需要制作新的催化剂模块，基本外形尺寸为 589 mm × 565 mm × 150 mm。

（3）反应器整体框架四周的螺栓需要加高。

由图 3-41 可知，当催化剂模块置入框中，2 层催化剂厚度为 150 mm，框架与后挡板有突出的焊缝。因而，现有螺栓长度无法固定催化剂模块，建议焊接后的螺栓高度为 100 mm。另外，将来催化剂固定之后，重心向外，螺栓的承重加大，在框架周围需增加螺栓数量。

图 3-41　支架内部深度及螺栓长度

（4）根据现有催化剂表面破坏情况，考虑在催化剂模块外面安装一层金属丝网防护罩（316L）。置于催化剂与尾气开始接触的一侧，尺寸大于单个催化剂模块的，四周用螺栓压住固定。丝网规格暂定为：丝径 0.4 mm，孔隙 1×1 mm。

（5）反应器框架与催化剂模块之间的密封材料采用柔性石棉材料，防止催化剂破损。

改造完成后整体效果图 3-42。

3.6.2　催化剂模块的安装

依据催化剂模块尺寸，对反应器内的支架进行了设计和加工，当工业催化剂

图 3-42　改造后反应器内部支架的设计和固定安装

运抵现场后，按催化剂安装手册的要求，组织施工单位进行现场安装，用时一周，通过相关专家与企业验收合格后，封闭人孔，完成全部安装工作，其具体操作步骤如图 3-43 至图 3-47 所示。

图 3-43　催化剂模块的安装现场图

图 3-44　工人安装现场操作

图 3-45　催化剂床层的组装及整体效果

图 3-46　反应器人孔的封装完成

图 3-47　丙烯腈尾气治理示范工程的全景图

3.6.3 催化剂操作手册及开车方案的编制

每一种催化剂在投入工业应用时，使用单位均需要供货单位提供催化剂操作手册，以便清楚了解催化剂在使用过程中所需注意的事项及要求。而北京化工大学（北化）根据催化剂的特点，编制了催化剂的操作手册，运行单位根据北化提供的操作手册，制定了丙烯腈尾气净化装置的开工方案。本节提供 BHAN-1 催化剂的操作手册，让读者大致了解该催化剂工业使用过程的注意事项。

1. BHAN-1 催化剂的装填

催化剂管理要求：

（1）催化剂的吸水性强，应装在密封袋或箱，保存在干燥地方，禁止与酸、碱化学试剂等物质接触。在静置的情况下，应避免硬物、尖锐物等挤压。

（2）装填前催化剂运到现场，必须用防水帆布盖好，防止雨淋、受潮。催化剂包装只能在装剂时才打开。

（3）装填催化剂应选在晴天进行。

（4）催化剂装运过程中，应小心轻放，不要滚动，更不能摔打催化剂模块，以免催化剂破碎。同时应按照标识进行摆放。

（5）装填催化剂模块时，催化剂模块应垂直起吊，必要时使用机器，缓慢进行，避免碰撞，应有专门的人进行保护。

2. 催化剂安装时的安全措施

（1）如果反应器内含有可燃的烃类气体，在打开反应器前用 N_2 吹扫，再用空气置换。

（2）与反应器相联的管线均应加盲板，确保人身安全。

（3）打开反应器后，向反应器内通入足够的新鲜空气，使反应器内氧含量达 21%。

（4）在反应器内工作的人员必须穿上工作服佩戴防护眼镜和防尘呼吸器。器内工作人员与守候在反应器旁的人员要保持密切联系。

3. 催化剂安装前的准备工作

（1）催化剂的检查：

A）检查催化剂的包装情况，是否吸水，是否受污染。

B）检查催化剂的破碎和松动情况，决定是否进行替换及固定。

（2）反应器的检查：

A）反应器内是否干净，若有灰尘或杂物应及时清理，确保干净。

B）反应器支架是否符合催化剂模块的尺寸要求，是否牢固。相关螺栓、螺母是否到位。

C）反应器热电偶套管位置是否合理，热电偶接头应完好无损。

（3）清扫好工作场地，保证催化剂装填现场干净无杂物。

（4）确认反应系统处于干燥状态后，按催化剂装填方案，确定安装的顺序及注意事项。

4. 催化剂的装填

催化剂的性能与催化剂的安装、催化剂床层表面的废气流速和温度是否均匀一致及催化剂的维护有关。在安装催化剂时应仔细，以确保废气通过催化剂床层时没有旁路或泄漏产生，确保穿过催化剂床层表面的废气流速和温度均匀一致，并在催化剂的使用寿命内，定时对催化剂的维护。

1）模块的起运

由于催化剂模块较重（≥37 kg），必要时需使用吊车进行起运。按照模块的编号进行顺序安装。起运安装时，一定要按照标识垂直起运与安装，避免倾斜，以防止催化剂泄漏。

2）催化剂模块安装于催化剂支撑框架内的正确操作方法

A）催化剂模块安装于支撑框架内，利用压紧螺栓和螺母固定。确保模块不会松动。

B）催化剂模块和框架的接触面通过耐高温隔热纤维垫片加以密封。在模块安装在框架上之前，垫片必须安装在与框架接触的催化剂模块面上。以确保形成连续环圈的交迭缝合，其中交迭处位于密封外壳边的中心，而不是在拐角处。

C）催化剂模块应与催化剂支撑框架内侧上下左右间距一致，确保模块处于正中间位置，必要时利用耐高温隔热纤维垫片进行调整。模块未固定之前必须有人进行看守，确保不发生倾斜。

D）模块固定时需在螺栓上加球形垫片，利用螺母将模块与框架紧紧地挤压在一起。

E）安装顺序是一般从顶部拐角框架的开口处开始安装模块然后横向或向下进行，需多人协助安装。防止安装过程中跌落物或杂质损坏催化剂。

F）当通过垫片和螺母将所有的模块固定在一定的位置时，每次都可将螺母拧紧一点。每个螺栓分多次进行拧紧，切记不可一个固定牢固再拧紧下一个，注意观察调整模块的固定位置。

G）催化剂拆卸顺序与安装顺序相反。

5. 开车前 BHAN-1 催化剂的干燥

1）干燥前的准备工作

A）催化剂装填完毕，系统进行氮气置换、气密合格。催化剂干燥用干燥压缩空气介质。

B）绘出催化剂干燥脱水升、恒温曲线。

C）催化剂干燥前，各切水点排尽存水，并准备好计量水的器具。

2）催化剂干燥条件

空气压力：微正压；床层温度：250℃。干燥温度要求见表 3-17。

表 3-17　催化剂干燥温度要求（升降温速率可根据 AOGC 操作手册调整）

反应器入口温度（℃）	床层最低点温度（℃）	升、降温速度（℃/h）	升、恒温参考时间（h）
常温→250	—	20～25	8～10
250	≮200	—	8～10

3）干燥操作

A）在空气压力微正压下，加热炉升温，以 20～25℃/h 的升温速度将反应器入口温度升至 250℃，开始恒温，使催化剂床层温度逐步达到 250℃恒温脱水。(升温速度可根据 AOGC 装置操作手册酌情修改)

B）干燥脱水过程是吸热过程，催化剂床层的温度会低于反应器入口温度，数小时后才能达到（或接近）相应的入口温度。

C）在催化剂干燥操作曲线图上，画出催化剂脱水干燥的实际升、恒温工作曲线图。

6. 正常生产操作

在确定空速和入口温度等工艺条件的基础上，可进行催化剂的正常运行。尾气中的水须经分液罐尽量脱除。催化剂活性下降可适当提高反应温度，每次提温的幅度不要太大，约为 5℃。工艺控制指标见表 3-18。

表 3-18　正常工况下催化剂操作条件

尾气量（Nm^3/h）	全处理
体积空速（h^{-1}）	8000～20000
补充空气后氧浓度（%）	5～8
氧化反应器入口最低温度（℃）	300～340
氧化反应器出口最低温度（℃）	500～600
尾气中 SO_2 含量（ppm）	≤100

当废气中丙烯、丙烷和一氧化碳等可燃物的含量很高时，气体穿过催化剂床层时放出大量的热。在任何情况下，催化剂的出口温度都不应该超过 650℃，如废气出口温度高于 650℃，应采取降低废气入口温度的方法，使出口温度不超过最高温度。在废气中丙烯、丙烷和一氧化碳等可燃物的含量较少的情况下，有时可提高催化剂入口的温度，这样可得到合适的出口温度。

7. 停工时催化剂处理

停工时，以 20～30℃/h 的速度，将催化剂床层温度降到 200℃，停进原料气，干燥空气继续吹扫 2 h，然后加热炉熄火自然降温。反应器泄压后用氮气置换，在氮气气氛下封存催化剂，并保持氮气压力约 0.1 MPa。

8. 催化剂使用中的注意事项

1）在满足尾气处理标准要求的前提下，应尽量把反应器入口温度控制低些，以延长催化剂的使用寿命。反应器内避免进水。

2）在增加和减少进料量、调整反应器入口温度的操作时，要尽量缓慢平稳，尽量避免反复开停车。

9. 紧急情况处理

装置遇到紧急情况时，停止进原料气，待具备开工条件时，按照装置操作条件进行开车。

3.6.4　AOGC 开车正式运行

当丙烯腈生产装置吸收塔产生的含氰废气全部引入 AOGC 处理系统后，操作控制采用 DCS 自动控制，其控制界面如图 3-48 所示。

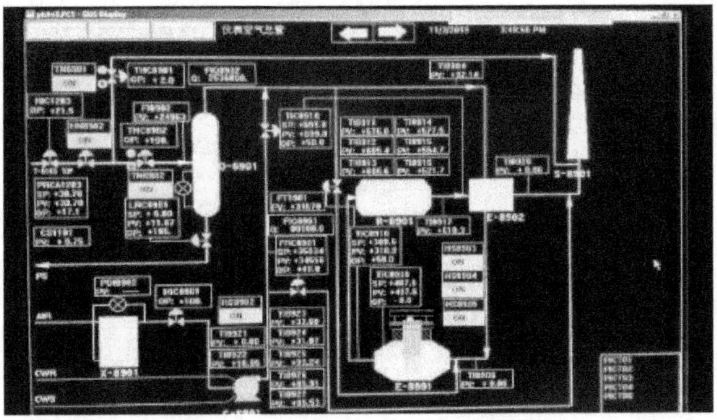

图 3-48　丙烯腈厂 DCS 控制界面

数据分析检测通过委托第三方进行。开车初期阶段进行的检测频次较多，以便于调整工艺参数，稳定运行后，检测工作继续由第三方进行。第三方检测如图 3-49 所示。

图 3-49　第三方现场的尾气分析检测

3.6.5　AOGC 开车运行调试阶段

1. 开车尾气引入初期阶段，催化剂启活

将丙烯腈吸收塔尾气逐步切换至 AOGC 系统内，当反应器入口尾气温度高于 280℃时，BHAN-1 催化剂能够开始发挥催化作用，催化剂床层温度迅速升高，尾气中丙烯腈、氢氰酸等可燃物质得到脱除，另外，该净化系统在含氰废气催化燃烧过程中不仅不新增氮氧化物，还对尾气中原有的氮氧化物产生一定程度的消减，对其脱除情况详见表 3-19 所示。

表 3-19　AOGC 开车初期阶段情况（一）

尾气总体情况	监测项目	反应器入口	反应器出口	转化率
尾气总流量：45935 m^3/h：其中尾气引入量为：27455 m^3/h，补充空气量为：18480 m^3/h，体积空速为：8060 h^{-1}	温度（℃）	280	533	—
	丙烯腈（mg/Nm^3）	778	2.7	99.7%
	氢氰酸（mg/Nm^3）	50	0.5	99.0%
	氮氧化物（mg/m^3）	264	31	88.3%
	二氧化硫（mg/m^3）	0	9	—

根据丙烯腈生产装置最初吸收塔排放污染物浓度设计值规定，HCN 和丙烯腈排放浓度应分别不超过 10 mg/m^3 和 150 mg/m^3。但由于该示范工程中的丙烯腈装置年代久远，尾气吸收塔效果较差，由表 3-19 可得，尾气中的氢氰酸和丙烯腈

浓度分别为 50 mg/m^3 和 778 mg/m^3，浓度均较高，目前正常生产排放均超出了最初要求的设计值。而运用北化研制的 BHAN-1 催化剂时，虽然 HCN 和丙烯腈排放浓度较高，但该催化剂对这两种物质的脱除率均达到了 99%以上，催化剂活性较高。氮氧化物的浓度也得到了降低，该催化剂在含氮物质（丙烯腈和氢氰酸）浓度较高的情况下，没有产生多余的 NO_x，说明催化剂在选择催化燃烧含氰废气时，对目的产物氮气的选择性非常高；而且所开发的尾气催化剂对原有 NO_x 也有较好的脱除效果。

2. 尾气全部引入后，控制出口温度不高于 600℃

当生产装置尾气全部引入后，空气补充量为 49000 m^3/h 左右，即空速维持在 19000 h^{-1} 左右时，废气的处理总量高达 109000 m^3/h，AOGC 氧化反应入口温度控制在 300℃，出口温度可达 600℃，此时，丙烯腈的转化率高达 98%以上，其氮氧化物浓度并没有明显增加，满足国家排放标准要求（表 3-20）。

表 3-20　AOGC 开车初期阶段情况（二）

	频次	检测 1	检测 2	检测 3	检测 4	检测 5
反应器入口	丙烯腈（mg/Nm^3）	273.9	224	288	262	372
	氢氰酸（mg/Nm^3）	45	28	28	29	35
	氮氧化物（mg/m^3）	166	231	210	158	142
	二氧化硫（mg/m^3）	0	15	0	0	0
反应器出口	丙烯腈（mg/Nm^3）	15.5	12.6	4.3	4.7	6.3
	氢氰酸（mg/Nm^3）	0	0	0	0	0
	氮氧化物（mg/m^3）	26	71	40	37	41
	二氧化硫（mg/m^3）	0	15	0	0	0
反应器入口温度（℃）		282	297	306	301	300
反应器出口温度（℃）		570	584	600	602	574
反应器总气体流量（m^3/h）		91338	109000	105000	109000	109000
其中引入尾气量（m^3/h）		54281	59571	59065	60087	60225
其中补充空气量（m^3/h）		37057	49429	45935	48913	48775
体积空速（h^{-1}）		16024	19123	18421	19123	19123
丙烯腈转化率（%）		94.5	94.4	98.5	98.2	98.3
氢氰酸转化率（%）		100	100	100	100	100

表 3-21 为尾气部分引入和全部引入 AOGC 系统时调整方案数据汇总，从表中数据分析可得：

1）对于丙烯腈，入口的浓度高时达 626 mg/m^3，低时达 190 mg/m^3，波动范围较大，均超出了设计值 150 mg/m^3，但经 AOGC 示范装置净化后，丙烯腈出口

表 3-21　AOGC 开车后尾气处理条件及数据汇总

二丙 AOGC 国产催化剂替换项目		（一）当尾气引入量为 33000～42000 m^3/h 时					（二）尾气全部引入时		
		条件 1	条件 2	条件 3	条件 4	条件 5	条件 6	条件 7	条件 8
总流量（m^3/h）		85521	79343	91016	81987	79305	109000	102500	102000
其中含氰尾气量（m^3/h）		42360	39739	38492	38369	33609	60225	51835	52119
其中补充空气量（m^3/h）		43161	41137	46462	43358	43795	48775	50582	50788
体积空速（h^{-1}）		15004	13920	15968	14384	13913	19123	17982	17895
入口浓度（mg/m^3）	丙烯腈	626	217	380	206	613	372	307	190
	氢氰酸	45	35	40	40	50	35	40	40
	氮氧化物	190	180	289	320	310	142	225	302
	二氧化硫	15	15	15	15	15	0	15	15
出口浓度（mg/m^3）	丙烯腈	8.9	19.7	6	0	5.6	6.3	4.5	9
	氢氰酸	0	0	0	0	0	0	0	0
	氮氧化物	39	21	20	17	22	25	24	14
	二氧化硫	—	—	—	15	—	0	15	15
取样分析	入口温度	320	324	345	382	365	300	327	345
	第一层温度	552/531	534/513	554/545	578/579	547/543	518	554/521	559/542
	第二层温度	591/577	578/558	596/588	608/605	588/582	534/512	575/544	609/592
	第三层温度	606/600	598/591	615/615	629/625	608/615	583/575	608/599	625/623
	出口温度	603	597	613	628	600	574	611	627
转化率（%）	丙烯腈（%）	98.6	90.9	98.4	100.0	99.1	98.3	98.5	95.3
	氢氰酸（%）	100.0	100.0	100.0	100.0	100.0	100.0	100.00	100.0
	氮氧化物（%）	79.5	88.3	93.1	94.7	92.9	82.4	89.3	95.4
	二氧化硫	—	—	—	—	—	—	—	—

浓度基本维持在 9 mg/m^3 以下，最低时为零，转化率在 98%以上，均低于国家目前的排放标准 22 mg/m^3。

2）对于 HCN，入口浓度维持在 40 mg/m^3，也超过了设计值 1.9 mg/m^3，而净化系统出口端 HCN 的浓度基本为零，含氰废气的脱除效率高，且达到国家排放标准。

3）对于氮氧化物（NO_x），根据现场分析，当出口温度为 570℃，含氮物质总体的入口浓度为（$AN+HCN+NO_x$=372+35+142=549 ppm），而经 AOGC 净化系统后含氮物质的出口浓度（$AN+HCN+NO_x$=6.3+0+25=31.3 ppm），计算可得，含氮废气的总体转化率为 94.3%。根据控制室在线检测 AOGC 系统中 SCR 入口（即氧化反应器出口）的 NO_x 值均小于 40 mg/m^3，均能达到排放要求。

因此，BHAN-1 催化剂低温时，实现了对丙烯腈和 HCN 的选择性催化燃烧，

不生成 NO_x，而定向生成无害的氮气，选择性较高，且不受入口丙烯腈和 HCN 浓度大幅波动的影响，降低催化剂床层温度有利于进一步减少 NO_x 排放。根据研究，BHAN-1 催化剂对尾气中原有的 NO_x 也具有一定的脱除效果，最佳操作温度区间为 500～550℃，尾气排放满足国家标准的要求。

3.7　运行结论及效果图

本次工业示范建设，尾气处理量约为 10 万 m^3/h，空速 19000 h^{-1}，丙烯腈转化率高达 95%以上，氮气选择性高于 80%，丙烯腈排放浓度低于国家 22 mg/m^3 的排放标准，运行效果见图 3-50，可直观感受到废气净化的明显效果。

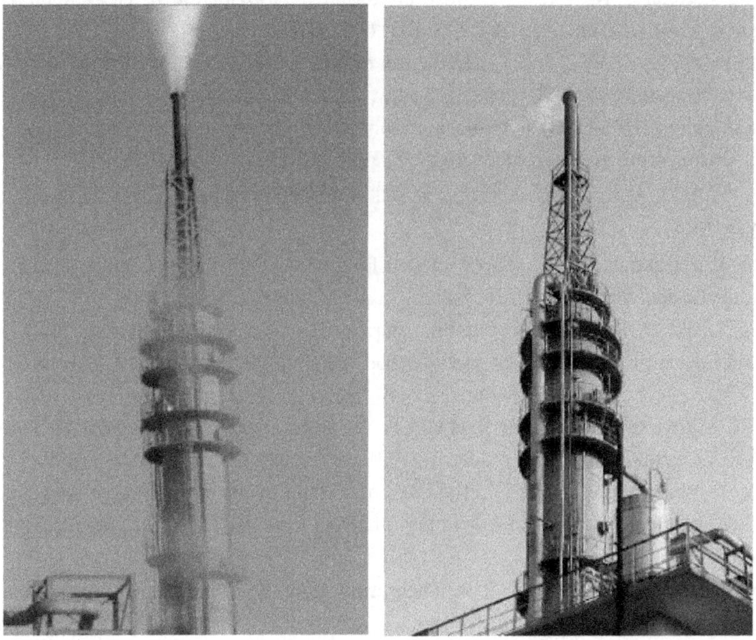

图 3-50　处理前后效果对比图

左图为处理前，右图为处理后

参 考 文 献

[1] Vaart D R V, Vatvuk W M, Wehe A H. Thermal and catalytic incinerators for the control of VOCs[J]. Journal of the Air and Waste Management Association, 1991, 41: 92-98.

[2] Marsh J D F, Newling W B S, Rich J. The catalytic hydrolysis of hydrogen cyanide to ammonia[J]. Journal of Applied Chemistry, 1952, 2: 681-684.

[3] Zhao H, Tonkyn R G, Barlow S E, et al. Catalytic oxidation of HCN over a 0.5% Pt/Al_2O_3

catalyst[J]. Applied Catalysis B, 2006, 65: 282-290.
[4] Tatsuo M. Selective reduction of NO_x by ethanol on catalysts composed of Ag-Al_2O_3 and Cu-TiO_2 without formation of harmful by- products[J]. Applied Catalysis B, 1998, 16: 155-164.
[5] Solymosi F, Bugyi L. Adsorption and oxidation of C_2N_2 on clean and oxygen dosed Rh(111)[J]. Surface Science, 1984, 147: 685-701.
[6] Kröcher O, Elsener M. Hydrolysis and oxidation of gaseous HCN over heterogeneous catalysts[J]. Applied Catalysis B, 2009, 92: 75-89.
[7] Nanba T, Obuchi A, Akaratiwa S, et al. Catalytic hydrolysis of HCN over H-ferrierite[J]. Chemistry Letters, 2000, 29: 986-987.
[8] Szanyi J, Kwak J H, Peden C H F. Catalytic chemistry of HCN + NO_2 over Na- and Ba-Y, FAU: An *in situ* FTIR and TPD/TPR study[J]. The Journal of Physical Chemistry B, 2005, 109: 1481-1490.
[9] 宋修文. 含氰废气的催化燃烧及其量化计算的研究[D]. 北京：北京化工大学, 2013.
[10] Zhuang J, Rusu C N, Yates J T. Adsorption and photooxidation of CH_3CN on TiO_2[J]. The Journal of Physical Chemistry B, 1999, 103: 6957-6967.
[11] Zhang R, Shi D, Zhao Y, et al. The reaction of NO + C_3H_6 + O_2 over the mesoporous SBA-15 supported transition meta[J]. Catalysis Today, 2011, 175: 26-33.
[12] Zhao D, Feng J, Huo Q, et al. Triblock copolymer syntheses of mesoporous silica with periodic 50 to 300 angstrom pores[J]. Science, 1998, 279: 548-552.
[13] 曹宇. SBA-15 介孔分子筛负载过渡金属催化燃烧脱除乙腈废气的研究[D]. 北京：北京化工大学, 2011.
[14] Nanba T, Masukawa S, Uchisawa J, et al. Effect of support materials on Ag catalysts used for acrylonitrile decomposition[J]. Journal of Catalysis, 2008, 259: 250-259.
[15] Zhang R, Shi D, Liu N, et al. Catalytic purification of acrylonitrile-containing exhaust gases from petrochemical industry by metal-doped mesoporous zeolites[J]. Catalysis Today, 2015, 258: 17-27.
[16] Cant N W, Cowan A D, Liu I O Y, et al. The reactions of possible intermediates in the selective catalytic reduction of nitrogen oxides by hydrocarbons[J]. Catalysis Today, 1999, 54: 473-482.
[17] Czekaj I, Piazzesi G, Kröcher O, et al. DFT modeling of the hydrolysis of isocyanic acid over the TiO_2 anatase (101) surface: Adsorption of HNCO species[J]. Surface Science, 2006, 600(24): 5158-5167.
[18] Barbosa L A M M, van Santen R A. Theoretical study of nitrile hydrolysis reaction on Zn(Ⅱ) ion exchanged zeolites[J]. Journal of Molecular Catalysis A: Chemical, 2001, 166: 101-121.
[19] Zhang R, Shi D, Liu N, et al. Mesoporous SBA-15 promoted by 3d-transition and noble metals for catalytic combustion of acetonitrile[J]. Applied Catalysis B, 2014, 146: 79-93.
[20] Nanba T, Masukawa S, Uchisawa J, et al. Mechanism of acrylonitrile decomposition over Cu-ZSM-5[J]. Journal of Molecular Catalysis A: Chemical, 2007, 276: 130-136.
[21] Poignant F, Freysz J L, Daturi M, et al. Mechanism of the selective catalytic reduction of NO in oxygen excess by propane on H-Cu-ZSM-5: Formation of isocyanide species *via* acrylonitrile intermediate[J]. Catalysis Today, 2001, 70: 197-211.
[22] Nanba T, Masukawa S, Ogata A, et al. Active sites of Cu-ZSM-5 for the decomposition of acrylonitrile[J]. Applysis Catalysis B, 2005, 61: 288-296.
[23] 闵恩泽. 21 世纪石油化工催化材料的发展与对策[J]. 石油与天然气化工, 2000, 29(5): 215-220.

[24] Roy S, Heibel A K, Liu W, et al. Design of monolithic catalysts for multiphase reactions[J]. Chemical Engineering Science, 2004, 59(5): 957-966.
[25] 华金铭, 郑起, 魏可镁. 酸蚀预处理对蜂窝状堇青石及其不同方法涂敷氧化铝涂层的影响[J]. 分子催化, 2006, 20(6): 550-555.
[26] 田建民, 白雪, 李健. 载体预处理对堇青石 $CuO-CeO_2$/催化剂性能的影响[J]. 内蒙古工业大学学报, 2006, 25(3): 210-214.
[27] Li Y Y, Perera S P, Crittenden N D. Zeolite monoliths for air separation Part 1: Manufacture and characterization[J]. Chemical Engineering Research and Design, 1998, 76: 921-930.
[28] Arzamendi G, Ferrero R, Pierna Á R, et al. Kinetics of methyl ethyl ketone combustion in air at low concentrations over a commercial Pt/Al_2O_3 catalyst[J]. Industrial & Engineering Chemistry Research, 2007, 46(26): 9037-9044.
[29] Vandeneede V, Moortgat G, Cambier F. Characterisation of alumina pastes for plastic moulding[J]. Journal of the European Ceramic Society, 1997, 17: 225-231.
[30] 葛冬梅. 中油型加氢裂化催化剂强度影响因素的研究[J]. 天津化工, 2002, (5): 29-30.
[31] Simona M. Catalytic combustion of volatile organic compounds on gold/iron oxide catalysts[J]. Applied Catalysis B: Environmental, 2000, 28: 245-251.
[32] 中华人民共和国国家质量监督检验检疫总局, 中国国家标准化管理委员会. 无缝钢管尺寸、外形、重量及允许偏差[S]. GB/T17395—2008.
[33] 王樟茂. 化学反应器的设计(3)——固定床反应器的设计[J]. 云南化工, 1996, (2): 59-62.
[34] 中华人民共和国化学工业部. 气-液分离器设计[S]. HG/T 20570.8—1995.

第 4 章　含卤有机废气催化燃烧治理技术

卤代烃是烃中的氢原子被卤素取代后生成的化合物。根据取代卤素的不同，分为氟代烃、氯代烃、溴代烃和碘代烃；根据分子中卤素原子的多少则分为一卤代烃、二卤代烃和多卤代烃；根据烃基的不同分为饱和卤代烃、不饱和卤代烃和芳香卤代烃等。此外，还可根据与卤原子直接相连碳原子数量的不同，分为一级卤代烃（RCH_2X）、二级卤代烃（$RCHX_2$）和三级卤代烃（RCX_3）。卤代烃的性质与烃基本上相似，低级的卤代烃是气体或液体，高级的卤代烃是固体。它们的沸点随着分子中碳原子和卤素原子数目的增加（氟代烃除外）和卤素原子序数的增大而升高，密度则随碳原子数增加而降低。一氟代烃和一氯代烃一般比水轻，溴代烃、碘代烃及多卤代烃比水重。绝大多数卤代烃不溶于水或在水中溶解度很小，但能溶于很多有机溶剂，有些可以直接作为溶剂使用。

目前，备受关注的是氯代烃（chlorined volatile organic compounds，CVOCs），如一氯甲烷、二氯甲烷、四氯化碳、二氯乙烯、二氯乙烷、三氯乙烯等。在 CVOCs 催化燃烧反应中，HCl、Cl_2、CO_2 和 H_2O 是较理想的产物。常见的 CVOCs 列于表 4-1。

表 4-1　常见的 CVOCs

中文名称	英文名称	化学式	相对分子质量	沸点（℃）
氯苯	chlorobenzene	C_6H_5Cl	112.56	132.2
邻二氯苯	*o*-dichlorobenzene	$C_6H_4Cl_2$	147	180.4
间二氯苯	*m*-dichlorobenzene	$C_6H_4Cl_2$	147	172
二氯甲烷	dichloromethane	CH_2Cl_2	84.93	39.75
三氯甲烷（氯仿）	trichloromethane	$CHCl_3$	119.38	61.3
四氯甲烷	tetrachloromethane	CCl_4	153.84	76.8

本章含卤有机废气催化燃烧治理技术主要讨论 CVOCs 的净化处理。含氯挥发性有机废气将涉及氯代烷烃、氯代烯烃以及氯苯类等，因其具有良好的溶解性能和反应惰性，而广泛应用于医药、橡胶、制冷与塑料等化工生产过程，与此同时，这些生产工艺的副产物大多为有害含氯有机物，也就造成含氯挥发性有机废气（CVOCs）在工业过程中广泛存在。CVOCs 对人体健康危害极大，大部分氯代

化合物都具有致癌性。CVOCs 可以与大气层中某些气体发生光化学反应，生成光化学烟雾，一些 CVOCs 气体在光照条件下可生成光气等剧毒污染物，危害极大；其还对臭氧层具有分解破坏作用，同时，也是导致全球温室效应的主要气体之一。在美国的大气污染物控制目录中，CVOCs 占据了 28%。

CVOCs 处理技术主要分为物理净化技术与化学净化技术。物理净化技术主要是通过改变工艺流程中的反应条件，使 CVOCs 富集后进行分离，该方法适用于处理浓度较高的 CVOCs 废气，净化效果好，且更为经济。化学净化技术主要是通过化学反应，将 CVOCs 反应转化为无毒或者低毒的物质，主要方法有燃烧法、等离子体法、生物处理法等，该方法适用于处理低浓度 CVOCs 废气，优点在于处理完全没有二次污染。下面将着重介绍国内外催化氧化技术治理各种 CVOCs 废气的相关研究工作进展。

4.1　氯代烷烃的催化燃烧

4.1.1　一氯甲烷

张博[1]以高比表面介孔 SBA-16 为载体，制备了负载型过渡金属催化剂用于一氯甲烷的脱除。图 4-1 为一氯甲烷转化率及 CO 产率随反应温度的变化。由图可知，未经负载的 SBA-16 载体对一氯甲烷的催化转化效率非常低，但负载各种过渡金属组分后，其催化活性得到了显著的提高。其中，Fe/SBA-16 的活性最高，在 T=400℃及 450℃时，CH_3Cl 的转化率分别达到 41%和 82%。而 V/SBA-16 和 W/SBA-16 活性相对较低，在 T=550℃时，转化率不足 50%。氯甲烷催化氧化反应的主要产物是 CO、CO_2、H_2O、HCl 和 Cl_2，此外在中温段（250～400℃）反应

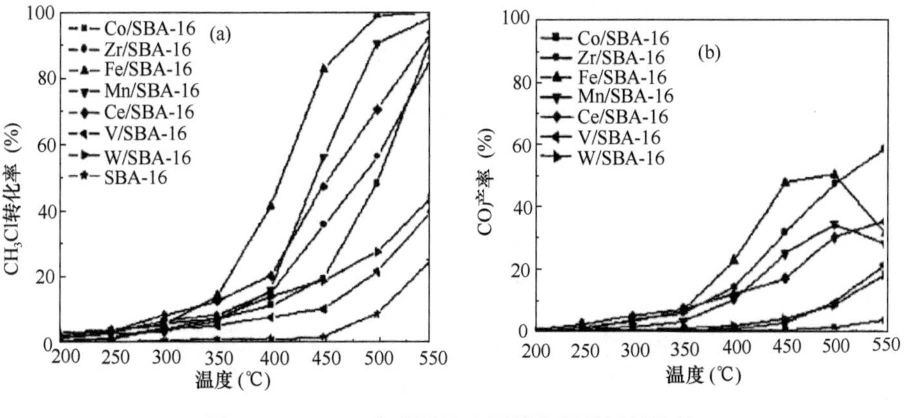

图 4-1　SBA-16 负载过渡金属催化剂的活性比较

（a）CH_3Cl 的转化率；（b）CO 的产率

会有微量（<50 ppm）的 HCHO 产生，在高温段（350～550℃）则会有微量（<50 ppm）HCOOH 出现。

此外，张博等还将微孔分子筛催化剂用于一氯甲烷的催化燃烧脱除[1]，结果如图 4-2 所示。从图中可以看出，各微孔分子筛的拓扑结构对低温催化活性的影响较小，随着温度升高，催化剂活性间产生了一定的差异，催化剂的催化活性为 H-ZSM-5>H-MCM-49>H-MCM-22>H-Beta>H-USY。上述各微孔分子筛通过浸渍法负载活性组分 Fe 后，催化剂的比表面积在 270～400 m^2/g 区间之内，未出现明显下降，这说明 Fe 活性组分在以上各种分子筛催化剂中高度分散。图 4-3 为不同

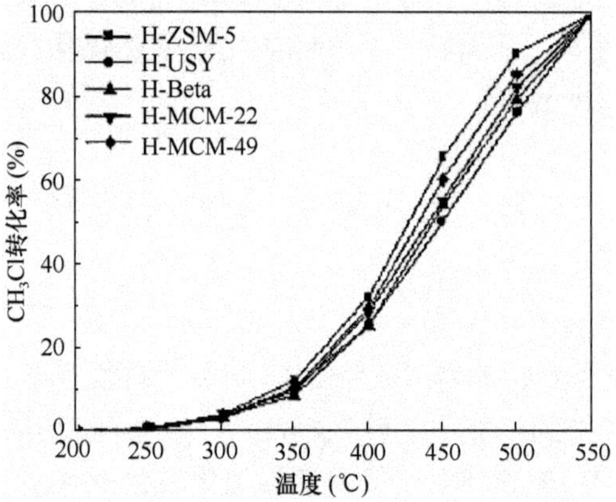

图 4-2　不同微孔分子筛上一氯甲烷转化率随反应温度的变化关系

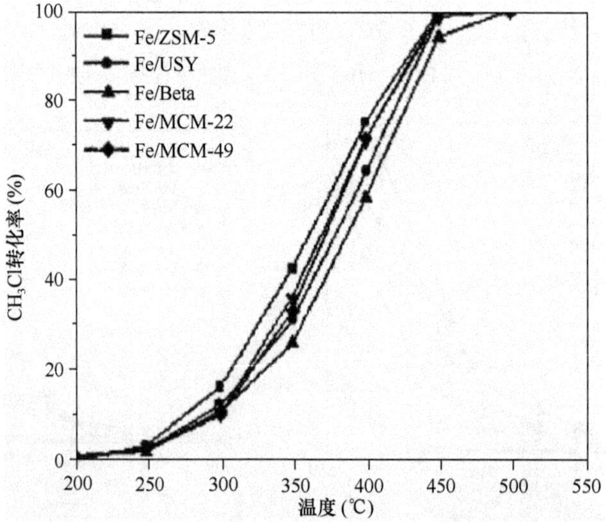

图 4-3　微孔分子筛负载 Fe 催化剂上 CH_3C1 的转化率

微孔分子筛上氯甲烷转化率随反应温度的变化关系。从图中可以看出，该催化反应过程中，各催化剂的活性顺序为：Fe/ZSM-5＞Fe/MCM-22＞Fe/MCM-49＞Fe/USY＞Fe/Beta。Fe/ZSM-5 上 CH_3Cl 转化率最高，且二次有害副产物 CO 的生成受到明显的抑制。

研究还发现[2]，分子筛催化剂的硅铝比也会对 CH_3Cl 的催化燃烧行为产生影响（如图 4-4 和图 4-5 所示，ZSM-5 中 SiO_2/Al_2O_3 的比值为 30 或 107）。Al 引入到 ZSM-5 沸石晶格中可以促进 CH_3Cl 氧化，特别是对 Co-和 Ce-改性样品。换言之，较低硅铝比有助于 CH_3Cl 转换率的提高；而且，随着 SiO_2/Al_2O_3 比从 107 下降到 30，氯气的形成被明显抑制，这可能与 Al 中心增多有利于改善活性组分的分散度有关。

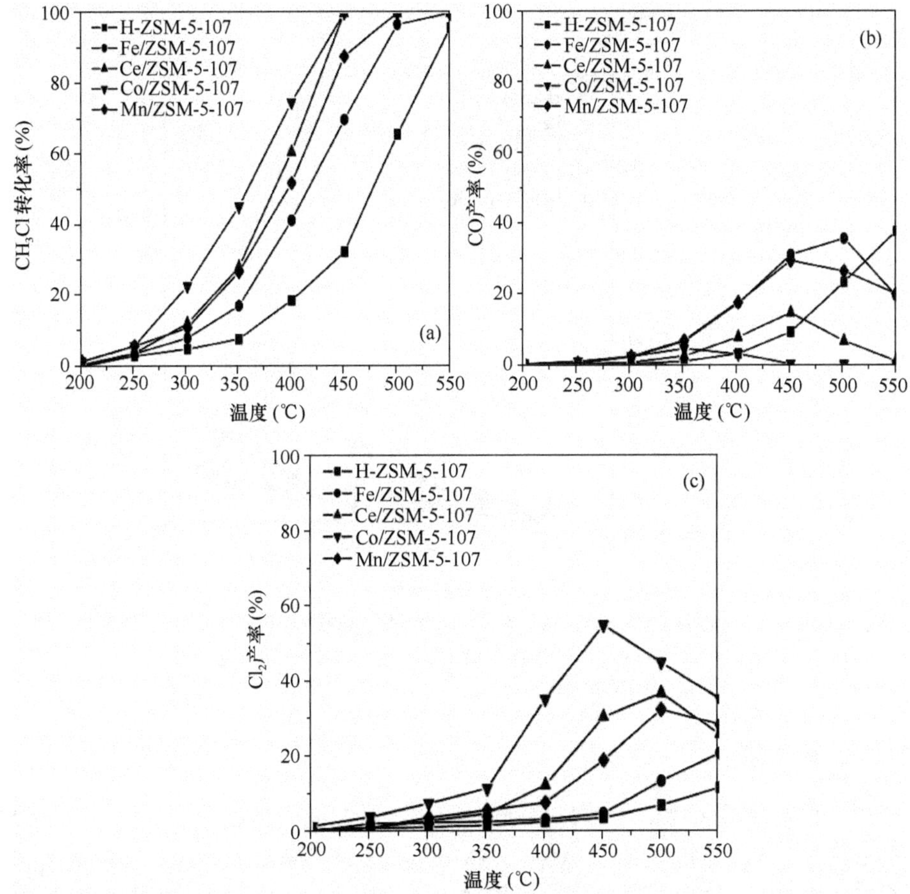

图 4-4　M/ZSM-5-107（M = Co，Fe，Ce，Mn）催化剂在 $CH_3Cl + O_2$ 反应中性能比较

（a）CH_3Cl 转化率；（b）CO 产率；（c）Cl_2 产率

反应条件：1500 ppm 的 CH_3Cl，10%O_2，15000 h^{-1}

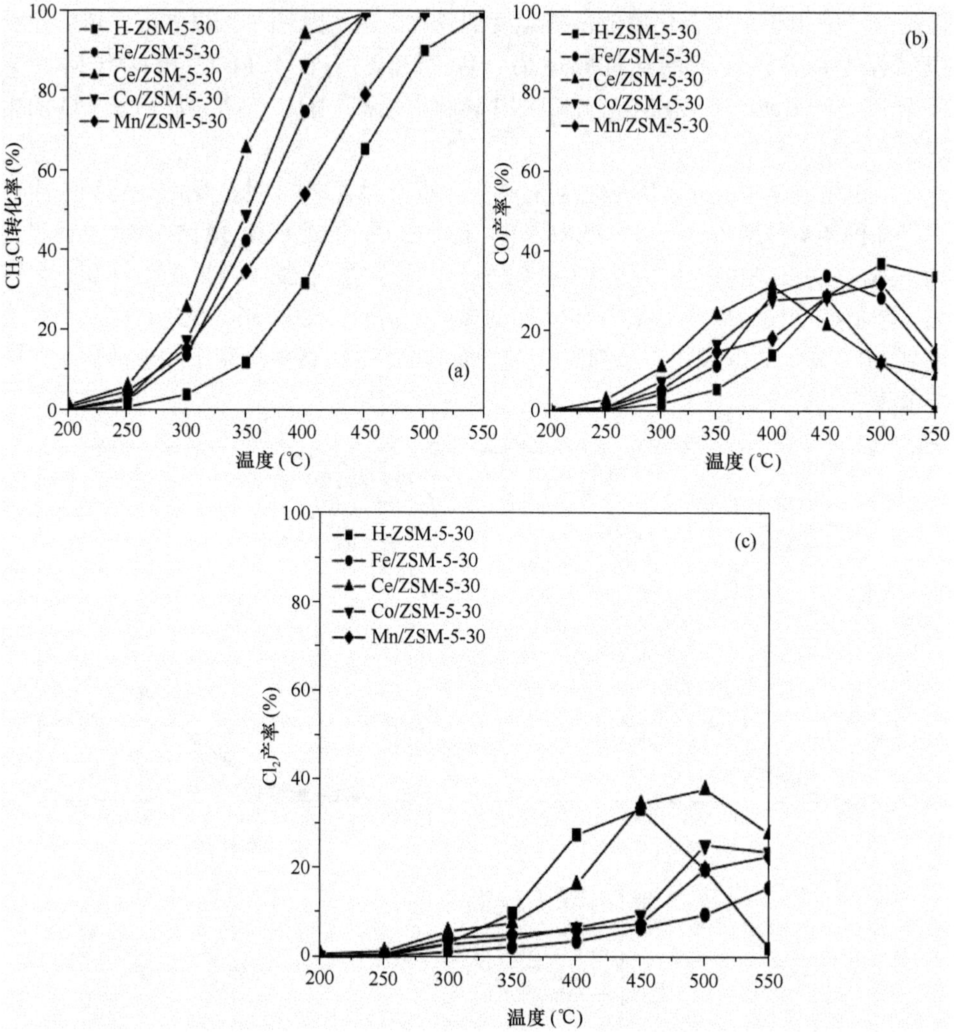

图 4-5　M/ZSM-5-30（M = Co，Fe，Ce，Mn）催化剂在 $CH_3Cl + O_2$ 反应中性能比较

（a）CH_3Cl 转化率；（b）CO 产率；（c）Cl_2 产率

反应条件：1500 ppm CH_3Cl，10%O_2，15000 h^{-1}

4.1.2　二氯甲烷

钙钛矿复合氧化物由于具有良好的氧化/还原性能而被用于二氯甲烷（DCM）的催化脱除[3]。陈淑霞制备了 $Al_{0.1}La_{0.9}MnO_3$-7（经 700℃下焙烧）催化剂，在三个不同的空速下（GHSV=15000 h^{-1}、20000 h^{-1}、30000 h^{-1}，在下图中分别用 $Al_{0.1}La_{0.9}MnO_3$-7-1.5、$Al_{0.1}La_{0.9}MnO_3$-7-2、$Al_{0.1}La_{0.9}MnO_3$-7-3 来表示）的活性评价装置和结果分别如图 4-6 和图 4-7 所示。可以看出，空速对催化剂的催化活性有

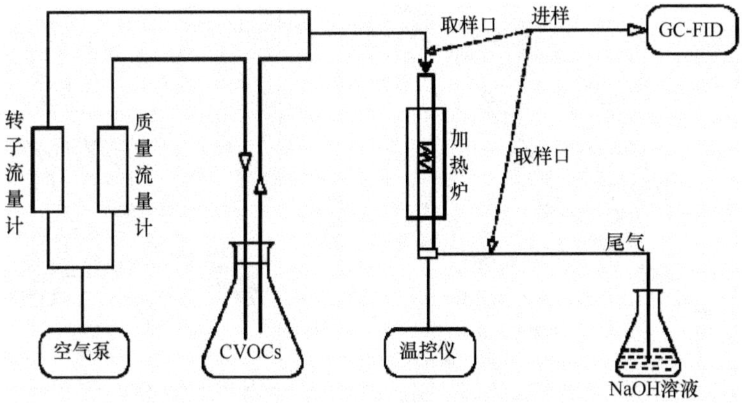

图 4-6　实验中的 CVOCs 活性评价装置

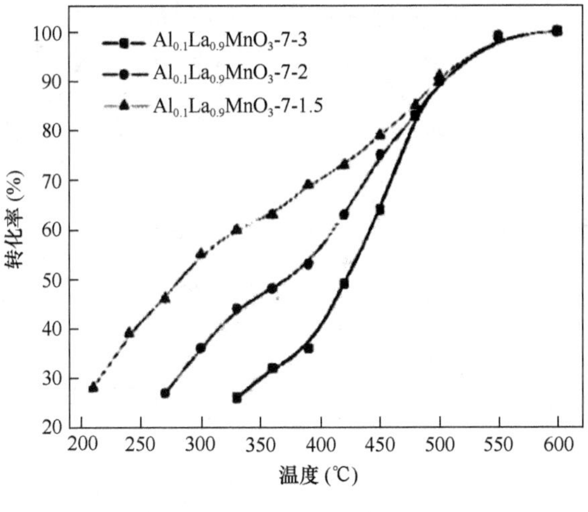

图 4-7　空速对 $Al_{0.1}La_{0.9}MnO_3$-7 催化氧化 CH_2C1_2 的影响

明显影响，空速为 15000 h^{-1} 时活性最好，在 T=270℃时，DCM 的转化率便超过 50%；而在空速为 20000 h^{-1} 和 30000 h^{-1} 时，T_{50} 温度（转化率为 50%时所对应的温度）升为 360℃和 420℃，因此，随着空速的增大，DCM 的转化率下降。

图 4-8（a）为 $A1_xLa_{1-x}CrO_3$ 催化剂活性图，从图中可以看出 $LaCrO_3$-9 活性较差，而 $Al_{0.1}La_{0.9}CrO_3$-7 具有最好的活性，当 T=550℃时反应转化率便达到 100%；$LaCrO_3$-7，$Al_{0.1}La_{0.9}CrO_3$-9 活性依次降低。另外，焙烧温度对催化剂活性有着很大的影响，经 700℃焙烧样品（$Al_{0.1}La_{0.9}CrO_3$-7）的催化活性高于经 900℃焙烧样品（$Al_{0.1}La_{0.9}CrO_3$-9）。图 4-8（d）为 700℃焙烧的 $LaMnO_3$、$LaFeO_3$ 和 $LaCrO_3$ 催化剂的性能比较，可以看出 $LaMnO_3$ 的催化活性较好，由此也证实了钙钛矿氧化物的 B 位离子同晶取代可以明显改变催化活性。

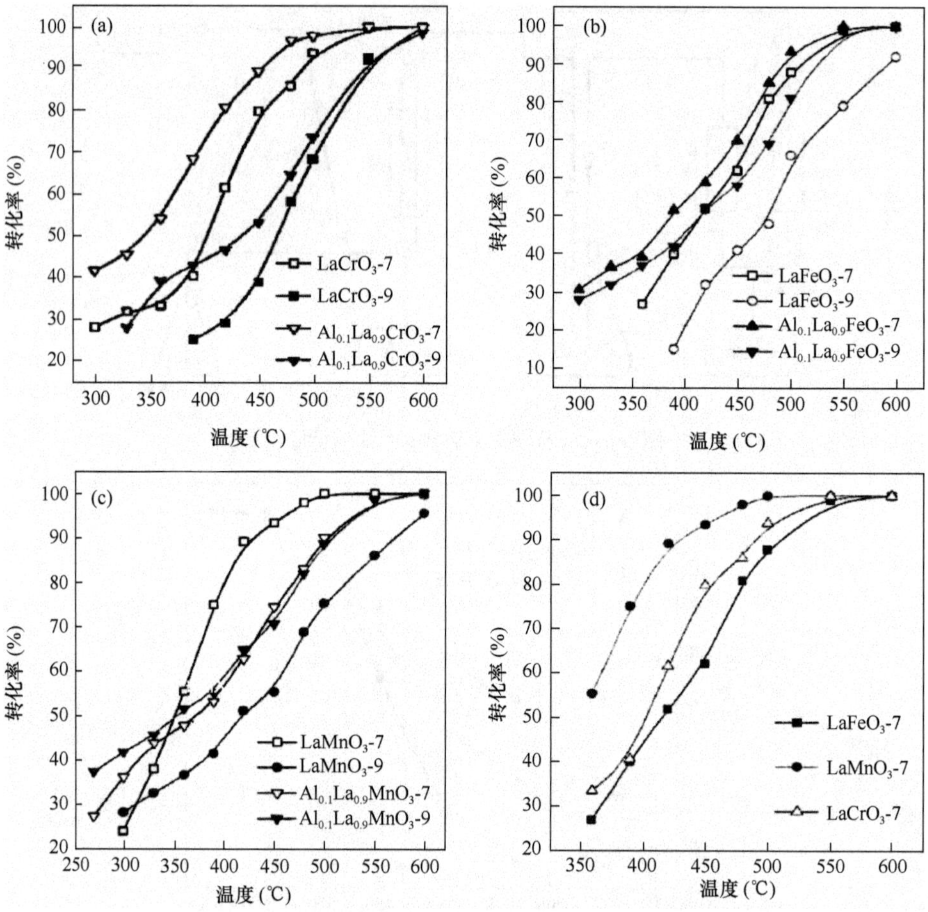

图 4-8　不同系列钙钛矿催化剂对二氯甲烷催化氧化的性能比较

催化剂的氧化/还原性对二氯甲烷催化燃烧的活性有着重要的影响。图 4-9 为 $A1_xLa_{1-x}MnO$ 系列催化剂 H_2-TPR 图，全部催化剂在 400℃（α）和 500℃（β）左右均出现两个还原峰，其分别归属为 Mn^{4+}和 Mn^{3+}的还原峰。$A1_xLa_{1-x}MnO$-5 和 $A1_xLa_{1-x}MnO$-7 系列催化剂在 250℃左右会出现一个很弱的还原峰 α′，其归结为催化剂表面氧的逸出。同一焙烧温度下的催化剂随着 A1 掺杂量的增加，还原峰向低温方向偏移，说明 A1 掺杂可改善催化剂的氧化/还原性。各催化剂耗氢量的大小顺序为：$A1_xLa_{1-x}MnO$-5＞$A1_xLa_{1-x}MnO$-7＞$A1_xLa_{1-x}MnO$-9，说明高温煅烧将抑制催化剂氧物种的活动性。

Ce-Al_2O_3 催化剂对 CH_2Cl_2 的催化燃烧也具有较高的活性[4]。如图 4-10 所示，与空白样 $A1_2O_3$ 相比，Ce 的负载导致催化燃烧 DCM 的起燃温度大幅下降，减少了近 150℃，该系列催化剂的活性次序为：5% Ce-$A1_2O_3$＞3% Ce-$A1_2O_3$＞$A1_2O_3$＞

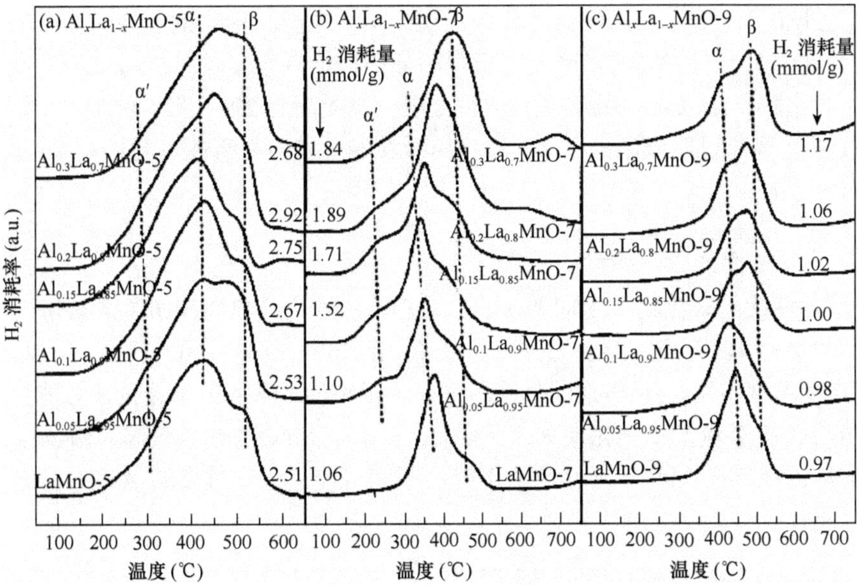

图 4-9　$A1_xLa_{1-x}MnO$ 系列催化剂 H_2-TPR 图

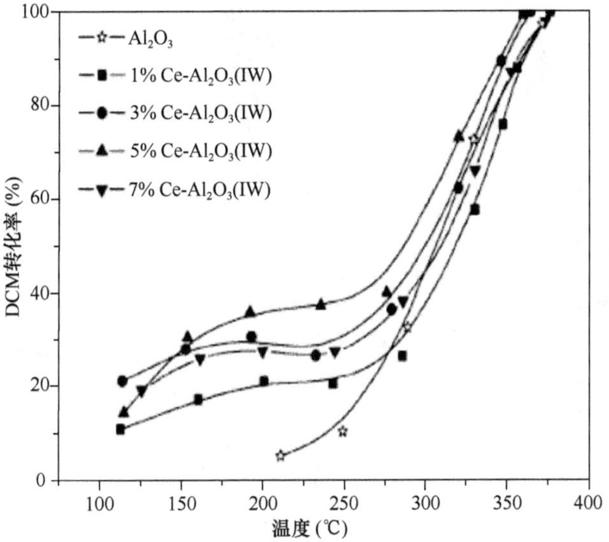

图 4-10　等体积浸渍法制备的 $Ce-A1_2O_3$ 催化剂上 CH_2Cl_2 的催化燃烧活性

7% $Ce-A1_2O_3$＞1% $Ce-A1_2O_3$。1%、3%、5%、7% $Ce-A1_2O_3$ 催化剂的 T_{50} 分别为 318℃、298℃、288℃、304℃。与纯 $A1_2O_3$ 载体相比，在小于 275℃时，$Ce-A1_2O_3$ 催化剂的反应活性明显提高；而在大于 275℃以后，活性与 $A1_2O_3$ 差距不是很大。

除此之外在 200℃左右反应活性曲线出现一个平缓区，催化剂活性随温度的上升并没有发生明显的提高，甚至反而出现略微下降的现象，这可能与反应中产生的 Cl 物种使催化剂 CeO_2 中毒有关。当温度进一步提高至 275℃后，活性才开始有所提高。上述现象说明低温情况下，Ce-Al_2O_3 表现出来的高活性主要是 CeO_2 起催化作用。

4.1.3 1,2-二氯乙烷（DCE）

不同钙钛矿氧化物催化剂上 1,2-二氯乙烷的催化脱除性能如图 4-11 所示[3]。DCE 的转化率随着反应温度的升高而升高，在 500℃时即可完全转化。可以看出，尽管焙烧温度不同，Al 掺杂催化剂活性要高于纯的 $LaMnO_3$ 催化剂，且催化活性是随着 A1 掺杂量的增加先增大后下降，$A1_{0.2}La_{0.8}MnO$-7 活性较高，而 $A1_{0.3}La_{0.7}MnO$-7（经 700℃焙烧）活性有所下降的原因可能是由于过多的 $A1_2O_3$ 覆盖了催化剂的活性位。

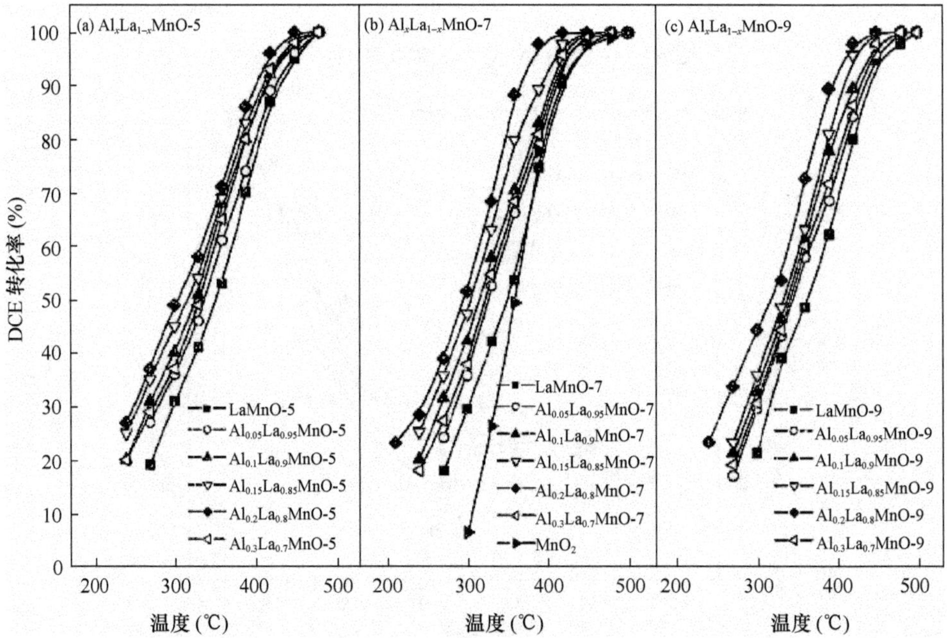

图 4-11 $A1_xLa_{1-x}MnO$ 催化剂催化氧化 1,2-二氯乙烷

为了更好地显示系列催化剂性能的差异，图 4-12 中列出了催化剂在 330℃时的转化率［(a) 图］和 T_{50} 的相关数据［(b) 图］[3]。由图 4-12（a）可知，经 700℃焙烧后，$A1_{0.2}La_{0.8}MnO$-7 表现出最优的活性，在 330℃时转化率达到 70%。（b）

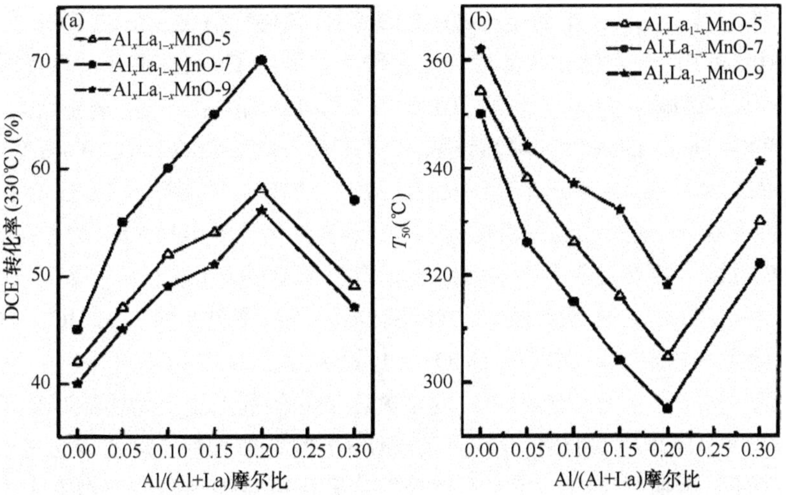

图 4-12　$A1_xLa_{1-x}MnO$ 系列催化剂催化氧化 DCE 的转化率（a）和 T_{50}（b）

图中 T_{50} 数据也呈现出相同的趋势，$A1_xLa_{1-x}MnO$-7 与 $A1_xLa_{1-x}MnO$-5 和 $A1_xLa_{1-x}$ MnO-9 相比具有较低的 T_{50} 转化温度，为 295℃，这与文献报道的结果相当。例如，Rivas 等[5]采用不同的方法制备四氧化三钴（Co_3O_4）纳米颗粒并考察其催化氧化 DCE 的性能，发现 T_{50} 处于 275～300℃范围。

对于 CVOCs 催化氧化反应来说，产物的选择性至关重要。$A1_{0.2}La_{0.8}MnO$-7 催化剂上 1,2-DCE 催化氧化的产物如图 4-13 所示[3]。可以看出，产物的组成比较复杂，主要产物是盐酸、二氧化碳和水，可能生成的中间产物包括一氯甲烷（CH_3Cl）、氯乙烯（C_2H_3Cl）、乙醛（CH_3CHO）和乙酸（CH_3COOH）等。

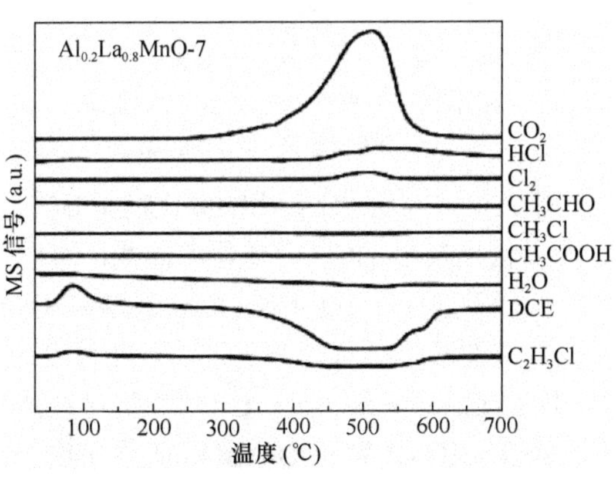

图 4-13　$A1_{0.2}La_{0.8}MnO$-7 催化剂产物质谱分析

不同比例的 CeO_2-CrO_x 复合氧化物催化剂上 DCE 催化燃烧活性比较如图 4-14

所示[6]。图 4-14（a）给出的是 CeO_2-CrO_x 复合氧化物催化剂上的 DCE 的转化率曲线。由图可知，单纯 CeO_2 的催化活性较差，添加 Cr 后其催化活性提升明显，随 Ce/Cr 摩尔比减小（Ce 量不变，Cr 量增加），催化活性的趋势是先增大后减小。各催化剂对 DCE 的催化脱除活性顺序为 CeO_2＜Ce/Cr-9/1＜Ce/Cr-1/8＜Ce/Cr-1/2＜Ce/Cr-1/4＜Cr_2O_3<Ce/Cr-1/1＜Ce/Cr-4/1＜Ce/Cr-2/1。其中，Ce/Cr-2/1 上 DCE 的降解活性最好，在 300℃左右可使 DCE 完全氧化。图 4-14（b）为 CeO_2 上的副产物浓度曲线，结果表明在纯 CeO_2 上检测到微量的 CH_3Cl 和较多的 C_2H_3Cl、CH_3CHO 和 CH_3COOH 副产物。此外在高温阶段检测到少量的 C_2HCl_3、C_2Cl_4 和 $C_2H_2Cl_4$ 等各种多氯副产物，纯 Cr_2O_3 上也检测到少量 CH_3Cl、C_2H_3Cl 和 C_2HCl_3 等含氯副产物产生。而 CeO_2-CrO_x 复合氧化物催化剂上副产物明显减少，仅有微量 CH_3Cl、C_2H_3Cl 和 C_2HCl_3 存在。这表明 Cr 的添加有利于氯乙烯的进一步深度氧化，没有检测到明显的乙醛、乙酸等部分氧化可能得到的副产物生成。此外，随 Ce/Cr 比例不断减小，产物 HCl 的选择性下降，生成量减少，这可能是因为 Cr 的强氧化性促进了 Cl_2 生成量增加。

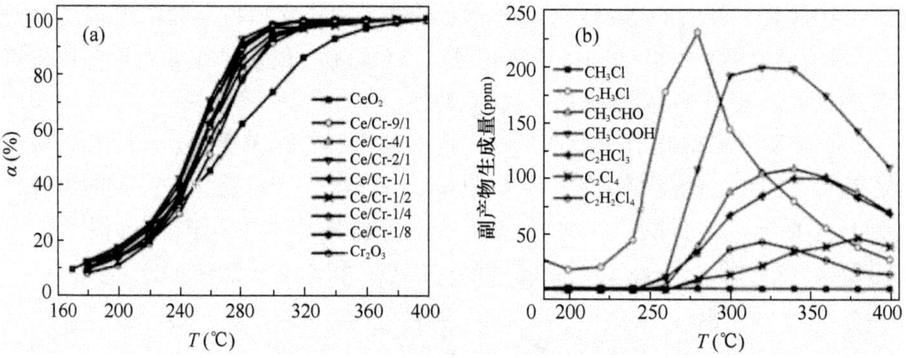

图 4-14　各催化剂上 DCE 催化降解

（a）DCE 转化率；（b）副产物

制备方法的不同对 CeO_2-CrO_x 复合氧化物催化剂上 DCE 催化活性也有明显影响[6]。图 4-15（a）为各催化剂上 DCE 的转化率曲线，可以看出，四种催化剂上 DCE 的催化氧化活性顺序为：CeO_2-CrO_x-C＞CeO_2-CrO_x-M＞CeO_2-CrO_x-H＞CeO_2-CrO_x-S（C 代表共沉淀法，M 代表微乳液法，H 代表均匀沉淀法，S 代表溶胶-凝胶法）。因此，共沉淀法制备的 CeO_2-CrO_x-C 催化剂活性最好，并且制备的最佳 pH 为 10。其中 CeO_2-CrO_x-C 和 CeO_2-CrO_x-M 催化剂上 DCE 的转化率相近，只在高温阶段 CeO_2-CrO_x-C 的催化活性略高于 CeO_2-CrO_x-M。这两种催化剂均在 300℃左右就可以将 DCE 完全氧化；而 CeO_2-CrO_x-S 和 CeO_2-CrO_x-M 上 DCE 的完全转化温度分别为 400℃和 360℃，其催化活性明显低于 CeO_2-CrO_x-C 和 CeO_2-CrO_x-M。在这四种催化剂上均有极少量的 CH_3Cl 和 C_2H_3Cl，以及少量的 C_2HCl_3 副产物生成，但是均未检测到乙醛和乙酸等部分氧化产物。图 4-15（b）为各种催化剂上 C_2HCl_3 副产物的生成量，由图可知，四种催化剂上生成的 C_2HCl_3 副产物浓度顺序为 CeO_2-CrO_x-S＞CeO_2-CrO_x-H＞CeO_2-CrO_x-M＞CeO_2-CrO_x-C。这是由于 CeO_2-CrO_x-S 和 CeO_2-CrO_x-C 两种催化剂的氧化能力较强，有利于氯乙烯的进一步深度氧化降解，而 CeO_2-CrO_x-S 和 CeO_2-CrO_x-H 上生成的 C_2H_3Cl 则没有被进一步氧化，因此与氯气发生反应生成了较多的 C_2HCl_3 副产物。

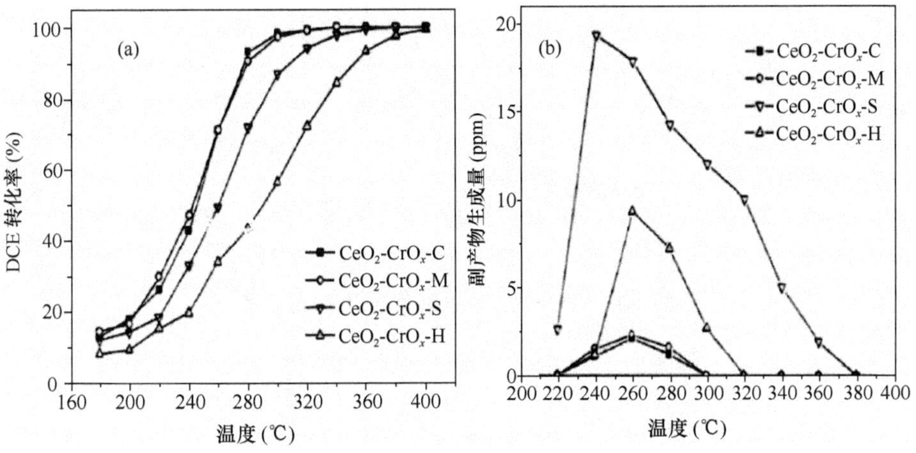

图 4-15　各催化剂上 DCE 催化降解

（a）DCE 转化率；（b）副产物 C_2HCl_3 的生成量

Rivas 等[7]由传统的共沉淀法制备了 Ce-Pr 复合氧化物（$Ce_{0.8}Pr_{0.2}O_2$、$Ce_{0.5}Pr_{0.5}O_2$ 和 $Ce_{0.2}Pr_{0.8}O_2$），并考察了其对 1,2-二氯乙烷催化燃烧的性能。从图 4-16 中可以看出，在连续三次的评价周期（150～500℃）后，除 $Ce_{50}Pr_{50}$ 外，其他催化剂的活性都有一定程度的降低。这种失活在纯氧化镨和 $Ce_{20}Pr_{80}$ 中尤为明显，而 $Ce_{80}Pr_{20}$ 和 $Ce_{50}Pr_{50}$ 表现出了优异的稳定性。通过 X 射线衍射、拉曼光谱、X 射线光电子能谱证明催化剂失活是表面氯化造成的。在没有催化剂存在时，DCE 燃烧的起燃温度在 350℃以上，即使温度高达 500℃时，DCE 的转化率也仅为 20%。

图 4-17 显示了对应三个连续反应周期的 T_{50} 值。对于大多数的催化剂经连续周期后 T_{50} 增加，说明催化剂活性降低。这些结果表明，大多数催化剂在第一周期中有一定的失活，在第二个循环之后保持相对稳定。掺杂 Pr 后所得复合氧化物的活性明显提高，其中活性最高的催化剂为 $Ce_{50}Pr_{50}$。另一个重要的发现是，纯 Pr_{100} 氧化物比纯 Ce_{100} 表现出更好的活性，并与 $Ce_{50}Pr_{50}$ 相当。然而，在第一温度循环之后转化率急剧下降，T_{50} 升至 360℃。经过三个反应周期后，DME 催化脱

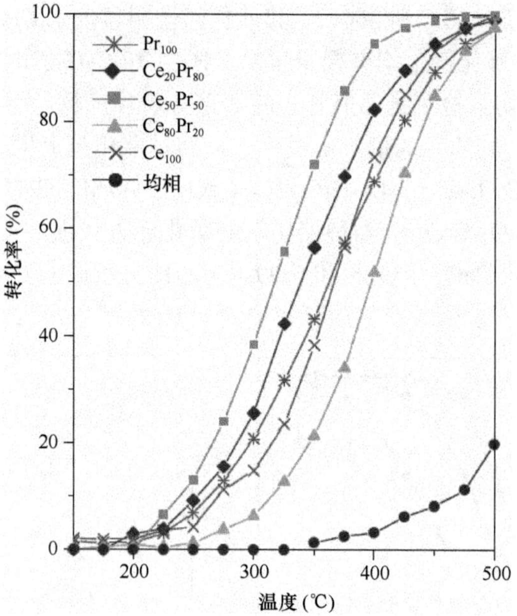

图 4-16　在三次反应循环中 DCE 的转化率

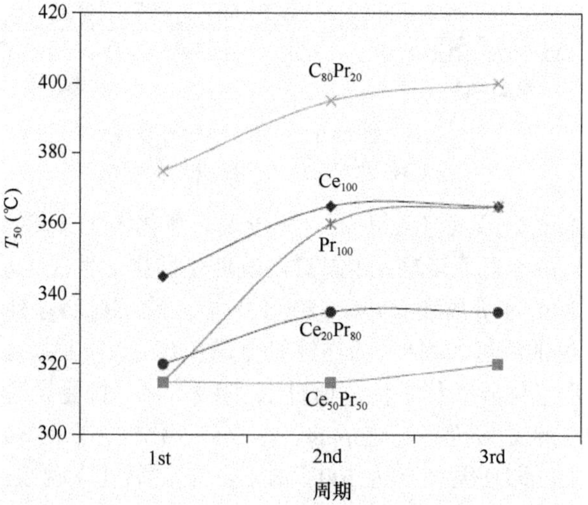

图 4-17　三个连续反应周期的 T_{50}

除性能可以认为是稳定的，催化活性顺序为：$Ce_{50}Pr_{50}$＞$Ce_{20}Pr_{80}$＞Ce_{100}～Pr_{100}＞$Ce_{80}Pr_{20}$[7]。

图 4-18 为 Ce-Pr 复合氧化物上 DCE 氧化产物的选择性，CO、CO_2、HCl 和

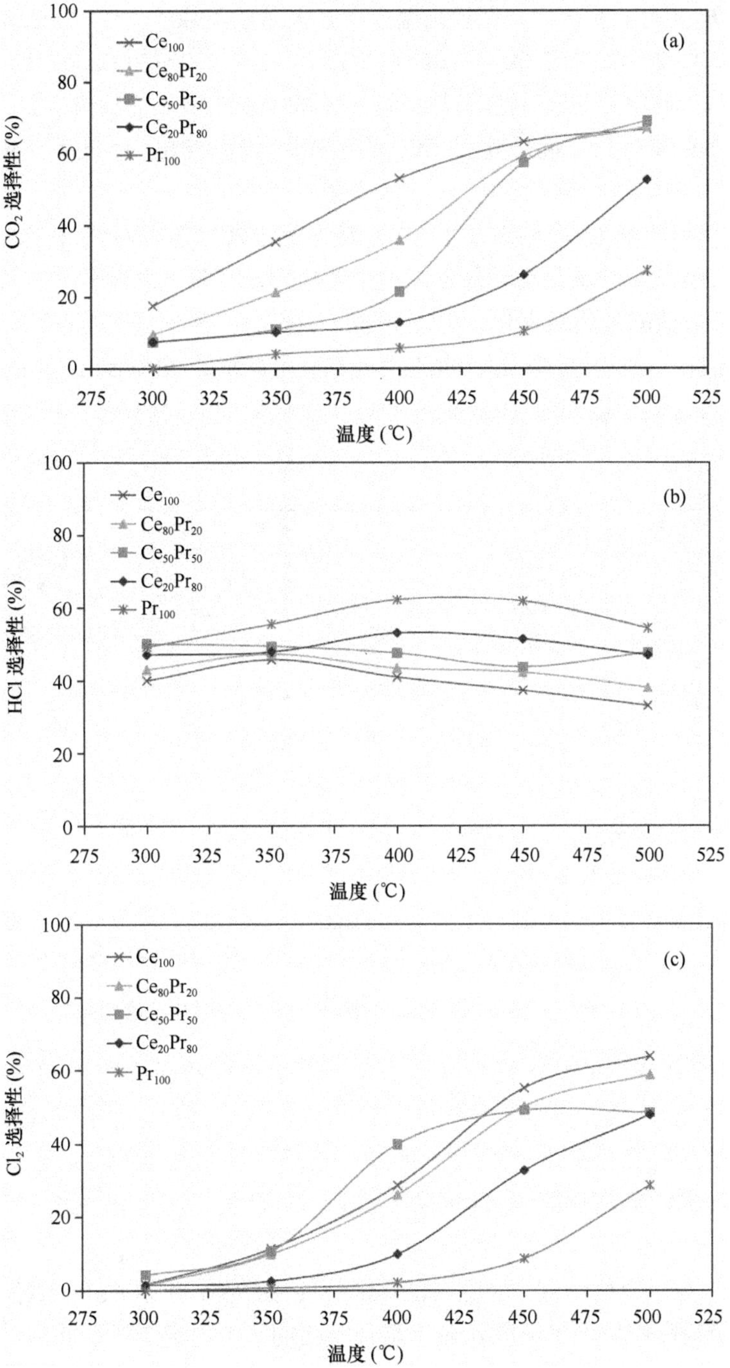

图 4-18　三个反应周期催化剂上主要产物的选择性

Cl_2为催化燃烧的主要产物。在较高温度下，大量的氯原子由于 Deacon 反应的发生而形成 Cl_2（$2\ HCl + 1/2\ O_2 \longrightarrow Cl_2 + H_2O$），故在 450～500℃下，$Cl_2$选择性为 50%～60%，而 CO_2的选择性随温度和氧化铈的含量的升高而逐渐增加。在 450℃时 $Ce_{50}Pr_{50}$ 和 $Ce_{80}Pr_{20}$ 催化剂上 CO_2 的选择性约为 58%，略低于纯氧化铈样品（Ce_{100}）。

Rivas 等[8]发现 Zr 插入到二氧化铈晶格可增强催化剂对 DCE 氧化的活性（见图 4-19）。Ce-Zr 复合氧化物性能提高的主要原因是催化剂表面酸性和氧空位浓度增加。另外，硫酸酸化后催化剂的性能进一步提高，这是由于提高了 Ce-Zr 复合氧化物的酸性（特别是中强酸的酸性），并且有新的 Brönsted 酸位点生成。López-Fonseca 等[9]也报道 Brönsted 酸位在氯代烃的催化燃烧反应中具有重要的作用。

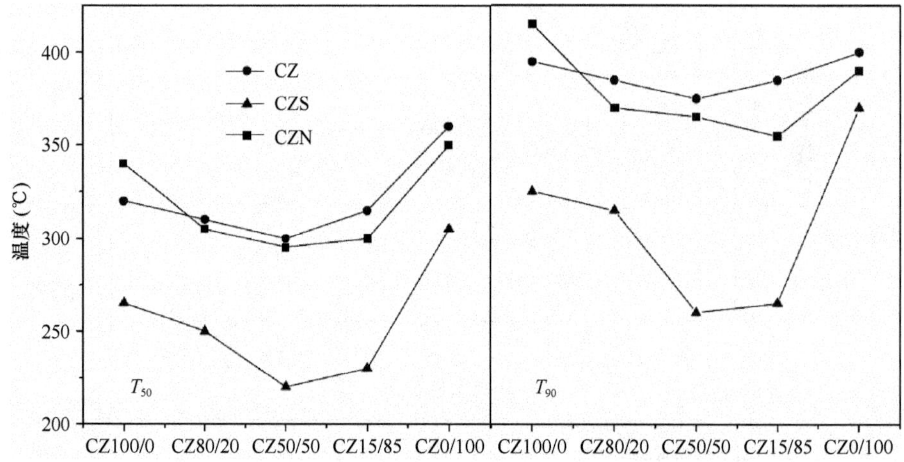

图 4-19 不同组成的催化剂对 1,2-二氯乙烷氧化分解曲线

Rivas 等[10]还对 Ce/Zr 复合氧化物在高温下进行预还原处理（950～1050℃处理 0.5～3 h），后在 550℃下再对催化剂进行氧化处理，催化剂对 DCE 氧化的活性有明显提高。预处理使催化剂的氧化/还原能力增强，因此提高了催化剂的活性。可见，氧化/还原性和酸性与 Ce/Zr 复合氧化物催化脱除 DCE 的性能密切相关。

图 4-20 为氧空位浓度、酸性与催化活性的关系[11]。可以看出，氧空位浓度的增加有助于提高催化剂的活性。对于复合氧化物，不论焙烧温度如何，酸性的增加均有利于提高催化剂的卤代烃脱除活性。

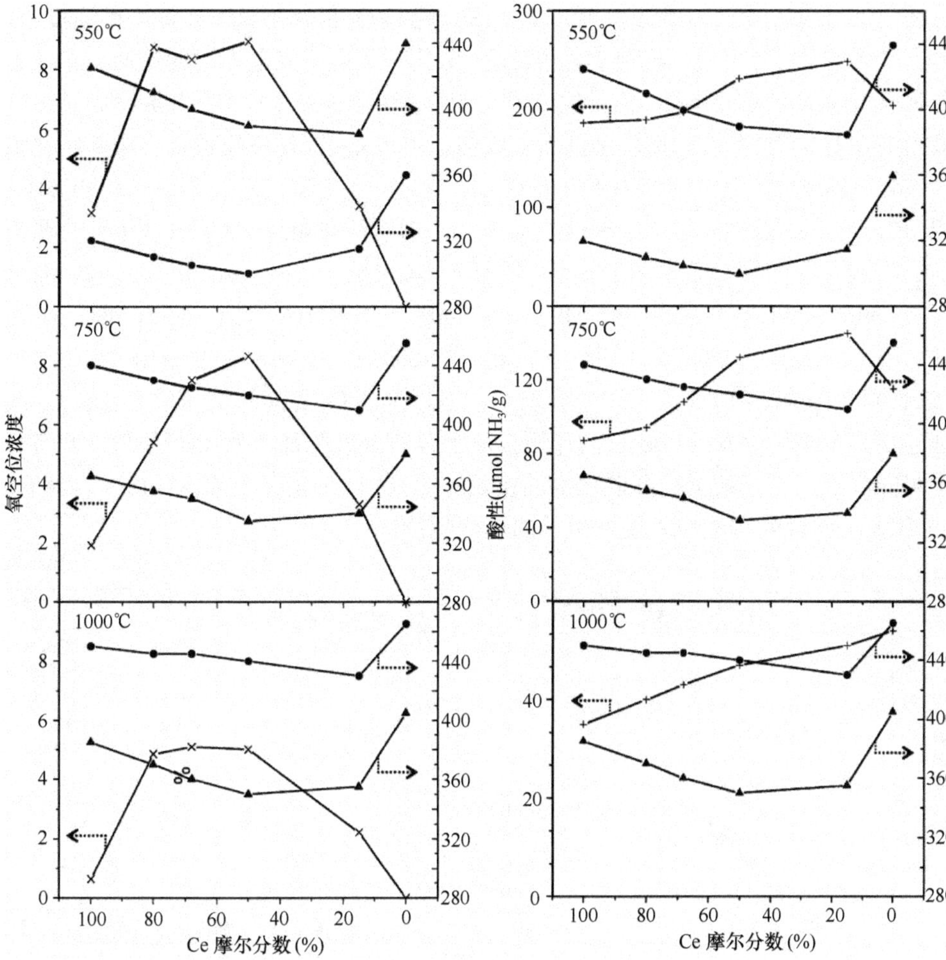

图 4-20　催化活性和不同温度下煅烧的混合氧化物的氧空位浓度及酸性之间的关系

4.2　氯代烯烃（TCE）

关于氯代烯烃的催化燃烧主要集中于三氯乙烯的催化消除。Yang 等[12]由共沉淀法制备一系列的过渡金属掺杂铈的催化剂 4Ce1M（M = V、Cr、Mn、Fe、Co、Ni 和 Cu），其催化性能如图 4-21 所示，纯 CeO_2 活性低，掺杂过渡金属后，催化燃烧活性明显增加，尤其是 4Ce1Cu 和 4Ce1Cr。通过 T_{90}（达到 90%的转化率所需的温度）的比较可以看出，对于三氯乙烯催化燃烧活性顺序为：4Ce1Cu（224℃）＞4Ce1Cr（232℃）＞4Ce1Mn（336℃）＞4Ce1Fe（398℃）＞4Ce1Co（404℃）＞4Ce1Ni（441℃）＞4Ce1V（480℃）＞Ce（＞550℃）。如图 4-21（b）所示，C_2Cl_4

是在 TCE 分解过程中检测到的唯一副产物。纯 CeO_2 催化剂只有在较高的温度下，才有少量的 C_2Cl_4 生成。掺杂过渡金属后，催化剂呈现出完全不同的性能。4Ce1Cu 上将有大量的 C_2Cl_4 生成，并且生成温度明显变低（310℃）。C_2Cl_4 的形成是由三氯乙烯在 CuO 的作用下脱氯化氢而生成的。由于 C_2Cl_4 比三氯乙烯更难被氧化消除，故在 4Ce1Cu 上检测到高浓度的 C_2Cl_4。此外，在 4Ce1Mn、4Ce1Fe、4Ce1Co 和 4Ce1Ni 的表面也存在着一些 C_2Cl_4 产物。然而，在 4Ce1Cr 的表面上只有微量 C_2Cl_4 生成。副产物 C_2Cl_4 峰值浓度序列如下：4Ce1Cu（659 ppm，310℃）>4Ce1Mn（423 ppm，330℃）>4Ce1Co（249 ppm，360℃）>4Ce1Ni（213 ppm，400℃）>4Ce1Fe（132 ppm，360℃）>CeO_2（72 ppm，480℃）>4Ce1V（52 ppm，260℃）>4Ce1Cr（26 ppm，240℃）。上述研究表明，CrO_x 和 CeO_2 之间的协同效应能在 C_2Cl_4 进一步完全氧化中发挥更积极的作用，增加具有强氧化能力的 Cr^{6+}数量，并避免焦炭的沉积，还有助于提高催化剂的抗氯中毒能力。因此，铈铬双组分催化剂在 CVOCs 氧化脱除过程中表现出优异的催化性能。

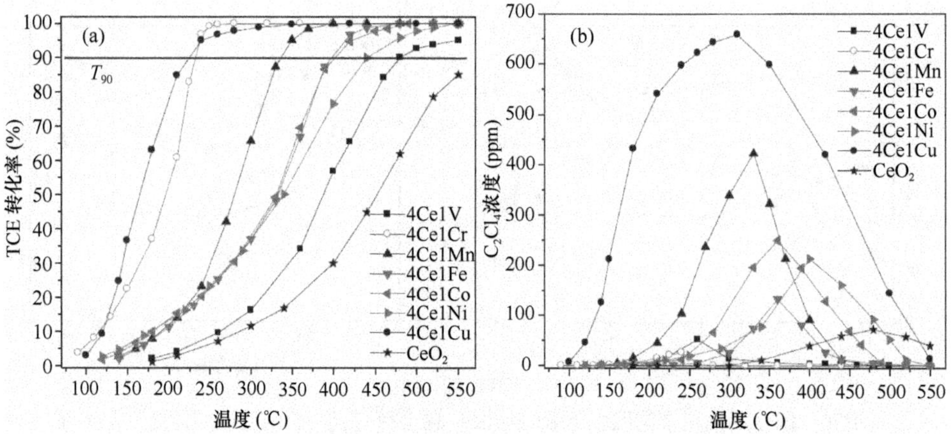

图 4-21 干燥空气中三氯乙烯燃烧的催化剂的催化性能

（a）三氯乙烯转换；（b）副产物 C_2Cl_4 的浓度

从图 4-22 中可以看出，铈铬复合氧化物催化剂在较高温度下具有良好的稳定性，但当反应温度低于 250℃时，TCE 在反应开始的 1 h 内有较明显下降。这可能是由于在较低温度下，Cl 物种及产生的 CO_2 在催化剂表面吸附，覆盖了活性位。而随着温度的升高，这种吸附作用明显变弱，因此催化剂的活性得到恢复。

水对氯代烯烃的氧化会产生显著的影响。在水存在条件下，DCE 和 TCE 的氧化受到抑制，但会导致副产物的量明显减少，这主要是由于水的存在加速了氯物种的脱除。

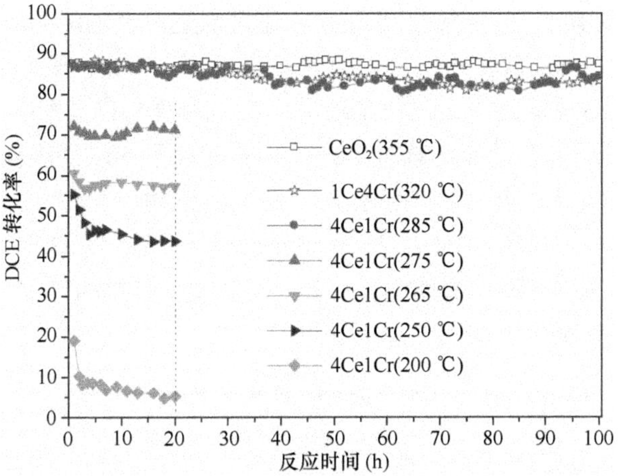

图 4-22　CeCr 复合氧化物的稳定性

Wang 等[13]研究了低温下 La、Ce 和 Pt 负载 MCM-41 催化剂用于三氯乙烯的催化燃烧，活性结果如图 4-23 所示。可以看出，MCM-41 分别负载 La 和 Ce 后在 200～550℃范围内表现出更好的催化燃烧三氯乙烯的活性，并且它们的活性在低温下与 Pt/Si-MCM-41 催化剂大致相当。Pt-La/MCM-41 和 Pt-Ce/MCM-41 催化剂具有最高的活性，表明 La 和 Ce 的存在，可促进 Pt 催化剂上 TCE 的净化脱除。Pt-La/MCM-41 和 Pt-Ce/MCM-41 的 T_{50} 分别为 385℃和 380℃，明显低于 Pt/MCM-41、La/MCM-41 和 Ce/MCM-41 的 T_{50}（419℃、437℃和 451℃）。

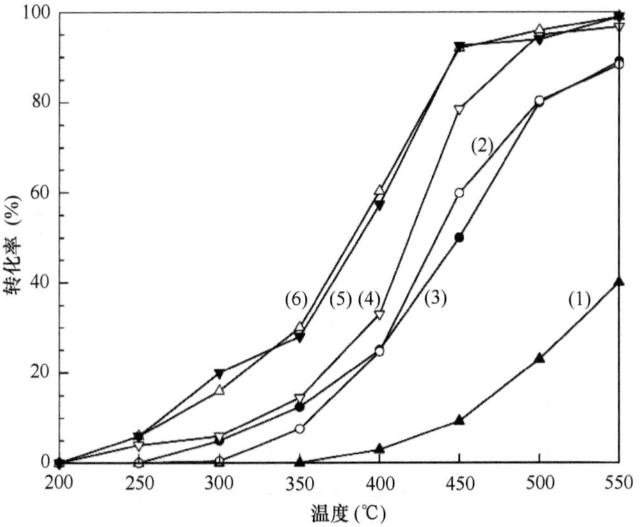

图 4-23　不同的催化剂对三氯乙烯的催化燃烧的活性

（1）MCM-41；（2）La/MCM-41；（3）Ce/MCM-41；（4）Pt/MCM-41；（5）Pt-La/MCM-41；（6）Pt-Ce/MCM-41

Miranda 等[14]研究了 0.5%的 Ru/Al_2O_3 催化剂上三氯乙烯的氧化行为，实验分别在干燥和潮湿（20000 ppm H_2O）的条件下进行。副产物主要是四氯化碳和氯仿，而对文献中报道的其他催化剂，四氯乙烯一般为主要的有机副产物。

如图 4-24 所示，在无催化剂时，TCE 只有在高于 500℃时才有较明显的转化率，而在 Ru/Al_2O_3 上，转化曲线明显向低温方向移动，在 1091 ppm 条件下，三氯乙烯转化的 T_{50} 为 326℃，而在 2180 ppm 条件下，T_{50} 为 336℃。虽然入口浓度不同，但是三氯乙烯的转化曲线十分相似。对于 Ru/Al_2O_3 催化剂，水的加入对催化剂的活性无明显影响（如图 4-25 所示）[14]。

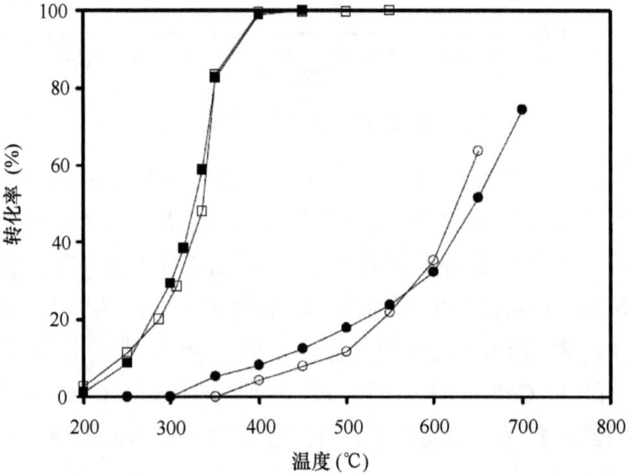

图 4-24　在 Ru/Al_2O_3（■，□）上和无催化剂（●，○）时 TCE 的氧化曲线

黑色填充标志代表 TCE 浓度为 1091 ppm，空白标志代表 TCE 浓度为 2180 ppm

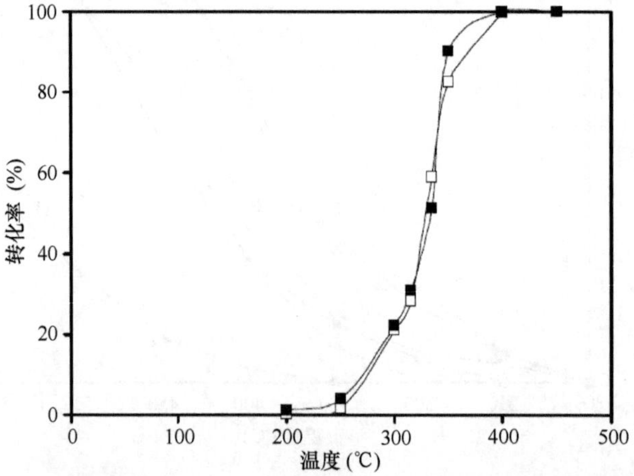

图 4-25　Ru/Al_2O_3 在干燥（■）和加入 20000 ppm 水（□）的条件下 2180 ppm TCE 的转化曲线

三氯乙烯的完全氧化的产物除 CO_2 和 H_2O 外，还有氯化氢、氯气、四氯乙烯（TCE）、四氯化碳（TTCM）和三氯甲烷（TCM）。没有检测到一氧化碳（CO）。TCE 在 Pd/Al_2O_3 和 Pt/Al_2O_3 上氧化时会产生 CO[15]。从图 4-26 可以看出，在无水条件下，HCl 的生成会随着转化率升高而降低，而氯气的选择性会随着转化率升高而增加；而在有水存在的条件下，氯气的选择性明显降低，说明水的存在对反应产物的选择性有明显影响。

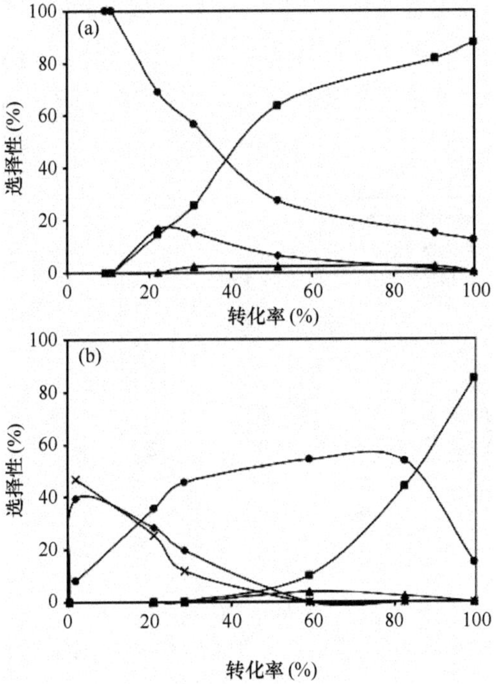

氯气（■）；盐酸（●）；TCE（▲）；TTCM（◆）；TCM（×）

图 4-26　Ru/Al_2O_3 催化剂上 2180 ppm 三氯乙烯氧化后的产物选择性

（a）在干燥条件下；（b）在潮湿条件下

4.3　氯代苯系物

Delaigle 等[16]发现 Ag 浸渍到 V_2O_5/TiO_2 催化剂的表面，会导致催化剂的比表面积下降和酸性位的减少，从而降低对氯苯（CB）完全氧化的活性。Predoeva 等[17]研究了 TiO_2 负载的带有 Keggin 结构 PMoV 和 PWV 杂多酸催化剂在氯苯完全氧化过程中的活性，发现在 PMoV 和 PWV 杂多酸催化剂中，V 作为结构助剂，有利于形成 Mo—O—V 和 W—O—V 的活性中心，高温预处理能提高 Mo—O—V 和 W—O—V 活性中心的分散度，从而使其对氯苯氧化的性能有明显的提高。

Brink 等[18]研究了 $Pt/\gamma\text{-}Al_2O_3$ 用于氯苯的完全催化氧化脱除，在 440℃时，氯苯实现完全转化，但在该温度下有大量多氯苯生成，只有在 600℃时，才能完全燃烧生成 CO_2。图 4-27 为 400℃时氯苯氧化产生多氯苯产物的分布情况。在无水条件下，1,4-$PhCl_2$（约 10 ppm）是最丰富的二氯苯的异构体，其次是 1,3-$PhCl_2$，再次是邻位异构体（1,2-$PhCl_2$）。1,2,4-$PhCl_3$ 是主要的三氯苯，以及极少量的 1,3,5-$PhCl_3$ 和 1,2,3-$PhCl_3$。当燃烧反应温度升至 450℃时，四、五和六氯苯也开始出现，并逐渐增多。而在水蒸气存在时，较高的氯化 $PhCl_x$ 不易形成，$PhCl_4$ 的量减少了 4 倍，$PhCl_5$ 的量分别小了 10 倍，并且几乎没有 $PhCl_6$ 生成。氧分压对副产物的形成也有影响：在氯苯的总转化保持稳定的情况下，增加氧气浓度，多氯化苯的含量大幅上升。

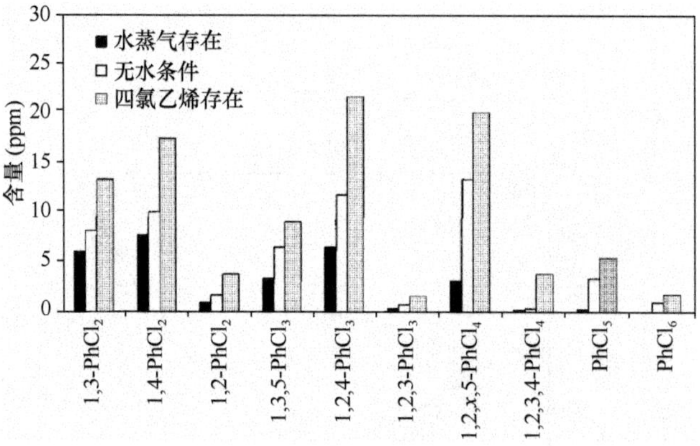

图 4-27　在 400℃时氯苯在不同条件下催化燃烧产生的多氯苯的分布情况

对于四氯苯的第一个高峰期，标记为 1,2,*x*,5-$PhCl_4$，即 1,2,3,5-$PhCl_4$ 和 1,2,4,5-$PhCl_4$，因为这两种化合物不能通过 GC 分离

Bertinchamps 等[19]研究了在氯苯的燃烧中，水对 VO_x/TiO_2，$VO_x\text{-}WO_x/TiO_2$ 和 $VO_x\text{-}MoO_x/TiO_2$ 催化剂的影响。如图 4-28 所示，在 VO_x/TiO_2 上，没有水存在时，氯苯转化率为 29%；存在 1%或 2%水时，转化率分别增至 44%或 42%。与此相反，水的含量增加至 5%时，氯苯转化率下降至 26%。在 $VO_x\text{-}WO_x/TiO_2$ 上，水蒸气浓度的增加明显抑制氯苯的转化。在没有水存在的情况下，氯苯的转化率为 46%，而在 1%和 5%水存在时，转化率分别降低至 30%和 16%，在 $VO_x\text{-}MoO_x/TiO_2$ 催化剂上水的抑制作用更明显，2%水的添加将导致催化剂几乎完全失活。在 VO_x/TiO_2 上，低浓度水可能有利于脱除催化剂表面的 Cl 物种，从而对催化剂的活性有促进作用。而当浓度高时，水导致催化剂表面的 VO_x 活性中心数目下降，催化剂表面 Brönsted 酸性位减少，从而显示出抑制作用。

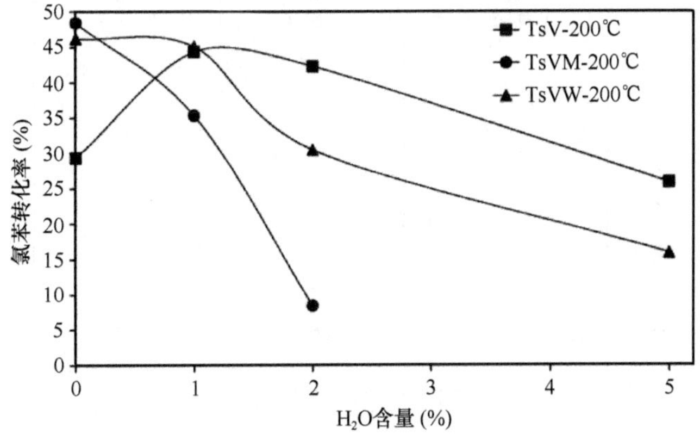

图 4-28　在 200℃氯苯转化率与 H_2O 含量的关系

Lu 等[20] 研究了不同元素改性的 $LaMnO_3$ 钙钛矿氧化物催化剂上氯苯的催化氧化性能。如图 4-29 所示，LSMO 催化剂（由 Sr 部分取代 La）具有最高的催化净化效能，T_{90} 仅为 291℃。另外，随着反应的进行，氯苯的转化率有明显的下降，这可能是由于氯苯分解过程中产生的 Cl 物种覆盖在催化剂表面造成的。当温度高于 350℃时，催化剂经 2 h 反应后活性基本达到稳定。

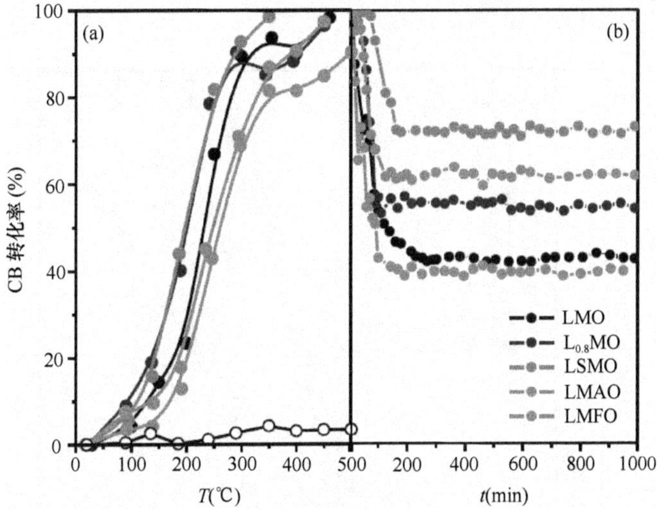

图 4-29　改性 $LaMnO_3$ 催化燃烧 CB 的活性（a）和稳定性（b）

T=350℃，气体组成：1000 ppm CB，10%O_2，N_2 平衡；GHSV=15000 h^{-1}

图 4-30 为氧气的流动性及表面氧/晶格氧的比例与改性 $LaMnO_3$ 催化剂在 350℃下活性的关系。在 CB 分解反应中，除去氯物种可能是一个决速步骤。LSMO 催化剂（由 Sr 部分取代 La）上表面氧的含量最高，表面氧能快速除去吸附在催

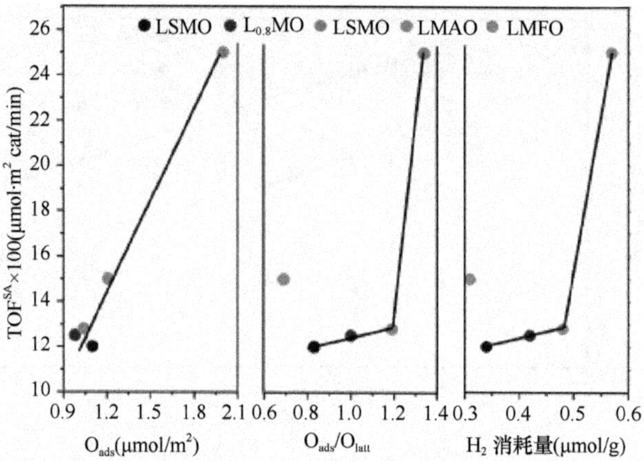

图 4-30 氧气的流动性及表面氧/晶格氧的比例与改性 $LaMnO_3$ 催化剂 350℃活性的关系

气体组成：1000 ppm CB，10%O_2，N_2 平衡；GHSV=15000 h^{-1}

化剂表面上的氯物种，从而使催化剂显示出更好的性能。

Huang 等[21]研究了 VO_x/CeO_2 催化剂用于氯苯的催化燃烧，发现 VO_x 负载量对 VO_x/CeO_2 催化氯苯氧化的性能有显著的影响。纯 CeO_2 在 442℃下，转化率达到 90%。VO_x 的存在使催化剂的活性显著提高，活性曲线向低温方向移动，VO_x 的最佳负载量为 2.1%（见图 4-31）。

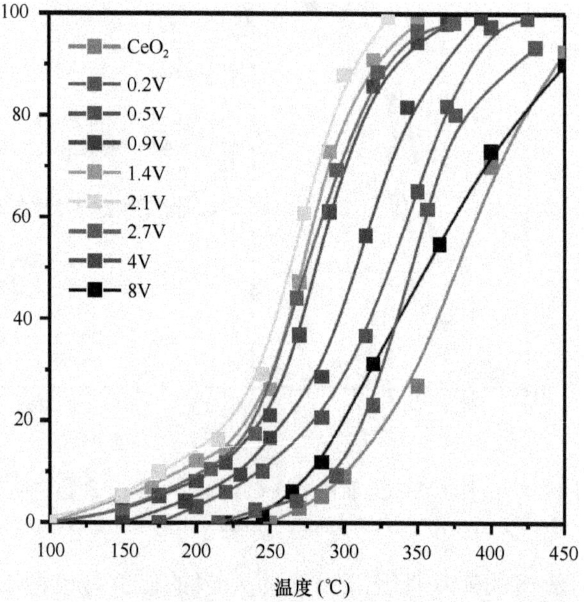

图 4-31 不同负载量的 VO_x/CeO_2 催化剂上 CB 转化率与反应温度关系

CB 浓度为 1000 ppm；GHSV：30000 h^{-1}；催化剂用量：200 mg

苯（B）、氯苯（CB）和邻二氯苯催化燃烧的 T_{90} 与 VO_x 负载量的关系如图 4-32 所示。可以看出，对于氯苯和二氯苯，随着 VO_x 负载量的增加，低聚体和多聚体的 VO_x 开始出现，而催化剂的活性也明显提高（T_{90} 变低）。但是当 VO_x 的负载量过多时，VO_x 在 CeO_2 表面不再单层分散，催化剂活性下降。然而，在苯的催化氧化反应中，VO_x 负载量的增加导致催化剂的活性下降。在 VO_x/CeO_2 催化剂上，当 VO_x 以单体形态存在时，随着氧空位浓度的增加，表面氧的流动性变强，催化剂的活性提高；当 VO_x 以低聚体或多聚体存在时，虽然氧空位浓度有一定程度下降，但是催化剂的活性仍高于单体的 VO_x/CeO_2 催化剂。

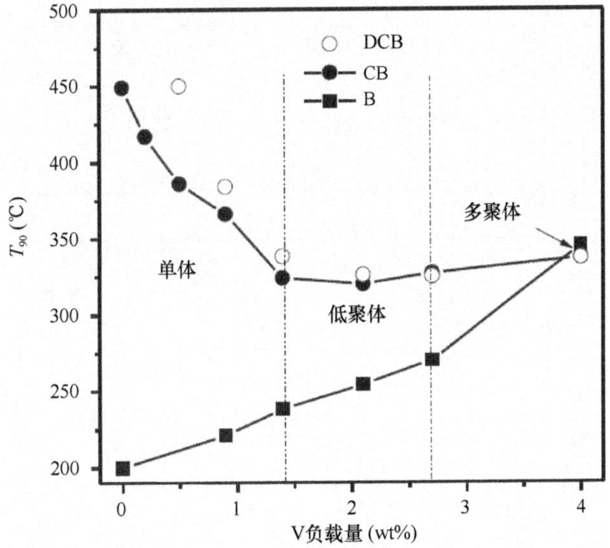

图 4-32　苯（B），氯苯（CB）和邻二氯苯催化燃烧的 T_{90} 与 VO_x 负载量的关系
反应物浓度为 1000 ppm；GHSV：30000 h^{-1}；催化剂用量：200 mg

VO_x/CeO_2 催化剂上 CB 氧化的主要产物是 CO/CO_2、HCl 和 Cl_2，但是也会产生二氯苯（DCB）副产物。图 4-33 为不同负载量 VO_x/CeO_2 催化剂上 CB 燃烧的 DCB 分布情况，可以看出有邻二氯苯和对二氯苯生成，并且二者具有类似的分布。DCB 可能是通过 CB 与 Cl_2 在 CeO_2 上发生氯化反应而产生的。随着 VO_x 负载量增加，二氯苯的生成量明显变少。这可能是由于 VO_x 的低聚体和多聚体对 DCB 的催化氧化具有较高活性，DCB 的产率最大程度地降低了。

Deng 等[22]发现，与单一的 CeO_2 和 TiO_2 相比，$Ce_{1-x}Ti_xO_2$ 固溶体催化剂对 1,2-二氯苯催化氧化的活性有明显提高，并且 $Ce_{0.5}Ti_{0.5}$ 催化剂具有最高的催化活性（T_{90} 为 375℃，如图 4-34 所示），与 V_2O_5/TiO_2 催化剂的 T_{90} 相近[23-25]。图 4-35 为

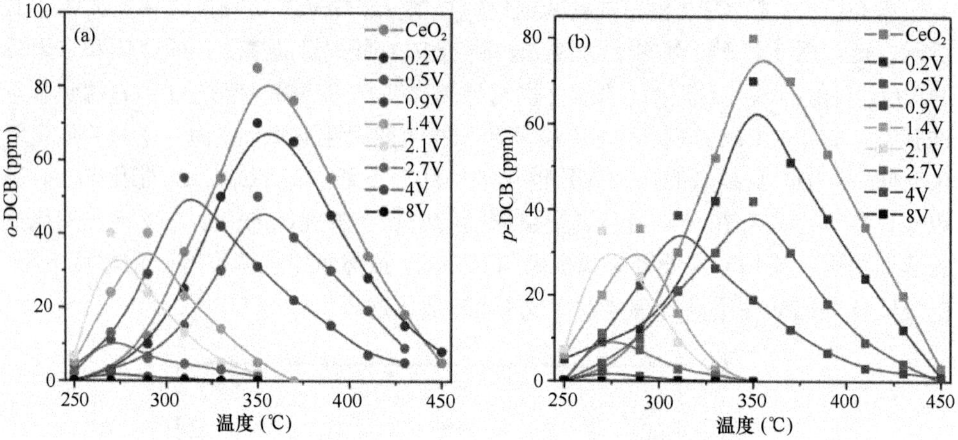

图 4-33　不同负载量的 VO_x/CeO_2 催化剂上 CB 燃烧的 DCB 分布

（a）*o*-DCB；（b）*p*-DCB

CB 浓度为 1000 ppm；GHSV：30000 h^{-1}；催化剂用量：200 mg

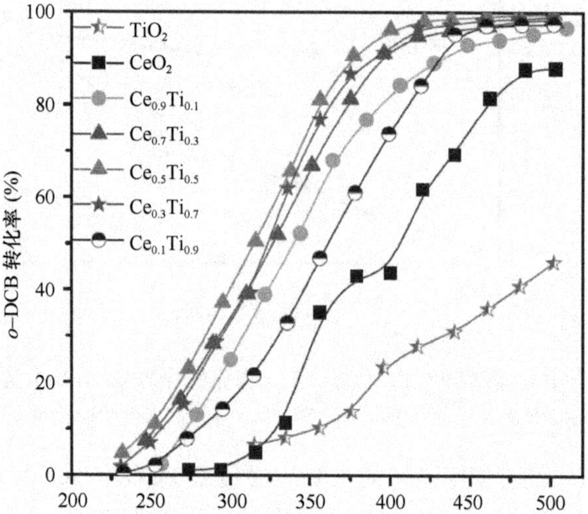

图 4-34　$Ce_{1-x}Ti_xO_2$ 上的邻二氯苯催化燃烧

邻二氯苯浓度：1000 ppm；GHSV=30000 h^{-1}；催化剂量：200 mg

$Ce_{1-x}Ti_xO_2$ 催化剂在苯、氯苯和邻二氯苯燃烧的 T_{90} 与 Ti/(Ce+Ti)的关系图，对于氯苯和邻二氯苯的氧化，随着萤石结构催化剂中钛含量的增加，T_{90} 降低，表明催化剂的活性提高。当 Ti 含量高到足以形成单斜和锐钛矿结构时，Ti 含量的增加不利于氯苯和邻二氯苯的催化燃烧。但对于苯的催化燃烧，Ti 含量的增加不利于活性的提高，氧化铈呈现出最高的催化净化效率。

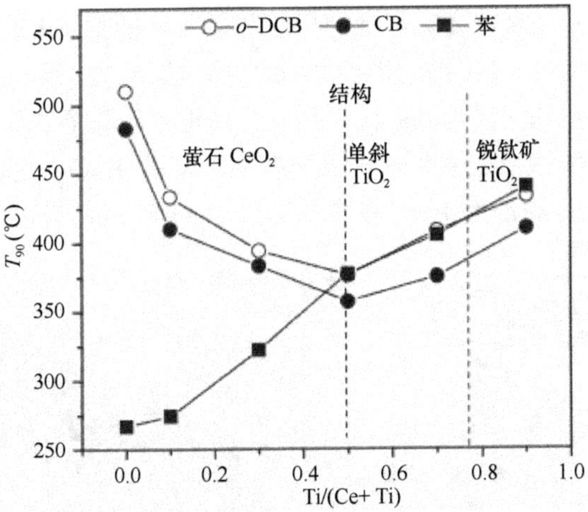

图 4-35　$Ce_{1-x}Ti_xO_2$ 催化剂苯、氯苯和邻二氯苯燃烧的 T_{90}

反应浓度：1000 ppm；GHSV=30000 h^{-1}；催化剂量：200 mg

水对催化剂在邻二氯苯的燃烧行为会产生一定的影响，如图 4-36 所示。特别是在低温下，水对邻二氯苯的转化具有抑制作用。对于萤石结构的催化剂，T_{20} 和 T_{90} 随着 Ce 量增加显著上升，而富钛催化剂略有增加。由此看来，钛物种能更有效地提高催化剂的抗水性能。$Ce_{1-x}Ti_xO_2$ 复合氧化物中钛的掺入改变了晶体结构，从而大大增加了催化剂的酸度和氧的流动性，从而提高了催化剂的活性和稳定性，其活性在 330℃时至少可保持 50 h 的稳定。

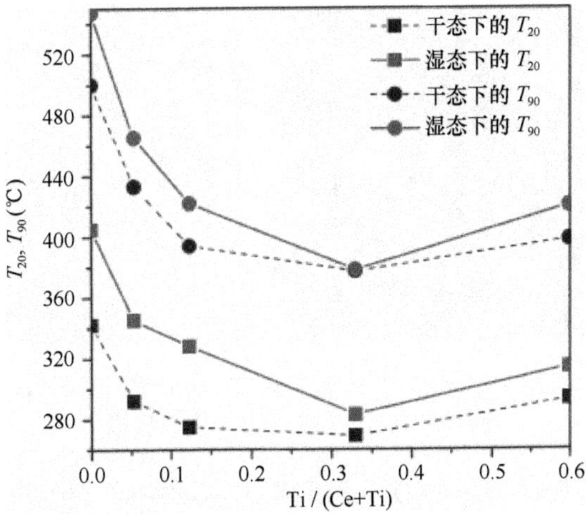

图 4-36　$Ce_{1-x}Ti_xO_2$ 催化剂的邻二氯苯燃烧的 T_{20} 和 T_{90} 与 Ti/（Ce+Ti）的关系图

1000 ppm 邻二氯苯浓度，10%O_2，1.5%（v/v）H_2O 和 N_2 平衡；GHSV=30000 h^{-1}；催化剂量：200 mg

Huang 等[26]研究纳米级氧化铈的形貌和晶体表面对 Ru/CeO_2 催化剂上氯苯催化燃烧活性的影响。氧化铈纳米棒（CeO_2-r），纳米立方体（CeO_2-c）和纳米八面体（CeO_2-o）的电镜照片如图 4-37 所示。从图中可以看出，CeO_2 表面担载 Ru 后形貌无明显变化，Ru 在催化剂表面既有椭圆形的 RuO_2（晶格 0.327 nm 对应 RuO_2[110]面），又有球形的 Ru（晶格 0.205 nm 对应 Ru[101]面）存在。

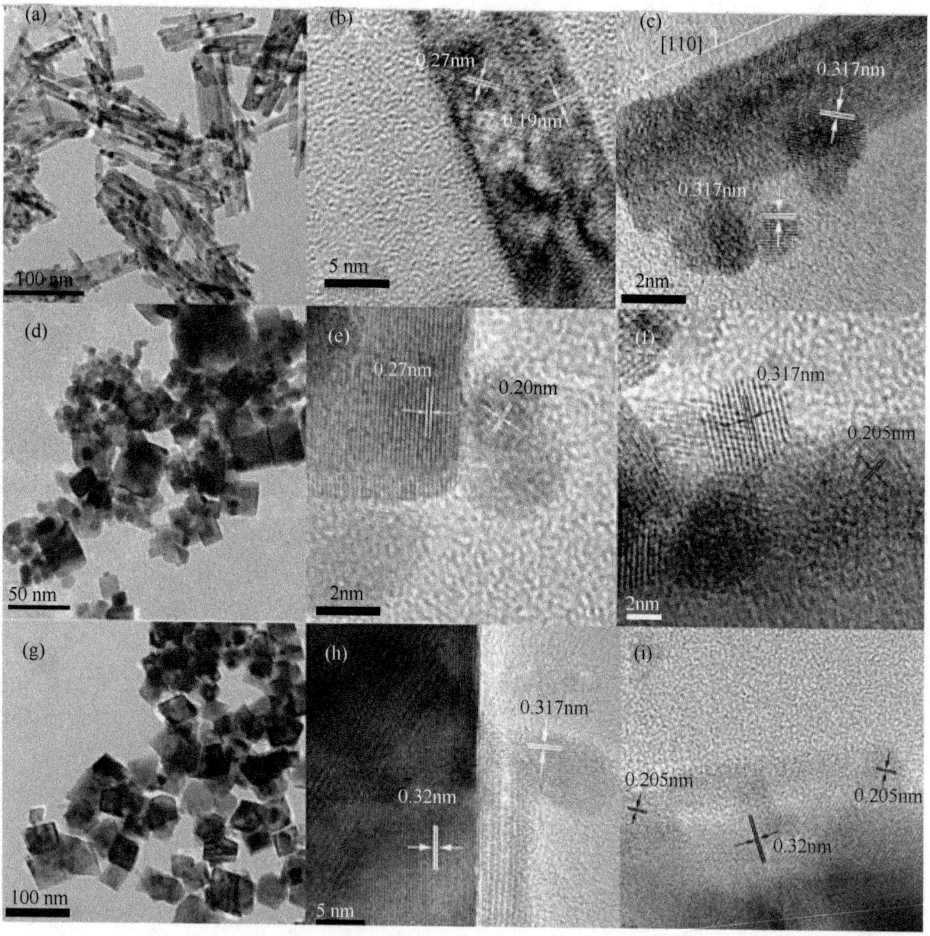

图 4-37　Ru/CeO_2-r（a，b，c），Ru/CeO_2-c（d，e，f）和 Ru/CeO_2-o（g，h，i）的透射电子显微镜和高分辨透射电子显微镜图像

O_2 的程序升温脱附（O_2-TPD）是研究 O_2 流动性的一种有效手段。图 4-38 为不同 CeO_2 和 Ru/CeO_2 催化剂上 O_2-TPD 的曲线。可以看出，对于 CeO_2，只有 CeO_2-r 在 170℃显示了一个氧脱附峰，这可归因于物理吸附氧气的脱附。而对 CeO_2-c 和 CeO_2-o 在低于 500℃下无氧气脱附峰。引入 Ru 之后，一个显著特点是：Ru/CeO_2-r

在 180℃、306℃和 424℃有三个明显的氧脱附峰，而 Ru/CeO_2-c 和 Ru/CeO_2-o 只有两个氧脱附峰（105℃/368℃和 170℃/347℃）。通常，被吸附的氧的变化遵循以下过程：O_2（物理吸附分子氧）→ O_2^-（化学吸附分子氧）→ O^-（化学吸附原子氧）→ O^{2-}（晶格氧）[27]。物理吸附的氧气（O_2）和化学吸附的氧气（O_2^-/O^-）物种比晶格 O^{2-}物种容易解吸[28]。因此，在非常低的温度（＜200℃）解吸的氧为物理吸附氧或弱化学吸附氧，而在 200℃和 500℃之间的脱附峰可以归属为空位上的化学吸附氧（CAOS），更高温度（＞500℃）下的脱附峰归因于晶格氧[29]。因此，CAOS 的量可以反映催化剂表面或次表面氧空位情况[30]。Ru/CeO_2 催化剂上 CAOS 量的顺序为 Ru/CeO_2-r≫Ru/CeO_2-c＞Ru/CeO_2-o，并且化学吸附氧的脱附温度顺序为 Ru/CeO_2-r＞Ru/CeO_2-c＞Ru/CeO_2-o。上述结果表明：Ru 和 CeO_2-r 之间有更强的相互作用，从而使 Ru/CeO_2-r 比 Ru/CeO_2-c 和 Ru/CeO_2-o 拥有更多的 Ru^{4+}和更强的表面氧流动性。在氯苯氧化的反应中，Ru/CeO_2-r 比 Ru/CeO_2-c 和 Ru/CeO_2-o 具有更高的催化活性，氯苯转化的 T_{10} 和 T_{90} 分别为 160℃和 280℃（如图 4-39 所示）。这说明氧化铈形貌/晶面对 Ru/CeO_2 催化剂上 CB 氧化活性有很大的影响。

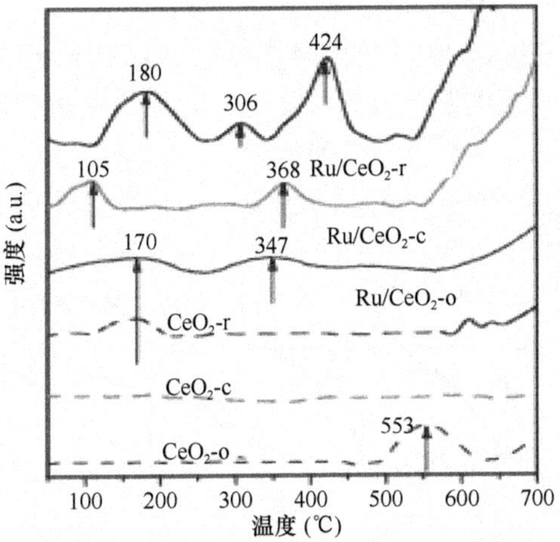

图 4-38　不同 CeO_2 和 Ru/CeO_2 催化剂的 O_2-TPD

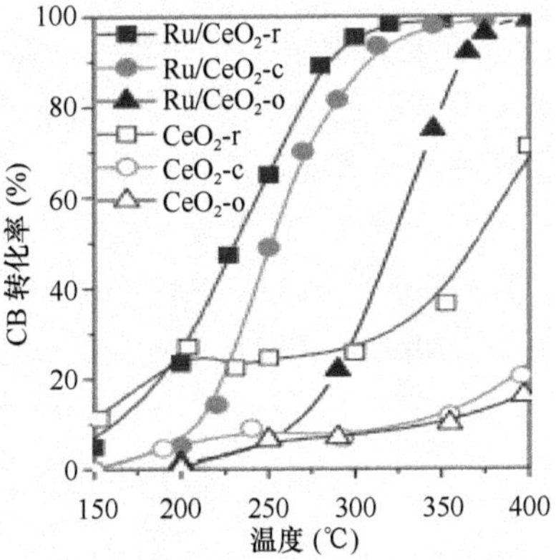

图 4-39　不同 CeO_2 和 Ru/CeO_2 催化剂上对氯苯转化活性的比较

CB 浓度为 1000 ppm；GHSV：30000 h^{-1}；催化剂用量：200 mg

从图 4-40 可以看出，Ru/CeO_2-r 催化剂上更多的 Ru—O—Ce 和 Ru^{4+}及更强的氧流动性，使其具有更高的催化燃烧 CB 的活性。

Dai 等[31]研究了 Mn-Ce-La-O 复合氧化物催化剂对氯苯的催化燃烧性能。通过溶胶-凝胶法制备了一系列的 Mn_x-CeLa 复合氧化物催化剂，并考察了其对氯苯（CB）催化燃烧的性能。Mn_x-CeLa 催化剂在 Mn/（Mn + Ce + La）比处于 0.69～

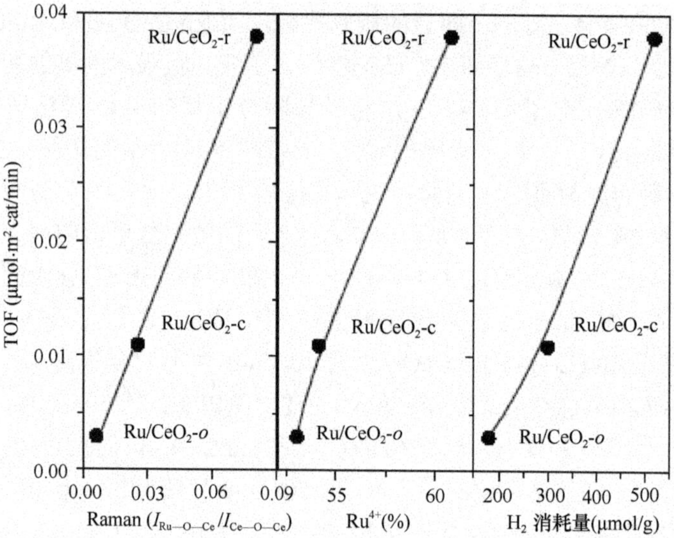

图 4-40 Ru/CeO_2 催化剂的比活性与 Ru—O—Ce，Ru^{4+}含量及氧流动性的关系

CB 浓度：1000 ppm；GHSV：30000 h^{-1}；催化剂用量：200 mg

0.8 的范围内具有高催化活性。Mn_x-CeLa 催化剂的活性在低于 330℃下受到抑制，这由于 CB 的分解过程中产生的氯物质的强烈吸附。然而，增加的氧浓度可使表面氧种与残氯的反应得到增强，从而提高耐氯中毒的能力。

Wang 等[32,33]研究了溶胶-凝胶法制备的 MnO_x-CeO_2 复合氧化物催化剂上氯苯（CB）的催化燃烧，发现不同 Mn/（Ce+Mn）比例的 MnO_x-CeO_2 催化剂活性差异明显，$MnO_{0.86}$-CeO_2 具有最高活性，氯苯转化的 T_{90} 为 236℃（如图 4-41 所示），

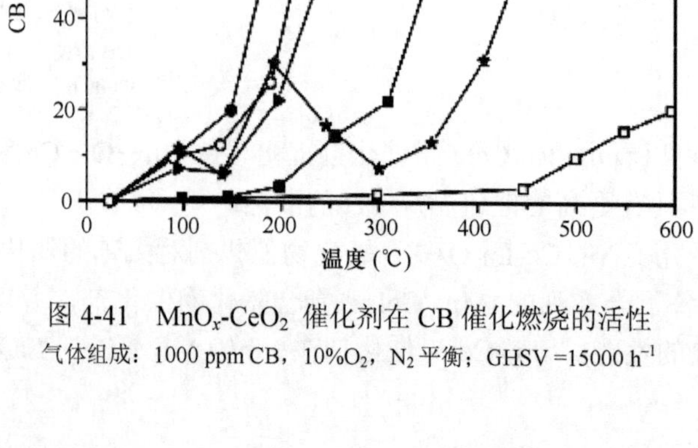

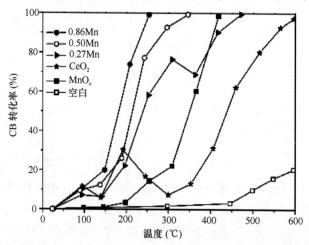

图 4-41 MnO_x-CeO_2 催化剂在 CB 催化燃烧的活性

气体组成：1000 ppm CB，10%O_2，N_2 平衡；GHSV =15000 h^{-1}

并且发现具有较高 Mn/（Ce+Mn）比的 MnO_x-CeO_2 催化剂呈现高稳定活性，这是由于大量的表面活性氧有利于除去中毒物质氯。

4.4　不同氯代 VOCs 催化燃烧特征的比较

Abdullah 等[34]研究了铬和铜负载在 H-ZSM-5（Si/Al=240）上修饰四氯化硅 $Cr_{1.5}/SiCl_4$-Z、$Cu_{1.5}/SiCl_4$-Z、$Cr_{1.0}Cu_{0.5}/SiCl_4$-Z 在二氯甲烷（DCM）、三氯甲烷（TCM）和三氯乙烯（TCE）催化燃烧的性能。图 4-42（a）和（b）显示出了 DCM、TCM 和 TCE 燃烧的转化率和相应的二氧化碳产率。如图 4-42（a）所示，在 VOCs 分子中氯含量的增加有利于反应的进行，TCM 比 DCM 的转化率更高。较低温度下这一差异更加明显，随着温度的升高，差异减小。与 DCM 和 TCM 比较，TCE 分子中有一个双键，导致其在 500℃时还不能完全被转化。

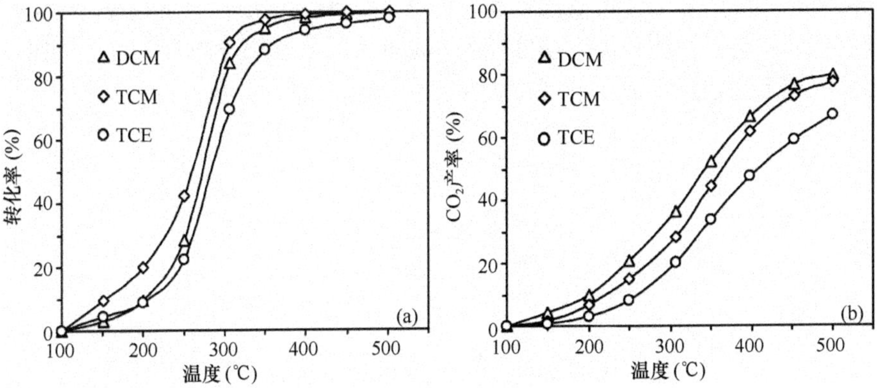

图 4-42　$Cr_{1.0}Cu_{0.5}/SiCl_4$-Z 催化剂上 DCM，TCM 和 TCE 燃烧转化率和相应二氧化碳产率

非热等离子体（NTP）和催化相结合，也可用于氯代 VOCs 的脱除[35, 36]。最近，Vandenbroucke 等[36]发现，将 NTP 和 $LaMnO_{3+\delta}$ 相结合用于三氯乙烯的去除，与单纯用等离子体系统相比较，显著提高了三氯乙烯的去除率和产物二氧化碳的选择性。

4.5　反 应 机 理

含卤有机废气的催化燃烧是一种典型的气-固相催化反应，它的实质是活性氧将含卤有机废气氧化生成 H_2O、CO_2 等。在催化燃烧的过程中，催化剂的作用是降低活化能，同时使反应物分子富集于表面来提高反应速率。催化剂可使含卤有机废气在较低温度下发生无焰的燃烧，从而氧化降解为 CO_2，H_2O 和 HX（X 为卤族原子），同时放出大量的热。其反应过程如以下方程式所示：

$$C_mH_nX_y+\left(m+\frac{n-y}{4}\right)O_2 = mCO_2+\frac{n-y}{2}H_2O+yHX+Q$$

在气-固催化反应中，从反应物到产物一般经历以下步骤（见图 4-43）：①反应物分子从气相向催化剂表面和孔内扩散；②反应物分子在催化剂内表面上吸附；③吸附的反应物分子在催化剂表面上相互作用或与气相分子作用进行化学反应；④反应产物从催化剂内表面脱附；⑤反应产物在孔内扩散并扩散到气相。

上述步骤中的第①步和第⑤步为扩散过程。从气相层经过滞流层向催化剂颗粒表面的扩散以及其反向的扩散，称为外扩散。从颗粒外表面向内孔道的扩散以及其反向扩散，称为内扩散。这两个步骤均属于传质过程，与催化剂的宏观结构和流体类型有关。第②步为反应物分子的化学吸附，第③步为吸附分子的内表面反应，第④步为产物分子的脱附。②～④三步均属于表面进行的化学过程，与催化剂的表面结构、性质和反应条件有关，也称为化学动力学过程。气-固相催化反应过程大致上就包括上述的物理过程和化学过程两部分。

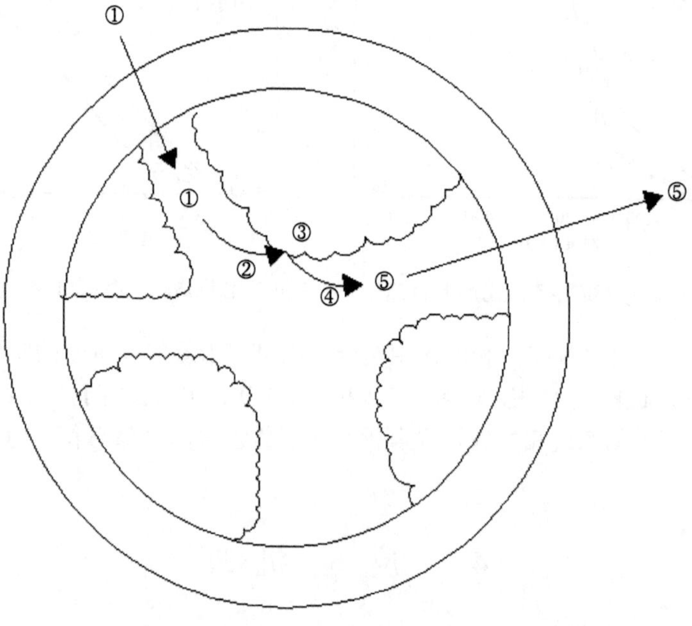

图 4-43　气-固相催化反应过程中各步骤示意图

在不同的燃烧温度下，催化燃烧的控制步骤有所不同：在低温阶段，催化反应为内表面反应动力学控制；在中间阶段，反应速率受内扩散过程控制；在高温阶段，外扩散对于整个反应过程的控制是非常明显的。一般地，含卤有机废气的催化燃烧是基于 Mars-Van Krevelen（MVK）机理的表面氧化/还原循环，此机理可由以下两个简单的步骤概括：

① 含卤有机废气 + 氧化态的催化剂 ⟶ 还原态的催化剂+产物

② O_2+还原态的催化剂 ⟶ 氧化态的催化剂

由图 4-44 可见，催化剂中的晶格氧 O^{2-}参与反应，气相 O_2 用来补充反应中消耗的晶格氧 O^{2-}，完成一个氧化还原（Redox）循环。

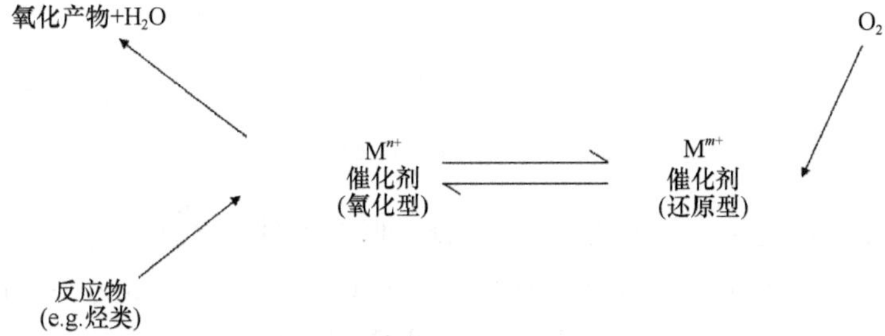

图 4-44　Mars-Van Krevelen（MVK）机理表面氧化还原循环示意图

含卤有机废气在负载型金属催化剂上的完全氧化反应遵循以下两种类型：一种是 Langmuir-Hinselwood 型，催化剂表面吸附的氧原子与吸附的有机化合物反应。另一种是 Eley-Rideal 型，即反应在表面吸附的氧原子与气相中的有机化合物之间进行。

CVOCs 催化燃烧反应一般分为脱氯过程与氧化过程。根据不同的催化体系，脱氯与氧化可同时进行，也可先后进行。一般情况下当含氯污染物中 Cl 的化学计量数较高时，直接氧化所需的活化能较高，脱氯反应与氧化反应先后进行，即分解反应的第一步为脱氯过程，一般可分为两种反应路径：

（1）首先和 H_2O 反应生成醛类、醇类或酸类物质以及 HCl，然后再深度氧化生成 CO、CO_2 和 H_2O［见图 4-45（a）］；

（2）在活性位上直接分解为 HCl 和相对不稳定的烯炔类物质，然后再深度氧化生成 CO、CO_2 和 H_2O；CVOCs 深度氧化的主要产物是 CO、CO_2、HCl 和 Cl_2［见图 4-45（b）］，在中低温阶段会有醛类、酸类与含氯有机物等副产物和中间产物的产生。Cl_2 一般通过 Deacon 反应产生，且 Cl_2 容易与反应物或是中间产物生成含氯副产物。CO_2 可由反应物直接氧化生成，但在多数情况下 CO_2 是由 CO 氧化而来，催化剂的氧化性决定了反应物对 CO_2 的产率。对于不同的催化剂和反应体系，反应物在 B 酸位和 L 酸位上的反应机理也不同。

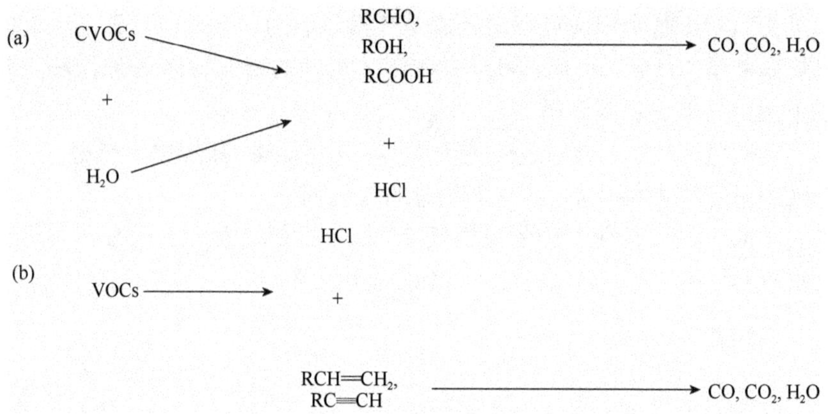

图 4-45　CVOCs 催化燃烧反应过程

1,2-二氯乙烷的反应机理为后一种，即先吸附在催化剂活性位上，分解为氯乙烯和 HCl，然后氯乙烯再和氧气反应生成 CO、CO_2、HCl 和 H_2O；Cl_2 通过 Deacon 反应由 HCl 氧化而来（$4\ HCl + O_2 = 2\ H_2O + 2\ Cl_2$）。

二氯甲烷在 B 酸位和 L 酸位上的反应机理截然不同[29]，当 CH_2Cl_2 与 B 酸位作用时，它先和 H_2O 反应生成 CH_2O，然后 CH_2O 在 Pt 位上氧化生成 CO 和 CO_2；当 CH_2Cl_2 与 L 酸位作用时，反应生成 CH_3Cl，然后 CH_3Cl 在 Pt 位上直接氧化生成 CO、CO_2、H_2O 和 HCl。在 CeO_2-Cr_2O_3/USY 上，二氯甲烷首先和—OH 反应生成吸附态 CH_2O 和 HCl，然后吸附的 CH_2O 被氧化为甲氧基和甲酸物种，前者可以与 HCl 反应生成中间产物 CH_3C1，后者继续氧化为 CO、CO_2 和 H_2O[30]。而三氯乙烯（TCE）的分解机理为：首先 TCE 与催化剂表面的—OH 物种形成不稳定的氯酸基物种，在有活性氧存在的条件下继续被氧化生成 CO 和 CO_2[31, 32]。

Cao 等[37]研究了 Ce/TiO_2 催化剂上 CH_2Cl_2 催化燃烧的反应机理。如图 4-46 所示，Ce/TiO_2 催化剂上 DCM 的催化燃烧分两步进行，第一步是反应物的吸附和 C—Cl 键的断裂，然后在 TiO_2 载体上形成表面反应中间物种，产生大量的 CO 和副产物（$C_xH_yCl_z$）；同时，由于 Cl 物种在 TiO_2 表面吸附且积累，导致 TiO_2 中毒。第二步是在活性位 Ce 的作用下，Cl 物种的脱附和副产物（$C_xH_yCl_z$）中 C—H 的断裂。离解的氯将从 Ti^{4+}位点转移到 CeO_2 的氧空位，在富氧气氛中，氯物种与表面 OH 基反应形成盐酸或相互结合生成 Cl_2，从而抑制氯的中毒作用。C—H 键的离解导致 CO 形成，由于 Ce 的氧化能力不足够强，CO 部分氧化为 CO_2。

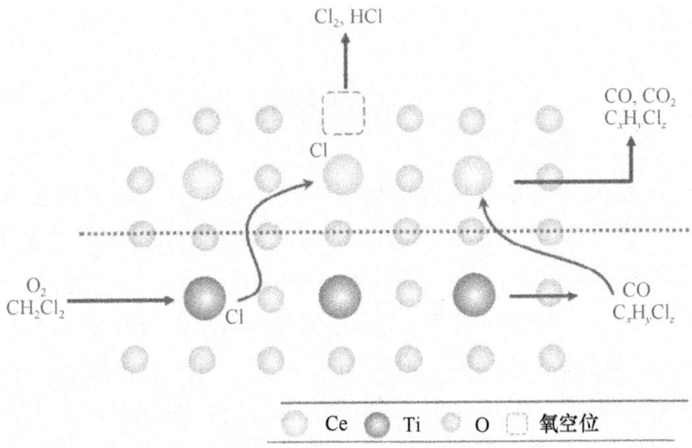

图 4-46　Ce/TiO_2 催化剂对二氯甲烷催化燃烧的催化分解机理

Huang 等[21]提出在 VO_x/CeO_2 催化剂上氯苯的催化燃烧可分为 6 个步骤（如图 4-47 所示）：①CB 与催化剂上的路易斯酸位点相互作用形成 CB 吸附的 π 键络合物等中间体；②通过亲核氧（晶格氧离子），氯被消除形成酚中间体；③气相氧在表面吸附以补充消耗的氧；④活性表面氧种（如在氧空位吸附的 O_2^-和 O^-）攻击芳香环；⑤含氧物种的形成和部分氧化的表面物质，如烯醇物种、甲酸盐、乙酸盐、马来酸盐、乙酸盐型的羧酸盐的形成；⑥含氧物种进一步反应，以形成气相反应产物（CO_2、H_2O、HCl 和氯气）。

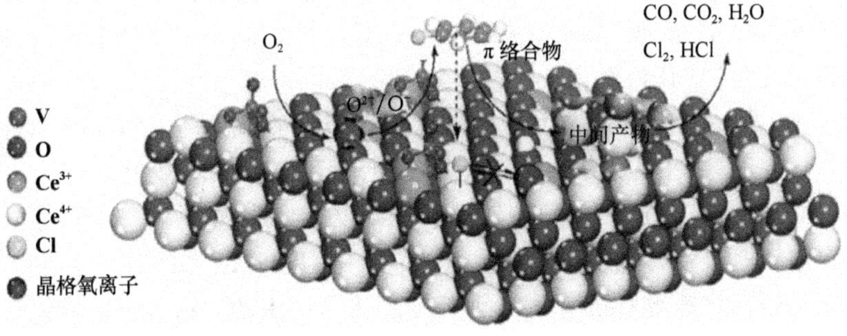

图 4-47　VO_x/CeO_2 催化氧化氯苯的反应机制

总之，不同的含卤有机废气的催化燃烧机理都有所不同，即使是同一种含卤有机废气在不同的催化剂上进行催化燃烧的机理也不尽相同。但是不论何种机理，催化剂的氧化/还原性及催化剂表面氧的流动性对反应的进行起着至关重要的作用。

4.6　产物选择性分析

在含卤有机废气催化燃烧反应过程中，并不是所有的反应物都转化成了 CO_2 和 H_2O，由于一些副反应的发生以及不完全氧化导致生成 CO、含卤气体以及未完全氧化的碳氢化合物，从而影响催化燃烧的净化效果。影响选择性的因素很多，有化学和物理的因素，但就催化剂的结构来说，活性组分在催化剂表面的分布、微晶的粒度大小、载体的孔结构、孔径分布和孔容都十分重要。

钒催化剂催化燃烧二氯甲烷、二氯乙烷废气时，可能会产生甲醛和乙醛等不完全氧化产物[38]。此不完全氧化物产率一般占总转化率的 2%～3%左右。而铬催化剂用于催化燃烧二氯甲烷、二氯乙烷这两种 CVOCs 时，反应过程中并无部分氧化产物生成，CVOCs 可彻底降解为 CO_2、H_2O 和 HCl。可见，铬催化剂对两种 CVOCs 的催化脱除较钒催化剂更为彻底。MnO_x 也有着较好的活性氧迁移能力，且 Mn 和 Zr 的混合氧化物种可以进一步促使二氯乙烷、三氯乙烯的起燃温度向低温偏移，促进 CO 向 CO_2 的转化。CeO_2 具有良好的储放氧能力和催化活性，在 MnO_x/Al_2O_3 中添加适量 Ce 有助于提高催化剂对甲苯的氧化活性。CeO_2-MnO_x 催化剂上氯乙烯燃烧反应产物只有 HCl、H_2O 和 CO_2，没有检测到其他氯代烃和氯气等副产物。

用 V_2O_5/TiO_2 催化剂处理氯苯、二氯苯等芳烃类 CVOCs 时，虽然其活性和抗氯中毒能力很好，但对 CO_2 选择性不高，在催化燃烧过程中易产生大量的 CO[39]。含氯有机废气的催化燃烧中，不仅要求催化剂有着较高活性和稳定性，还需避免 CO、一氯甲烷等有害副产物的大量产生。为此，通常制备双金属氧化物催化剂来提高 V_2O_5/TiO_2 的催化性能。

Pt/Al_2O_3 贵金属催化剂用于氯苯催化燃烧具有较高活性，但易产生副产物多氯苯，而这些有害副产物是由于吸附于催化剂表面的氯苯被反应过程中生成的 Pt(O)Cl 化合物氯化而产生的。在较高氧气浓度的反应气氛下，含有较小尺寸 Pt 颗粒的催化剂上更容易生成 Pt（Ⅳ）物种（氧化物或氧氯化合物），而副产物多氯苯的生成正是在这些物种上吸附的氯苯经氯化而产生的。Pt/Al_2O_3 催化燃烧三氯乙烯的研究中也发现这一现象，在反应过程中生成的 Pt 的氧氯化合物可以将三氯乙烯氯化成四氯乙烯。一般来说，Pt 催化剂对于氯代芳烃的催化燃烧活性要高于 Pd 催化剂；但对于氯代烷烃和氯代烯烃（如二氯甲烷和三氯乙烯）来说，Pd 催化剂的活性则高于 Pt 催化剂[40]。

Taralunga 等[41]研究了水存在条件下 Pt-FAU 催化剂对氯苯催化燃烧的性能，

发现多氯苯的生成与 Pt^0 所占的比例有关，并对氯苯催化燃烧反应及多氯苯的生成途径进行了描述，发生如下反应：

$$C_6H_5Cl+7O_2 \xrightarrow{\text{Pt-FAU}} 6CO_2+HCl+2H_2O \quad (1)$$

$$2C_6H_5Cl+H_2O \xrightarrow{PtO_2} 2C_6H_6+O_2+PtOCl_2 \quad (2)$$

$$PtOCl_2 \xrightarrow{H_2O,\ O_2} PtO_2 + HCl \quad (3)$$

$$C_6H_6+7.5O_2 \xrightarrow{PtO_2} 6CO_2+3H_2O \quad (4)$$

在整个反应过程中，（1）为主反应步骤，（2）～（4）为次反应步骤。在反应步骤（2）中，氯苯和水以及 PtO_2 反应生成苯和 $PtOCl_2$，在反应步骤（3）中，PtOCl 在水和氧气的作用下，进一步生成 PtO_2，并释放出 HCl；在反应步骤（4）中，步骤（2）中生成的苯发生完全氧化反应。在没有氧气的条件下，过程（2）是主要过程，催化剂的失活可以归因于 PtO_2 的没有再生，机理如图 4-48 所示。

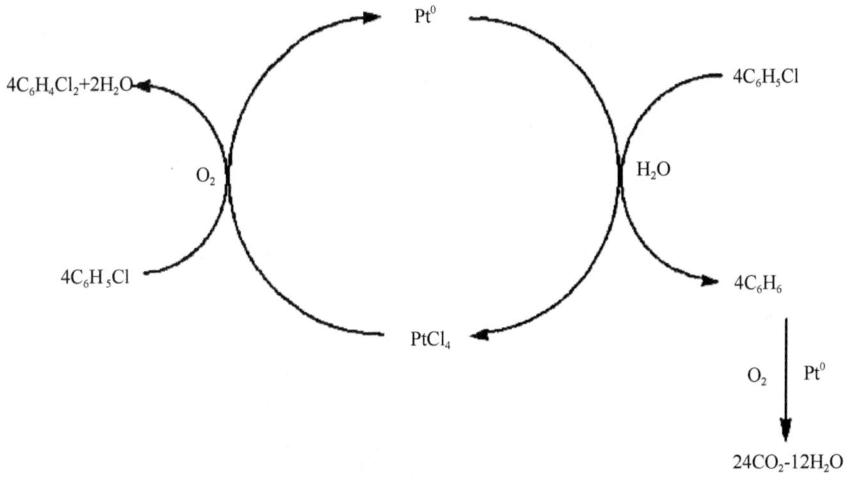

图 4-48　Pt-FAU 催化剂上氯苯的催化燃烧反应路径示意图

4.7　催化剂中毒与失活

工业催化剂在其使用过程中，经过长期运转之后，其催化活性和选择性会逐渐下降，甚至会失去继续使用的价值，这就是催化剂的失活过程。催化剂在正常使用过程中性能随时间变化的规律可分为三个阶段（如图 4-49 所示）：AB（或 A'B）诱导期、BC 稳定期、CD 失活期。催化剂的失活并不一定专指在 CD 段催化活性的完全丧失，更普遍的是指在 BC 段催化剂活性或选择性在使用过程中逐渐下降。

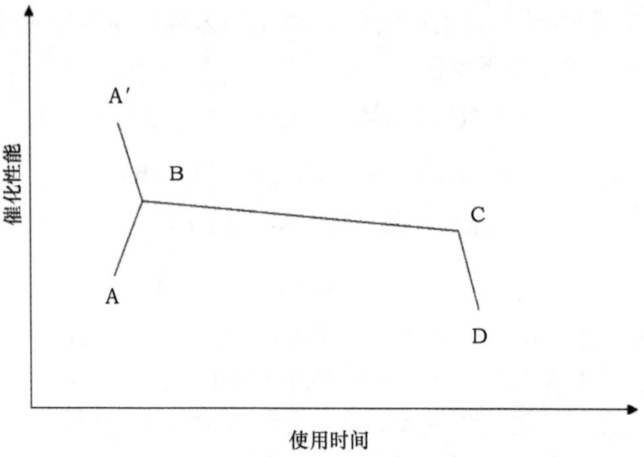

图 4-49　催化剂性能随时间变化的规律示意图

催化剂的失活包含复杂的物理和化学变化过程，可分为以下三种类型：催化剂积炭堵塞失活、催化剂中毒失活、催化剂的热失活和烧结失活，工业催化剂在使用时，各种失活过程引起催化剂性能变化的分类情况如图 4-50 所示。工业催化剂的失活过程，往往是以上几种失活类型综合的结果。但对催化某一种反应需要的具体催化剂而言，因其反应及相应催化剂的独特性，其失活的过程会以某种类型为主。对于 CVOCs 催化氧化的催化剂，失活原因有：氯中毒、烧结、积炭、载体退化和活性组分挥发转移等，其中氯中毒和积碳最为常见。

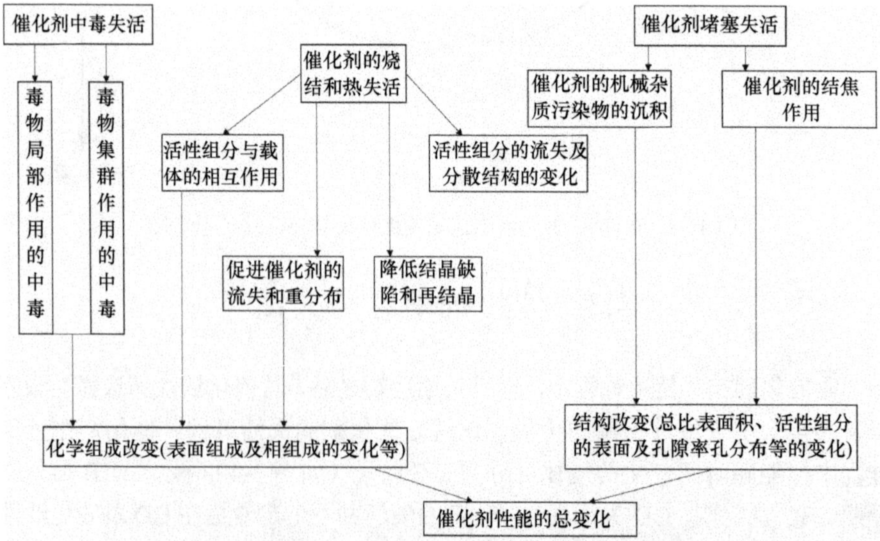

图 4-50　工业催化剂失活过程引起催化剂性能变化的分类情况示意图

（1）常见的氯中毒是指在催化剂表面的 Cl 物种容易与活性组分反应生成含氯金属基团，使活性组分性质发生变化，活性降低。

（2）一般来说，当氧化反应速率不高时，CVOCs 催化剂的酸性位上容易积累大量的含碳化合物，积炭会覆盖活性中心，产生积炭中毒。如果催化剂本身酸性过强或反应产生的 HCl 吸附于催化剂表面导致酸性增强，破坏了催化剂整体的平衡，从而造成积炭。

含卤有机废气催化燃烧过程中，有时会产生大量含碳、硫、氯的副产物，在催化剂表面堆积或者与催化剂活性组分发生化学反应，导致催化剂中毒失活。解决催化剂中毒的方法通常是改变催化剂活性成分，选择合适的催化剂载体等方法来提高其抗毒能力。

催化剂表面聚集大量的碳物质（积炭）会导致催化剂的活性下降。Oliveira 等[42]报道了 Cr 浸渍膨润土的催化剂具有很好的氯苯和二甲苯的催化燃烧活性，但经 600℃反应几小时后，表面呈现黑色，进一步的热重分析（TGA）表明，Cr 浸渍膨润土催化剂表面上有积炭生成，并且可与 Cr 组分反应生成挥发性的 CrO_2Cl_2 而流失。Li 等[43]通过选择适合的催化剂载体，可有效降低积炭的生成。Cu-Mn 负载在介孔 MCM-41 上制备的催化剂比负载在微孔分子筛上制备的催化剂表现出更好的稳定性，因为介孔 MCM-41 具有更大的孔隙，有利于积炭生成过程中间产物更好地扩散，减少了积炭阻塞孔隙，TGA 分析也证明 Cu-Mn/MCM-41 催化剂较 Cu-Mn/β 分子筛上积炭量明显变少。沈柳倩等[44]采用共沉淀法制备了钙钛矿型 $La_{0.8}Cu_{0.2}MnO_3$ 和 $La_{0.8}Sr_{0.2}MnO_3$ 催化剂，考察了两种催化剂对含氯 VOCs 气体催化燃烧的抗毒性和稳定性。发现这两种催化剂对二氯甲烷都表现出良好的抗氯中毒性能。当氧化反应速率低时，催化剂酸性位上容易积累大量的含碳化合物，产生积炭中毒。卢军[45]报道了不饱和化合物的存在可导致炭沉积。此外，氧化铁、氧化硅及其他颗粒物覆盖活性中心，也会影响催化剂的吸附与解吸能力，导致催化剂活性下降。

Abdullah 等[46]报道催化剂活性下降原因，可能是活性金属物种的改变，这主要是由于氯能选择性地与金属结合，促进含氯金属基团的形成或破坏分子筛结构中的 Al—O 键，而形成 Al—Cl 键，进而导致催化剂中金属活性位的减少。

针对催化氧化 CVOCs 过程中存在的问题，研究者提出了诸多防止反应副产物和抑制催化剂失活的方法。文献报道表明，水蒸气在催化氧化 CVOCs 反应中有特殊的作用，在反应中加入水蒸气虽会抑制催化剂的活性，但可减少氯气产生，从而提高反应中氯化氢和二氧化碳的选择性。但是，针对不同催化剂水蒸气产生的影响也不相同。De Jong 等[47]研究表明，当 CVOCs 废气中混入非氯代有机物时可以促进 CVOCs 的转化，降低含氯副产物，并提高二氧化碳选择性。张丽雷等[48]

报道通过掺杂不同助剂形成复合金属氧化物催化剂，并将其负载在不同载体上进行改性，是提高催化剂催化氧化 CVOCs 活性的有效手段。

如果含卤挥发性有机化合物尚未加热到处理温度就送入催化反应器，此时往往会发生挥发性有机物的不完全燃烧反应，致使催化剂表面上积炭和析出大分子物质，这些沉积物质一旦燃烧起来会使催化剂局部过热而引起烧结失活，并会损坏反应器。当被处理的挥发性有机化合物中含有油雾或焦炭时，也会发生催化剂上的积炭失活，这种失活是临时的。可提高催化剂燃烧器的入口温度，于 500℃通入空气将积炭烧尽就可使催化剂活性得到恢复；也可将催化剂卸下用适当的溶剂（对活性组分无副作用）清洗（保持 5～10 h）而得以再生。溶剂可以是络合剂及中等强度的酸或碱。对 0.3% Pt/γ-Al_2O_3 催化剂来说，用碱液清洗的效果优于酸液清洗。

引起含卤有机挥发性化合物燃烧催化剂中毒及失活的毒物主要有重金属、有机硅化合物、有机磷化合物、硫化物和卤族元素等，它们会与反应物分子竞争吸附于催化活性中心而使催化活性下降。在氧化条件下 Hg、Pb、Bi、Sb、Cd 等金属氧化物会与活性组分 Pt 化合，从而降低了催化剂的活性。各种催化剂毒物引起燃烧催化剂失活的类型及相应措施和再生方法见表 4-2。

表 4-2 含卤有机废气燃烧催化剂的失活及再生方法

催化剂毒物及覆盖物	失活类型	措施	再生方法
灰尘和铁锈	临时失活	过滤	空气清扫
无机固体颗粒	临时失活	再生处理、预处理	水洗
焦油油雾	临时失活	提高入口温度	500℃通入空气将碳烧尽
重金属（Hg、Pb、Cd）	永久失活	预处理	化学方法处理
有机硅化合物	永久失活	预处理	化学方法处理
有机磷化合物	永久失活	预处理	
有机金属类化合物	永久失活	预处理	化学方法处理
硫化物（SO_2、H_2S 等）	临时失活	提高入口温度	
卤元素（Cl_2、HCl、HBr 等）	永久失活	预处理	

4.8 含卤有机废气催化燃烧产物回收利用

含卤有机废气（CVOCs）催化燃烧产生 HCl（主产物）及 Cl_2（副产物），对于该两种燃烧气体，如何实现回收利用及资源化对于含卤有机废气的催化燃烧治理意义重大[49-53]。

4.8.1　Cl_2

回收 Cl_2 的方法主要有吸附法和吸收法。工业上用于吸附含氯废气的吸附剂主要是活性炭和硅胶。活性炭将优先吸附含氯废气中的光气、氯气，而对氮气、氧气等空气成分的吸附量比氯气少得多，一般在 20℃吸附，105℃解吸。吸附法的优点是无需加压，无二次污染（与溶剂法比较），回收率高达 95%左右，解吸物经进一步处理可得液氯产品。但活性炭吸附法需严格控制解吸温度，因为高于 110℃时，氯气有可能在活性炭催化下生成少量光气，而低于 105℃，解吸速度过慢。若用硅胶吸附，因硅胶吸水性强，含氯废气需先进行干燥脱水。但由于吸附容量有限，吸附法只适用于含氯废气气量不大或者浓度不太高的场合。下面重点介绍吸收法在回收 Cl_2 方面的应用。

1. 水吸收法

氯气易溶于水，同时部分氯气还会与水发生反应，生成 HClO 和 HCl。增加氯气的分压和降低吸收温度都可以让水吸收更多的氯气。氯水系统带压操作，因此对设备的要求就会比较高，装备的腐蚀比较严重，技术水平要求也相对较高，所以目前尚未发现国内有采用加压水吸收法回收废氯气的工艺流程进行作业，多数工厂都采用常压水洗。水吸收法一般适用于低浓度含氯废气的处理。对常压水洗，由于氯气的溶解能力有限，且易于逸出，如果不能够回收吸收液中的氯气，那么就很可能造成二次污染，因此该方法应用局限性很大，不值得推广。

2. 溶剂吸收法

溶剂吸收法净化含氯废气，即用有机或者无机溶剂（除水）洗涤含氯废气，并吸收其中的氯气，然后通过加热或者减压等过程将氯气从溶剂中提取出来，解吸后的溶剂可以进行循环利用。

该过程中可用的溶剂非常多，包括苯、四氯化碳、二氯化碘、氯磺酸等。在此过程中所用的溶剂要尽量符合以下条件：①溶剂价格低廉易得；②单位质量溶剂氯气的溶解量大；③溶剂在吸收氯气后经过处理可以很容易再生进行循环利用；④溶剂应该无毒或者毒性比较小。同时满足以上 4 条的溶剂几乎是没有的，但是我们可以通过比较，找到性价比较高的溶剂。例如二氯化碘溶剂，其水溶液毒性较小而且溶解度比较高，但是其价格非常昂贵。再例如碳水化合物类物质，一般其溶氯量都较常规溶剂要高很多，但其价格也相对比较昂贵。因此，在选择时要根据实际应用的情况来具体问题具体分析，选择最优的溶剂。氯气在部分溶剂中的溶解度如表 4-3 所示。

表 4-3　氯气在部分溶剂中的溶解度

溶剂	温度（℃）	1 MPa 下氯溶解量（g/100g）
$SiCl_4$	0	26.20
S_2Cl_2	20	47.80
CCl_4	19	16.87
C_6H_6	20	23.40
$C_2H_4Br_2$	20	～9
n-C_7H_{16}	20	4.04

3. 碱吸收法

碱吸收法是我国当前处理含氯废气的主要方法，常采用的吸收剂有氢氧化钠、碳酸钠、氢氧化钙等碱性溶液或者浆液，碱性吸收剂能使废气中的氯气有效地转变为次氯酸，氯气溶于水后与水发生可逆反应，生成 HCl 与 HClO，达到反应平衡，碱性溶液加入后，次氯酸中的 H^+离子与碱溶液中的 OH^-离子发生中和反应，从而打破了反应平衡，生成了不容易电离的水分子，使氯气反应完全。

只要溶液中的 OH^-足够多，那么氯的溶解和吸收就会一直持续，因此碱液吸收含氯废气的效率非常高，一般都可以达到 100%。碱溶液对氯气的吸收速率取决于碱溶液的温度、浓度以及 pH 值。一般而言，烧碱在 0.1 mol/L 及以上时对氯气的化学吸收速率较好，化学吸收要比非化学吸收的速率高很多。

碱液吸收设备有填充塔、喷淋塔、波纹塔、旋转吸收器等。吸收后出口气体的氯气含量低于 10 μL/L。吸收塔材料常采用硬聚氯乙烯或者钢板衬橡胶。吸收液的 pH 值随吸收过程而降低，吸收液中次氯酸盐和金属氯化物的浓度随吸收过程而升高。因此，吸收过程应该控制一定的 pH 值和盐浓度，应定期抽取一定量的合格次氯酸盐溶液，并补充新鲜碱液，以避免吸收液结晶堵塞管道和 pH 过低影响吸收效率。

由于碱液吸收含氯废气效率高，Cl_2的去除比较彻底，而且吸收速率快，所用设备和工艺流程简单，碱液价格较低，又能回收废气中的 Cl_2 生产中间产品或者成品，所以这一方法在工业中被广泛应用。但是碱液吸收含氯废气过程中产生的次氯酸盐和氯盐混合溶液，长期存放（或者光照或是遇酸）时次氯酸盐会重新分解并放出氯气等有害气体，造成二次污染。因此，使用碱液吸收处理含氯废气，还应该考虑将其中的次氯酸盐提取并使其转化成为产品，如制成次氯酸钠、漂白粉、氯酸钠等市场上应用较广的产品。

4. 氯化亚铁溶液或废铁屑吸收

氯化亚铁溶液与废气中的氯反应或者铁屑与废气中氯气反应都可以制备三氯

化铁产品，同时消除含氯废气的污染。该反应一般由三种工艺方法：一步氯化法、两步氯化法和火烧法。

1）一步氯化法

一步氯化法新工艺的原理是将废氯直接通入装有水及铁屑的反应塔中，将铁、氯和水一步合成三氯化铁溶液。该反应是个强烈的放热反应，该自热反应温度可以升到 120℃，使溶液沸腾，因此不需要额外的热源供热。该反应的速率比较快，一般氯气经 2～3 m 高的水浸泡铁屑的反应塔层后，作用已毕，当塔顶有氯气出现时，表明铁屑已经反应完全，停止供氯，放出产品后就可以继续进行下一次的生产，因此操作和设备都会非常简单。

2）两步氯化法

两步氯化法是先用铁屑与浓盐酸或者氯化铁溶液在反应槽中反应生成中间产物氯化亚铁溶液，再用氯化亚铁溶液吸收废氯的方法。反应过程中生成的氢气和逸出的水汽、氯化氢气体等在洗涤塔中用水洗涤，然后用鼓风机排空。氯化亚铁溶液经砂滤器除去悬浮物后，经过贮槽送到串联的吸收塔中吸收氯气，基本上可以全部转化为氯化铁溶液。三氯化铁流到贮槽，然后经过处理作为产品出售。两步氧化法工艺过程复杂，而且在反应过程中消耗大量的盐酸，反应中的氢气不能够进行有效的回收处理，而且操作过程中管路必须进行加热。

3）火烧法

火烧法即使用铁屑直接在氯化炉中反应或者与含氯废气进行反应制备三氯化铁，该方法反应温度一般为 600～800℃，生成气态的 $FeCl_3$ 比较难回收，而且能耗比较高，因此应用较少。

在实际工业生产中，前两种方法原料便宜、设备少、工艺简单、操作方便。

5. 压缩冷冻法

此法不涉及污染环境的介质，它使用电力等其他能源来换取氯气的方法。例如若是含氯量为 5%的废气，回收一吨氯需要大约 10.01 kW 的电力。采用阶梯冷冻法将含氯废气冷却到–100℃以下，氯的液化率可达 90%左右。该方法的操作要点是，在第一阶段用氨作为高温侧的冷媒介，把氨压缩到 1.02 MPa，含氯废气流入氨热交换器；在第二阶段中用乙烯为冷媒介，把乙烯压至 1.5 MPa。然后将氨热交换器中流出的含氯废气引入乙烯热交换器，使废气的温度降低至–110℃附近。此时，氯被氧化并从下部流出，就可以得到纯氯。

该方法的优点是不需要较高的动力，同时不需要直接对含氯废气进行加压，从而避免了难以解决的泵的问题。但是其缺点是装置稍繁，设备费用比较高，并且脱氯率较低，因此比较适合于大气量和高浓度的场合。

6. 燃烧-水吸收（电解）法

日本、美国、前苏联等都有厂家采用使含氯废气与氢燃烧生成 HCl 气体，然后用水洗涤回收盐酸，最后电解盐酸回收高浓度氯气的方法。这个过程使氯得以循环利用，电解时生成的 H_2 可返回燃烧 Cl_2，使之生成 HCl 气体。

燃烧-水吸收法处理氯化尾气适合于有合成盐酸设备的工厂。此法工艺简单，在原有盐酸合成炉的基础上只需要对燃烧嘴进行改进，其他设备不需要作较大的变动，即可满足处理氯化尾气的要求。该法对游离氯的回收在 99%以上。燃烧时增添少量氧气，可以使氯化尾气中有机物燃烧为 CO_2，减少炉头结焦。

4.8.2 HCl

氯化氢污染控制首先是尽量减少其排放，从源头上尽可能减少甚至杜绝污染发生，可以从工艺改革以及加强管理等方法进行入手，下面介绍几种吸收处理方法[54-58]。

1. 水吸收法

由于氯化氢在水中的溶解度高，1 体积的水可以溶解 450 体积的氯化氢。因此，水吸收法处理含氯化氢废气效果非常好，吸收率一般达 99%以上。根据工业实践，水循环吸收 HCl 时，只要盐酸浓度不超过 20.2%（稀盐酸的恒沸浓度）。对进口 HCl 含量为 1200 mg/m^3 左右的尾气而言，吸收后尾气中 HCl 的含量将不高于 30 mg/m^3，并产出稀盐酸。

水吸收氯化氢的反应是一个放热反应，因此在工艺过程中溶液的温度会不断升高。盐酸水溶液上方氯化氢的分压会随温度升高而增大，因此在处理含氯化氢浓度较高的废气时，要适当采用冷却的方式避免反应槽温度的过分变化，保持反应体系在一个相对稳定的状态，以提高吸收效率。

含氯化氢废气中常含有光气，由于光气与水作用生成盐酸和二氧化碳，因此用水洗涤氯化氢时光气也会被除去。水吸收氯化氢废气一般都是用于制取盐酸，自用或者制成产品进行销售，吸收设备可以使用喷淋塔、填料塔、膜式吸收塔等。

水吸收法净化含氯化氢废气的优点是吸收设备及工艺流程都很简单，净化效率非常高、操作方便、应用广泛、廉价实惠。回收氯化氢气体后的盐酸可以作为工艺原料进行使用或者制成产品进行出售，经济效益比较好，该方法目前是吸收含氯化氢废气的主要方法。很多情况下含氯化氢废气中一般都会含有氯气，因此可以将水和碱溶液串联起来进行吸收，可以达到更好的处理效果。

2. 资源化

废氯化氢气体可以在许多工艺中直接利用。某些有机氯化过程或者其他过程产生的废气中含有较高浓度的 HCl，这种废气可以与其他化工原料作用直接加工成相应的产品。

利用废氯化氢来制备氯气

由于有机化合物氯化技术的迅速发展，有时会引起氯气的短缺，盐水电解法制备的氯气无法满足氯气日益增长的需求。这就促使人们去开发新的氯源，开发生产氯的新方法。考虑到在有机氯化工程中约有一半的氯转化为氯化氢，其数量极大。因此，为了寻找氯源和保护环境，广泛开展了由废 HCl 生产氯气的研究工作，具有现实意义。其中典型的制氯气方法有催化氧化法、硝酸氧化法、电解法等。

（a）催化氧化法

19 世纪末到 20 世纪初，欧洲就开发了用空气中的氧气于 450℃左右在锰盐或者铜盐催化作用下将氯化氢转化为氯气的 Deacon 法。该方法的缺点是用空气供给氧气，而氯气产品会被氮气稀释。此外，该反应可逆，故该方法的转化率低，一般氯化氢转化率为 66%。

20 世纪 60 年代中叶，化学家经过研究并且产生了改进的 Deacon 法，其中代表方法有 Shell 法、Kelchlor 法等。其中 Shell 法是由壳牌公司研究开发的，其特点是反应速率大，HCl 的转化率高，催化剂寿命长，产品纯度高而且成本较为低廉。该方法采用的反应器为流化床，催化剂为含有金属氯化物（$CuCl_2$）的混合物，反应温度在 330～400℃，较 Deacon 法更低，由于 Deacon 法是放热反应，因此提高了该反应 HCl 的转化率。与原反应体系相比可以说这是一个巨大的进步，催化剂的损失量很少而且可以进行循环使用，设备的要求也因反应条件更温和而相应降低。

（b）电解法

电解盐酸溶液制备氯气的方法很多，这里以西德 Hoechst 公司的 Hoechst 方法为例进行介绍，该方法主要步骤如下：

（1）吸收与增浓。把来自有机氯化过程的废 HCl 气体引入吸收塔底部，而来自电解槽的稀电解质溶液进入吸收塔中部，水则从塔的上部进入，此塔采取绝热吸收方式，通过水的汽化来带走溶解释放的热量。水蒸气和废气一道从塔顶排出，同时，带走了废气中的气态烃类杂质。由吸收塔出来的浓度为 30%的盐酸与电解槽出来的另一部分 15%稀盐酸配成 22%的盐酸，经过滤除去悬浮物后送去电解。

（2）电解含量为 22%的盐酸流在 338.7 K 下进入以特殊聚氯乙烯布为隔膜的

隔膜电解槽，每个电解槽由许多类似压滤机元件那样的元件构成。石墨做电极，它的一面为阳极，另一面则为阴极。在直流电的作用下，盐酸经过电化学作用电解出氢气与氯气。22%的盐酸在电解槽中电解至浓度降为20%时将其放出，并送入最初的废HCl吸收塔，提浓到30%后再进行配置送回到电解系统进行循环反应。

（3）冷却与干燥。由电解槽电解出的氯气与氢气温度约在347～350℃，电解出的氯气需要冷却、水洗和浓缩精制。

氯气在冷却塔中与循环水直接接触，并由石墨转换器移去冷凝热以保持为恒温。大部分蒸气被冷凝下来，HCl被吸收为浓度为14%～16%的盐酸，并返回阳极的电解槽，这部分稀盐酸与来自最初的废HCl气体吸收塔产出的30%的盐酸配成22%的盐酸进入电解槽进行电解。冷却并脱除了大部分水蒸气的氯气用浓硫酸进一步干燥即可得到高纯度的氯气。

（c）硝酸氧化法

硝酸氧化法（简称 IFP）是由法国石油研究院开发的，该方法是采用硝酸与浓硫酸的氧化混酸，在液相、低温和常压下将盐酸氧化成Cl_2。

该反应工艺流程如下：在反应槽中用浓硫酸与浓硝酸的混酸氧化浓度20%以上的盐酸，生成Cl_2与NO_2，盐酸中HCl的转化率为99%以上，反应温度应控制在40～80℃，若温度过低，则反应速率过于缓慢不利于生产，NO_2含量增多；温度过高则会对设备造成严重的腐蚀，同时副反应增加。

硝酸氧化法通过严格控制操作条件和氧化混合物组分，可以防止引起严重腐蚀和分离困难的亚硝基氯副产物的生成。其优点是在反应阶段不需要供热，反应速度快，设备要求程度低，组分易于分离而且酸利用率高，硫酸可以重复使用。

4.9 含卤有机废气催化燃烧技术展望

大气污染是我国目前最突出的环境问题之一。而含卤有机废气的治理对改善我国空气质量至关重要。伴随着化工行业的迅猛发展，有机废气的种类也日益繁多，因此，人们也在不断地研究开发催化燃烧的一些新技术、新工艺，以提高有机废气的处理效果。表4-4对一些催化燃烧的新技术进行了简单介绍。

在有机废气治理技术中，吸收和吸附技术虽然较为成熟和成型，但由于其处理设备容量有限，吸附剂需要再生等问题使得应用受到限制。光催化氧化技术作为近年发展起来的新研究领域，由于存在设备成本较高和处理对象较单一等问题，尚处于实验室研究阶段，但通过不断的技术创新和开发，该技术也将会走进有机废气处理的实用化行列。生物处理技术因其耗能低、运转费用便宜，较少形成二

表 4-4　催化燃烧新技术

新技术种类	应用范围	处理效果
固定床催化燃烧二噁英脱除技术	用于处理二噁英气体	在 240～260℃和 8000 h^{-1} 的空速下，二噁英的去除率达到 99%，二噁英降至 0.1 ng/m^3 以下，废气中的多氯芳烃等完全分解
冷凝-催化燃烧处理技术	用于处理富含水蒸气的恶臭气体	冷凝水中的被冷凝的有机组分可被分离回收，不凝气中的总烃在床层空速为 15900～40000 h^{-1}、反应温度为 300～350℃的条件下，去除率达到了 90%以上
流向变换催化燃烧技术	浓度为 100～1000 mg/m^3 的有机废气	将固定床催化反应器和蓄热换热床组合于一体，通过周期性地变换流向，把化学反应放热、材料蓄热和反应物的预热结合起来，大大提高了热能的利用效率，使得浓度在 100～1000 mg/m^3 的有机废气可以自热催化燃烧，不用添加辅助燃料
吸附-流向变换催化燃烧耦合技术	处理浓度低于 100 mg/m^3 的有机废气	将吸附和流向变换催化燃烧技术耦合，通过吸附剂将有机废气浓缩、富集，脱附后获得浓度较高的有机废气以后再进行催化燃烧，具有吸附效率高、无二次污染等特点
吸附-解吸-催化燃烧技术	处理浓度低于 100 mg/m^3 的有机废气	将固定床的吸附净化和催化燃烧相结合，集吸附浓缩、脱附再生和催化燃烧于一体，采用气流阻力很低并已工业化生产的蜂窝状活性炭为吸附材料。该技术治理效果好，节能效果显著，无二次污染，运行费用低，并实现了全过程的自动控制
微波催化燃烧技术	处理含有三氯乙烯的有机废气	净化率达到 98%，且解吸时间短，能量消耗低

次污染，适用于不同规模的各类中、低浓度有机废气的处理，正受到各国的重视，工业应用实例和应用领域也在不断地扩大，是一种很有应用前景的技术。今后生物处理技术将侧重于不同填料的性能研究，不断改进设备结构和工艺条件，重视对不同菌种处理能力的研究。低温等离子技术适于各类 VOCs 的治理，处理效率高，但是在处理过程中如何减少副产物的生成是下一步研究的重点。膜吸收净化技术有它的特点和优势，但在优势膜和吸收液的选择上还要进行潜心研究，而且操作压力的控制也是此技术的关键所在，目前该技术的研究也仅限于实验室阶段。催化燃烧技术不仅可以处理低、高浓度的有机废气，而且设备简单、投资少、操作方便、净化彻底，因此是目前应用最广泛的、经济有效的处理技术。然而，催化燃烧技术也不是尽善尽美，其还有着很大的发展空间。研究和应用表明，目前催化氧化技术处理 CVOCs 存在的主要问题是催化剂易失活和反应过程中产生二次污染物（如氯气、一氧化碳和光气等副产物）。开发具有活性好、对二氧化碳和氯化氢选择性高、副产物少和抗中毒能力强的催化剂，以及研究水蒸气或富氢化合物对催化反应的影响和控制条件是目前研究的热点和产业化关键。不同类型的卤代有机废气在催化燃烧过程中反应机理，废气中的水蒸气、其他废气以及二次污染物对该燃烧过程的影响机制也有待深入研究。这些问题的揭示对于设计高性能的卤代烃废气净化催化剂具有重要的指导作用。

参 考 文 献

[1] 张博. 分子筛负载过渡金属催化燃烧脱除一氯甲烷的研究[D]. 北京: 北京化工大学, 2013.

[2] Zhang R, Zhang B, Shi Z, et al. Catalytic behaviors of chloromethane combustion over the metal-modified ZSM-5 zeolites with diverse SiO_2/Al_2O_3 ratios[J]. Journal of Molecular Catalysis A: Chemical, 2015, 398: 223-230.

[3] 陈淑霞. 钙钛矿催化剂上 CH_4 和 CVOCs 催化氧化性能研究[D]. 杭州: 浙江师范大学, 2014.

[4] 王争一. Ru/Ce-Al_2O_3 催化剂催化燃烧氯苯和二氯甲烷的研究[D]. 上海: 华东理工大学, 2012.

[5] Rivas B, López-Fonseca R, Jiménez-González C, et al. Synthesis, characterisation and catalytic performance of nanocrystalline Co_3O_4 for gas-phase chlorinated VOC abatement[J]. Journal of Catalysis, 2011, 281: 88-97.

[6] 孟中华. CeO_2-CrO_x 复合氧化物催化剂上 CVOCs 催化氧化性能的研究[D]. 杭州: 浙江大学, 2013.

[7] Rivas B, Guillén-Hurtado N, López-Fonseca R, et al. Activity, selectivity and stability of praseodymium-doped CeO_2 for chlorinated VOCs catalytic combustion[J]. Applied Catalysis B: Environmental, 2012, 121-122: 162-170.

[8] Rivas B, Sampedro C, García-Real M, et al. Promoted activity of sulphated Ce/Zr mixed oxides for chlorinated VOC oxidative abatement[J]. Applied Catalysis B: Environmental, 2013, 129: 225-235.

[9] López-Fonseca R, Gutiérrez-Ortiz J, Ayas J, et al. Gas-phase catalytic combustion of chlorinated VOC binary mixtures[J]. Applied Catalysis B: Enviromental, 2003, 45: 13-21.

[10] Rivas B, López-Fonseca R, Gutiérrez-Ortiz M, et al. Structural characterisation of $Ce_{0.5}Zr_{0.5}O_2$ modified by redox treatments and evaluation for chlorinated VOC oxidation[J]. Applied Catalysis B: Environmental, 2011, 101: 317-325.

[11] Rivas B, López-Fonseca R, Sampedro C, et al. Catalytic behaviour of thermally aged Ce/Zr mixed oxides for the purification of chlorinated VOC-containing gas streams[J]. Applied Catalysis B: Environmental, 2009, 90: 545-555.

[12] Yang P, Yang S, Shi Z, et al. Deep oxidation of chlorinated VOCs over CeO_2-based transition mixed oxide catalysts[J]. Applied Catalysis B: Environmental, 2015, 162: 227-235.

[13] Wang X, Dai Q, Zheng Y. Low-temperature catalytic combustion of trichloroethylene over La, Ce and Pt catalysts supported on MCM-41[J]. Chinese Journal of Catalysis, 2006, 27: 468-470.

[14] Miranda B, Díaz E, Ordóez S, et al. Catalytic combustion of trichloroethene over Ru/Al_2O_3: Reaction mechanism and kinetic study[J]. Catalysis Communications, 2006, 7: 945-949.

[15] Âlez-Velasco J, Aranzabal A, Ârrez-Ortiz J, et al. Activity and product distribution of alumina supported platinum and palladium catalysts in the gas-phase oxidative decomposition of chlorinated hydrocarbons[J]. Applied Catalysis B: Environmental, 1998, 19: 189.

[16] Delaigle R, Eloy P, Gaigneaux E. Influence of the impregnation order on the synergy between Ag and V_2O_5/TiO_2 catalysts in the total oxidation of Cl-aromatic VOC[J]. Catalysis Today, 2012, 192: 2-9.

[17] Predoeva A, Damyanova S, Gaigneaux E, et al. Total oxidation of Cl-containing VOCs over

mixed heteropoly compounds derived catalysts[J]. Catalysis Today, 2007, 128: 208-215.
[18] Brink R, Louw R, Mulder P. Formation of polychlorinated benzenes during the catalytic combustion of chlorobenzene using a Pt/-Al_2O_3 catalyst[J]. Applied Catalysis B: Environmental, 1998, 16: 219-226.
[19] Bertinchamps F, Attianese A, Mestdagh M, Gaigneaux E. Catalysts for chlorinated VOCs abatement: Multiple effects of water on the activity of VO_x based catalysts for the combustion of chlorobenzene[J]. Catalysis Today, 2006, 112: 165-168.
[20] Lu Y, Dai Q, Wang X. Catalytic combustion of chlorobenzene on modified $LaMnO_3$ catalysts[J]. Journal of Hazardous Materials, 2004, 109: 113-139.
[21] Huang H, Gu Y, Zhao J, et al. Catalytic combustion of chlorobenzene over VO_x/CeO_2 catalysts[J]. Journal of Catalysis, 2015, 326: 54-68.
[22] Deng W, Dai Q, Lao Y, et al. Low temperature catalytic combustion of 1, 2-dichlorobenzene over CeO_2-TiO_2 mixed oxide catalysts[J]. Applied Catalysis B: Environmental, 2016, 181: 848-861.
[23] Krishnamoorthya S, Bakerb J, Amiridis M. Catalytic oxidation of 1, 2-dichlorobenzene over V_2O_5/TiO_2-based catalysts[J]. Catalysis Today, 1998, 40: 39-46.
[24] Choi J, Shin C B, Park T J, et al. Characteristics of vanadia–titania aerogel catalysts for oxidative destruction of 1, 2-dichlorobenzene[J]. Applied Catalysis A: General, 2006, 311: 105-111.
[25] Krishnamoorthy S, Rivas J, Amiridis M. Catalytic oxidation of 1, 2- dichlorobenzene over supported transition metal oxides [J]. Journal of Catalysis, 2000, 193: 264-272.
[26] Huang H, Dai Q, Wang X. Morphology effect of Ru/CeO_2 catalysts for the catalytic combustion of chlorobenzene[J]. Applied Catalysis B: Environmental, 2014, 158-159: 96-105.
[27] Domen C, Maruya K, Onishi T. Dioxygen adsorption on well-outgassed and partially reduced cerium oxide studied by FT-IR[J]. Journal of American Chemical Society, 1989, 111: 7683-7687.
[28] Li P, He C, Cheng J, et al. Catalytic oxidation of toluene over Pd/Co_3AlO catalysts derived from hydrotalcite-like compounds: Effects of preparation methods[J]. Applied Catalysis B: Environmental, 2011, 101: 570-579.
[29] Zhao Z, Yang X, Wu Y. Comparative study of nickel-based perovskite-like mixed oxide catalysts for direct decomposition of NO[J]. Applied Catalysis B: Environmental, 1996, 8: 281-297.
[30] Zhang C, Wang C, Zhan W, et al. Catalytic oxidation of vinyl chloride emission over $LaMnO_3$ and $LaB_{0.2}Mn_{0.8}O_3$(B = Co, Ni, Fe) catalysts[J]. Applied Catalysis B: Environmental, 2013, 129: 509-516.
[31] Dai Y, Wang X, Li D, et al. Catalytic combustion of chlorobenzene over Mn-Ce-La-O mixed oxide catalysts[J]. Journal of Hazardous Materials, 2011, 188: 132-139.
[32] Wu M, Wang X, Dai Q, et al. Low temperature catalytic combustion of chlorobenzene over Mn-Ce-O/ γ-Al_2O_3 mixed oxides catalyst[J]. Catalysis Today, 2010, 158: 336-342.
[33] Wang X, Kang Q, Li D. Low-temperature catalytic combustion of chlorobenzene over MnO_x-CeO_2 mixed oxide catalysts[J]. Catalysis Communications, 2008, 9: 2158-2162.
[34] Abdullah A, Bakar M, Bhatia S. Combustion of chlorinated volatile organic compounds (VOCs) using bimetallic chromium-copper supported on modified H-ZSM-5 catalyst[J]. Journal of Hazardous Materials, 2006, 129: 39-49.
[35] Abedi K, Ghorbani-Shahna F, Jaleh B, et al. Decomposition of chlorinated volatile organic compounds (CVOCs) using NTP coupled with TiO_2/GAC, ZnO/GAC, and TiO_2-ZnO/GAC in a plasma-assisted catalysis system[J]. Journal of Electrostatics, 2015, 73: 80-88.
[36] Vandenbroucke A, Dinh M, Nuns N, et al. Combination of non-thermal plasma and Pd/$LaMnO_3$

for dilute trichloroethylene abatement[J]. Chemical Engineering Journal, 2016, 283: 668-675.
[37] Cao S, Wang H, Yu F, et al. Catalyst performance and mechanism of catalytic combustion of dichloromethane (CH_2Cl_2) over Ce doped TiO_2[J]. Journal of Colloid and Interface Science, 2016, 463: 233-241.
[38] 陈碧芬. 负载型催化剂催化燃烧 CVOCs 的研究[D]. 杭州: 浙江工业大学, 2006.
[39] Graham J, Almquist C, Kumar S, et al. An investigation of nanostructured vanadia/titania catalysts for the oxidation of monochlorobenzene[J]. Catalysis Today, 2003, 88(1): 73-82.
[40] Kułażyński M, Van Ommen J , Trawczyński J, et al. Catalytic combustion of trichloroethylene over TiO_2-SiO_2 supported catalysts[J]. Applied Catalysis B: Environmental, 2002, 36(3): 239-247.
[41] Taralunga M, Mijoin J, Magnoux P. Catalytic destruction of chlorinated POPs-Catalytic oxidation of chlorobenzene over PtHFAU catalysts[J]. Applied Catalysis B: Environmental, 2005, 60(3): 163-171.
[42] Oliveira L, Lago R, Fabris J, et al. Catalytic oxidation of aromatic VOCs with Cr or Pd-impregnated Al-pillared bentonite: Byproduct formation and deactivation studies[J]. Applied Clay Science, 2008, 39(3): 218-222.
[43] Li W, Zhuang M, Xiao T, et al. MCM-41 supported Cu-Mn catalysts for catalytic oxidation of toluene at low temperatures[J]. The Journal of Physical Chemistry B, 2006, 110(43): 21568-21571.
[44] 沈柳倩, 翁芳蕾, 袁鹏军, 等. 钙钛矿型催化剂对 VOCs 催化燃烧的抗毒性和稳定性研究[J], 分子催化, 2008, 22(4): 320.
[45] 卢军. 挥发性有机废气的催化治理[J], 贵金属, 2002, 3(2): 53-55.
[46] Abdullah A, Bakar M, Bhatia S. Coking characteristics of chromium-exchanged ZSM-5 in catalytic combustion of ethyl acetate and benzene in air[J]. Industrial & Engineering Chemistry Research, 2003, 42(23): 5737-5744.
[47] De Jong V, Cieplik M K, Reints W A, et al. A mechanistic study on the catalytic combustion of benzene and chlorobenzene[J]. Journal of Catalysis, 2002, 211(2): 355-365.
[48] 张丽雷, 刘绍英, 李子健, 等. Cr-13X/K-Cr-13X 分子筛催化剂上二氯甲烷的催化燃烧. 高等学校化学学报, 2014, 35(4): 812-817.
[49] 黄华元. 关于烧碱厂废氯气回收工艺的探讨[J]. 甘肃环境研究与监测, 2002, 15(2): 119, 150.
[50] 宫本君, 许占祥. 滤池反洗水的回收与利用[J]. 工业水处理, 2000, 20(2): 45-46.
[51] 张泗文. 从含 HCl 的废水中回收氯气的工艺[J]. 中国氯碱, 2003 , 2: 45.
[52] 宫兰华. 氯气处理过程中湿氯设备的腐蚀与防护[J]. 全面腐蚀控制, 2000, 14(4): 31-33.
[53] 李风格, 段绪琴. 氯气处理工艺改进及技术要点[J]. 氯碱工业, 2006, 12: 28-30.
[54] 吴玉龙, 魏飞, 韩明汉, 等. 回收利用副产氯化氢制氯气的研究进展[J]. 过程工程学报, 2004, 3: 269-274.
[55] 刘景周. 盐酸废气回收利用工艺技术与测试总结[J]. 环境污染治理技术与设备, 1983, 7: 12.
[56] 刘志新, 吴丽君, 郝章来. 氯乙烯合成回收盐酸工艺技术的改进[J]. 中国氯碱, 2004, 7: 7.
[57] 包训祥, 郝英群. 氯化氢废气的回收及治理[J]. 化工环保, 1993, 3: 4.
[58] 殷峻. 氯化氢废气回收处理系统设计与应用[J]. 江苏化工, 2004, 32(6): 43-45.

第 5 章　碳氢化合物有机废气催化治理技术

5.1　甲烷催化燃烧技术

自 20 世纪以来，煤和石油作为主要能源，一方面导致严重的大气污染，危害人身健康，另一方面这些能源日益枯竭。因此，迫切需要寻找洁净、高效的替代能源。天然气（主要成分为甲烷）储量丰富，氮、硫含量低，被认为是 21 世纪可替代煤和石油的主要能源之一。将天然气作为能源使用时，其传统的燃烧方式有扩散燃烧和预混燃烧，两者均为火焰燃烧。火焰燃烧有两大致命的缺点：①火焰燃烧是燃烧物质在自由基参与下的氧化反应，涉及自由基（特别是氧自由基）的气相引发，不可避免地生成部分电子激发态产物，以可见光的形式释放能量。这部分能量无法利用而损失掉，造成能量利用率低。②采用传统的燃烧方式需在 1500℃以上高温燃烧。自由基的气相引发使空气中的 N_2 与 O_2 反应而形成大气污染物 NO_x（包括 NO 和 NO_2 等），并且低的燃烧效率会产生大量的未完全燃烧的碳氢化合物（HC）和一氧化碳（CO）[1]。NO_x 和 HC 已被证实是灰霾和光化学烟雾形成的重要前体物，同时这三种污染物也直接危害人类的健康。天然气催化燃烧是以甲烷为主要成分的低碳烃在催化剂表面进行的完全氧化反应，是一种以无焰燃烧为主的燃烧方式。与传统的火焰燃烧相比，催化燃烧具有下述优点：①燃烧效率高（CO 和未完全燃烧的 HC 排放量低）；②燃烧温度低（NO_x 排放量低）；③燃烧过程稳定可控，是一种理想的燃烧方式[1, 2]。

催化剂是实现这一过程的关键。研发具有高活性、长寿命和价格相对低廉的催化剂是国内外研究者的目标。对甲烷催化燃烧催化剂而言，需要同时满足以下几点要求：①催化剂应具有优良的活性，起燃温度较低，使点火能量相对较低，亦应具有比较宽的空速范围，使催化燃烧器的体积尽量减小；②催化剂在高温（＜1200℃）条件下具有足够的稳定性；③催化剂具有良好的抗硫中毒和耐水性能。迄今为止，国内外催化工作者对甲烷燃烧催化剂进行了大量而深入的研究，取得了丰富的研究成果[3-5]。

5.1.1　催化剂制备及性能评价

甲烷催化燃烧催化剂大致可分为三类：①负载贵金属（Pd、Pt、Rh、Au 等）；②贱金属氧化物及其混合氧化物；③复合金属氧化物（包括钙钛矿型氧化物、类钙钛矿型氧化物、尖晶石型氧化物以及六铝酸盐等)。下面按照以上分类对相关催化剂及其性能进行总结。

1. 负载贵金属催化剂

贵金属因价格昂贵，故在催化领域以负载纳米颗粒的形式居多。对于甲烷催化燃烧反应，与贱金属氧化物催化剂相比，负载贵金属催化剂具有更好的低温活性和更强的抗硫中毒能力。因此，该系列催化剂的研发一直得到研究者的高度重视。目前研究较多的主要为负载 Pd 和 Pt 催化剂。为改善其催化氧化甲烷的性能，人们在优化制备条件和方法，调整活性组分组成与尺寸，改变载体种类以及添加助剂等方面进行了系统而深入的研究。

氧化铝（γ-Al_2O_3）具有比表面积大、耐热性好以及相对廉价的特点而被广泛用做贵金属催化剂的载体。普遍认为，在甲烷催化燃烧过程中，Pd/Al_2O_3 催化剂的主要活性组分为 PdO_x（$0<x<1$）。在一定温度下，随反应时间延长，PdO_x 会逐渐氧化为 PdO_2，严重阻碍 PdO_x-Pd 的氧化还原循环，进而使催化剂失活。另一方面，反应过程生成的水蒸气会吸附在表面活性位上，与活性中心 PdO_x 结合形成活性较差的 $Pd(OH)_2$，同样会大幅度地降低其催化活性。为了解决这些问题，首先可优化载体的制备方法。例如，与传统的 Al_2O_3 相比，采用溶胶-凝胶法制得的具有规则介孔孔道、比表面积为 292 m^2/g 的介孔 Al_2O_3 负载 Pd 催化剂对甲烷氧化反应表现出更好的活性和稳定性，可归结为介孔 Al_2O_3 的孔道对 PdO 物种产生了限域作用。当催化剂的焙烧温度为 700℃时，钯物种主要以 PdO 纳米颗粒高度分散于载体的介孔孔道内[6]。近年来，有序介孔硅材料的可控制备技术取得了长足进步，将 Pd 颗粒负载到 MCM-41 孔道之中，与 Pd/Al_2O_3 相比，该催化剂对甲烷燃烧表现出更高的催化活性，这与 PdO 的还原性和分子筛的疏水性有关[7]。载体的酸性对负载 Pd 催化剂催化甲烷燃烧的性能也有较大影响。例如，以浸渍法和离子交换法制备的 Pd/ZSM-5 的催化活性均优于 Pd/γ-Al_2O_3 的，这与载体 Brönsted 酸强度的变化趋势一致[8]。综上所述，在甲烷催化燃烧过程中 Pd 以氧化态形式存在时活性较高，因此负载 Pd 催化剂通常优先应用于稀薄燃烧。然而对于 Pt 基催化剂，金属态铂通常比氧化态铂表现出更好的活性，因此负载 Pt 催化剂通常优先应用于还原条件下的催化燃烧。利用原位 XANES 光谱和质谱技术，Becker 等研究了甲烷在 Pt/Al_2O_3 上的催化氧化过程，发现表面 Pt 和 O 原子比决定了催化剂对甲烷氧化反应的性能，富氧表面抑制甲烷离解吸附，使催化剂在氧气过量时对甲烷氧化反应的活性降低[9]。在 Pt 催化剂上进行的甲烷氧化反应是一个尺寸敏感反应。Beck 课题组通过改变溶液中 Pt 与 HNO_3 比例制得不同的低聚 μ-羟基铂配合物，以其为铂源，在不同灼烧温度下制得了 Pt 粒径窄分布且平均粒径在 1.3～10 nm

之间的 Pt/Al_2O_3 催化剂。研究结果表明，甲烷氧化的转换频率（TOF）随粒径变化呈正态分布（图 5-1），在平均 Pt 粒径约为 2 nm 时最大，此时铂由 Pt^0 和 PtO_x 的混合物组成。当 Pt 粒径大于 2 nm 时，铂主要以金属态 Pt^0 的形式存在，而当 Pt 粒径小于 2 nm 时，由于贵金属与载体之间的相互作用导致贵金属呈现非晶的特性[10]。

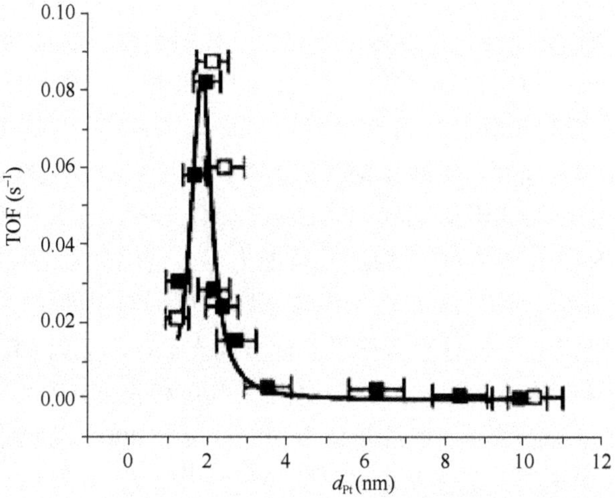

图 5-1　Pt/Al_2O_3 催化剂上甲烷氧化的 TOF 与 Pt 颗粒粒径的关系图[10]

为了提高贵金属的使用效率，可对常用惰性载体进行掺杂获得更好的催化性能。Eguchi 等在 Pd/Al_2O_3 体系中，引入第三种元素来提高催化剂的活性，研究发现除了 Pd/Al_2O_3-NiO 催化剂以外，Co、Cr、Cu、Fe 和 Mn 元素的掺杂反而降低了催化剂的活性。作者将其催化活性下降的原因归结为催化剂比表面积的减少。但对 Pd/Al_2O_3-NiO 催化剂，其比表面积降到 63.9 m^2/g，而催化活性未见明显降低，说明该催化剂单位表面积上的 CH_4 燃烧活性高于未掺杂的 Pd/Al_2O_3 催化剂的[11]。在高温催化燃烧过程中，γ-Al_2O_3 容易发生相变而生成 α-Al_2O_3，使比表面积和孔容显著下降。研究发现，往 Al_2O_3 中掺杂 5 wt%～6 wt% Si 可显著改善负载 Pd 催化剂对甲烷氧化反应的热稳定性[12]。此外，适量添加 CeO_2 也可改善 Pd/Al_2O_3 催化剂的热稳定性[13]。但往 Pd/Al_2O_3 中加入过多的 CeO_2（＞15 wt%），CeO_2 的晶格氧会使 Pd 过度氧化以及过多 CeO_2 包裹 Pd 活性位，反而会削弱催化剂对甲烷燃烧反应的催化活性[14]。若用 La^{3+}或 Ca^{2+}掺杂 CeO_2 改性的 Pd/γ-Al_2O_3 催化剂，可进一步改善催化剂的活性和稳定性，这是因为改性后形成一种高度离子化的与载体具有强相互作用的 Pd 物种，而且往 CeO_2 晶格中掺杂少量的 La^{3+}或 Ca^{2+}，可有效阻止 CeO_2 和 PdO 晶粒的长大[15]。以乙酰丙酮锆为锆源所制得的含有少量

（＜5 wt%）ZrO_2 的 Pd/Al_2O_3-ZrO_2 催化剂比不掺杂 ZrO_2 的催化剂表现出更高的催化活性[16]。锆源种类对由溶胶-凝胶法制得的 Pd/Al_2O_3-ZrO_2 的物化性质有重要影响，载体酸性和钯分散度的不同是影响其催化性能的关键因素。季生福和李成岳课题组的研究结果表明，虽然 Pd/SBA-15（甲烷转化率为 90%时的反应温度 $T_{90\%}$ = 354℃）催化剂上甲烷催化燃烧的初始活性好，但由于氧扩散限制，导致由 PdO 还原所形成的金属 Pd 不能及时氧化，活性组分钯容易聚集长大，导致催化剂失活（图 5-2）。往 Pd/SBA-15 中引入少量的 CeO_2 虽有利于提高催化剂的储氧能力和增强晶格氧的活动度，可更快地提供 O_2，加速 Pd^0 再氧化，但由于 CeO_2 在高温下易烧结，使催化剂的储氧能力再次下降，进而使 CeO_2、PdO_x/PdO_2 和 O_2 之间的氧交换速率下降，导致 Pd/5 wt% CeO_2/SBA-15 催化剂在较短时间内失活。与 Pd/5 wt% CeO_2/SBA-15 相比，Pd/5 wt% $Ce_{0.5}Zr_{0.5}O_2$/SBA-15 具有更好的热稳定性，这是由于在 CeO_2 中引入 ZrO_2 可增加储氧能力，改善催化剂的活性和热稳定性。但甲烷转化率在持续反应 315 h 后仍出现下降，可归结于催化剂的储氧能力和晶格氧活动度有限的增加，长时间运行仍会使金属态 Pd 不能及时氧化。对 Pd/5 wt% ZrO_2/SBA-15 催化剂来说，由于以 ZrO_2 作为助剂可稳定催化剂中 Pd^0、Pd^{2+}和 Pd^{4+} 的相对含量及氧化/还原能力，甲烷转化率在持续反应 400 h 后仍未出现明显下降，图 5-2 显示了各催化剂上甲烷催化氧化的稳定性[17]。往 Au/Al_2O_3 中添加 Li_2O 和 Rb_2O 等碱金属氧化物，BaO 等碱土金属氧化物，MnO_x、CoO_x、FeO_x、TiO_x、VO_x 等过渡金属氧化物和 ZrO_x 以及 PrO_x、YO_x 和 CeO_x 等稀土氧化物均有利于改善其对甲烷氧化反应的催化性能。当添加物为碱金属或碱土金属氧化物时，催化剂的活性与 Au 颗粒的粒径有直接的关系，可认为碱金属或碱土金属氧化物起着结构

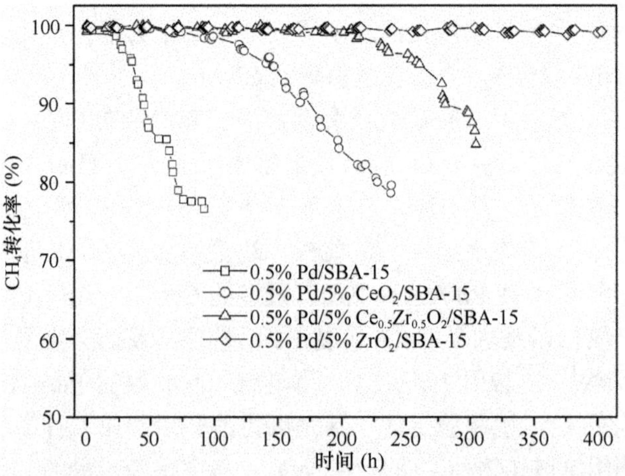

图 5-2　反应温度为 450℃时不同催化剂的甲烷催化氧化稳定性[17]

助剂的作用。当添加物为过渡金属氧化物和氧化铈时，金颗粒的大小不再是影响催化剂活性的关键因素。过渡金属氧化物和氧化铈的作用可理解为通过氧化还原循环提供甲烷氧化所需的部分氧物种。其中催化剂的活性以添加 MnO_x、CoO_x、FeO_x 或 CeO_x 时为更好[18]。

二氧化铈具有储释氧能力，除广泛应用于汽车尾气净化催化剂外，还常用作其他催化反应的贵金属催化剂载体。例如，将贵金属 Pd 嵌入到 CeO_2 的晶格中，可获得很高的贵金属分散度，抑制 PdO_x 在高温下分解，使 Pd/CeO_2 保持较高的催化氧化甲烷的活性。然而对于 Pd 取代的 CeO_2 催化剂，Pd 物种的固定比较困难，在高温下 Pd 物种会从氧化铈的晶格中偏析出来，形成以金属态为主的 Pd 颗粒。此外，CeO_2 在高温下也容易烧结，导致催化剂失活。Trovarelli 课题组[19]研究发现，经 CeO_2 的（110）晶面重建后形成有序、稳定的 Pd—O—Ce 表面超结构有利于提高活性中心的稳定性。这种超结构由取代的 Pd 离子和表面氧空位有序组装而成，PdO 纳米晶面暴露的高度配位不饱和的 O 原子对甲烷活化起着重要作用。为提高催化剂的热稳定性，一方面可构建 Pd—O—Ce 表面超结构，另一方面可往 CeO_2 中掺入 La^{3+}、Zr^{4+}、Y^{3+}等金属离子，特别是 Zr^{4+}的掺杂形成铈锆固溶体（$Ce_{1-x}Zr_xO_2$）。ZrO_2 不仅具有典型过渡金属氧化物的特性，而且具有一定的表面酸碱性以及优良的离子交换性能。与 CeO_2 相比，$Ce_{1-x}Zr_xO_2$ 具有更强的储释氧能力和更好的热稳定性。例如，由于 $Ce_{0.5}Zr_{0.5}O_2$ 固溶体比单一的 CeO_2 或 ZrO_2 具有更为优异的储氧性能、氧化/还原能力和热稳定性，因此 $Pd/Ce_{0.5}Zr_{0.5}O_2/SiC$ 对甲烷氧化反应表现出较高的催化活性。对传统的氧化铝负载催化剂而言，在重复使用 10 次后，由于 γ-Al_2O_3 的烧结和 PdO 纳米粒子的团聚，在 Pd/γ-Al_2O_3 上甲烷转化率从 100%逐渐下降至 67%，但在 $Pd/Ce_{0.5}Zr_{0.5}O_2/SiC$ 催化剂上甲烷转化率仍保持在 100%[20]。将由溶液燃烧法制得的 $Ce_{1-x}Zr_xO_2$ 固溶体负载 2 wt% Pd 催化剂在 9% CO_2 + 18% H_2O + 2% O_2 + 200 ppm SO_2 以及 N_2 为平衡气的气氛中老化处理 1 周后，该催化剂仍对甲烷燃烧反应表现出较高的活性，在 CH_4/O_2 摩尔比为 1/8 和空速为 30000 mL/（g·h）的条件下，其甲烷转化率为 50%时的反应温度 $T_{50\%}$低至 380 ℃，这是由于 $Ce_{1-x}Zr_xO_2$ 固溶体可很好地稳定 Pd 物种，甲烷在未烧结的 Pd 金属簇上容易被活化所致[21]。采用水热法和表面活性剂辅助的共沉淀法，戴洪兴课题组制备了具有不同形貌的（线状、棒状、菜花状、球状、蝴蝶结状以及八面体状）$Ce_{0.6}Zr_{0.4-x}Y_xO_2$（$x = 0.05$，0.1）固溶体。为了研究不同贵金属对于甲烷燃烧的催化行为，制备了一系列的 $Ce_{0.6}Zr_{0.35}Y_{0.05}O_2$ 负载的 Pd、Au 和 Ag 催化剂。发现这些催化剂均显示较好的甲烷催化燃烧活性，并且在该系列催化剂上基本上消除了在升温和降温过程中甲烷转化率随温度变化的滞后回线现象。研究结果表明，催化剂优异的性能主要与两方面的因素有关：首先，$Ce_{0.6}Zr_{0.35}Y_{0.05}O_2$ 的发达的蠕虫状介孔结构和高的比表面积有利于活性相的分散和自身较强的氧化/还原能力；其次，$Ce_{0.6}Zr_{0.35}Y_{0.05}O_2$中存在大量的氧空位，具有很好的储释氧能力，能有效抑制活性相PdO_x、Ag_2O和AuO_x在高温下分解[22-24]。

自身具有氧化/还原性能的过渡金属氧化物MO_x（M = Ti，Mn，Co，Ni，Nb等）及其混合氧化物也常被用作载体来提高负载贵金属催化剂的甲烷氧化性能。Liotta课题组系统地考察了Co_3O_4负载Pd催化剂对甲烷氧化的活性和抗硫中毒性能，结果示于图5-3中。研究表明，0.7 wt% Pd/Co_3O_4对甲烷氧化具有较好的催化活性。在贫燃条件下，当体系中引入10 ppm SO_2时，由于催化剂与SO_2反应生成惰性的$PdO_x·SO_3$和$Co_3O_4·SO_3$物种，导致0.7 wt% Pd/Co_3O_4中毒，在450 ℃以上时失活现象明显，甲烷转化率低于100 %。与Co_3O_4相比，CeO_2化学吸附SO_2的能力更强，容易形成稳定的硫酸盐物种，这反而对Pd的硫酸盐化和PdO_x被SO_2还原起到保护作用。因此，0.7 wt% Pd/CeO_2和0.7 wt% Pd/Co_3O_4-CeO_2催化剂表现出更好的抗硫中毒性能。但是在化学计量的燃烧条件下，虽然CeO_2的存在阻止了PdO_x被SO_2完全还原，但由于长时间运行CeO_2和PdO_x中的活性氧原子被CH_4或SO_2逐渐还原，仍会导致0.7 wt% Pd/CeO_2失活。然而，由于Co_3O_4和CeO_2之间的协同作用，使得0.7 wt% Pd/Co_3O_4-CeO_2的催化活性和稳定性均未受到显著影

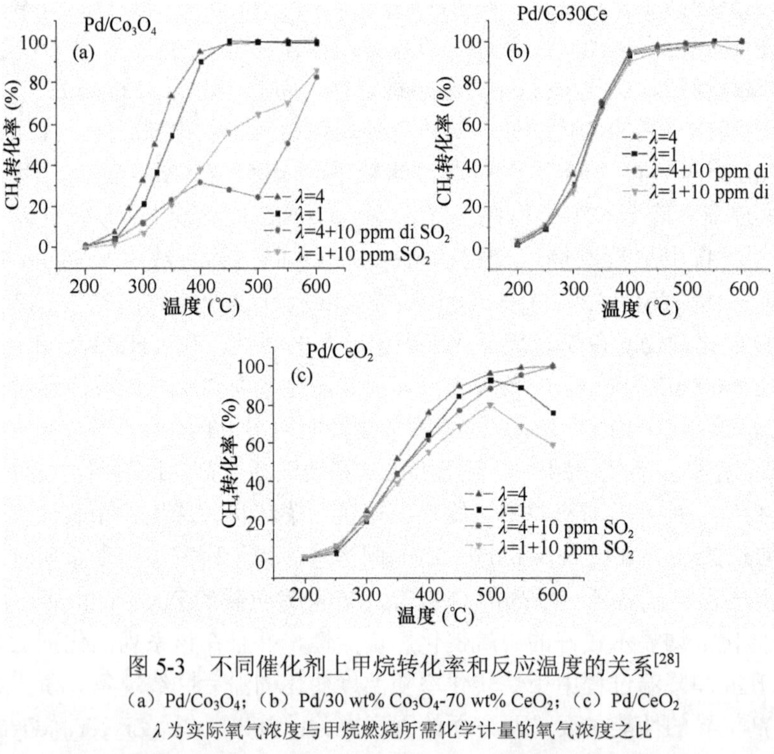

图 5-3 不同催化剂上甲烷转化率和反应温度的关系[28]

（a）Pd/Co_3O_4；（b）Pd/30 wt% Co_3O_4-70 wt% CeO_2；（c）Pd/CeO_2

λ为实际氧气浓度与甲烷燃烧所需化学计量的氧气浓度之比

响[25-27]。对于 Co_3O_4、CeO_2 和 Co_3O_4-CeO_2 负载 Au 催化剂，由于 Co_3O_4 中同时存在的 Co^{2+}和 Co^{3+}物种分别为活化氧气和甲烷的活性中心，因此在 Au/Co_3O_4 催化剂上甲烷的初始氧化活性较高。但 Au、Co_3O_4 和 CeO_2 之间没有强的相互作用，使 Au/Co_3O_4-CeO_2 的催化活性并无显著改善。但在长时间高温运行和有毒物 SO_2 存在时，CeO_2 在 Au/Co_3O_4-CeO_2 中发挥结构助剂的作用，显著抑制高温（>600 °C）下 Au 纳米粒子的烧结和 Co_3O_4 的硫中毒，使 Au/Co_3O_4-CeO_2 整体表现出更好的热稳定性和抗硫中毒性能[28]。

一些比较传统的氧化物载体（如 Al_2O_3、TiO_2、CeO_2、SnO_2 等）热传导率低，易导致负载的金属粒子在局部热点部位烧结。而且这些载体大都是亲水的，低温下易吸附水，造成水热稳定性欠佳。近年来，利用碳化硅（SiC）、氮化硅（Si_3N_4）、氮化硼（BN）等陶瓷作为催化剂载体的研究逐渐增多。例如 SiC 具有优异的化学稳定性和很高的热传导率及热稳定性。郭向云教授课题组利用溶胶-凝胶和碳热还原联用法可控制备具有高比表面积（51 m^2/g）的 SiC[29, 30]。发现与 Pd/γ-Al_2O_3 相比，Pd/SiC 具有更好的热稳定性。在重复使用 10 次后，Pd/γ-Al_2O_3 上甲烷转化率从 100%下降至 67%。而高比表面积的 SiC 能显著抑制活性相 Pd 纳米颗粒的迁移和烧结，在同样反应条件下 Pd/SiC 上甲烷转化率仍可稳定在 100%[29]。

近年来，文献报道了可通过添加另外一种金属组分来提高单 Pd 催化剂对甲烷氧化反应的催化活性和稳定性。其中，Pt 是最有效的添加剂之一。在甲烷氧化反应中，CH_4 分子解离成 CH_x（$x = 1$～3）物种和 H 原子被认为是缓慢的步骤，提高解离速率有利于改善催化活性。与 Pd/γ-Al_2O_3 相比，Pd/Pt 摩尔比为 4/1 的 Pd-Pt/γ-Al_2O_3 双金属催化剂对甲烷氧化反应的催化活性显著提高（图 5-4）。这是由于在 Pd-Pt 双金属催化剂中主要以合金的形式存在，使得金属态 Pd 即便在富氧气氛中也能存在，便于 CH_4 分子解离吸附。与 PdO 相比，Pd-Pt 合金能解离活化更多的 O_2 分子，从而为由 PdO 还原形成的 Pd^0 的再氧化提供活性氧物种。同时，掺杂少量的 Pt 也有助于调控 PdO 的形成与分解温度，抑制 PdO 颗粒长大，降低表面惰性的 $Pd(OH)_2$ 的形成速率，在富氧和富水汽条件下都可增强催化活性和稳定性。但是过量 Pt 的掺入会显著降低体系中 PdO 含量，使 Pd 单质氧化为 PdO 的过程需更长时间，从而抑制催化剂的低温活性[31, 32]。值得注意的是，PdO 表面存在的氧空位是影响催化剂对甲烷氧化的催化活性的重要因素。添加少量 Pt 可削弱钯催化剂中的 Pd—O 键，使 PdO 的形成温度向高温移动，而 PdO 的分解温度向低温移动。在 Pt-Pd/Al_2O_3 中，更易形成氧空位，促使其比单 Pd 催化剂表现出更好的催化活性。另外，在抗硫性研究中，若将经 50 ppm SO_2 预处理后的 2 wt% Pt-1 wt% Pd/γ-Al_2O_3 催化剂在 500℃下用纯氢还原后，由于在表面出现金属态 Pt 物种，降低了表面金属态 Pd 物种和 SO_2 形成化合物的概率，从而使该系列合金催

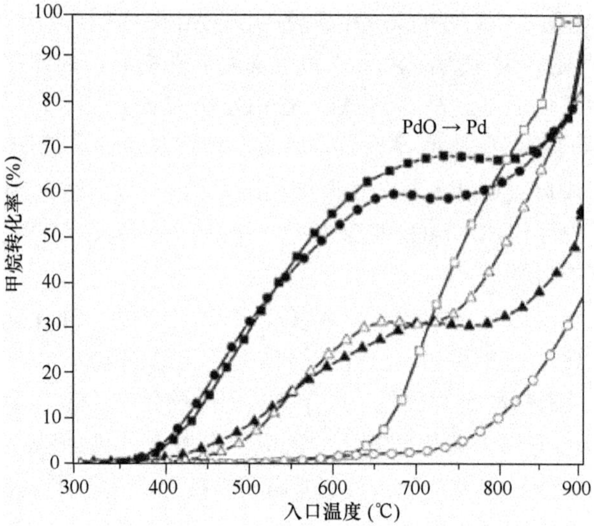

图 5-4 不同催化剂上甲烷转化率和反应温度的关系[31]

$Pd_{100}Pt_0$（■）；$Pd_{80}Pt_{20}$（●）；$Pd_{67}Pt_{33}$（▲）；$Pd_{50}Pt_{50}$（△）；$Pd_{33}Pt_{67}$（○）；Pd_0Pt_{100}（□）

化剂表现出更高的抗硫中毒性能[33]。在 350℃，CH_4 贫燃和 CH_4 还原脉冲交替的条件下，对于 Pt/Pd 摩尔比为 0、0.1、0.25 和 1 的 Al_2O_3 负载双金属和单金属（Pd 负载量为 2 wt%）催化剂，在含有 CH_4 的气氛中进行还原/氧化处理后，催化剂的活性按 Pt/Pd = 0.1≥Pt/Pd = 0＞Pt/Pd = 0.25≫Pt/Pd = 1 的顺序降低。虽然经如此处理可使单 Pd 催化剂的活性提高 20 倍，但对双金属催化剂的影响则取决于其 Pt/Pd 摩尔比。对于 Pt/Pd = 0.1 的催化剂，催化活性显著增强；对于 Pt/Pd = 0.25 的催化剂，催化活性基本不变；对于 Pt/Pd = 1 的催化剂，在经过第一次 CH_4 还原脉冲处理后，催化活性完全被抑制。Pt 对体相 Pd 物种的还原和再氧化的影响是导致催化剂活性产生差异的主要原因。程序升温氧化（TPO）的结果表明，Pt 对 Pd 氧化有强烈的抑制作用，对于 Pt/Pd = 1 的催化剂，Pd 氧化完全被抑制住，导致其催化活性在还原处理后显著下降[34]。总之，Pt 对 PdO 催化氧化 CH_4 活性的影响较为复杂。Pt 可能是抑制剂，也可能是助剂，这与形成 PdO 的程度、Pd 和载体之间相互作用强度和金属态 Pd 的稳定性等因素有关。采用等离子溅射沉积技术可制备具有异质结构的双金属 Pd-Au/SiC 催化剂，其甲烷催化氧化活性随 Pd 负载量的增加而升高。当反应温度高于 520℃时，由于 PdO 的分解，单 Pd 催化剂的活性明显下降。Au 的添加可延缓并削弱催化剂的失活，这是由于在低温（＜520℃）阶段，氧物种可从 Pd 原子转移至 Au 原子，而在高温（＞520℃）阶段，氧物种则从 Au 原子重新迁移至 Pd 原子。Au 分别起着存储和提供离解氧物种的作用[30]。除贵金属外，还可用廉价的过渡金属部分取代 Pd 来组成双金属催化剂。由于尖晶石型锰氧化物晶格氧活动度的增加抑制了 PdO 的分解，使双金属 Pd-Mn/Al_2O_3 整体式催化剂相对于单 Pd 催化剂的热稳定性有了明显提高[35]。

2. 单一贱金属氧化物以及混合氧化物

为减少贵金属的用量或替代贵金属催化剂，可利用贱金属氧化物来催化甲烷氧化。例如，由于具有独特的氧化/还原性能和高储释氧能力，CeO_2 已被广泛用作负载贵金属催化剂的载体或结构助剂。然而，CeO_2 高温易烧结。若利用其他金属（如贵金属 Pt、Rh、Pd 和过渡金属 Mn、Cu、Zr 及稀土金属 La、Pr、Sm、Nd、Y 等）嵌入 CeO_2 晶格中进行部分取代，则不仅可改善其储氧能力、氧化/还原性能和催化活性，还可提高其热稳定性。例如，利用稀土元素 La 和 Pr 部分掺杂 CeO_2，可促进氧空位形成，改善氧活动度，增强其储氧能力，进而提高甲烷氧化的催化活性[36, 37]。与 CeO_2 相比，在 $Ce_{0.3}Mn_{0.7}O_2$ 催化剂上甲烷燃烧的 $T_{10\%}$、$T_{50\%}$和 $T_{90\%}$分别下降了 162℃、173℃和 187℃。$Ce_{1-x}Mn_xO_2$ 的催化活性主要与其元素组成、氧化/还原能力和灼烧温度有关，但与其比表面积的相关性不大[38]。与 $Ce_{0.9}Cu_{0.1}O_\delta$ 相比，采用 Ca 掺杂有利于形成氧空位，使 $Ce_{0.85}Cu_{0.1}Ca_{0.05}O_\delta$ 催化剂上甲烷氧化的 $T_{10\%}$、$T_{50\%}$和 $T_{90\%}$分别下降 39℃、60℃和 74℃。但过多 Ca 掺杂的催化剂表面存在碳酸盐物种的积累，从而导致催化剂失活[39]。据文献报道，CeO_2 基固溶体与过渡金属氧化物之间存在一定的相互作用，可组成负载氧化物催化剂。例如，与 $Ce_{0.75}Zr_{0.25}O_2$ 相比，NiO/$Ce_{0.75}Zr_{0.25}O_2$ 对甲烷催化燃烧反应表现出更高的活性。动力学研究结果表明，甲烷催化燃烧的反应速率主要取决于甲烷浓度，其中离解的活性氧物种与甲烷的反应是速控步骤[40]。在 Co_3O_4 中加入适量的 CeO_2，由于 Co 和 Ce 之间的强相互作用以及部分 Co 原子进入 CeO_2 晶格产生大量的氧空位，可明显改善催化剂对于甲烷氧化反应的催化活性和热稳定性[41]。由于 Fe_2O_3 对甲烷燃烧的催化活性较差及 Fe_2O_3 和 Al_2O_3 之间的相互作用，使得 Fe_2O_3/Al_2O_3 在甲烷燃烧中的催化活性和热稳定性都较差。若将一定量的 $Ce_{0.67}Zr_{0.33}O_2$ 引入到 Al_2O_3 中，所获得的 $Fe_2O_3/Ce_{0.67}Zr_{0.33}O_2$-$Al_2O_3$ 显示较高的催化活性和高温热稳定性[42]。

与负载贵金属催化剂相比，贱金属氧化物催化剂普遍存在低温活性差和高温易烧结等问题。为解决这些问题，利用混合金属氧化物的集合效应和协同效应来提高催化活性和热稳定性不失为一种有效的路径。李俊华和郝吉明课题组采用共沉淀法制备了一系列具有不同 In/Sn 质量比的铟锡混合金属氧化物[43]、不同 Co/Mn 摩尔比的钴锰混合金属氧化物[44]和不同 Co/Sn 摩尔比的钴锡混合金属氧化物催化剂[45]。研究发现向 In_2O_3 中掺杂少量的 SnO_2 可提高催化剂对甲烷氧化反应的活性，而往 SnO_2 中掺杂 In_2O_3 则使催化剂的活性有所下降。催化性能的提高可归结为掺杂导致的晶体缺陷和氧空位浓度的增多。当 In_2O_3 和 SnO_2 含量分别占 80 wt%和

20 wt%时，所得催化剂的活性最好。在 CH_4/O_2 摩尔比为 1/10 和空速为 30000 h^{-1} 的条件下，甲烷氧化的 $T_{90\%}$ 仅为 505℃。向反应体系中引入不同量的水蒸气或 0.01 vol% SO_2 和 10 vol%水蒸气的混合气，由于水和甲烷在催化剂活性位上的竞争吸附以及硫酸盐的形成，均导致催化剂的活性下降。由于 SnO_2 具有较高的抗 SO_2 能力，SnO_2 掺杂 In_2O_3 表现出更好的抗硫性能[43]。在尖晶石型 Co_3O_4 中掺杂适量的 Mn 可增加晶体缺陷，促使与催化性能紧密相关的八面体配位的 Co^{2+} 含量增加。图 5-5 所示为各催化剂上甲烷转化率与反应温度的关系[44]。在 CH_4/O_2 摩尔比为 1/10 和空速为 36000 mL/（g·h）的条件下，当 Co/Mn 摩尔比为 5/1 时，所得催化剂对甲烷氧化反应表现出最高的活性，其 $T_{90\%}$ 低至 320℃。催化剂优异的低温催化性能是因掺杂 MnO_x 后体系中活性氧物种（O_2^-）和表面羟基浓度的增加所致[44]。在 SnO_2 的晶格中掺杂少量的 Ce 可提高催化剂的比表面积、降低晶粒尺寸以及提供更多的表面活性氧物种。动力学实验结果显示，反应活化能和指前因子与催化剂活性中心 Sn^{4+} 的含量和催化剂具有的还原性紧密相关（图 5-6）。机理研究结果表明，含氧化锡的催化剂上甲烷氧化反应遵循 Mars-van Krevelen 机理。活性最好的 $Sn_{0.7}Ce_{0.3}O_2$ 催化剂上甲烷氧化反应的 TOF 是单一 SnO_2 催化剂的 5 倍[46]。此外，制备方法对混合金属氧化物催化剂的物化性质和催化性能也有较大影响。例如，由改进的共沉淀法制得的 MnO_x-CeO_2 混合氧化物催化剂具有更大比表面积、更多表面 Mn^{4+}、更丰富晶格氧物种和更好的氧化/还原性能，因而该催化剂对甲烷氧化表现出更好的催化性能[47]。

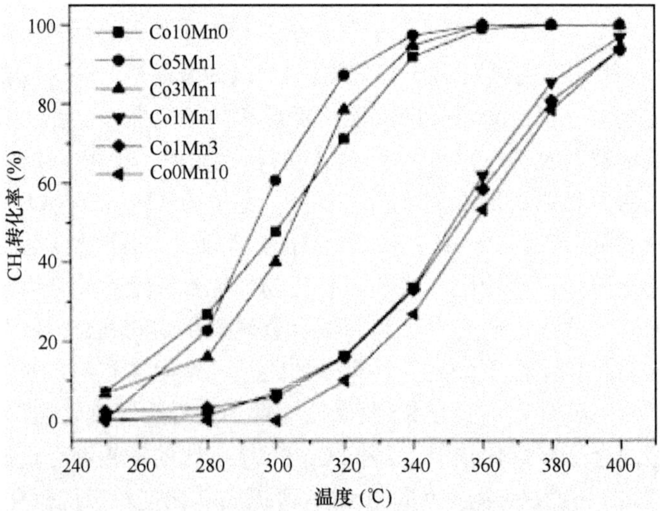

图 5-5 Co_xMn_y 催化剂上甲烷转化率随温度的变化趋势[44]

反应条件：1% CH_4 和 10% O_2（N_2 为平衡气），空速为 36000 mL/(g·h)

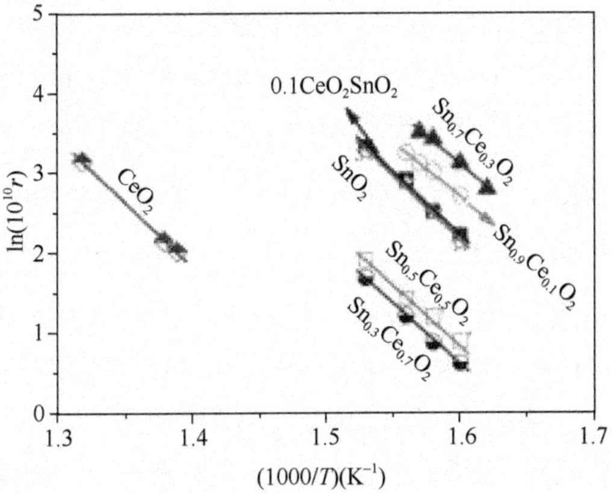

图 5-6　不同催化剂上甲烷氧化反应的阿伦尼乌斯曲线[46]

反应条件：0.2 g 催化剂，反应气为 0.6 kPa CH_4 和 19 kPa O_2（N_2 为平衡气），流量为 235 mL/min

众所周知，催化剂的性能与其化学组成、粒子尺寸及形貌以及表面原子的排列方式等因素有着密切联系。近年来的大量研究结果显示，具有不同暴露晶面的催化剂对于同一催化反应往往显示出不同的活性和选择性，存在着晶面效应。研究者可通过精确控制合成条件来调控粒子表面形貌，进而实现暴露高性能晶面的目的，这样可大幅地提高催化剂的活性。例如，李亚栋教授课题组[48]采用水热法制得 Co_3O_4 纳米薄片、纳米带和纳米块，其主要暴露晶面分别为［112］、［011］和［001］，对甲烷燃烧的催化活性按照［112］＞［011］≫［001］的次序递减。在空速为 40000 h^{-1} 和甲烷/氧气体积比等于 1/10 的条件下，Co_3O_4 纳米块、纳米带和纳米薄片上甲烷的 $T_{50\%}$ 依次为 343℃、319℃和 313℃，同时对应的甲烷消耗速率分别为 2.72 mmol/（g·s）、2.28 mmol/（g·s）和 1.25 mmol/（g·s）。在甲烷持续反应 300 h 后，催化活性仍基本稳定。由于表面原子密度是影响催化剂活性的重要因素之一。一般而言，表面越开放，催化活性越高。［112］是面心立方（*fcc*）晶体中最开放的晶面，而［001］却是最密堆积的晶面。同时催化活性也与表面不饱和键的数目有关。在一个 *fcc* 单元中，［112］和［011］表面上不饱和键的数目比［001］上的多，因此［112］和［011］晶面上的催化活性更高。Gao 等[49]采用水热法制备了具有棒状、管状和块状形貌的 α-Fe_2O_3。研究表明，暴露在 α-Fe_2O_3 纳米棒上的晶面是［110］和［001］，分别占纳米棒表面积的 11%和 89%，Fe 原子的表面密度分别是 10.1 atom/nm^2 和 4.56 atom/nm^2。暴露在 α-Fe_2O_3 纳米管上的晶面是［010］和［001］，分别占纳米管表面积的 96%和 4%，［010］晶面上 Fe 原子的表面密度是 4.34 atom/nm^2。暴露在 α-Fe_2O_3 纳米块上的晶面是［012］、［102］和［112］，它们各占纳米块表面积的 1/3，Fe 原子的表面密度分别是 7.3 atom/nm^2、

2.44 atom/nm^{2}和 4.76 atom/nm^2。由于 Fe 原子是活性中心，棒状、块状和管状 α-Fe_2O_3 纳米粒子上 Fe 原子的表面密度分别为 5.2 atom/nm^2、4.9 atom/nm^2 和 4.3 atom/nm^2。因此，对甲烷催化燃烧的活性按纳米棒＞纳米块＞纳米管的次序降低。

3. 复合金属氧化物（钙钛矿型氧化物、类钙钛矿型氧化物、尖晶石型氧化物以及六铝酸盐等）

大量前期研究结果显示，当复合氧化物形成诸如钙钛矿型或类钙钛矿型复合氧化物时，其甲烷催化氧化性能通常优于相应的单一金属氧化物，这是由于（类）钙钛矿结构中产生的晶格缺陷（即催化活性位）有利于反应物分子的深度氧化[50]。钙钛矿型氧化物可用通式 ABO_3 来表示，其中 A 是较大的阳离子，位于体心并与 12 个氧离子配位，而 B 则是较小的阳离子，位于八面体中心并与 6 个氧离子配位。一般来说，A 位离子为稀土或碱土离子（r_A＞0.090 nm），B 位离子为过渡金属离子（r_B＞0.051 nm）。A 位和 B 位离子均可被其他离子部分取代，而仍然保持原有钙钛矿结构。两种阳离子位元素的部分取代会引起氧空位（缺陷）浓度的改变和过渡金属离子氧化态的调整，从而影响催化剂的物化性质[51, 52]。

首先制备方法和条件对 ABO_3 催化剂的物化性质和催化性能有着重要的影响。例如，采用共沉淀与水热合成联用法，可获得具有更高比表面积、更多 α-O_2 物种和更好氧化/还原性能的 $LaMnO_{3.15}$ 催化剂，其对甲烷氧化反应表现出较高的活性和较好的抗硫性能[53]。利用不同的方法可制备 $La_{1-x}Sr_xCoO_{3-\delta}$ 催化剂。由共沉淀法制得的催化剂中含有较多的 La_2O_3 和 Co_3O_4 杂相，而由尿素分解法和柠檬酸络合法制得的催化剂则基本上仅含有钙钛矿相。由于具有独特的物化性质（包括层状组成、高的表面氧空位浓度和表面晶格氧/钴离子摩尔比），使得由尿素分解法获得的 $La_{0.9}Sr_{0.1}CoO_{3-\delta}$ 对甲烷燃烧表现出最好的催化活性，在 600℃持续反应 90 h 后甲烷转化率仍维持在 99%左右，表明其具有较好的催化稳定性[54]。与用柠檬酸辅助的溶胶-凝胶法、共沉淀法、燃烧法和水热法制得的催化剂相比，由甘氨酸辅助的溶胶-凝胶法制得的 $LaMn_{0.8}Mg_{0.2}O_3$ 催化剂具有较小的晶粒尺寸、较大的比表面积、较高的表面 Mn^{4+}含量和更强的表面氧物种活动度和反应性，因此显示最高的催化活性。在 CH_4/O_2 摩尔比为 1/4 和空速为 30000 mL/（g·h）的条件下，甲烷在该催化剂上氧化时的 $T_{50\%}$低至 440℃[55]。值得一提的是，由于形成钙钛矿相所需的灼烧温度很高，采用传统方法制备的 ABO_3 均为非孔结构，比表面积很低（＜10 m^2/g），降低了甲烷和氧气在催化剂表面的吸附活化位点，若将此类材料制成纳米级的粒子或多孔结构，还可进一步改善其催化性能。卢冠忠课题组以三维有序介孔二氧化硅为硬模板，采用纳米浇铸法制得具有高比表面积（97 m^2/g）和有序介孔结构的 $LaCoO_3$ 催化剂。由于在介孔 $LaCoO_3$ 催化剂中存在较多的高价

态钴离子以及 O_2^{2-}或 O^-物种，因此在 CH_4/O_2 摩尔比为 1/6.25 和空速为 60000 h^{-1} 的条件下，介孔 $LaCoO_3$ 对甲烷氧化反应的催化活性（$T_{10\%}$和 $T_{50\%}$分别为 335℃和 470℃），显著高于由柠檬酸络合法制得的体相 $LaCoO_3$ 的（$T_{10\%}$和 $T_{50\%}$分别为 500℃和 595℃）[56]。Wei 等[57]利用柠檬酸辅助的超声波喷雾燃烧法合成了比表面积为 38 m^2/g 的球形 $LaMnO_3$ 催化剂，对甲烷催化氧化的 $T_{50\%}$比由常规燃烧法所制得的催化剂的低 115℃。

此外，ABO_3 催化剂的组成与其甲烷催化氧化性能也有相关性。例如，A 位稀土离子的本性和尺寸对 $RECo_{0.5}Mn_{0.5}O_3$（RE = La，Y，Er）的物化性质有较大影响。经 700℃灼烧后得到的 $YCo_{0.5}Mn_{0.5}O_3$ 钙钛矿相的结晶度高，且将灼烧温度升至 850℃或 950℃后，其结晶度基本不变，因而表现出较高的甲烷氧化活性。经 700℃灼烧后得到的 $LaCo_{0.5}Mn_{0.5}O_3$ 结晶度较低，提高灼烧温度有利于改善其结晶度。经 700℃灼烧后得到的 $ErCo_{0.5}Mn_{0.5}O_3$ 具有最高的比表面积，但由于存在表面碳酸盐物种的沉积和结晶度差等缺点，因此显示较低的甲烷催化氧化活性[58]。Leontiou 等将 Sr 或 Cl 元素掺杂到 $LaFeO_3$ 的晶格中，制得了 $La_{1-x}Sr_xFeO_{3\pm\delta}$ 和 $La_{1-x}Sr_xFeO_{3\pm\delta}Cl_\sigma$（$x = 0.0$，0.4，0.6，0.8）催化剂，研究了其对甲烷与 O_2 或 N_2O 反应的催化性能。结果表明，随 Sr^{2+}掺杂量的增大，体系中 Fe^{4+}和活性氧物种含量增加。但是由于 Sr 的过量掺杂导致催化剂中含有 La_2O_3、Fe_2O_3、$SrFeO_3$ 和 $SrFe_{12}O_{19}$ 等杂相，使甲烷在催化剂上氧化反应的活性下降。掺杂 Cl 的 $La_{1-x}Sr_xFeO_{3\pm\delta}Cl_\sigma$ 的催化活性低于 $La_{1-x}Sr_xFeO_{3\pm\delta}$ 的，是因 Cl^-的毒副作用所致。动力学实验结果显示，Cl^-含量的升高与反应速率的降低呈现线性关系[59]。同一元素在 A 位或 B 位的掺杂也会使催化剂具有不同的物化性质。例如，与具有相近的 Fe 掺杂量的 $LaTi_{0.4}Mg_{1-x}Fe_xO_3$（$0.2\leqslant x\leqslant 0.4$；$0.1\leqslant y\leqslant 0.4$）相比，$LaMg_{0.5}Ti_yFe_xO_3$（$0.13\leqslant x\leqslant 0.53$；$0.1\leqslant y\leqslant 0.4$）因存在较多活性氧物种而表现出更好的甲烷低温催化氧化活性。当反应温度高至 850 °C 时，$LaTi_{0.4}Mg_{1-x}Fe_xO_3$ 和 $LaMg_{0.5}Ti_yFe_xO_3$ 仍具有良好的热稳定性，主要与 Fe 活性中心在晶格中的稳定性有关[60]。如上所述，催化剂的形貌和暴露晶面对其性能有着较大影响。朱永法课题组采用水热法制备了单晶 $La_{0.5}Sr_{0.5}MnO_3$[61]和 $La_{0.5}Ba_{0.5}MnO_3$[62]纳米立方体。与相应的纳米粒子相比，虽然块状单晶催化剂的比表面积有所下降，但其对 CH_4 氧化反应则表现出更高的活性（图 5-7）和稳定性。并将单晶 $La_{0.5}Sr_{0.5}MnO_3$ 和 $La_{0.5}Ba_{0.5}MnO_3$ 纳米立方块的催化性能的提升归因于存在着的 Jahn-Teller 扭曲效应。单晶纳米立方块中的 Jahn-Teller 扭曲一方面使得 Mn^{3+}向 Mn^{4+}电荷转移的迁移率增加，使纳米立方块中锰离子的平均价态升高而平均半径变小，进而增加了反应活性位，另一方面这种扭曲使 Mn^{3+}—O—Mn^{4+}之间的键角转变为 180°，有利于电子转移，改善了催化剂的低温还原性能。同时，由于单晶催化剂的比表面积较小和立方块之间的接触

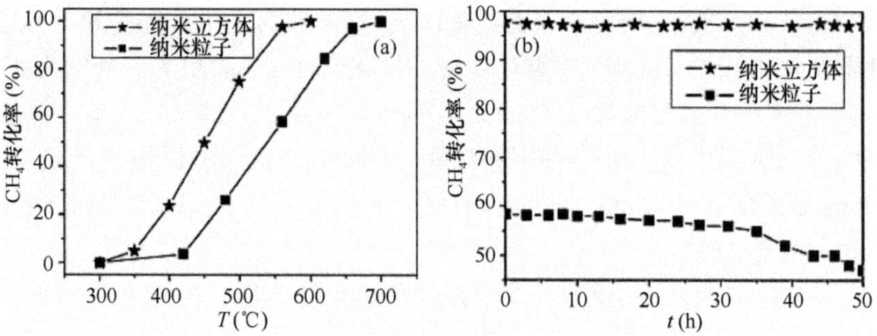

图 5-7 (a) $La_{0.5}Ba_{0.5}MnO_3$ 纳米立方块和纳米粒子催化剂上甲烷转化率随反应温度的变化趋势；(b) 不同催化剂在 560℃时甲烷氧化的热稳定性[62]

面积较小，反而抑制了立方块的烧结，有利于改善催化剂的热稳定性。

钙钛矿型氧化物同其他单一金属氧化物类似，在甲烷催化氧化反应中容易和毒物二氧化硫反应形成惰性的硫酸盐物种而失活。向 ABO_3 中的 A 位或 B 位掺杂适量贵金属，不仅可提高催化剂的活性，而且还可改善其抗硫性能。例如，研究发现 Ag^+对 La^{3+}的部分取代增加了 $La_{1-x}Ag_xMnO_{3\pm\delta}$（$x = 0$，0.05，0.10）中的酸性 Mn^{4+}含量，显著改善了催化剂的还原性能和氧活动度，削弱了 SO_2 在其上的吸附能力，从而提高了催化剂对甲烷氧化反应的活性和抗硫性能[63]。向 $LaMnO_3$ 中掺杂 Pd^{2+}，由于形成了 La-Pd 混合氧化物和 La-Mn 双层钙钛矿结构，与市售的 Pd 基三效催化剂相比，$La_{1.034}Mn_{0.966}Pd_{0.05}O_z$ 对甲烷催化氧化表现出更好的热稳定性。若往反应体系中引入 8 ppm SO_2，则会导致 Pd 基三效催化剂的严重失活。然而，在仅有少量 SO_2 的还原性气氛中，由于表面 Pd^{2+}和 La 含量的增加，易形成能够抵抗硫中毒的 La-Pd 化合物，使 $La_{1.034}Mn_{0.966}Pd_{0.05}O_z$ 催化剂不仅未中毒，还得到一定程度的活化[64]。利用燃烧法制备的一系列 $LaB_{0.9}Pd_{0.1}O_3$（B = Cr，Mn，Fe）催化剂中，$LaMn_{0.9}Pd_{0.1}O_3$ 表现出最好的甲烷催化氧化活性。研究表明，催化剂的活性跟 β-O_2 的脱附量直接相关，β-O_2 脱附量越多，甲烷催化氧化的 $T_{50\%}$越低。在 CH_4/O_2 摩尔比为 1/3 和 W/F 为 0.12(g·s)/cm^3 的反应条件下，甲烷在 $LaMn_{0.9}Pd_{0.1}O_3$ 上催化氧化的 $T_{50\%}$比在 $LaMnO_3$ 上的低 60℃[65]。Ferri 课题组的研究结果[66-68]表明，$LaFe_{0.95}Pd_{0.05}O_3$ 中的 Pd 主要以扭曲的八面体配位的 Pd^{3+}存在，而在 Pd/$LaFeO_3$ 中的 Pd 则主要以平面四边形配位的 Pd^{2+}存在。由于 Pd/$LaFeO_3$ 表面存在较多 PdO 物种，从而对甲烷氧化反应显示较高的初始活性，但当反应温度升至 700℃时，活性物种的烧结导致 Pd/$LaFeO_3$ 的活性显著下降。尽管 $LaFe_{0.95}Pd_{0.05}O_3$ 的初始活性低，但当反应温度超过其焙烧温度时，钙钛矿晶格中的 Pd 会迁移至 $LaFeO_3$ 表面，使 $LaFe_{0.95}Pd_{0.05}O_3$ 表现出更好的热稳定性，图 5-8 为各催化剂上甲烷转化率与反应温度的变化趋势[66]。

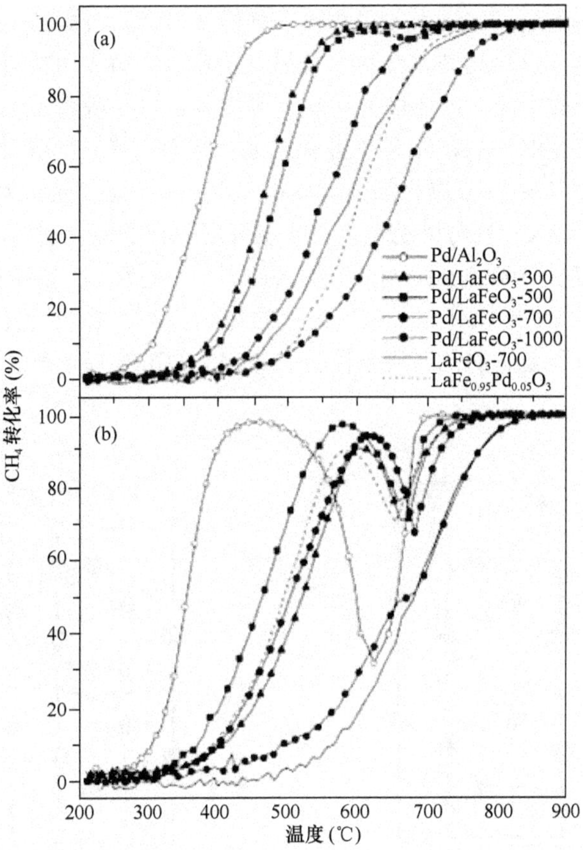

图 5-8　不同催化剂上甲烷转化率与反应温度的变化趋势[66]

（a）升温过程；（b）降温过程

与 ABO_3 结构不同，类钙钛矿型氧化物（A_2BO_4）是层状钙钛矿型氧化物。在 A_2BO_4 中，A 位离子通常为碱土金属、稀土金属等离子，而 B 位离子则常为第四周期过渡金属（如 Co、Cu、Ni 等）离子。戴洪兴课题组对 A_2BO_4 催化剂的制备、表征和催化甲烷氧化性能做了较为深入的研究。例如，他们建立了柠檬酸络合与超声波处理联用技术，可控制备了具有较多氧空位的 $NdSrCu_{1-x}Co_xO_{4-\delta}$和较多过量氧的 $Sm_{1.8}Ce_{0.2}Cu_{1-x}Co_xO_{4+\delta}$催化剂（其晶体结构示于图 5-9 中），发现它们对甲烷氧化反应的催化活性与其非计量氧量和较强的 Cu^{3+}/Cu^{2+}或 Cu^{2+}/Cu^{+}氧化还原能力相关[69]。通过调控制备条件（如水热温度和时间、体系 pH 值、表面活性剂种类、焙烧温度等），制得了棒状、纺锤体状和片状单晶 $La_{2-x}Cu_xO_4$ 纳微米催化剂[70-72]及多面体状和棒状 $YBa_2Cu_3O_7$ 微米催化剂[73]，研究发现它们对甲烷氧化反应的催化活性与催化剂的表面吸附氧量、氧化/还原性和暴露晶面等有关。此外，由于形成类钙钛矿型氧化物也需很高的焙烧温度，常用表面活性剂所形成的孔道在高温下易坍塌，因此此类化合物一般都为无孔结构的体相材料。戴洪兴课题组利用聚甲基丙烯酸甲酯（PMMA）微球为硬模板，以甲醇和乙二醇的混合液为溶剂，通过纳米复制的方法，制备了具有三维有序大孔（3DOM）结构的高比表面积（46 m^2/g）的 La_2CuO_4 催化剂。与体相 La_2CuO_4（比表面积为 1.7 m^2/g）催化剂相比，3DOM La_2CuO_4 对甲烷氧化反应表现出更高的催化活性。在 CH_4/O_2 摩尔比为 1/10 和空速为 50000 mL/（g·h）的条件下，甲烷在 3DOM La_2CuO_4 上氧化反应的 $T_{90\%}$ 为 672 °C，比在体相 La_2CuO_4 上的降低了 112 °C。独特的三维孔道结构、较高的比表面积和较好的低温还原性是 3DOM La_2CuO_4 显示优异催化性能的主要因素[74]。

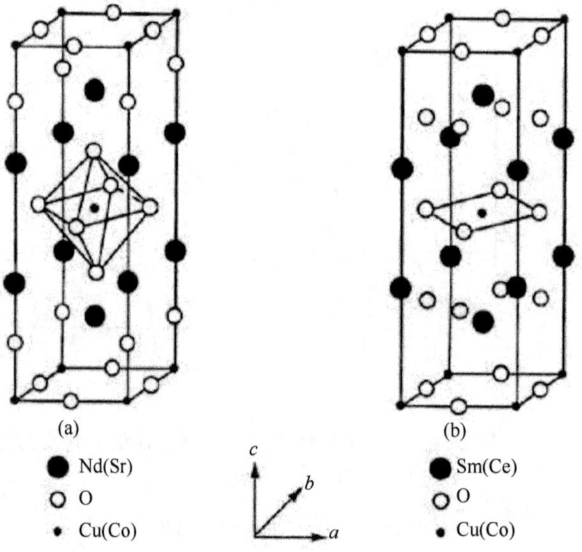

图 5-9 $NdSrCu_{1-x}Co_xO_{4-\delta}$（a）和 $Sm_{1.8}Ce_{0.2}Cu_{1-x}Co_xO_{4+\delta}$（b）的晶体结构图[69]

尖晶石型氧化物的结构通式可用 AB_2O_4 表示，其中 A 位离子通常为 Zn^{2+}、Cu^{2+}、Ni^{2+}、Ba^{2+}、Sn^{4+}、Ti^{4+}等，B 位离子通常为 Mn^{3+}、Co^{3+}、Cr^{3+}、Fe^{3+}、Al^{3+}、Zn^{2+}等。与 ABO_3 和 A_2BO_4 相类似，人们可通过部分取代 A 位和 B 位离子来改善 AB_2O_4 的催化性能。李俊华课题组采用柠檬酸络合法制备了 A 位取代的 $Co_{1-x}M_xCr_2O_4$（M = Li，Zr；$x = 0$～0.2）催化剂，发现 Li^+掺杂降低 $CoCr_2O_4$ 的催化活性，而 Zr^{4+}掺杂改善其催化活性，其中以 $Co_{0.95}Zr_{0.05}Cr_2O_4$ 的活性为最高，甲烷氧化反应的 $T_{90\%}$仅为 448℃，比在 $CoCr_2O_4$ 上的下降了 66℃（图 5-10）。这是由于 Zr^{4+}的取代改善了催化剂的氧化/还原性能，削弱了 Co—O 和 Cr—O 键的强度，

以及催化剂表面形成了更多的弱化学吸附的活性氧物种。但是，对于 Li 掺杂的催化剂，表面富集了 Li 和 Cr 元素[75]。此外，该课题组还利用柠檬酸络合法制备了 B 位取代的 $CoCr_{2-x}V_xO_4$（x = 0～0.2）催化剂，发现适量 V 的掺杂会使 $CoCr_2O_4$ 的尖晶石结构扭曲，增强了氧活动度，从而提高了氧空位浓度，增加了催化剂表面弱化学吸附的表面活性氧物种和表面活性钴物种（特别是 Co^{3+}）的含量，从而大幅地改善了催化剂的活性。与 $CoCr_2O_4$ 相比，甲烷在 $CoCr_{1.95}V_{0.05}O_4$ 催化剂上氧化反应的 $T_{90\%}$下降了 76℃。但由于表面 VO_x 的形成，掺杂过量的钒也会降低催化剂的活性[76]。

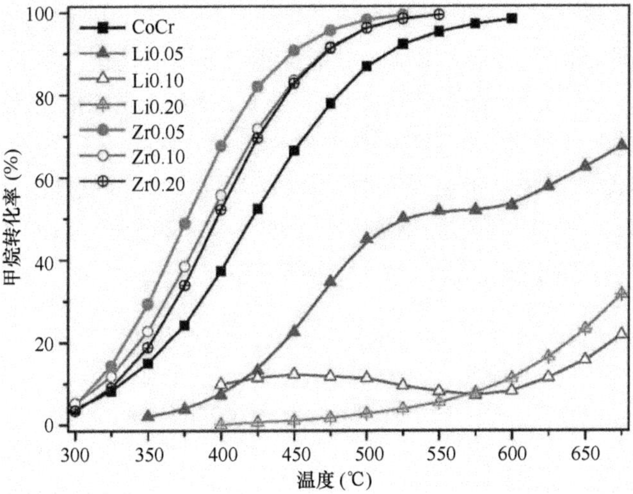

图 5-10 $Co_{1-x}M_xCr_2O_4$（M = Zr，Li；x = 0～0.2）催化剂上甲烷转化率与反应温度的变化趋势[75]
反应条件：2000 ppm CH_4 和 10 vol % O_2（N_2 为平衡气），空速为 36000 mL/（g·h）

六铝酸盐可用 $AAl_{12}O_{19}$ 表示，A 位离子通常由碱金属、碱土金属或稀土金属离子构成。无过渡金属取代的 $AAl_{12}O_{19}$ 对甲烷燃烧几乎没有催化活性，晶格中的 Al^{3+}被过渡金属（如 Cr、Mn、Fe、Co、Ni、Cu 等）离子部分取代后可改善其催化性能。李永丹课题组研究发现，掺杂一定量的 Mg^{2+}一方面可改善 $LaMn_{1-x}Mg_xAl_{11}O_{19}$ 的氧化/还原性并提高 Mn^{3+}含量和晶格氧活动度，另一方面可抑制沿{110}方向的晶体优先生长，有利于抑制小颗粒生长。与未掺杂的催化剂相比，Mg^{2+}掺杂催化剂具有更好的催化活性和热稳定性[77]。徐金光等[78]考察了 La 取代部分 Ba 对 $Ba_{1-x}La_xMn_3Al_9O_{19-\alpha}$ 的晶相结构、甲烷催化氧化活性及热稳定性的影响，发现当 x≥0.4 时表面 $La_2(CO_3)_3$ 分解与 γ-Al_2O_3 反应生成 $LaAlO_3$ 钙钛矿相，抑制由 $BaCO_3$ 分解并与 γ-Al_2O_3 反应生成的 $BaAl_2O_4$ 尖晶石相，使 Ba^{2+}在体相中保持较高的分散性，促进六铝酸盐（β-Al_2O_3）相的形成。但当 x<0.4 时，大量

$BaAl_2O_4$ 的存在降低了催化剂的比表面积和催化活性。催化剂对甲烷氧化的活性与六铝酸盐含量有关。催化剂中六铝酸盐量越多，取代 Al^{3+}进入六铝酸盐晶格中的 Mn 越多，催化剂对甲烷氧化的活性越高，其中当 $x = 0.8$ 时催化剂的活性最高。

5.1.2　催化作用原理

探究催化剂上甲烷催化氧化机理对于深入了解甲烷氧化中反应物分子与催化剂的相互作用，开发新型高效催化剂具有重要意义。催化剂的活性和稳定性受到诸多因素影响，例如反应温度，混合气组成，活性组分尺寸、结构和形貌，载体种类，助催化剂种类等。

在甲烷催化氧化过程中，催化剂表面氧化反应和自由基反应同时发生，这给催化氧化机理研究带来一定的困难。对于负载贵金属催化剂，甲烷氧化目前较为认同的反应机理为[79, 80]：在贵金属催化剂表面，CH_4 首先在催化剂表面吸附、活化，解离为甲基或亚甲基，它们与活性氧物种作用直接生成 CO_2 和 H_2O 或生成化学吸附的 HCHO。甲醛从贵金属表面脱附或与活性氧物种继续反应生成 CO_2 和 H_2O。一般认为，甲醛作为中间物种，一旦产生就快速分解为 CO 和 H_2，而不太可能以 HCHO 分子形式脱附到气相中（图 5-11）。

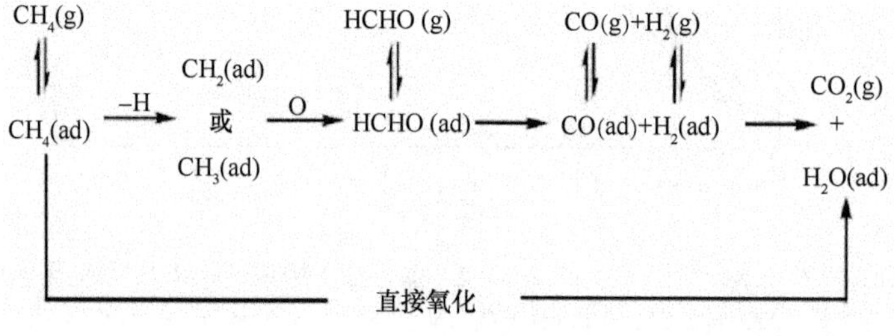

图 5-11　贵金属催化剂上甲烷催化氧化反应机理[80]

国内外的研究者围绕着这种机理展开了大量的研究工作。例如，Xu 等发现，在低于 400℃时，在甲烷催化氧化反应中主要参与反应的物种为 Pd 单质与 CH_4 及 CH_4 离解物种（CH_2 或 CH_3）。在高于 250℃时，Pd 表面一部分会氧化为 PdO_x，而 PdO_x 的形成会影响吸附和活化反应物分子[81]。Iglesia 课题组通过同位素实验详细研究了 PdO/ZrO_2 催化剂上甲烷氧化反应过程，发现反应速控步骤为 C—H 键的活化，且该步骤与晶格氧的反应遵从于 Mars-van Krevelen 氧化还原机理[82]。

催化剂的性能与其表面活性物种的存在形式密切相关，而吸附活化的 CH_4 物种（即吸附态 CH_3 和 H 等）在催化剂表面能够快速反应。不同吸附物种与表面作用力的强弱与反应温度有关，因而程序升温是一种可深入了解催化剂表面反应过程的有效技术[83]。Avalos-Borja 等[84]采用氢气或甲烷程序升温还原（H_2-TPR 或

CH_4-TPR）技术考察了甲烷在 PdO_x/ZrO_2 催化剂上氧化过程，发现催化剂表面活性物种主要位于 PdO_x 表面，甲烷催化氧化的初始活性与 PdO 表面氧物种和氧空位的稳定性相关，而氧空位密度又与 Pd—O 键强度有着密切联系。研究发现，在氧化过程中催化剂表面较弱的 Pd—O 键倾向于形成氧空位，氧空位密度随氧化钯晶粒尺寸的减少和氧化钯中氧含量的降低而下降，而这种空位的数量和 C—H 键活化速控步骤有关，有利于提高甲烷催化氧化活性。同时还发现，CH_4 在 Pd^0 上的吸附促进了 PdO 的还原，其反应机理如图 5-12 和图 5-13 所示。许多研究结果表明，C—H 键的活化是烷烃氧化的速控步骤，因而对于稳定的具有对称结构的 CH_4 分子，伴随 CH_3 和 H 物种的出现，C—H 键的断裂是活化的起始步骤，而这一过程的离解焓约为 104.7 kcal①/mol[85]。

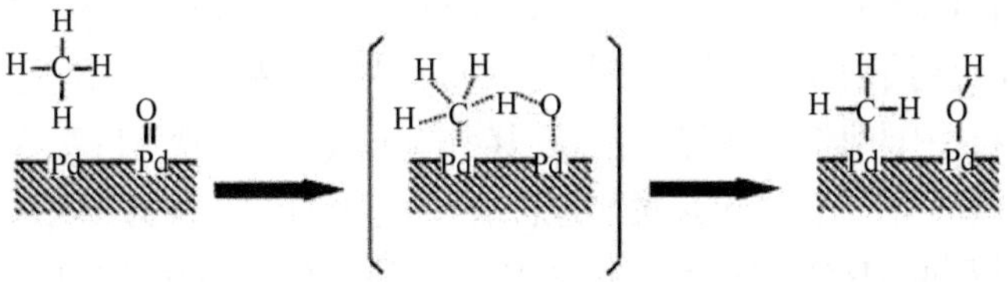

图 5-12　CH_4 在 PdO-Pd 表面的活化过程[84]

$$O_2+* \xrightleftharpoons{K_1} O_2* \qquad (1)$$

$$O_2*+* \xrightarrow{K_2} 2O* \qquad (2)$$

$$CH_4+* \xrightleftharpoons{K_3} CH_4* \qquad (3)$$

$$CH_4*+O* \xrightarrow{K_4} CH_3*+OH* \ \cdots\cdots \qquad (4)$$

$$2\,OH* \xrightleftharpoons{K_5} H_2O\,(g)+O*+* \qquad (5)$$

$$CO_2* \xrightleftharpoons{K_6} CO_2+* \qquad (6)$$

$$CO_3* \xrightleftharpoons{K_7} CO_2+O* \qquad (7)$$

图 5-13　甲烷在 PdO_x 上催化氧化反应机理[84]

*催化剂表面配位不饱和的 Pd 原子，如图 5-12 所示

此外，为证实 PdO 中晶格氧参与反应，Ciuparu 等[86]利用氧同位素并结合脉冲技术研究了甲烷在 Pd/ZrO_2 催化剂上氧化反应，实验结果也证实了上述反应历程。研究表明，在催化氧化过程中，PdO 物种是稳定存在的，CH_4 首先吸附于催

① 1 cal=4.184 J

化剂表面，并与 PdO 中晶格氧作用，使得 PdO 还原为 Pd^0，而后 Pd^0 与吸附氧作用再氧化为 PdO，完成一个氧化/还原循环。研究发现，在低温（<327℃）时，体相 PdO 和负载 PdO 的催化性能基本类似，但是当反应温度高于 327℃时，载体 ZrO_2 中的氧也参与了氧化/还原循环过程，活性氧物种是以单原子的形式存在于催化剂表面，其中一个氧原子桥式连接两个 Pd 原子[87]。

对于非贵金属氧化物（如混合金属氧化物、钙钛矿型氧化物和尖晶石型氧化物等）催化剂，甲烷催化氧化反应的机理与贵金属催化剂上的类似，均为通过表面吸附氧和晶格氧的共同参与而进行甲烷催化氧化。通常认为，不同价态和不同种类的金属阳离子固定在晶格中，在晶格中亦存在可迁移的氧离子，而表面吸附氧和晶格氧的活动度是影响催化剂的活性的主要因素[88]。韩一帆教授课题组研究了甲烷在 $Mn_{1-x}Ce_xO_{2\pm y}$ 纳米棒上氧化反应机理（图 5-14），认为 CH_4 分子首先在催化剂表面 Mn 离子上活化解离，并与 MnO_x 中的晶格氧物种反应而产生 CO_2 和 H_2O，随后 CeO_2 中的吸附氧或晶格氧迁移到 MnO_x 上，实现 Mn 离子的氧化/还原，最后气相中的氧气补充到 CeO_2 表面或晶格中完成循环。因此 CeO_2 中的氧缺陷的数量和催化剂表面 MnO_x 浓度是影响催化剂的活性的关键因素[89]。

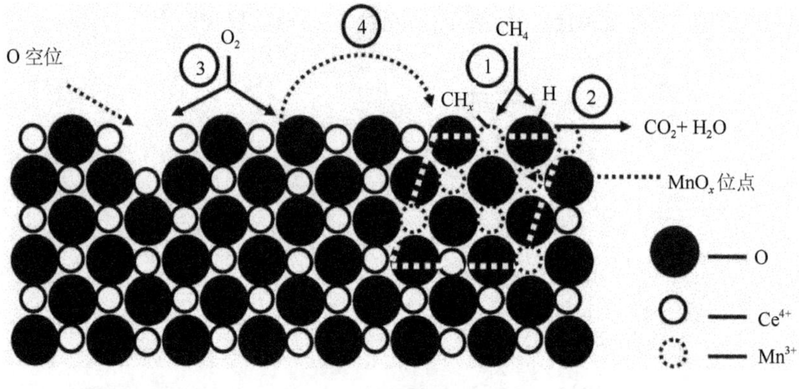

图 5-14 甲烷在 $Mn_{1-x}Ce_xO_{2\pm y}$ 纳米棒催化剂上催化氧化反应机理[89]

①甲烷吸附；②表面反应生成 CO_2 和 H_2O；③氧的吸附；④CeO_2 中晶格氧迁移到 MnO_x 位点上

5.1.3 甲烷催化燃烧技术展望

作为一种洁净、高效的能源利用和废气处理技术，甲烷催化燃烧在能源和环境保护领域有着广阔的发展前景。目前，尽管研究者在甲烷燃烧催化剂的研制方面取得了较大进展，但甲烷催化燃烧技术面临的关键问题仍然是催化剂的低温活性、抗硫性能和在苛刻条件（如高温、高湿度和高二氧化碳含量等）下的热稳定性还不能满足实际应用的需求，迫切需要研究人员开发新型高性能甲烷燃烧催化剂。近年来，纳米和多孔材料可控合成技术的迅速发展给多相催化带来了新的机遇。通过创制新的制备方法，很有可能获得具有规整形貌且仅暴露对甲烷燃烧显示高催化活性和稳定性晶面的负载贵金属或金属氧化物纳米催化剂。通过精确控制元素比例，有可能获得具有高催化活性和优良热稳定性的负载金属合金纳米催化剂。当然，随着人们对甲烷催化燃烧反应机理的不断深入研究，不排除从源头上设计出对甲烷催化燃烧具有优异性能的新型催化材料。

5.2　苯系物 VOCs 催化治理技术

挥发性有机化合物（VOCs）通常是指室温下饱和蒸气压大于 133.322 Pa、沸点在 50～260℃之间的易挥发的有机化合物。VOCs 种类繁多，主要包括脂肪烃类、卤代烃类、芳香烃类、醇类、醛类、酯类、醚类、酮类、羧酸类、胺类以及含硫有机化合物等。部分 VOCs 会危害人体健康。例如，人体吸入芳香烃（如苯、甲苯、二甲苯等）后，中枢神经受损，造成神经系统障碍，危及血液和造血器官，严重时还会有出血症状或感染败血症。同时苯被列为潜在的致癌物。卤代烃能引起神经衰弱及血小板减少、肝功能下降、肝脾肿大等病变，还可导致癌症。甲醛对人的眼睛和上呼吸道黏膜产生不同程度的损伤，导致慢性呼吸道疾病增加，也会使人体免疫功能异常、肝肺功能损伤、神经衰弱症和神经行为变化以及损伤细胞内的遗传物质。此外，近年来研究结果表明，VOCs 也有可能在太阳光照射下转化生成臭氧（O_3）和细颗粒物（$PM_{2.5}$），从而在更大范围内产生污染危害。因此，控制 VOCs 排放对于人类社会可持续发展具有重大意义。VOCs 主要来源于精细化工、石油化工、制药、电子元件制造、印刷、制鞋以及汽车制造等行业，其进入大气的方式大致有：①石油、煤炭、天然气等的开采、加工、储运过程中，部分有机物料进入大气；②煤、石油、石油制品、天然气、木材燃烧时的不完全燃烧产物进入大气；③作为溶剂的有机物在使用时挥发到大气中，如油漆、喷漆中的溶剂挥发；④有机农药、消毒剂、防腐剂加工与使用时，使部分有机物进入大气；⑤各种合成材料、有机黏合剂及其他有机制品遇到高温时氧化和裂解，产生部分低分子量的有机物进入大气；⑥淀粉、脂肪、蛋白质、纤维素、糖类等氧化与分解时产生部分有机物进入大气。

因此，从源头上控制 VOCs 排放，能有效抑制 O_3 和 $PM_{2.5}$ 的生成，减少光化学烟雾和灰霾的产生。随着除尘、脱硫、脱硝和机动车尾气污染治理的进行，VOCs 的污染控制问题已成为我国控制大气污染最重要的方向之一。由国务院批复的《重点区域大气污染防治“十二五”规划》明确提出：以 2010 年为规划基准年，到 2015 年，京津冀、长三角、珠三角地区等 12 个重点区域重点行业现役源 VOCs

排放削减比例为10%～18%，为“十三五”在全国范围内开展VOCs防治打下基础。目前，我国虽然已开展治理VOCs污染的工作，但还缺乏有效的、拥有自主知识产权的VOCs治理技术，因此研发新型高效VOCs处理技术迫在眉睫[90]。

工业过程中排放的VOCs通常浓度较低（低于5000 ppm），直接燃烧时燃烧热和内部热交换微乎其微，因此需借助外部能量才能消除。迄今为止，研究人员已经开发了一系列的技术或方法用于VOCs的消除。其中最主要的方法包括：吸附法、热焚烧法、生物法、光催化降解法、等离子体降解法、催化燃烧法等。

催化燃烧法是指在催化剂上将VOCs在较低温度下催化氧化为二氧化碳和水。该方法中催化剂的主要作用是降低反应活化能，即降低VOCs氧化所需的温度。催化燃烧法较其他VOCs消除方法具有以下优势：

1）消除温度低，能耗低，效率高

相对于焚烧法中1000℃以上的温度要求，催化燃烧法由于催化剂的作用大幅地降低了VOCs消除的温度（通常在400℃以下），因此大幅地降低了能耗。另外，由于催化剂的吸附和富集作用，也提高了消除VOCs的效率。

2）无二次污染

焚烧法和等离子体降解法在消除VOCs的过程中可能产生二次污染物。而催化燃烧法基本上无二次污染的生成，主要产物为二氧化碳和水。

3）适用范围广

催化燃烧法选择合适的催化剂基本可处理所有的VOCs废气。

正是因为以上这些突出的优点，催化燃烧法成为近年来研究最广泛和最有效的消除VOCs的方法之一。在催化燃烧技术中，催化剂的优劣是关键。催化剂一般由活性组分、载体和助催化剂组成。按活性组分一般可分为负载贵金属催化剂和金属氧化物催化剂两大类。

苯系物是工业化学品的起始原料，用途广泛，其对人身具有强烈的致癌性。甲苯和二甲苯常被用作溶剂，对人体中枢神经系统有毒害作用。已有不少国家制定了对苯系物的空气质量标准，如欧盟从2000年12月1日开始执行大气中苯的年均浓度限值为5 $\mu g/m^3$，到2006年1月1日起为1 $\mu g/m^3$。世界卫生组织规定空气中甲苯日平均接触浓度限值为8.21 $\mu g/m^3$[91]。而芳香烃类化合物是大气中O_3形成最活泼的前体物之一[92]。为控制不断上升的区域光化学污染，我国已逐渐加大对含芳香烃类化合物废气排放的控制力度。但是由于苯系物含有对称结构的苯环，空间场能量较高，作为VOCs的典型污染物代表，尤其不易被降解。所以在提高苯系物的消除效率方面，特别是催化剂的活性和稳定性上，还有很大的提升空间。近年来国内外研究者针对苯系物的催化氧化进行了大量的研究。

5.2.1 催化剂制备及性能评价

负载贵金属催化剂是目前催化燃烧应用最为广泛的一类催化剂，贵金属种类主要包括 Pt、Pd、Au、Rh 等。此类催化剂具有起燃温度低、选择性好、抗毒性强等诸多优点。Paulis 等采用浸渍法制备了 $Pt/\gamma\text{-}Al_2O_3$ 催化剂，考察了含 Pt 前驱体中氯元素对该催化剂在甲苯完全氧化反应中的催化活性和稳定性的影响，发现氯元素的存在对催化剂的活性起到抑制作用，由不含氯的 Pt 前驱体所制备的 $Pt/\gamma\text{-}Al_2O_3$ 催化剂活性最高，在空速为 153000 mL/（g·h）的条件下，225 ppm 甲苯完全氧化所需温度仅为 260℃[93]。Centeno 等研究了 $Au/CeO_2/Al_2O_3$ 和 Au/Al_2O_3 催化剂对苯氧化的催化性能，采用沉积沉淀法制备催化剂，并利用 XRD、SEM、TEM、UV-Vis、XPS 等技术对其物化性质进行表征。研究发现，二氧化铈的存在增强了纳米金粒子的稳定性和分散性，主要原因是 CeO_2 为纳米金提供了活性晶格氧，使大部分的金以氧化态形式存在，因此二氧化铈的添加提高了苯在 Au/Al_2O_3 催化剂上燃烧的催化活性[94]。具有合金或核壳结构的双金属催化剂往往表现出比单一贵金属更高的催化活性。例如，Hyoung 等制备了 Pt-Pd 合金催化剂并研究了其对苯氧化的催化活性和稳定性，结果表明，双金属以合金形式存在且金属颗粒高度分散在载体表面，通过调整 Pt 与 Pd 比例优化催化活性和稳定性。双金属催化剂中存在最优化的 Pt 含量（若 Pt 含量超过适宜值，催化活性则明显下降），其中 0.3 wt% Pt–2 wt% $Pd/\gamma\text{-}Al_2O_3$ 对苯氧化反应显示最高的催化活性和稳定性[95]。Hosseini 和 Siffert 等研究了 Pd-Au 合金以及具有壳核结构的 Pd@Au 和 Au@Pd 催化剂对甲苯和丙烯氧化反应的催化性能，发现 VOCs 在 Au@Pd（Pd 为壳、Au 为核）催化剂上氧化的催化活性较高，甲苯氧化反应的 $T_{90\%}$低至 215℃（图 5-15）[96]。

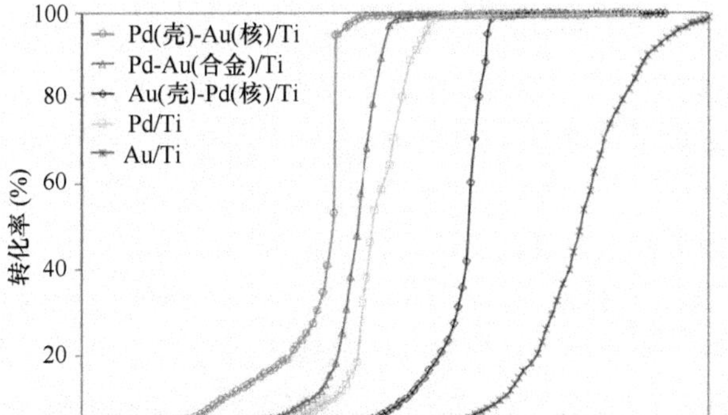

图 5-15　Pd（壳）-Au（核）/TiO_2、Au（壳）-Pd（核）/TiO_2、Pd/TiO_2 和 Au/TiO_2 催化剂上甲苯转化率随反应温度的变化趋势[96]

将贵金属纳米粒子负载到有序多孔金属氧化物上，则可进一步改善其催化性能。例如 Ying 等发现，与 CeO_2 纳米粒子（Nano CeO_2）相比，三维有序介孔（3DOMeso）CeO_2 具有更小的粒径、更高的比表面积和更多的表面氧物种，使得 1.7 wt% Au/3DOMeso CeO_2 催化剂对苯氧化反应显示更好的催化活性。在苯/氧气摩尔比为 1∶42 和空速（SV）为 15000 mL/（g·h）的反应条件下，该催化剂在 200℃时即可将苯完全氧化为 CO_2 和 H_2O。在 220℃时连续反应 50 h 后，1.7 wt% Au/3DOMeso CeO_2 催化剂并未失活，而在 Au/Nano CeO_2 催化剂上，苯转化率在反应 20 h 后从 50%下降至 10%。失活的原因被认为是 Au 纳米粒子在载体上的聚结，而在 1.7 wt% Au/3DOMeso CeO_2 催化剂上，Au 和高比表面积的 CeO_2 之间的较强相互作用能有效抑制 Au 纳米粒子聚结长大[97]。贺泓教授课题组的研究结果表明，制备方法对载体的孔道结构和活性组分的分散态有较大影响。与采用浸渍法制得的 Pd/3DOMeso Co_3O_4 相比，采用原位纳米复制法制得的 Pd/3DOMeso Co_3O_4 因具有更为规整的有序介孔孔道和更高分散度的 PdO 物种而对邻二甲苯完全氧化反应表现出更好的催化活性。在邻二甲苯/氧气摩尔比为 1∶1400 和 SV 为 60000 mL/（g·h）的反应条件下，邻二甲苯在由原位纳米复制法所得 Pd/3DOMeso Co_3O_4 催化剂上的 $T_{50\%}$ 和 $T_{90\%}$ 分别为 193℃和 204℃，比在由浸渍法所得催化剂上的分别下降了 40℃和 50℃。当向反应体系中引入 1 vol%水蒸气或 0.1 vol% CO_2 时，对由原位纳米复制法所得 Pd/3DOMeso Co_3O_4 的催化活性几乎没有影响[98]。戴洪兴教授课题组采用纳米复制法和聚乙烯醇保护的还原法制备了 3.7 wt%～9.0 wt% Au/3DOMeso Co_3O_4 催化剂，其对苯、甲苯和邻二甲苯的催化活性如图 5-16 所示。在 VOC/O_2 摩尔比为 1∶400 和 SV 为 20000 mL/（g·h）的反应条件下，6.5 wt%Au/3DOMeso Co_3O_4 对苯、甲苯或邻二甲苯完全氧化反应显示出优异的催化性能。苯、甲苯和邻二甲苯在 6.5 wt%Au/3DOMeso Co_3O_4 催化剂上的 $T_{90\%}$ 分别为 189℃、138℃和 162℃。当向反应体系中引入 3.0 vol%水蒸气且反应温度高于 160℃时，由于 Co_3O_4 晶格氧活动度增加，有利于活化 O_2 分子，即 O_2 分子在 Co_3O_4 上的吸附强于 H_2O 分子在 Co_3O_4 上的吸附，因此对甲苯在 6.5 wt% Au/3DOMeso Co_3O_4 上氧化反应的催化活性没有影响；当反应温度低于 140℃时，由于 H_2O 分子在 Co_3O_4 上的吸附强于 O_2 分子在 Co_3O_4 上的吸附，降低了 6.5 wt% Au/3DOMeso Co_3O_4 的催化活性。若向反应体系中引入 10 vol%的 CO_2，反应过程中累积的碳酸盐物种会覆盖催化剂的部分表面活性位，导致 6.5 wt% Au/3DOMeso Co_3O_4 失活（甲苯转化率下降了 30%左右）。但这种失活是可逆失活，因为在 O_2 气氛中于 300℃处理 1 h 后该催化剂的活性即可恢复。此外，由于 Au 纳米粒子高度分散在 3DOMeso Co_3O_4 表面，氧化钴对 SO_2 的吸附能有效地降低 SO_2 在 Au 上的化学吸附，因此 6.5 wt% Au/3DOMeso Co_3O_4 表现出较好的抗硫性能[99]。

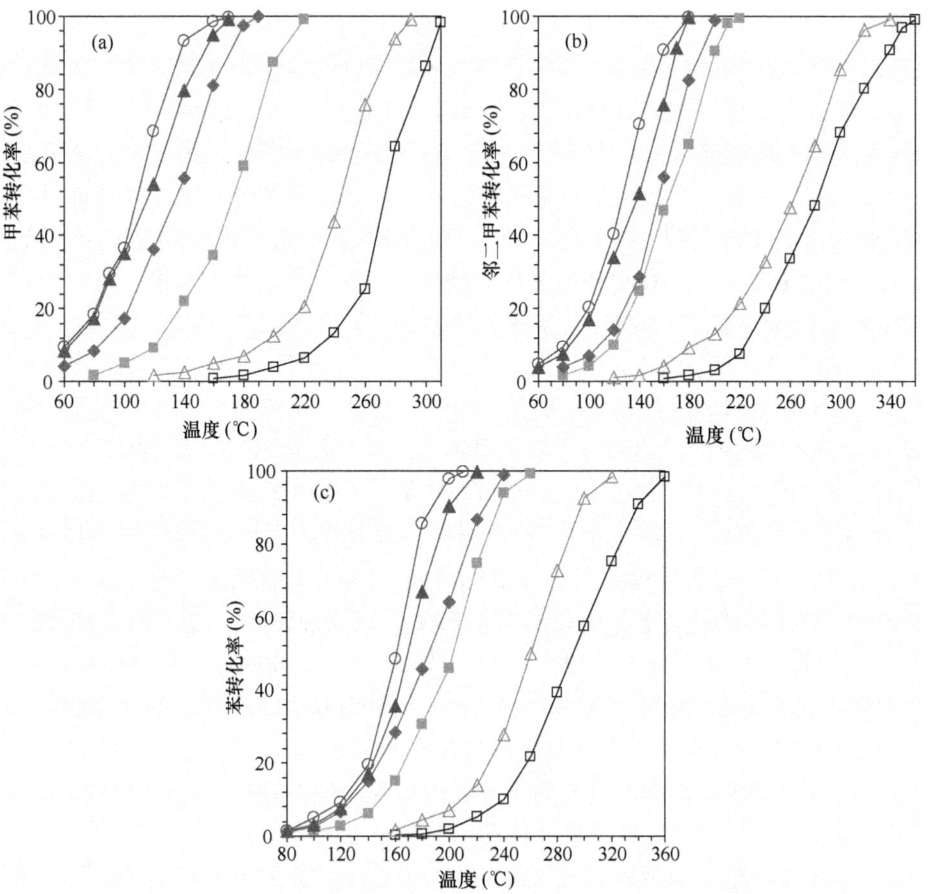

图 5-16　在 VOC 浓度为 1000 ppm、VOC/O_2 摩尔比为 1/400 和空速为 20000 mL/（g·h）的反应条件下，（■）*meso*-Co_3O_4、（◆）3.7Au/*meso*-Co_3O_4、（O）6.5Au/*meso*-Co_3O_4、（▲）9.0Au/*meso*-Co_3O_4、（□）bulk Co_3O_4 和（△）6.4Au/bulk Co_3O_4 催化剂上甲苯转化率（a）、邻二甲苯转化率（b）和苯转化率（c）随反应温度的变化趋势[99]

负载贵金属催化剂具有很多优点，但由于其价格昂贵，使得催化剂的成本较高。因此，近年来研发的相对廉价的金属氧化物作催化剂引起了人们的广泛关注。单一金属氧化物催化剂（CuO、MnO_x、Co_3O_4、CeO_2 等）等对苯系物氧化反应表现出较好的催化活性。例如，纳米尺度的氧化锰八面体分子筛（OMS-2）具有规整孔结构、混合锰价态以及高的晶格氧活动度，赋予这些材料很好的催化性能。Genuino 等研究了不同种类的氧化锰催化剂对苯、甲苯、乙苯和二甲苯氧化的催化性能，发现制得的 OMS-2 与 CuO/Mn_2O_3 都具有优良的催化活性，高于无定形的 MnO_2 和商品 MnO_2 催化剂的[100]。郭建光和李忠等采用浸渍法制备了三种负载金属氧化物（CuO/Al_2O_3、CdO/Al_2O_3和 NiO/Al_2O_3）催化剂，其中 CuO/Al_2O_3催化剂对甲苯氧化的催化活性明显优于其他两种催化剂的。由于这三种金属离子的外层轨道具有易变价倾向，能够在较低温度下吸附氧。而 CuO 是氧负离子过量型，金属离子是吸附氧的中心，能有效吸附氧这类电子受体[101]。采用硬模板法可制备具有三维或二维有序孔道结构的金属氧化物，由此得到的金属氧化物具有尺寸可调的有序孔道和较高的比表面积，是一种有发展潜力的消除 VOCs 的催化剂。Puertolas 等发现，制备 3DOMeso KIT-6 硬模板时所采用的水热温度（40～100℃）是影响 3DOMeso CeO_2的物化性质的关键因素。在萘/氧气摩尔比为 1∶445 和 SV 为 75000 h^{-1}的反应条件下，以于 80 °C 水热处理 24 h 后获得的 KIT-6 为硬模板所制得的 3DOMeso CeO_2具有最小的晶体粒径、最高的比表面积、较少的残留 SiO_2和适宜的氧化/还原性，因而对萘氧化显示出最高的催化活性：在 260℃时萘转化率超过 80%或在 275℃时萘转化率超过 95%[102]。在甲苯或甲醇与氧气摩尔比为 1∶20 和 SV 为 20000 mL/(g·h)的反应条件下，以 KIT-6 为硬模板制得的 3DOMeso Co_3O_4比以 SBA-16 为硬模板制得的 3DOMeso Co_3O_4具有略高的催化活性，甲苯和甲醇在前者上的 $T_{90\%}$分别为 190℃和 139℃，表观活化能分别为 59.9 kJ/mol 和 50.1 kJ/mol[103]。邓积光等在超声波辅助作用下，以 SBA-16 为硬模板制得了 3DOMeso MnO_2和 3DOMeso Co_3O_4，比表面积分别高至 266 m^2/g 和 313 m^2/g。研究发现，超声波处理促进了在硬模板硅材料孔道中液–固质量传递和金属前驱体的分散。通过填充、过滤、洗涤、灼烧等多步处理，使在硅模板孔道外形成氧化锰和氧化钴纳米粒子的可能性降低，将孔道完全充满的概率最大化[104]。

一般认为，与单一金属氧化物相比，由于存在结构或电子调变等相互作用以及具有更高的稳定性（即在较高反应温度下晶体结构不发生相变），复合金属氧化物表现出更好的催化性能。卢晗峰等采用溶胶-凝胶法制备的 Cu-Mn-Ce 复合氧化物，当 Cu∶Mn∶Ce 摩尔比为 1∶2∶4 时，所得催化剂对甲苯氧化的催化活性最高，甲苯完全转化温度降至 220℃以下[105]。余凤江等采用共沉淀法合成的 Cu-Mn-Ce-Zr-O 复合氧化物催化剂对苯氧化的催化活性明显优于 CeO_2和 Cu-Ce-Zr-O 的。研究表明：①在铜锰氧化物中加入的氧化铈具有储氧功能，能够增加催化剂的储氧量，降低氧化反应的起燃温度；②ZrO_2 的加入与 CeO_2 的协同作用能增加催化剂的自燃时间；③CeO_2及 Ce-Zr 氧化物固溶体均能促进 $CuMn_2O_4$尖晶石结构的形成，提高了催化剂的活性[106]。

一般地，当复合氧化物形成了诸如钙钛矿型或类钙钛矿型氧化物结构时，其催化氧化活性明显优于相应的单一氧化物，这是由于（类）钙钛矿结构中产生的晶格缺陷（即催化活性中心）有利于反应物分子的深度氧化。钙钛矿型氧化物（ABO_3）和类钙钛矿型氧化物（A_2BO_4）是一类在 A、B 两种阳离子位均可用异价离子进行同晶取代的化合物。两种阳离子位元素的部分取代会引起氧空位（缺陷）浓度的改变和过渡金属离子价态的调整，从而影响催化剂的性质。ABO_3 和 A_2BO_4 含有丰富的氧空位和多种氧化态并存的 B 位过渡金属离子，氧气分子很容易被活化成多种氧物种（$O^2 \rightarrow O^{2-} \rightarrow O_2^{2-} \rightarrow O^- \rightarrow O^{2-}$），催化剂的氧化与还原（Redox）过程易于实现。这些特性使得此类化合物成为极好的氧化型催化材料。例如，$La_{0.8}Sr_{0.2}MnO_{3+\delta}$ 催化剂在 350℃以下可将多种 VOCs（苯、甲苯、乙醇、丙醛、丙酮、乙酸乙酯等）完全氧化成 CO_2 和 H_2O[107]。对甲苯和甲乙酮在 $LaCoO_3$ 和 $LaMnO_3$ 及其 Sr 取代的催化剂上氧化反应的研究表明，甲苯完全氧化时的反应温度低于 340℃，而甲乙酮完全氧化时的反应温度低于 270℃，$LaCoO_3$ 和 $La_{0.8}Sr_{0.2}CoO_3$ 的催化活性分别高于 $LaMnO_3$ 和 $La_{0.8}Sr_{0.2}MnO_3$[108]。

近年来，多级孔（兼具微孔、介孔和大孔中的两种及以上）材料在能源存储和转换、催化、过滤、传感和医药等领域备受关注。钙钛矿型氧化物由于焙烧形成晶相结构所需温度较高，故具有较低的比表面积。为进一步改善 ABO_3 对 VOCs 氧化反应的催化性能，人们尝试制备具有多级孔道结构的 ABO_3 及其负载催化剂，并研究其对苯系物氧化的催化性能。

戴洪兴教授课题组以 PMMA 微球为硬模板，以三嵌段共聚物 P123 为软模板的方法制备了具有三维有序大孔（3DOMacro）结构的 $LaMnO_3$，同时孔壁上有蠕虫状介孔。与体相 $LaMnO_3$ 相比，3DOMacro $LaMnO_3$ 对甲苯完全氧化反应表现出更高的催化活性。在甲苯/氧气摩尔比为 1∶400 和 SV 为 20000 mL/（g·h）的反应条件下，甲苯在 3DOMacro $LaMnO_3$ 上的 $T_{50\%}$和 $T_{90\%}$分别为 222℃和 243℃[109]。研究表明，可通过化学裁剪的方法制备 $A_{1-x}A'_xBO_3$、$AB_{1-y}B'_yO_3$ 和 $A_{1-x}A'_xB_{1-y}B'_yO_3$，从而改善 ABO_3 的催化性能。在上述相似的反应条件下，戴洪兴课题组研究发现，3DOMacro $Eu_{1-x}Sr_xFeO_3$（$x = 0$～1）对甲苯氧化反应的催化活性按照 $Eu_{0.6}Sr_{0.4}FeO_3$＞$SrFeO_3$＞$EuFeO_3$ 的顺序降低，其中甲苯在 3DOMacro $Eu_{0.6}Sr_{0.4}FeO_3$ 上的 $T_{50\%}$和 $T_{90\%}$分别为 278℃和 305℃[110]。掺杂少量 Bi 后，甲苯在 3DOMacro $La_{0.6}Sr_{0.4}Fe_{0.8}Bi_{0.2}O_3$ 上氧化反应的 $T_{50\%}$和 $T_{90\%}$分别为 220℃和 242℃，比在 3DOMacro $La_{0.6}Sr_{0.4}FeO_3$ 上的分别下降了 50℃和 70℃[111]。为了考察过渡金属氧化物与钙钛矿型氧化物之间存在的协同作用，戴洪兴课题组制备了一系列的 MO_y/3DOMacro $A_{1-x}A'_xBO_3$（M ≠ B 或 M = B）催化剂，并研究了其对 VOCs 氧化的催化性能。采用等体积浸渍法制得了 1 wt%～10 wt% CoO_x/3DOMacro $Eu_{0.6}Sr_{0.4}FeO_3$ 催化剂，观察到甲苯在 3 wt% CoO_x/3DOMacro $Eu_{0.6}Sr_{0.4}FeO_3$ 上的 $T_{50\%}$和 $T_{90\%}$分别为 251℃和 270℃，比在 3DOMacro $Eu_{0.6}Sr_{0.4}FeO_3$ 上的分别下降了 27℃和 35℃[112]。采用一步法（即原位法）制备了 2 wt%～10 wt% CoO_x/3DOMacro $La_{0.6}Sr_{0.4}CoO_3$[113]和 5 wt%～16 wt% MnO_x/3DOMacro $LaMnO_3$[114]催化剂，发现原位担载少量 CoO_x 或 MnO_x 可

有效地改善催化剂对 VOCs 氧化反应的催化性能，其中以 8 wt% CoO_x/ 3DOMacro $La_{0.6}Sr_{0.4}CoO_3$ 和 12 wt% MnO_x/3DOMacro $LaMnO_3$ 的催化活性为最高。

此外，戴洪兴教授课题组也研究了具有多级孔道结构的 ABO_3 负载贵金属催化剂对苯系物氧化的催化性能。采用聚乙烯醇保护的鼓泡还原法制备了 1.54 wt%～7.63 wt% Au/3DOMacro $LaCoO_3$[115]和 3.4 wt%～7.9 wt% Au/3DOMacro $La_{0.6}Sr_{0.4}MnO_3$[116]催化剂。在甲苯/氧气摩尔比为 1∶400 和 SV 为 20000 mL/（g·h）的反应条件下，甲苯在 6.4 wt% Au/3DOMacro $La_{0.6}Sr_{0.4}MnO_3$ 上的 $T_{50\%}$和 $T_{90\%}$分别为 150℃和 170℃。当于 170℃连续反应 100 h 后，甲苯在 6.4 wt% Au/3DOMacro $La_{0.6}Sr_{0.4}MnO_3$ 上的转化率没有明显下降，催化剂的晶体结构、表面组成和三维有序大孔结构均未发生显著变化，说明 6.4 wt% Au/3DOMacro $La_{0.6}Sr_{0.4}MnO_3$ 具有稳定的催化性能。当反应温度为 170℃时，引入少量（2.5 vol%）水分会降低 6.4 wt% Au/3DOMacro $La_{0.6}Sr_{0.4}MnO_3$ 对甲苯氧化反应的催化活性（甲苯转化率从 90%下降至 80%），但适当升高反应温度能有效地抑制水对催化活性的不利影响。这种因水分子和甲苯或氧气分子竞争吸附所导致的失活是可逆的。图 5-17 示出了 Au/3 DOMacro $LaCoO_3$ 催化剂对甲苯氧化反应的催化活性。作者认为催化剂的优良性能与其比表面积、吸附氧物种浓度、低温还原性、贵金属或金属氧化物与载体之间的相互作用以及多孔结构密切相关。

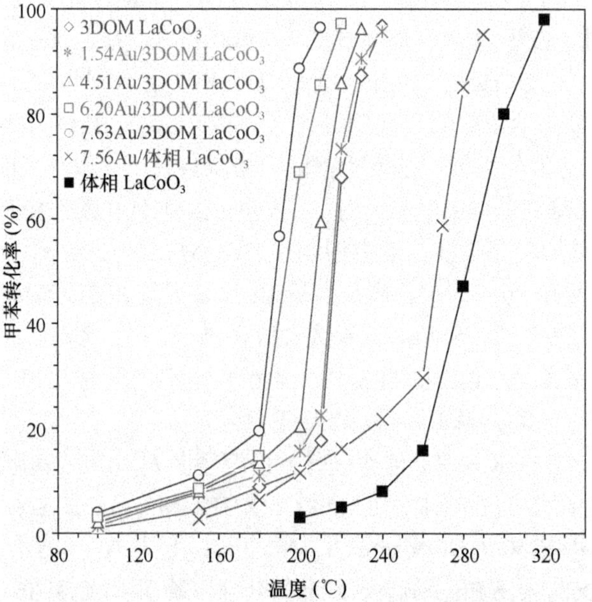

图 5-17　在甲苯浓度为 1000 ppm、甲苯/O_2 摩尔比为 1/400 和 SV 为 20000 mL/（g·h）的反应条件，甲苯在系列 Au/$LaCoO_3$ 催化剂上的转化率随反应温度的变化趋势[115]

5.2.2　苯系物 VOCs 催化燃烧技术展望

开发高效苯系物催化燃烧技术具有重要的实用价值。尽管研究者对各种催化剂的制备及其在消除苯系物的应用方面已取得了显著进展，但是整体来说大部分研究仍处于实验室阶段，尚存在一些问题和挑战，需要在未来的研究工作中加以重视。首先在实验室研究中一般选用甲苯或苯等单一气体燃烧作为探针反应，但实际生产中产生的苯系物的化学成分十分复杂。除了各种 VOCs 之外，硫化物、水蒸气、二氧化碳等都可能对催化效果或催化剂寿命产生重大影响，而这些物质对催化剂的影响机制目前尚不十分明确，因此还不能做到催化剂配方的最优化。其次，在很多应用领域中，使用单一催化燃烧技术难以达到令人满意的效果，因而需要联用多种 VOCs 控制技术，例如吸附法和催化燃烧法联用、催化燃烧和等离子体法联用等。未来应根据产生的 VOCs 浓度和实际情况，适当优化各种控制技术，合理偶联不同方法，取长补短，方能达到高效节能且无二次污染排放的目的。

5.3　醇、醛、酮类 VOCs 催化治理技术

随着现代工业和农业生产的发展，排放到大气中的 VOCs 的浓度越来越高，当其达到一定浓度时会对动植物和人类造成直接危害。此外，排放到大气中的 VOCs 还能与其他污染物作用生成二次污染物，对人类健康产生更大危害。VOCs 包括脂肪族和芳香族的各种烷烃、烯烃、含氧和含卤以及含氮有机物等，如表 5-1 所示。

表 5-1　典型 VOCs 物质

类别	典型物质
脂肪烃类	乙烷、丙烷、丁烷、乙烯、丙烯等
芳香烃类及其衍生物	苯、甲苯、二甲苯、苯乙烯等
卤代烃类	二氯甲烷、三氯甲烷、三氯乙烷等
醇类	甲醇、乙醇、异戊二醇、丁醇等
醛和酮	甲醛、乙醛、丙酮、丁酮、甲基丙酮等
醚和酯	乙醚、乙酸乙酯、邻苯三甲酸二乙酯等
胺和腈	苯胺、二甲基甲酰胺、丙烯腈等
其他	氯氟烃、甲基溴等

许多分子量较小的烃类及其衍生物能使人急性中毒。例如，当甲醇浓度在 0.27×10^{-6}（v/v）时使人感到不适，达到（4.4～14.6）$\times 10^{-9}$（v/v）时会对人的眼睛产

生伤害。世界卫生组织欧洲事务局总结了总挥发性有机物（TVOCs）对人体健康的影响，结果表明[117]，在 VOCs 的总质量浓度小于 0.2 mg/m^3 时，不会对人体健康造成危害；在 0.2～3 mg/m^3 范围内时，会产生刺激等不适应症状；在 3～25 mg/m^3 范围内时，会产生头痛及其他症状；而大于 25 mg/m^3 时，对人体的毒性效应明显。因此，控制 VOCs 的排放对于人类社会可持续发展具有重大意义。

在不同类型 VOCs 的工业源中，苯系物（主要为甲苯、苯、二甲苯和乙苯等）占有较大比重。除苯系物以外，一些工业溶剂使用醇类（丁醇、乙二醇等）和酮类（丙酮、丁酮等）VOCs。据统计，在电子制造行业中，集成电路的制造导致异丙醇的排放量很高；在汽车制造涂装行业中，2-丁酮与丁二酮的排放量很高；在装备制造业中，塑料制品喷涂导致环己酮和 2-丁酮的排放量很高；而在制药行业中，乙醇的用量和排放量较大。因此除了苯系物以外，在工业生产过程中醇类和酮类 VOCs 的排放量很大，严重污染大气环境[118]。

醛类 VOCs 的典型代表之一为甲醛，它是现代室内装饰、装修所需溶剂，在黏合剂、稀释剂、胶合板、各种纤维板和涂料的制造中被广泛使用，而且甲醛会从人造板等装修、装饰材料中缓慢释放出来，释放期长达数年。甲醛具有强烈的致癌作用，已被世界卫生组织确定为致癌和致畸性物质，也是潜在的强致突变物之一。因此，世界各国对室内空气中甲醛浓度作出了严格规定，我国颁布的《室内空气质量标准》规定室内空气中甲醛卫生标准（最高允许浓度）为在室温下约为 0.08 mg/m^3。但是，我国大多数城市半数家庭和办公室的空气中甲醛含量都超过了这个标准的十几倍甚至几十倍，而且大多数人在室内工作或生活的时间很长，室内空气中的甲醛对人体产生的伤害很大。因此，除了苯系物以外，严格控制醇类、醛类及酮类 VOCs 的排放对于解决当前严重的环境污染具有重要意义。

5.3.1 催化剂制备及性能评价

催化氧化技术的原理是在催化剂存在的情况下以空气中的氧为氧化剂将污染物转化为无害的物质。催化氧化技术是一种有效的去除醇类、醛类及酮类 VOCs 的方法。近年来，人们开展了去除醇、醛以及酮类 VOCs 的催化氧化研究，取得了一些重要研究进展。

催化氧化法消除 VOCs 的核心是催化剂。迄今为止，醇类、醛类及酮类 VOCs 消除的催化剂种类较多。一般地，VOCs 消除催化剂可分为两大类：金属氧化物及其复合氧化物和负载贵金属催化剂。

1. 金属氧化物及其复合氧化物

过渡金属氧化物和稀土金属氧化物及其复合氧化物因其较强的氧化能力而被

广泛用作 VOCs 催化氧化催化剂。VOCs 在此类型催化剂上进行的氧化反应一般遵循氧化还原机理，因此该类催化剂的氧化/还原能力、储氧能力、氧缺陷性质及浓度等特性对催化剂性能的影响至关重要。近年来，研究较多的催化剂包括单一金属氧化物、复合金属氧化物、具有规整形貌的金属氧化物、多孔金属氧化物等。例如，Li 等[119]研究了晶格氧和 Lewis 酸对乙醇在 OMS-2（α-MnO_2）上的氧化作用，发现在催化过程中主要生成乙醛中间物以及少量甲醛。乙醇吸附在催化剂的 Lewis 酸位形成乙醇盐物种，OMS-2 可在没有氧气的条件下利用自身的晶格氧将吸附的乙醇氧化成乙醛和甲醛中间物，这些中间物再氧化为 CO_2（图 5-18），整个反应路径可认为是按照 Mars-van Krevelen 机理进行的。在乙醇浓度为 300 ppm 和空速 36000 h^{-1} 的反应条件下，乙醇在该催化剂上于 160℃时可被氧化为 CO_2 和 H_2O（图 5-19）。不同的制备方法对 MnO_2 材料的催化性能也会产生影响。例如 Lamaita 等[120]采用在 O_2 气流下分解 $MnCO_3$ 和氧化 $MnSO_4$ 两种方法分别制得了 γ-MnO_2，发现采用分解 $MnCO_3$ 方法得到的 MnO_2 催化剂活性最高，高活性的原因可归功于样品存在大量的 Mn^{4+}空位、Mn^{3+}离子以及存在 Mn^{4+}空位而产生 OH。Idriss 等[121]研究了金属氧化物催化剂上乙醇氧化活性，结果表明：Fe_2O_3＞Fe_3O_4＞CaO＞TiO_2＞SiO_2，在 TiO_2 上产物以丙酮为主，在 Fe_2O_3 上产物以乙酸乙酯为主。

Peluso 等研究发现，MnO_x 具有良好的乙醇氧化性能，在 200℃时即可将乙醇完全转化成 CO_2 和 H_2O。其原因可归结为，Mn^{3+}离子和 Mn^{4+}离子作用可形成氧空位，而大量氧空位的存在有利于乙醇氧化反应。研究表明：乙醇氧化反应的机理是乙醇先转变为乙醛，再转变为乙酸，最后乙酸被完全氧化。单一的 MnO_x 催化剂的乙醇氧化活性高于 MnO_x/Al_2O_3 催化剂的。对于 MnO_x 催化剂，乙醇被氧化为乙酸，乙酸再被氧化的过程是速控步骤；对于 MnO_x/Al_2O_3 催化剂，乙醇在 Al_2O_3 载体上生成的乙酸强烈吸附于载体上，不利于进一步深度氧化[122, 123]。戴洪兴课题组以金属硝酸盐的醇溶液为金属源，以 KIT-6 或 SBA-16 为硬模板，采用真空浸渍法制得了具有三维有序介孔结构（3DOMeso）的 Fe_2O_3 和 Co_3O_4[124, 125]。该方法是先将硬模板置于密闭环境中进行真空处理，然后滴加金属硝酸盐的醇溶液，待滴加完成后，继续在高真空条件下保持体系中无多余溶液，即可获得中间产物。将中间产物进行焙烧处理后，用 10 vol%的 HF 水溶液去除硅模板后便得到目标产物。在丙酮或甲醇与氧气摩尔比为 1∶20 和 SV = 20000 mL/（g·h）的条件下，丙酮或甲醇在经 400℃焙烧所得 3DOMeso Fe_2O_3 催化剂上的 $T_{90\%}$分别为 208℃和 204℃（图 5-20）[124]；以 KIT-6 为硬模板所得 3DOMeso Co_3O_4 催化剂的活性略高于以 SBA-16 为硬模板所得 3DOMeso Co_3O_4 催化剂的。甲醇在前者上的 $T_{90\%}$为 139℃，表观活化能为 50.1 kJ/mol[125]。

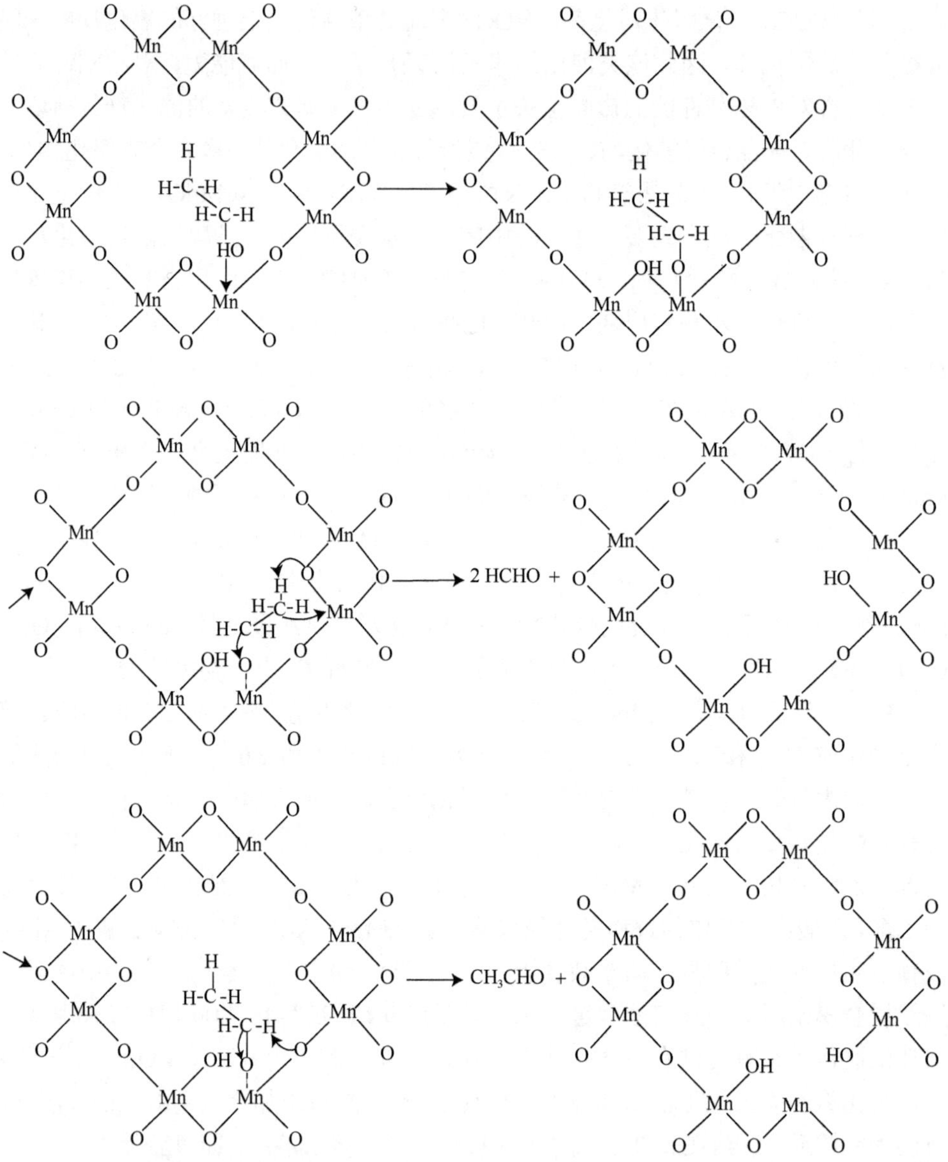

图 5-18　在无氧条件下，乙醇在 OMS-2 催化剂上氧化反应的路径[119]

申文杰课题组通过共沉淀法制备了 MnO_x-CeO_2 固溶体，发现其对甲醛氧化反应表现出较好的催化活性，甲醛于 150℃时可被完全氧化。通过研究制备方法对 MnO_x-CeO_2 上甲醛氧化性能的影响，发现在前驱体中加入 $KMnO_4$ 改进的共沉淀法制备的固溶体催化剂在 100℃时即可将甲醛完全氧化[126]。石川课题组报道了

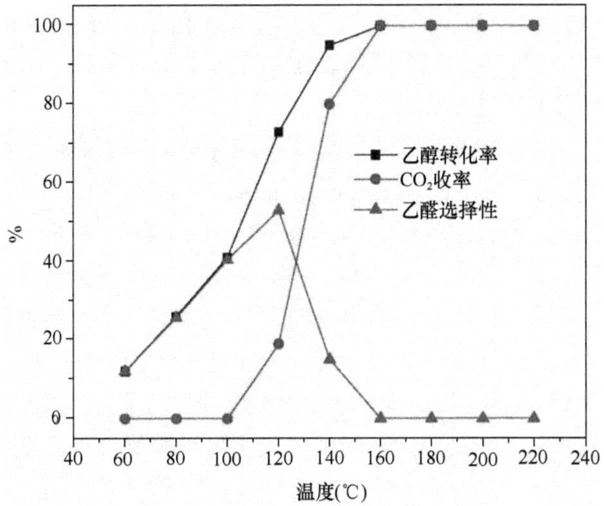

图 5-19　在乙醇浓度为 300 ppm、氧气浓度为 10 vol%（N_2 为平衡气）和空速为 36000 h^{-1} 的反应条件下，OMS-2 催化剂上乙醇转化率、CO_2 收率和乙醛选择性随反应温度的变化趋势[119]

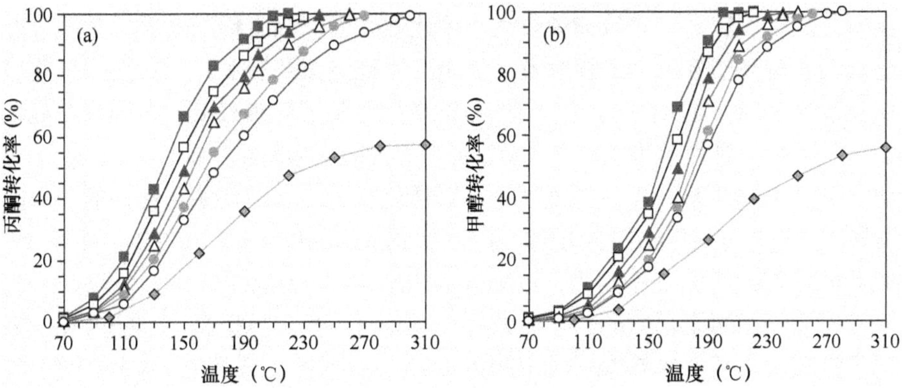

图 5-20　丙酮（a）和甲醇（b）在 Fe_2O_3-300（●）、Fe_2O_3-400（▲）、Fe_2O_3-500（○）和体相 Fe_2O_3（◆）催化剂上氧化的转化率随反应温度的变化趋势[124]

$Mn_xCo_{3-x}O_4$ 固溶体上甲醛催化氧化活性，指出制备方法及 Co/Mn 比例的不同对催化活性有较大影响，采用共沉淀法所得 $Mn_xCo_{3-x}O_4$（Co/Mn＝3/1）固溶体在 75℃、相对湿度 50 %和空速为 60000 h^{-1} 的条件下可将甲醛完全氧化[127]。李俊华课题组[128]比较了以二维有序介孔（2DOMeso）SBA-15 和三维有序介孔（3DOMeso）KIT-6 为硬模板所得 2DOMeso Co_3O_4 和 3DOMeso Co_3O_4 催化剂对甲醛氧化反应的催化活性，观察到在 SV 为 30000 mL/（g·h）和甲醛/氧气摩尔比为 1∶500 的条件下，3DOMeso Co_3O_4 的催化活性高于 2DOMeso Co_3O_4 的，前者在 130℃时即可将甲醛完全转化。这与 3DOMeso Co_3O_4 的三维有序孔道结构、更高的比表面积、更丰富的表面活性氧物种（有利于甲醛氧化）和更多的表面 Co^{3+}（有利于改善催化剂的氧化/还原能力）有关。

钙钛矿型氧化物对 VOCs 的催化氧化反应具有优良的催化性能，其 A 位和 B 位都可被部分取代而形成 $A_{1-x}A'_xB_{1-y}B'_yO_3$ 的结构，不同离子的取代和不同的制备方法是钙钛矿型氧化物催化剂研究的热点。Merino 等[129]制备了钙钛矿型氧化物 $LaCo_{1-y}Fe_yO_3$（y = 0.1，0.3，0.5）催化剂，利用 XRD、BET、DRIFTS、XRD、TPR 等技术表征了其物化性质，结果表明利用柠檬酸络合法所得催化剂具有优良的结构稳定性（无表面坍塌和结构变化），乙醇在催化剂上的 T_{50} 随 Fe 取代量的增加而升高，其中 $LaCo_{0.9}Fe_{0.1}O_3$ 具有最高的催化活性。Pecchi 等[130]制备了 $LaFe_{1-y}Ni_yO_3$ 催化剂，研究发现 Ni 的部分取代可显著提高催化剂对乙醇氧化的催化活性。

2. 负载贵金属催化剂

金属氧化物及其混合物、钙钛矿氧化物催化剂虽已研究多年，但其催化 VOCs 氧化所需温度仍较高，导致能耗较大，因此催化活性尚有待于改善。负载贵金属催化剂因具有高活性、高选择性及高稳定性等优点而备受关注。然而，负载贵金属催化剂在 VOCs 催化氧化中的活性与贵金属的种类、负载量、分散度和载体的种类、孔道结构等因素密切相关。Mitsui 等[131]采用浸渍法在 SnO_2、ZrO_2 和 CeO_2 载体上负载 1 wt% Pt，考察预处理方法对催化剂上乙醛催化氧化活性的影响。研究发现，直接焙烧后催化剂的活性顺序为：$Pt/SnO_2 > Pt/CeO_2 > Pt/ZrO_2$，而经 400℃还原后催化剂的活性顺序则为：$Pt/ZrO_2 > Pt/CeO_2 > Pt/SnO_2$。研究发现，$Pt/ZrO_2$ 和 Pt/CeO_2 催化剂因还原后使得 Pt 处在金属态而活性明显提高，Pt/SnO_2 还原后因生成了没有催化活性的 PtSn 金属间化合物而导致活性显著降低。鉴于钙钛矿型氧化物催化剂表现良好的催化氧化性能，Wang 等[132]用柠檬酸辅助的凝胶-溶胶法制备了 $Ag/La_{0.6}Sr_{0.4}MnO_3$ 催化剂，研究其对乙醇氧化性能并与 $Ag/\gamma\text{-}Al_2O_3$、$Pt/\gamma\text{-}Al_2O_3$ 和 $Pd/\gamma\text{-}Al_2O_3$ 的催化活性进行对比。结果表明，在 97～300℃范围内 $Ag/La_{0.6}Sr_{0.4}MnO_3$ 催化剂的活性显著高于 0.1 wt% $Pd/\gamma\text{-}Al_2O_3$ 和 0.1 wt% $Pt/\gamma\text{-}Al_2O_3$ 的。在 6 wt% $Ag/La_{0.6}Sr_{0.4}MnO_3$ 催化剂上，乙醇转化率达到 95%时所需温度仅为 180℃，出口气体中乙醛体积分数为 782×10^{-6}，而在 220℃时反应的出口气体中乙醛体积分数仅为 1×10^{-6}。利用 XRD、TEM、XPS、LRS、H_2-TPR 和 O_2-TPD 等技术对催化剂进行表征后的结果表明，$La_{0.6}Sr_{0.4}MnO_3$ 的表面和体相结构对乙醇的催化氧化过程有着重要作用。因 Ag^+、La^{3+}和 Sr^{2+}的半径比较相近，故 $La_{0.6}Sr_{0.4}MnO_3$ 表面上少量的 Ag^+可占据 La^{3+}和 Sr^{2+}的位置，使得钙钛矿晶格更加稳定，抑制了催化剂表面上 Ag 的聚集，从而提高了催化剂的稳定性。除了负载 Pt、Pd 和 Ag 等贵金属催化剂外，负载 Au 催化剂近年来也得到广泛关注。一般认为，大颗粒的 Au 无催化活性，只有当 Au 纳米颗粒高度分散于某些载体或金属氧化物表面时才表现出优良的催化性能，而其催化性能与负载 Au 催化剂的制备方法有关。Scirè 等[133]研究了甲醇、乙醇、丙酮、甲苯和 2-丙醇在 Au/Fe_2O_3 催化剂上的催化氧化行为，发现该催化剂对上述 VOCs 氧化具有很高的活性，起燃温度大多在 100～200℃范围内。对于 Au/Fe_2O_3 和 Au/CeO_2 催化剂，Au 与 Fe_2O_3 或 CeO_2 之间存在协同效应，使得 Au 能在载体表面形成超细微粒，削弱了 Fe—O 或 Ce—O 键的强度，从而提高催化剂晶格氧的反应活性[134]。

贺泓课题组采用浸渍法将 Pt、Rh、Pd 和 Au 等贵金属负载到 TiO_2 载体上，研究其对甲醛氧化的催化性能，发现 Pt/TiO_2 催化剂在室温下即可将甲醛完全氧化为 CO_2 和 H_2O。XRD 和 HRTEM 的结果表明，1 wt% Pt/TiO_2 催化剂的高活性是由于在 TiO_2 载体上分布着粒径小于 1 nm 的 Pt 颗粒。该课题组研究了在室温下甲醛在 Pt/TiO_2 表面上氧化反应机理，发现在甲醛的氧化过程中表面甲酸盐和 CO 物种是主要的中间反应物种。催化剂表面的甲酸盐物种在没有氧气的条件下可分解为 CO 物种，随后 CO 物种在含氧条件下被氧化为 CO_2[135]。此外，张长斌等通过添加碱金属制备了 2 wt% Na-1 wt% Pt/TiO_2 催化剂，发现其具有更优的甲醛催化氧化活性，能在甲醛浓度为 600 ppm 和空速为 300000 h^{-1} 的条件下于室温将甲醛氧化为 CO_2 和 H_2O（图 5-21）。并认为 2 wt% Na-1 wt% Pt/TiO_2 优良的催化性能与其 Na^+提供的大量表面羟基有关[136]。An 等采用胶体沉积法、沉积沉淀法和浸渍法等方

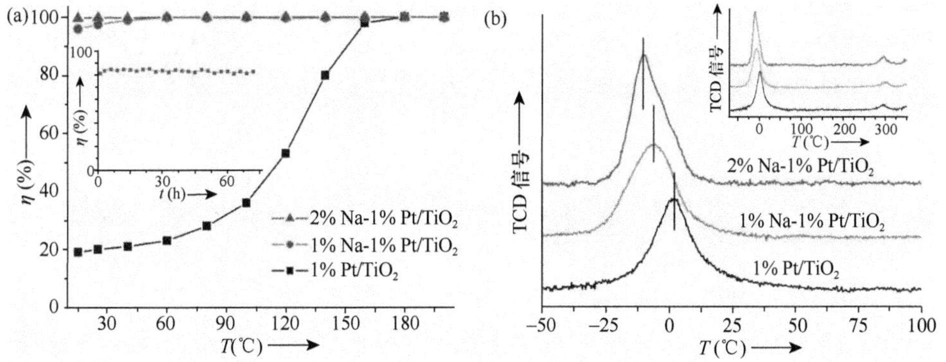

图 5-21　在甲醛浓度为 600 ppm、氧气浓度为 20 vol%（He 为平衡气）、相对湿度为 50 %和空速为 120000 h^{-1}（内置图为在温度为 25℃和空速为 300000 h^{-1} 条件下 2 wt% Na-1 wt% Pt/TiO_2 的催化稳定性）的反应条件，x wt% Na-1 wt% Pt/TiO_2（x = 0,1,2）催化剂上（a）甲醛转化率随反应温度的变化趋势和（b）催化剂的 H_2-TPR 曲线[136]

法制备了一系列的 Pt/Fe_2O_3 催化剂，考察了其对甲醛氧化反应的催化性能。结果表明，采用胶体沉积法制备的 Pt/Fe_2O_3 催化剂在室温下即可将甲醛完全氧化[137]。Huang 等[138]采用不同预处理方法制备了 Pd/TiO_2 催化剂，研究了它们在室温下氧化甲醛的催化性能，发现在室温下经还原处理所得催化剂上甲醛转化率接近100%，催化剂的高活性是由于贵金属 Pd 与载体 TiO_2 之间有较强的相互作用以及催化剂表面的化学吸附氧含量较高所致。

张军课题组[139, 140]采用胶晶模板法制备了 3DOMacro CeO_2、Au/3DOMacro CeO_2、3DOMacro CeO_2-Co_3O_4 和 Au/3DOMacro CeO_2-Co_3O_4 等催化剂。通过调控聚苯乙烯微球直径（200 nm、400 nm 和 800 nm），制备了孔径分别为 80 nm、130 nm 和 280 nm 的 3DOMacro CeO_2，比较了其负载不同质量分数的纳米 Au 催化剂对甲醛氧化反应的催化性能。在 SV 为 66000 mL/（g·h）和甲醛/氧气摩尔比为 1∶350 的反应条件下，因大孔结构有利于分散 Au 纳米颗粒活性物种而使 Au/3DOMacro CeO_2 比 Au/体相 CeO_2 显示更高的催化活性。由于具有更高的比表面积和较小的孔径，更有利于细小 Au 纳米颗粒的均匀分散，Au 负载到孔径为 80 nm 的 3DOMacro CeO_2 上所得催化剂表现出最好的催化性能，甲醛在 75℃时即可被完全氧化[139]。CeO_2 和 Co_3O_4 之间存在的协同作用加速了表面活性氧物种的迁移，活化了 Au 物种，从而使 2.26 wt% Au/3DOMacro CeO_2–Co_3O_4（CeO_2/Co_3O_4 摩尔比为 2.5∶1，大孔孔径为 80 nm）在 SV 为 15000 mL/（g·h）、甲醛/氧气摩尔比为 1∶350 和反应温度为 39℃的条件下可将甲醛完全氧化[140]。此外，郝郑平课题组[141]以 SBA-15 为硬模板制得了在室温下可氧化消除甲醛的 Au/2DOMeso Co_3O_4 催化剂，提出了如下的甲醛在该催化剂上氧化的反应机理（图 5-22）：甲醛首先吸附在优先暴露晶面为（110）的 2DOMeso Co_3O_4 载体上，同时载体上活性氧物种对 HCHO 中的 C—H 键进行亲核进攻而形成甲酸（HCOOH）。负载 Au 纳米颗粒后，活性

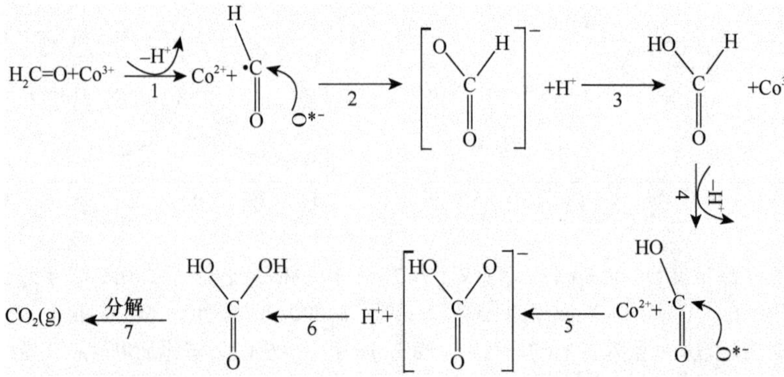

图 5-22　甲醛在介孔 Co_3O_4、Au/Co_3O_4 和 Au/Co_3O_4-CeO_2 催化剂上催化氧化机理[141]

氧物种含量增加，有利于催化活性的改善。形成的 HCOOH 吸附在 Co_3O_4 的（110）晶面上，与 Co^{3+}作用生成 HCOO·物种和 H^+物种。随后活性氧物种继续对 HCOO·中的 C—H 键进行亲核进攻而形成碳酸氢盐（HCO_3^-）物种，HCO_3^-和 H^+结合形成碳酸（H_2CO_3），最后 H_2CO_3 分解为最终产物 CO_2 和 H_2O。

5.3.2　醇、醛、酮类 VOCs 催化燃烧技术展望

近年来，国家对于室内外环境污染问题关注程度持续上升，研究对于消除醇类、醛类和酮类 VOCs 的催化燃烧实用技术具有重要价值。随着该技术的不断发展，对催化材料也提出了更高的要求。首先是需要重点提升催化剂的低温活性。尽管负载贵金属催化剂可将甲醛在室温下完全氧化，但是从实际应用的角度来看，贵金属催化剂的成本仍然偏高，因此降低贵金属用量（如利用单原子贵金属增加更多的表面位点）是未来研究的一个重要方向。另外，研发非贵金属氧化物在室温下消除 VOCs 的催化剂也是具有挑战性的研究课题。其次，应考虑多种消除 VOCs 技术的耦合应用，例如，综合考虑吸附法、等离子体法、催化燃烧法和光催化法等特点，采用联用技术，发挥各自优势，提高消除醇类、醛类和酮类 VOCs 的效率。

参 考 文 献

[1] Pefrrerie L D, Pefeffrie W C. Catalysis in combustion[J]. Catalysis Reviews－Science and Engineering, 1987, 29: 219-267.

[2] Carroni R, Griffin T, Kelsall G. Cathlean: Catalytic, hybrid, lean-premixed burner for gas turbines[J]. Applied Thermal Engineering, 2004, 24: 1665-1676.

[3] McCarty J G. Methane combustion: Durable catalysts for cleaner air[J]. Nature, 2000, 403: 35-36.

[4] 邓积光, 刘雨溪, 张磊, 等. 甲烷催化燃烧研究进展(下)[J]. 石油化工, 2013, 42: 125-133.

[5] 邓积光, 刘雨溪, 张磊, 等. 甲烷催化燃烧研究进展(上)[J]. 石油化工, 2013, 42: 1-7.

[6] 王月娟, 郭美娜, 鲁继青, 等. 介孔 Al_2O_3 负载 PdO 催化甲烷燃烧反应性能[J]. 催化学报, 2011, 32: 1496-1501.

[7] Ruiz J A C, Fraga M A, Pastore H O. Methane combustion over Pd supported on MCM-41[J]. Applied Catalysis B: Environmental, 2007, 76: 115-122.

[8] M'Ramadj O, Li D, Wang X Y, et al. Role of acidity of catalysts on methane combustion over Pd/ZSM-5[J]. Catalysis Communications, 2007, 8: 880-884.

[9] Becker E, Carlsson P A, Grönbeck H, et al. Methane oxidation over alumina supported platinum investigated by time-resolved in situ XANES spectroscopy[J]. Journal of Catalysis, 2007, 252: 11-17.

[10] Beck I E, Bukhtiyarov V I, Pakharukov I Y, et al. Platinum nanoparticles on Al_2O_3: Correlation between the particle size and activity in total methane oxidation[J]. Journal of Catalysis, 2009, 268: 60-67.

[11] Widjaja H, Sekizawa K, Eguchi K, et al. Oxidation of methane over Pd/mixed oxides for catalytic combustion[J]. Catalysis Today, 1999, 47: 95-101.
[12] Wang X H, Guo Y, Lu G Z, et al. An excellent support of Pd catalyst for methane combustion: Thermal-stable Si-doped alumina[J]. Catalysis Today, 2007, 126: 369-374.
[13] Zi X H, Liu L C, Xue B, et al. The durability of alumina supported Pd catalysts for the combustion of methane in the presence of SO_2[J]. Catalysis Today, 2011, 175: 223-230.
[14] Ramírez-López R, Elizalde-Martinez I, Balderas-Tapia L. Complete catalytic oxidation of methane over Pd/CeO_2-Al_2O_3: The influence of different ceria loading[J]. Catalysis Today, 2010, 150: 358-362.
[15] Xiao L H, Sun K P, Xu X L. Catalytic combustion of methane over CeO_2-MO_x (M = La^{3+}, Ca^{2+}) solid solution promoted Pd/γ-Al_2O_3 catalysts[J]. Acta Physico-Chimica Sinica, 2008, 24: 2108-2113.
[16] Amairia C, Fessi S, Ghorbel A, et al. Methane oxidation behaviour over sol-gel derived Pd/ Al_2O_3-ZrO_2 materials: Influence of the zirconium precursor[J]. Journal of Molecular Catalysis A: Chemical, 2010, 332: 25-31.
[17] Yin F X, Ji S F, Wu P Y, et al. Deactivation behavior of Pd-based SBA-15 mesoporous silica catalysts for the catalytic combustion of methane[J]. Journal of Catalysis, 2008, 257: 108-116.
[18] Gluhoi A C, Nieuwenhuys B E. Catalytic oxidation of saturated hydrocarbons on multicomponent Au/Al_2O_3 catalysts: Effect of various promoters[J]. Catalysis Today, 2007, 119: 305-310.
[19] Colussi S, Gayen A, Camellone M F, et al. Nanofaceted Pd-O sites in Pd-Ce surface superstructures: Enhanced activity in catalytic combustion of methane[J]. Angewandte Chemies International Edition, 2009, 48: 8481-8484.
[20] Guo X N, Zhi G J, Yan X Y, et al. Methane combustion over Pd/ZrO_2/SiC, Pd/CeO_2/SiC, and Pd/$Zr_{0.5}Ce_{0.5}O_2$/SiC catalysts[J]. Catalysis Communications, 2011, 12: 870-874.
[21] Specchia S, Finocchio E, Busca G, et al. Surface chemistry and reactivity of ceria-zirconia-supported palladium oxide catalysts for natural gas combustion[J]. Journal of Catalysis, 2009, 263: 134-145.
[22] Zhang Y J, Zhang L, Deng J G, et al. Controlled synthesis, characterization, and morphology-dependent reducibility of ceria-zirconia-yttria solid solutions with nanorod-like, microspherical, microbowknot-like, and micro-octahedral shapes[J]. Inorganic Chemistry, 2009, 48: 2181-2192.
[23] Zhang Y J, Deng J G, Zhang L, et al. AuO_x/$Ce_{0.6}Zr_{0.3}Y_{0.1}O_2$ nano-sized catalysts active for the oxidation of methane[J]. Catalysis Today, 2008, 139: 29-36.
[24] 张玉娟, 王国志, 张磊, 等. 三维虫孔状介孔纳米粒子 Ag_2O/$Ce_{0.6}Zr_{0.35}Y_{0.05}O_2$ 的制备、表征及其对甲烷氧化反应的催化性能[J]. 高等学校化学学报, 2007, 28: 1929-1934.
[25] Liotta L F, Di Carlo G, Pantaleo G, et al. Pd/Co_3O_4 catalyst for CH_4 emissions abatement: Study of SO_2 poisoning effect[J]. Topics in Catalysis, 2007, 42-43: 425-428.
[26] Liotta L F, Di Carlo G, Pantaleo G, et al. Insights into SO_2 interaction with Pd/Co_3O_4-CeO_2 catalysts for methane oxidation[J]. Topics in Catalysis, 2009, 52: 1989-1994.
[27] Liotta L F, Di Carlo G, Pantaleo G, et al. Combined CO/CH_4 oxidation tests over Pd/Co_3O_4 monolithic catalyst: Effects of high reaction temperature and SO_2 exposure on the deactivation process[J]. Applied Catalysis B: Environmental, 2007, 75: 182-188.
[28] Liotta L F, Di Carlo G, Longo A, et al. Support effect on the catalytic performance of Au/Co_3O_4-CeO_2 catalysts for CO and CH_4 oxidation[J]. Catalysis Today, 2008, 139: 174-179.
[29] Guo X N, Zhi G J, Yan X Y, et al. Methane combustion over Pd/ZrO_2/SiC, Pd/CeO_2/SiC, and

$Pd/Zr_{0.5}Ce_{0.5}O_2/SiC$ catalysts[J]. Catalysis Communications, 2011, 12: 870-874.
[30] Guo X N, Brault P, Zhi G J, et al. Synergistic combination of plasma sputtered Pd-Au bimetallic nanoparticles for catalytic methane combustion[J]. Journal of Physical Chemistry C, 2011, 115: 11240-11246.
[31] Persson K, Erssona A, Jansson K, et al. Influence of molar ratio on Pd-Pt catalysts for methane combustion[J]. Journal of Catalysis, 2006, 243: 14-24.
[32] Lapisardi G, Urfels L, Gélin P, et al. Superior catalytic behaviour of Pt-doped Pd catalysts in the complete oxidation of methane at low temperature[J]. Catalysis Today, 2006, 117: 564-568.
[33] Corro G, Cano C, Fierro J L G. A study of Pt-Pd/γ-Al_2O_3 catalysts for methane oxidation resistant to deactivation by sulfur poisoning[J]. Journal of Molecular Catalysis A: Chemical, 2010, 315: 35-42.
[34] Castellzzzi P, Groppi G, Forzatti P. Effect of Pt/Pd ratio on catalytic activity and redox behavior of bimetallic Pt–Pd/Al_2O_3 catalysts for CH_4 combustion[J]. Applied Catalysis B: Environmental, 2010, 95: 303-311.
[35] Requies J, Alvarez-Galvan M C, Barrio V L, et al. Palladium-manganese catalysts supported on monolith systems for methane combustion[J]. Applied Catalysis B: Environmental, 2008, 79: 122-131.
[36] Li H F, Lu G Z, Wang Y Q, et al. Synthesis of flower-like La or Pr-doped mesoporous ceria microspheres and their catalytic activities for methane combustion[J]. Catalysis Communications, 2010, 11: 946-950.
[37] Zhang B, Li D, Wang X Y. Catalytic performance of La-Ce-O mixed oxide for combustion of methane[J]. Catalysis Today, 2010, 158: 348-353.
[38] 刘长春, 於俊杰, 蒋政, 等. $Ce_{1-x}Mn_xO_{2-\delta}$ 复合氧化物催化剂甲烷催化燃烧性能的研究[J]. 无机化学学报, 2007, 23: 217-224.
[39] Qiao D S, Lu G Z, Mao D S, et al. Effect of Ca doping on the catalytic performance of CuO-CeO_2 catalysts for methane combustion[J]. Catalysis Communications, 2010, 11: 858-861.
[40] Thaicharoensutcharittham S, Meeyoo V, Kitiyanan B, et al. Catalytic combustion of methane over NiO/$Ce_{0.75}Zr_{0.25}O_2$ catalyst[J]. Catalysis Communications, 2009, 10: 673-677.
[41] Li H F, Lu G Z, Qiao D S, et al. Catalytic methane combustion over Co_3O_4/CeO_2 composite oxides prepared by modified citrate sol-gel method[J]. Catalysis Letters, 2011, 141: 452-458.
[42] 陈清泉, 张丽娟, 陈耀强, 等. $Ce_{0.67}Zr_{0.33}O_2$ 对 CH_4 燃烧催化剂 Fe_2O_3/Al_2O_3 的改性作[J]. 高等学校化学学报, 2005, 26: 1704-1708.
[43] Li J H, Fu H J, Fu L X, et al. Complete combustion of methane over indium tin oxide catalysts[J]. Environmental Science & Technology, 2006, 40: 6455-6459.
[44] Li J H, Liang X, Xu S C, et al. Catalytic performance of manganese cobalt oxides on methane combustion at low temperature[J]. Applied Catalysis B: Environmental, 2009, 90: 307-312.
[45] Tang X F, Hao J M, Li J H. Complete oxidation of methane on Co_3O_4-SnO_2 catalysts[J]. Frontier of Environmental Science and Engineering in China, 2009, 3: 265-270.
[46] Liu C, Xian H, Jiang Z, et al. Insight into the improvement effect of the Ce doping into the SnO_2 catalyst for the catalytic combustion of methane[J]. Applied Catalysis B: Environmental, 2015, 176-177: 542-552.
[47] Shi L M, Chu W, Qu F F, et al. Low-temperature catalytic combustion of methane over MnO_x-CeO_2 mixed oxide catalysts: Effect of preparation method[J]. Catalysis Letters, 2007, 113: 59-64.

[48] Hu L H, Peng Q, Li Y D, et al. Selective synthesis of Co_3O_4 nanocrystal with different shape and crystal plane effect on catalytic property for methane combustion[J]. Journal of the American Chemical Society, 2008, 130: 16136-16137.
[49] Gao Q X, Wang X F, Di J L, et al. Enhanced catalytic activity of α-Fe_2O_3 nanorods enclosed with {110} and {001} planes for methane combustion and CO oxidation[J]. Catalysis Science and Technology, 2011, 1: 574-577.
[50] Dai H X, He H, Li P H, et al. The relationship of structural defect-redox property-catalytic performance of perovskites and their related compounds for CO and NO_x removal. Catalysis Today, 2004, 90: 231-244.
[51] 戴洪兴, 何洪, 李佩珩, 等. 稀土钙钛矿型氧化物催化剂的研究进展[J]. 中国稀土学报, 2003, 21: 1-15.
[52] Deng J G, Zhang L, Liu Y X, et al. Controlled fabrication and catalytic applications of specifically morphological and porous perovskite-type oxides//Maxim Borowski, Eds. Perovskite: Structure, Properties and Uses [M]. New York: Nova Science Publishers, 2011: 1-66.
[53] Kaddouri A, Ifrah S, Gelin P. A study of the influence of the synthesis conditions upon the catalytic properties of $LaMnO_{3.15}$ in methane combustion in the absence and presence of H_2S[J]. Catalysis Letters, 2007, 119: 237-244.
[54] Gao Z M, Wang R Y. Catalytic activity for methane combustion of the perovskite-type $La_{1-x}Sr_xCoO_{3-\delta}$ oxide prepared by the urea decomposition method[J]. Applied Catalysis B: Environmental, 2010, 98(3-4): 147-153.
[55] 朱琳琳, 卢冠忠, 王艳芹, 等. 制备方法对 $LaMn_{0.8}Mg_{0.2}O_3$ 钙钛矿型氧化物催化甲烷燃烧反应性能的影响[J]. 催化学报, 2010, 31: 1006-1012.
[56] Wang Y G, Ren J W, Wang Y Q, et al. Nanocasted synthesis of mesoporous $LaCoO_3$ perovskite with extremely high surface area and excellent activity in methane combustion[J]. Journal of Physical Chemistry C, 2008, 112: 15293-15298.
[57] Wang Y G, Ren J W, Wang Y Q, et al. Nanocasted synthesis of mesoporous $LaCoO_3$ perovskite with extremely high surface area and excellent activity in methane combustion. Journal of Physical Chemistry C, 2008, 112: 15293-15298.
[58] Pecchi G, Campos C, Peña O. Catalytic performance in methane combustion of rare-earth perovskites $RECo_{0.50}Mn_{0.50}O_3$ (RE: La, Er, Y)[J]. Catalysis Today, 2011, 172: 111-117.
[59] Leontiou A A, Ladavos A K, Giannakas A E, et al. A comparative study of substituted perovskite-type solids of oxidic $La_{1-x}Sr_xFeO_{3\pm\delta}$ and chlorinated $La_{1-x}Sr_xFeO_{3\pm\delta}Cl_\sigma$ form: Catalytic performance for CH_4 oxidation by O_2 or N_2O[J]. Journal of Catalysis, 2007, 251: 103-112.
[60] Petrović S, Terlecki-Baričević A, Karanovic Lj, et al. $LaMO_3$ (M = Mg, Ti, Fe) perovskite type oxides: Preparation, characterization and catalytic properties in methane deep oxidation[J]. Applied Catalysis B: Environmental, 2008, 79: 186-198.
[61] Liang S H, Teng F, Bulgan G, et al. Effect of Jahn-Teller distortion in $La_{0.5}Sr_{0.5}MnO_3$ cubes and nanoparticles on the catalytic oxidation of CO and $CH_{4[J]}$. Journal of Physical Chemistry C, 2007, 111: 16742-16749.
[62] Liang S H, Xu T G, Teng F, et al. The high activity and stability of $La_{0.5}Ba_{0.5}MnO_3$ nanocubes in the oxidation of CO and CH_4[J]. Applied Catalysis B: Environmental, 2010, 96: 267-275.
[63] Buchneva O, Rossetti I, Oliva C, et al. Effective Ag doping and resistance to sulfur poisoning of La-Mn perovskites for the catalytic flameless combustion of methane[J]. Journal of Materials

Chemistry, 2010, 20: 10021-10031.

[64] Tzimpilis E, Moschoudis N, Stoukides M, et al. Ageing and SO_2 resistance of Pd containing perovskite-type oxides[J]. Applied Catalysis B: Environmental, 2009, 87: 9-17.

[65] Russo N, Palmisano P, Fino D. Pd substitution effects on perovskite catalyst activity for methane emission control[J]. Chemical Engineering Journal, 2009, 154: 137-141.

[66] Eyssler A, Winkler A, Mandaliev P, et al. Influence of thermally induced structural changes of 2 wt% Pd/$LaFeO_3$ on methane combustion activity[J]. Applied Catalysis B: Environmental, 2011, 106: 494-502.

[67] Eyssler A, Kleymenov E, Kupferschmid A, et al. Improvement of catalytic activity of $LaFe_{0.95}Pd_{0.05}O_3$ for methane oxidation under transient conditions[J]. Journal of Physical Chemistry C, 2011, 115: 1231-1239.

[68] Eyssler A, Mandaliev P, Winkler A, et al. The effect of the state of Pd on methane combustion in Pd-doped $LaFeO_3$[J]. Journal of Physical Chemistry C, 2010, 114: 4584-4594.

[69] Deng J G, Zhang L, Dai H X, et al. Preparation, characterization, and catalytic properties of $NdSrCu_{1-x}Co_xO_{4-\delta}$ and $Sm_{1.8}Ce_{0.2}Cu_{1-x}Co_xO_{4+\delta}$ (x = 0, 0.2 and 0.4) for methane combustion[J]. Applied Catalysis B: Environmental, 2009, 89: 87-96.

[70] Zhang L, Zhang Y, Dai H X, et al. Hydrothermal synthesis and catalytic performance of single-crystalline $La_{2-x}Sr_xCuO_4$ for methane oxidation[J]. Catalysis Today, 2010, 153: 143-149.

[71] Zhang L, Zhang Y, Deng J G, et al. Surfactant-aided hydrothermal preparation of $La_{2-x}Sr_xCuO_4$ single crystallites and their catalytic performance on methane combustion[J]. Journal of Natural Gas Chemistry, 2012, 21: 69-75.

[72] 张悦, 张磊, 邓积光, 等. 水热法制备特定形貌单晶 $La_{2-x}Sr_xCuO_4$ 及甲烷催化氧化性[J]. 催化学报, 2009, 30: 347-354.

[73] Zhang Y, Zhang L, Deng J G, et al. Hydrothermal fabrication and catalytic properties of $YBa_2Cu_3O_7$ single crystallites for methane combustion[J]. Catalysis Letters, 2010, 135: 126-134.

[74] Yuan J, Dai H X, Zhang L, et al. PMMA-templating preparation and catalytic properties of high-surface-area three-dimensional macroporous La_2CuO_4 for methane combustion[J]. Catalysis Today, 2011, 175: 209-215.

[75] Chen J H, Shi W B, Zhang X Y, et al. Roles of Li^+ and Zr^{4+} cations in the catalytic performances of $Co_{1-x}M_xCr_2O_4$ (M = Li, Zr; x = 0–0.2) for methane combustion[J]. Environmental Science & Technology, 2011, 45: 8491-8497.

[76] Chen J H, Shi W B, Yang S J, et al. Distinguished roles with various vanadium loadings of $CoCr_{2-x}V_xO_4$ (x = 0–0.20) for methane combustion[J]. Journal of Physical Chemistry C, 2011, 115: 17400-17408.

[77] Li T, Li Y D. Effect of magnesium substitution into $LaMnAl_{11}O_{19}$ hexaaluminate on the activity of methane catalytic combustion[J]. Industrial & Engineering Chemical Research, 2008, 47: 1404-1408.

[78] 徐金光, 田志坚, 张培青, 等. La 取代 Ba 对 $Ba_{1-x}La_xMn_3Al_9O_{19-\alpha}$ 催化剂结构及甲烷催化燃烧性能的影响[J]. 高等学校化学学报, 2005, 26: 2103-2107.

[79] 王军威, 田志坚, 徐金光, 等. 甲烷高温燃烧催化剂研究进展[J]. 化学进展, 2003, 15: 242-248.

[80] Oh S H, Mitchell P J, Siewert R M. Catalytic control of air pollution[J]. ACS Symposium Series, 1992: 495-509.

[81] Xu J, Ouyang L, Mao W, et al. Operando and kinetic study of low-temperature, lean-burn

methane combustion over a Pd/γ-Al_2O_3 catalyst[J]. ACS Catalysis, 2012, 2: 261-269.
[82] Au-Yeung J, Chen K D, Bell A T, et al. Isotopic studies of methane oxidation pathways on PdO catalysts[J]. Journal of Catalysis, 1999, 188: 132-139.
[83] Mc Carty J G. Kinetics of PdO combustion catalysis[J]. Catalysis Today, 1995, 26: 283-293.
[84] Fujimoto K, Ribeiro F H, Avalos-Borja M, et al. Structure and reactivity of PdO_x/ZrO_2 catalysts for methane oxidation at low temperatures[J]. Journal of Catalysis, 1998, 179: 431-442.
[85] Ciuparu D, Lyubovsky M R, Altman E, et al. Catalytic combustion of methane over palladium-based catalysts[J]. Catalysis Reviews, 2002, 44: 593-649.
[86] Ciuparu D, Bozon-Verduraz F, Pfefferle L. Oxygen exchange between palladium and oxide supports in combustion catalysts[J]. Journal of Physical Chemistry B, 2002, 106: 3434-3442.
[87] Ciuparu D, Altman E, Pfefferle L. Contributions of lattice oxygen in methane combustion over PdO-based catalysts[J]. Journal of Catalysis, 2001, 203: 64-74.
[88] Choudhary V R, Uphade B S, Pataskar S G. Low temperature complete combustion of dilute methane over Mn-doped ZrO_2 catalysts: factors influencing the reactivity of lattice oxygen and methane combustion activity of the catalyst[J]. Applied Catalysis A: General, 2002, 227: 29-41.
[89] Xu J, Li P, Song X F. Operando raman spectroscopy for determining the active phase in one-dimensional $Mn_{1-x}Ce_xO_{2\pm y}$ nanorod catalysts during methane combustion[J]. Journal of Physical Chemistry Letters, 2010, 1: 1648-1654.
[90] 王春霞, 朱利中, 江桂斌. 环境化学学科前沿与展望[M]. 北京: 科学出版社, 2011.
[91] Kostas A K, Ioannis Z, Christos Z, et al. Benzene, toluene, ozone, NO_2 and SO_2 measurements in an urban street canyon in Thessaloniki, Greece[J]. Atmospheric Environment, 2002, 36: 5355-5364.
[92] 吴方堃, 王跃思, 安俊琳, 等. 北京奥运时段 VOCs 浓度变化、臭氧产生潜势及来源分析研究[J]. 环境科学, 2010, 31: 10-16.
[93] Paulis M, Peyrard H, Montes M. Influence of chlorine on the activity and stability of Pt/Al_2O_3 catalysts in the complete oxidation of toluene[J]. Journal of Catalysis, 2001, 199: 30-40.
[94] Centeno M A, Paulis M, Montes M, et al. Catalytic combustion of volatile organic compounds on $Au/CeO_2/Al_2O_3$ and Au/Al_2O_3 catalysts[J]. Applied Catalysis A: General, 2002, 234: 65-78.
[95] Kim H, Kim T, Koh H, et al. Complete benzene oxidation over Pt-Pd bimetal catalyst supported on γ-alumina: Influence of Pt-Pd ratio on the catalytic activity[J]. Applied Catalysis A: General, 2005, 280: 125-131.
[96] Hosseini M, Barakat T, Cousin R, et al. Catalytic performance of core-shell and alloy Pd-Au nanoparticles for total oxidation of VOCs: The effect of metal deposition[J]. Applied Catalysis B: Environmental, 2012, 111-112: 218-224.
[97] Ying F, Wang S J, Au C T, et al. Highly active and stable mesoporous Au/CeO_2 catalysts prepared from MCM-48 hard-template[J]. Microporous and Mesoporous Materials, 2011, 142: 308-315.
[98] Wang Y F, Zhang C B, Liu F D, et al. Well-dispersed palladium supported on ordered mesoporous Co_3O_4 for catalytic oxidation of *o*-xylene[J]. Applied Catalysis B: Environmental, 2013, 142-143: 72-79.
[99] Liu Y X, Dai H X, Deng J G, et al. Mesoporous Co_3O_4-supported gold nanocatalysts: Highly active for the oxidation of carbon monoxide, benzene, toluene, and *o*-xylene[J]. Journal of Catalysis, 2014, 309: 408-418.
[100] Genuino H C, Dharmarathna S, Njagi E C, et al. Gas-phase total oxidation of benzene, toluene,

ethylbenzene, and xylenes using shape-selective manganese oxide and copper manganese oxide catalysts[J]. Journal of Physical Chemistry C, 2012, 116: 12066-12078.
[101] 郭建光, 李忠, 奚红霞, 等. 催化燃烧 VOCs 的三种过渡金属催化剂的活性比较[J]. 华南理工大学学报(自然科学版), 2004, 32: 56-59.
[102] Puertolas B, Solsona B, Agouram S, et al. The catalytic performance of mesoporous cerium oxides prepared through a nanocasting route for the total oxidation of naphthalene[J]. Applied Catalysis B: Environmental, 2010, 93: 395-405.
[103] Xia Y S, Dai H X, Jiang H Y, et al. Three-dimensional ordered mesoporous cobalt oxides: Highly active catalysts for the oxidation of toluene and methanol[J]. Catalysis Communications, 2010, 11: 1171-1175.
[104] Deng J G, Zhang L, Dai H X, et al. Ultrasound-assisted nanocasting fabrication of ordered mesoporous MnO_2 and Co_3O_4 with high surface areas and polycrystalline walls[J]. Journal of Physical Chemistry C, 2010, 114: 2694-2700.
[105] Lu H F, Kong X X, Huang H F, et al. Cu-Mn-Ce ternary mixed-oxide catalysts for catalytic combustion of toluene[J]. Journal of Environmental Science, 2015, 32: 102-107.
[106] 余凤江, 张丽丹. 苯催化燃烧反应 Cu-Mn-Ce-Zr-O 催化剂催化活性的研究[J]. 北京化工大学学报, 2001, 28: 67-72.
[107] Blasin-Aubé V, Belkouch J, Monceaux L. General study of catalytic oxidation of various VOCs over $La_{0.8}Sr_{0.2}MnO_{3+x}$ perovskite catalyst: Influence of mixture[J]. Applied Catalysis B: Environmental, 2003, 43: 175-186.
[108] Irusta S, Pina M P, Menéndez M, et al. Catalytic combustion of volatile organic compounds over La-based perovskites[J]. Journal of Catalysis, 1998, 179: 400-412.
[109] Liu Y X, Dai H X, Du Y C, et al. Controlled preparation and high catalytic performance of three-dimensionally ordered macroporous $LaMnO_3$ with nanovoid skeletons for the combustion of toluene[J]. Journal of Catalysis, 2012, 287: 149-160.
[110] Ji K M, Dai H X, Deng J G, et al. Three-dimensionally ordered macroporous $SrFeO_{3-\delta}$ with high surface area: Active catalysts for the complete oxidation of toluene[J]. Applied Catalysis A: General, 2012, 425-426: 153-160.
[111] Zhao Z X, Dai H X, Deng J G, et al. Three-dimensionally ordered macroporous $La_{0.6}Sr_{0.4}FeO_{3-\delta}$: High-efficiency catalysts for the oxidative removal of toluene[J]. Microporous and Mesoporous Materials, 2012, 163: 131-139.
[112] Ji K M, Dai H X, Deng J G, et al. Three-dimensionally ordered macroporous $Eu_{0.6}Sr_{0.4}FeO_3$ supported cobalt oxides: Highly active nanocatalysts for the combustion of toluene[J]. Applied Catalysis B: Environmental, 2013, 129: 539-548.
[113] Li X W, Dai H X, Deng J G, et al. In situ PMMA-templating preparation and excellent catalytic performance of Co_3O_4/3DOM $La_{0.6}Sr_{0.4}CoO_3$ for toluene combustion[J]. Applied Catalysis A: General, 2013, 458: 11-20.
[114] Liu Y X, Dai H X, Deng J G, et al. In situ poly (methyl methacrylate)-templating generation and excellent catalytic performance of MnO_x/3DOM $LaMnO_3$ for the combustion of toluene and methanol[J]. Applied Catalysis B: Environmental, 2013, 140-141: 493-505.
[115] Li X W, Dai H X, Deng J G, et al. Au/3DOM $LaCoO_3$: High-performance catalysts for the oxidation of carbon monoxide and toluene[J]. Chemical Engineering Journal, 2013, 228: 965-975.
[116] Liu Y X, Dai H X, Deng J G, et al. Au/3DOM $La_{0.6}Sr_{0.4}MnO_3$: Highly active nanocatalysts for

the oxidation of carbon monoxide and toluene[J]. Journal of Catalysis, 2013, 305: 146-153.
[117] 席劲瑛，王灿，武俊良．工业源挥发性有机物(VOCs)排放特性与控制技术[M]．北京：中国环境出版社, 2014.
[118] 王海林，聂磊，李靖，等．重点行业挥发性有机物排放特征与评估分析[J]．科学通报, 2012, 57: 1739-1746.
[119] Li J, Wang R, Hao J. Role of lattice oxygen and Lewis acid on ethanol oxidation over OMS-2 catalyst[J]. Journal of Physical Chemistry C, 2010, 114: 10544-10550.
[120] Lamaita L, Peluso M A, Sambeth J E, et al. A theoretical and experimental study of manganese oxides used as catalysts for VOCs emission reduction[J]. Catalysis Today, 2005, 107-108: 133-138.
[121] Idriss H, Seebauer E G. Reactions of ethanol over metal oxides[J]. Journal of Molecular Catalysis A: Chemical, 2000, 152: 201-212.
[122] Peluso M A, Pronsato E, Sambeth J E, et al. Catalytic combustion of ethanol on pure and alumina supported K-Mn oxides: An IR and flow reactor study[J]. Applied Catalysis B: Environmental, 2008, 78: 73-79.
[123] Lamaita L, Peluso M A, Sambeth J E, et al. A theoretical and experimental study of manganese oxides used as catalysts for VOCs emission reduction[J]. Catalysis Today, 2005, 107-108: 133-138.
[124] Xia Y S, Dai H X, Jiang H Y, et al. Three-dimensionally ordered and wormhole-like mesoporous iron oxide catalysts highly active for the oxidation of acetone and methanol[J]. Journal of Hazardous Materials, 2011, 186: 84-91.
[125] Xia Y S, Dai H X, Jiang H Y, et al. Three-dimensional ordered mesoporous cobalt oxides: Highly active catalysts for the oxidation of toluene and methanol[J]. Catalysis Communications, 2010, 11: 1171-1175.
[126] Tang X F, Li Y G, Huang X M. MnO_x-CeO_2 mixed oxide catalysts for complete oxidation of formaldehyde: Effect of preparation method and calcination temperature[J]. Applied Catalysis B: Environmental, 2006, 62: 265-273.
[127] Shi C, Wang Y, Zhu A M. $Mn_xCo_{3-x}O_4$ solid solution as high-efficient catalysts for low-temperature oxidation of formaldehyde[J]. Catalysis Communications, 2012, 28: 18-22.
[128] Bai B Y, Arandiyan H, Li J H. Comparison of the performance for oxidation of formaldehyde on nano-Co_3O_4, 2D-Co_3O_4, and 3D-Co_3O_4 catalysts[J]. Applied Catalysis B: Environmental, 2013, 142-143: 677-683.
[129] Merino N A, Barbero B P, Ruiz P, et al. Synthesis, characterization, catalytic activity and structural stability of $LaCo_{1-y}Fe_yO_{3\pm\lambda}$ perovskite catalysts for combustion of ethanol and propane[J]. Journal of Catalysis, 2006, 240: 245-257.
[130] Pecchi G, Reyes P, Zamora R, et al. Surface properties and performance for VOCs combustion of $LaFe_{1-y}Ni_yO_3$ perovskite oxides[J]. Journal of Solid State Chemistry, 2008, 181: 905-912.
[131] Mitsui T, Tsutsui K, Matsui T, et al. Catalytic abatement of acetaldehyde over oxide-supported precious metal catalysts[J]. Applied Catalysis B: Environmental, 2008, 78: 158-165.
[132] Wang W, Zhang H, Lin G, et al. Study of Ag/$La_{0.6}Sr_{0.4}MnO_3$ catalysts for complete oxidation of methanol and ethanol at low concentrations[J]. Applied Catalysis B: Environmental, 2000, 24: 219-232.
[133] Scirè S, Minicò S, Crisafulli C, et al. Catalytic combustion of volatile organic compounds over group IB metal catalysts on Fe_2O_3[J]. Catalysis Communications, 2001, 2: 229-232.

[134] Scirè S, Minicò S, Crisafulli C, et al. Catalytic combustion of volatile organic compounds on gold/cerium oxide catalysts[J]. Applied Catalysis B: Environmental, 2003, 40: 43-49.
[135] Zhang C, He H, Tanaka K. Catalytic performance and mechanism of a Pt/TiO_2 catalyst for the oxidation of formaldehyde at room temperature[J]. Applied Catalysis B: Environmental, 2006, 65: 37-43.
[136] Zhang C, Liu F, Zhai Y, et al. Alkali-metal-promoted Pt/TiO_2 opens a more efficient pathway to formaldehyde oxidation at ambient temperatures[J]. Angewandte Chemie International Edition, 2012, 51(38): 9628-9632.
[137] An N H, Yu Q S, Liu G, et al. Complete oxidation of formaldehyde at ambient temperature over supported Pt/Fe_2O_3 catalysts prepared by colloid-deposition method[J]. Journal of Hazardous Materials, 2011, 186: 1392-1397.
[138] Huang H B, Leung D Y C. Complete oxidation of formaldehyde at room temperature using TiO_2 supported metallic Pd nanoparticles[J]. ACS Catalysis, 2011, 1: 348-354.
[139] Zhang J, Jin Y, Li C Y, et al. Creation of three-dimensionally ordered macroporous Au/CeO_2 catalysts with controlled pore sizes and their enhanced catalytic performance for formaldehyde oxidation[J]. Applied Catalysis B: Environmental, 2009, 91: 11-20.
[140] Liu B C, Liu Y, Li C Y, et al. Three-dimensionally ordered macroporous Au/CeO_2-Co_3O_4 catalysts with nanoporous walls for enhanced catalytic oxidation of formaldehyde[J]. Applied Catalysis B: Environmental, 2012, 127: 47-58.
[141] Ma C Y, Wang D H, Xue W J, et al. Investigation of formaldehyde oxidation over Co_3O_4-CeO_2 and Au/Co_3O_4-CeO_2 catalysts at room temperature: Effective removal and determination of reaction mechanism[J]. Environmental Science & Technology, 2011, 45: 3628-3634.

索　　引